21世纪高等学校规划教材 | 软件工程

软件质量保证与测试

（第2版）

秦航 主编　　杨强 副主编

清华大学出版社
北京

内 容 简 介

本书全面系统地讲述了软件质量保证与测试的概念、原理和典型的方法，并介绍了相关软件项目的管理技术。本书共15章，第1章是概述，第2～8章讲述了软件质量工程体系、软件质量度量和配置管理、软件可靠性度量和测试、软件质量标准、软件评审、软件全面质量管理、高质量编程，第9～15章分别讲述了软件测试、黑盒测试、白盒测试、基于缺陷模式的软件测试、集成测试、系统测试、测试管理。

本书条理清晰、语言流畅、通俗易懂，在内容组织上力求自然、合理、循序渐进，并提供了丰富的实例和实践要点，更好地把握了软件工程学科的特点，使读者更容易理解所学的理论知识，掌握软件质量保证与测试的应用之道。

本书可作为高等学校软件工程专业、计算机应用专业和相关专业的教材，成为软件质量保证工程师和软件测试工程师的良师益友，并可作为其他各类软件工程技术人员的参考书。

图书在版编目(CIP)数据

软件质量保证与测试/秦航主编. —2版. —北京：清华大学出版社，2017 (2024.1重印)
(21世纪高等学校规划教材·软件工程)
ISBN 978-7-302-46763-2

Ⅰ. ①软… Ⅱ. ①秦… Ⅲ. ①软件质量－质量管理－高等学校－教材 ②软件开发－程序测试－高等学校－教材 Ⅳ. ①TP311.5

中国版本图书馆CIP数据核字(2017)第048490号

责任编辑：魏江江 王冰飞
封面设计：傅瑞学
责任校对：梁 毅
责任印制：丛怀宇

出版发行：清华大学出版社
网 址：https://www.tup.com.cn，https://www.wqxuetang.com
地 址：北京清华大学学研大厦A座 **邮 编**：100084
社 总 机：010-83470000 **邮 购**：010-62786544
投稿与读者服务：010-62776969，c-service@tup.tsinghua.edu.cn
质量反馈：010-62772015，zhiliang@tup.tsinghua.edu.cn
课件下载：https://www.tup.com.cn，010-83470236
印 装 者：三河市人民印务有限公司
经 销：全国新华书店
开 本：185mm×260mm **印 张**：25.25 **字 数**：613千字
版 次：2012年1月1版 2017年8月第2版 **印 次**：2024年1月第16次印刷
印 数：44501～46500
定 价：49.50元

产品编号：072264-01

出版说明

随着我国改革开放的进一步深化，高等教育也得到了快速发展，各地高校紧密结合地方经济建设发展需要，科学运用市场调节机制，加大了使用信息科学等现代科学技术提升、改造传统学科专业的投入力度，通过教育改革合理调整和配置了教育资源，优化了传统学科专业，积极为地方经济建设输送人才，为我国经济社会的快速、健康和可持续发展以及高等教育自身的改革发展做出了巨大贡献。但是，高等教育质量还需要进一步提高以适应经济社会发展的需要，不少高校的专业设置和结构不尽合理，教师队伍整体素质亟待提高，人才培养模式、教学内容和方法需要进一步转变，学生的实践能力和创新精神亟待加强。

教育部一直十分重视高等教育质量工作。2007年1月，教育部下发了《关于实施高等学校本科教学质量与教学改革工程的意见》，计划实施“高等学校本科教学质量与教学改革工程(简称‘质量工程’)”，通过专业结构调整、课程教材建设、实践教学改革、教学团队建设等多项内容，进一步深化高等学校教学改革，提高人才培养的能力和水平，更好地满足经济社会发展对高素质人才的需要。在贯彻和落实教育部“质量工程”的过程中，各地高校发挥师资力量强、办学经验丰富、教学资源充裕等优势，对其特色专业及特色课程(群)加以规划、整理和总结，更新教学内容、改革课程体系，建设了一大批内容新、体系新、方法新、手段新的特色课程。在此基础上，经教育部相关教学指导委员会专家的指导和建议，清华大学出版社在多个领域精选各高校的特色课程，分别规划出版系列教材，以配合“质量工程”的实施，满足各高校教学质量和教学改革的需要。

为了深入贯彻落实教育部《关于加强高等学校本科教学工作，提高教学质量的若干意见》精神，紧密配合教育部已经启动的“高等学校教学质量与教学改革工程精品课程建设工作”，在有关专家、教授的倡议和有关部门的大力支持下，我们组织并成立了“清华大学出版社教材编审委员会”(以下简称“编委会”)，旨在配合教育部制定精品课程教材的出版规划，讨论并实施精品课程教材的编写与出版工作。“编委会”成员皆来自全国各类高等学校教学与科研第一线的骨干教师，其中许多教师为各校相关院、系主管教学的院长或系主任。

按照教育部的要求，“编委会”一致认为，精品课程的建设工作从开始就要坚持高标准、严要求，处于一个比较高的起点上；精品课程教材应该能够反映各高校教学改革与课程建设的需要，要有特色风格、有创新性(新体系、新内容、新手段、新思路，教材的内容体系有较高的科学创新、技术创新和理念创新的含量)、先进性(对原有的学科体系有实质性的改革和发展，顺应并符合21世纪教学发展的规律，代表并引领课程发展的趋势和方向)、示范性(教材所体现的课程体系具有较广泛的辐射性和示范性)和一定的前瞻性。教材由个人申报或各校推荐(通过所在高校的“编委会”成员推荐)，经“编委会”认真评审，最后由清华大学出版社审定出版。

目前,针对计算机类和电子信息类相关专业成立了两个“编委会”,即“清华大学出版社计算机教材编审委员会”和“清华大学出版社电子信息教材编审委员会”。推出的特色精品教材包括:

(1) 21世纪高等学校规划教材·计算机应用——高等学校各类专业,特别是非计算机专业的计算机应用类教材。

(2) 21世纪高等学校规划教材·计算机科学与技术——高等学校计算机相关专业的教材。

(3) 21世纪高等学校规划教材·电子信息——高等学校电子信息相关专业的教材。

(4) 21世纪高等学校规划教材·软件工程——高等学校软件工程相关专业的教材。

(5) 21世纪高等学校规划教材·信息管理与信息系统。

(6) 21世纪高等学校规划教材·财经管理与应用。

(7) 21世纪高等学校规划教材·电子商务。

(8) 21世纪高等学校规划教材·物联网。

清华大学出版社经过三十多年的努力,在教材尤其是计算机和电子信息类专业教材出版方面树立了权威品牌,为我国的高等教育事业做出了重要贡献。清华版教材形成了技术准确、内容严谨的独特风格,这种风格将延续并反映在特色精品教材的建设中。

清华大学出版社教材编审委员会

联系人:魏江江

E-mail:weijj@tup.tsinghua.edu.cn

第2版前言

创新的动力源自人类不断升级的愿望和需求。

自1968年在德国的南部小城加尔米施召开的NATO会议上提出软件工程的概念以来，经过近50年的发展，软件产业已经成为当今世界投资回报比最高的产业之一。软件产业定义了商业创新，并正在潜移默化地改变人们赖以生存的星球的面貌。

新世纪的软件产业呈现出引人入胜的网络化、服务化、全球化的转变趋势。但与此同时，当今社会却每天都有关于火星探测器失踪、黑客获得数百万张信用卡号这样的软件问题或者安全缺陷的新闻报道，应用软件漏洞成为连接信任的"互联网＋"时代的主要安全威胁。正如2005年普利策新闻奖的三届获奖者Thomas L. Friedman(托马斯·弗里德曼)在《世界是平的》一书中指出：世界，开始从垂直的价值创造模式(命令和控制)向日益水平化的价值创造模式(联系和合作)转变。在新常态下，对于软件质量保证和测试的探讨比以往任何时期更加急迫、更加重要。

预见未来最好的方式就是亲手创造未来。面对创新驱动，软件质量保证与测试概括地说是运用工程的思想、原理、理论、技术、工具来研究提高大规模软件系统质量，并改进测试方法的学科；具体地说，软件质量是软件与明确、隐含的定义需求相一致的程度，也是软件符合明确叙述的功能、性能需求，文档中明确描述的开发标准以及专业软件具有的隐含特征程度。

在新时期，为了增加软件产品的国际竞争力，软件质量已经成为经济发展的战略问题。在这一点上，美国著名质量大师约瑟夫·朱兰(Joseph M. Juran)就指出，20世纪是生产率的世纪，21世纪是质量的世纪，质量是和平占领市场最有效的武器。那么，随着质量管理的不断受关注、质量意识的不断创新，人们已经从单纯的质量检验发展到全面质量管理、能力成熟度模型、六西格玛质量管理、零缺陷管理，等等。新的理论、方法、体系使得质量改进过程得到了很大促进。

软件开发从分析、设计、制造、测试到发布、部署都会涉及质量保证。诚然，软件质量是软件企业的生命，完善的质量保证体系和严格的质量认证是提高软件企业生产能力和竞争能力的重要因素。一些有益的探索和实践包括敏捷建模、极限编程、软件驱动开发、团队软件过程，等等。整个软件组织始终围绕着软件质量管理的主题，高度的质量意识扎根于软件工程师和项目经理的灵魂深处，直至形成整个组织的质量文化。由此，作为软件组织员工的共同价值观的体现，质量文化正通过有效的软件质量管理模式、系统的软件质量工程体系发挥出越来越重要的作用，并贯穿到软件开发、维护的整个生命周期。一直以来，计算机科学和软件工程都在寻求对软件本质更清晰的认识，试图以更加合理的方法、流程来开发软件，在保证高质量的前提下大量、快速地开发软件。

至繁归于至简。在全球化时代的大背景下，伴随软件质量保证而来的软件测试最终是利用测试工具按照测试方案、流程对产品进行功能、性能测试，甚至根据需要编写不同的测试工具设计、维护测试系统，对测试方案进行分析、评估，实现软件测试自动化。测试用例执行后需要跟踪故障，以确保开发的产品满足需求。当然，软件测试是软件质量保证的关键步骤，软件缺陷发现得越早，软件开发费用就越低。相应地，软件质量越高，软件发布后的维护费用就越低。软件工程实践表明，对软件思想有深刻理解的工程师通过软件测试可以大幅度提高软件质量。

本书从实践的角度对软件研发各阶段的质量保证和管理的思想、方法、活动、案例进行了详细描述，并系统介绍了软件测试的各种方法，从不同的角度探讨软件测试的本质及其内涵，通过应用在各个测试阶段来满足不同的应用系统测试需求。同时，本书用了较大篇幅详细介绍了怎样组建测试队伍、部署测试环境，以及测试用例设计、缺陷报告、测试项目管理等方面。

全书由秦航、杨强任主编。第1、7、15章由秦航编写，第8、10、11章由夏浩波编写，第2、4章由邱林编写，第5、14章由徐杏芳编写，第6、9章由包小军编写，第3、12章由吴中博编写，第13、14章由杨强编写。全书由秦航负责统稿。

本书可作为高等院校“软件质量保证与测试”相关课程的教材或教学参考书，也可供有一定实际经验的软件工程人员和需要开发应用软件的广大计算机用户阅读参考。由于作者水平有限，书中不当与错误之处在所难免，敬请读者和专家提出宝贵意见，以帮助作者不断地改进和完善。

作　者

2017年5月

第1章 概述 …… 1

1.1 软件特征 …… 1

1.1.1 软件分类 …… 3

1.1.2 层次化软件工程 …… 4

1.1.3 软件范型的转变 …… 8

1.1.4 现代软件开发 …… 9

1.2 软件质量 …… 11

1.2.1 质量概念 …… 12

1.2.2 质量运动 …… 13

1.2.3 软件质量概念 …… 14

1.2.4 评价体系与标准 …… 16

1.3 软件测试与可靠性 …… 17

1.3.1 软件测试的意义 …… 18

1.3.2 软件测试的定义 …… 21

1.3.3 软件测试的方法 …… 23

1.3.4 软件缺陷的修复费用 …… 26

1.4 工业时代的人才特点 …… 27

1.4.1 软件人才的需求 …… 27

1.4.2 软件测试员应具备的素质 …… 31

1.5 小结 …… 33

思考题 …… 33

第2章 软件质量工程体系 …… 34

2.1 软件质量控制的基本概念和方法 …… 34

2.1.1 软件质量控制的基本概念 …… 34

2.1.2 软件质量控制的基本方法 …… 35

2.2 软件质量控制模型和技术 …… 38

2.2.1 软件质量控制模型 …… 38

2.2.2 软件质量控制模型参数 …… 39

2.2.3 软件质量控制的实施过程 …… 40

2.2.4 软件质量控制技术 …… 41

2.3 软件质量保证体系 …… 46

2.3.1 软件质量保证的内容 …… 46
2.3.2 SQA 活动和实施 …… 48
2.4 小结 …… 51
思考题 …… 51

第3章 软件质量度量和配置管理 …… 52

3.1 度量和软件度量 …… 52
3.1.1 度量 …… 52
3.1.2 软件度量 …… 53
3.1.3 作用 …… 54
3.2 软件质量度量 …… 55
3.2.1 软件质量和软件质量要素 …… 55
3.2.2 影响软件质量的因素 …… 55
3.2.3 质量保证模型 …… 56
3.2.4 缺陷排除效率 …… 58
3.3 软件过程度量 …… 58
3.3.1 概念 …… 58
3.3.2 常见问题 …… 60
3.3.3 基于目标的方法 …… 61
3.4 软件配置管理 …… 63
3.4.1 目标 …… 64
3.4.2 角色职责 …… 64
3.4.3 过程描述 …… 65
3.4.4 关键活动 …… 67
3.4.5 VSS 的使用 …… 70
3.5 小结 …… 75
思考题 …… 75

第4章 软件可靠性度量和测试 …… 76

4.1 软件可靠性 …… 76
4.1.1 软件可靠性的发展史 …… 76
4.1.2 软件可靠性的定义 …… 79
4.1.3 基本数学关系 …… 80
4.1.4 影响因素 …… 81
4.1.5 软件的差错、故障和失效 …… 82
4.2 可靠性模型及其评价标准 …… 83
4.2.1 软件可靠性模型 …… 83
4.2.2 模型及其应用 …… 86
4.2.3 软件可靠性模型评价准则 …… 88

4.3 软件可靠性测试和评估 …… 90
4.3.1 软件可靠性评测 …… 90
4.3.2 具体实施过程 …… 91
4.4 提高软件可靠性的方法和技术 …… 92
4.4.1 建立以可靠性为核心的质量标准 …… 92
4.4.2 选择开发方法 …… 93
4.4.3 软件重用 …… 94
4.4.4 使用开发管理工具 …… 95
4.4.5 加强测试 …… 95
4.4.6 容错设计 …… 96
4.5 软件可靠性研究的主要问题 …… 97
4.6 小结 …… 97
思考题 …… 98

第5章 软件质量标准 …… 99

5.1 软件质量标准概述 …… 99
5.1.1 国际标准 …… 99
5.1.2 国家标准 …… 100
5.1.3 行业标准 …… 100
5.1.4 企业规范 …… 100
5.1.5 项目规范 …… 100
5.2 ISO 9001 和 9000-3 在软件中的应用 …… 101
5.3 能力成熟度模型 …… 102
5.3.1 CMM 质量思想 …… 102
5.3.2 CMM 关键域 …… 105
5.3.3 PSP 和 TSP …… 109
5.3.4 CMMI …… 111
5.3.5 CMM 中的质量框架 …… 112
5.4 IEEE 软件工程标准 …… 114
5.4.1 IEEE 730:2001 结构与内容 …… 115
5.4.2 IEEE/EIA Std 12207 软件生命周期过程 …… 116
5.4.3 IEEE Std 1012 验证与确认 …… 117
5.4.4 IEEE Std 1028 评审 …… 118
5.5 其他质量标准 …… 118
5.5.1 ISO/IEC 15504-2:2003 软件过程评估标准 …… 118
5.5.2 Tick IT …… 120
5.6 小结 …… 121
思考题 …… 121

第 6 章　软件评审 …… 122

6.1　为什么需要软件评审 …… 122
6.2　软件评审的角色和职能 …… 123
6.3　评审的内容 …… 125
6.3.1　管理评审 …… 125
6.3.2　技术评审 …… 127
6.3.3　文档评审 …… 128
6.3.4　过程评审 …… 129
6.4　评审的方法和技术 …… 130
6.4.1　评审的方法 …… 130
6.4.2　评审的技术 …… 132
6.5　评审会议流程 …… 132
6.5.1　准备评审会议 …… 133
6.5.2　召开评审会议 …… 134
6.5.3　跟踪和分析评审结果 …… 136
6.6　小结 …… 138
思考题 …… 138

第 7 章　软件全面质量管理 …… 139

7.1　全面质量管理概述 …… 139
7.1.1　发展阶段 …… 139
7.1.2　相关问题 …… 142
7.1.3　全面质量管理与 ISO 9000 …… 143
7.1.4　全面质量管理与统计技术 …… 144
7.2　6σ 项目管理 …… 145
7.2.1　6σ 管理法简介 …… 145
7.2.2　6σ 管理法与零缺陷 …… 148
7.2.3　6σ 管理的特征 …… 149
7.2.4　6σ 管理的优点 …… 150
7.2.5　DPMO 与 6σ 的关系 …… 152
7.2.6　人员组织结构 …… 153
7.2.7　6σ 与其他管理工具的比较 …… 154
7.3　质量功能展开设计 …… 155
7.3.1　质量功能展开的概念 …… 156
7.3.2　质量功能展开的分解模型 …… 156
7.3.3　质量屋的构成 …… 157
7.3.4　质量功能展开的特点 …… 158
7.4　DFSS 流程及主要设计工具 …… 158

7.4.1 DMAIC 与 DFSS 简介 …… 159
7.4.2 DFSS 的重要性及其内涵 …… 160
7.4.3 DFSS 与 DMAIC 的区别 …… 161
7.4.4 DFSS 流程及主要设计工具 …… 162
7.4.5 DFSS 的集成框架 …… 164
7.4.6 注意问题 …… 166
7.4.7 发展方向 …… 167
7.5 小结 …… 168
思考题 …… 168

第 8 章 高质量编程 …… 169

8.1 代码风格 …… 169
8.1.1 程序的书写格式 …… 171
8.1.2 Windows 程序命名规则 …… 174
8.1.3 共性规则 …… 176
8.1.4 表达式和基本语句 …… 178
8.2 函数设计规则 …… 182
8.2.1 函数外部特性的注释规则 …… 182
8.2.2 参数规则 …… 183
8.2.3 返回值的规则 …… 184
8.2.4 函数内部的实现规则 …… 185
8.3 提高程序质量的技术 …… 186
8.3.1 内存管理规则 …… 186
8.3.2 面向对象的设计规则 …… 189
8.4 代码审查 …… 199
8.4.1 代码审查的主要工作 …… 200
8.4.2 代码审查的流程 …… 200
8.4.3 Java 代码审查的常见错误 …… 201
8.5 小结 …… 205
思考题 …… 205

第 9 章 软件测试 …… 206

9.1 目的和原则 …… 206
9.1.1 软件测试的目的 …… 206
9.1.2 软件测试的原则 …… 207
9.2 软件测试的种类 …… 208
9.2.1 软件测试过程概述 …… 208
9.2.2 单元测试 …… 209
9.2.3 集成测试 …… 213

9.2.4 系统测试 …… 215
9.2.5 验收测试 …… 219
9.2.6 回归测试 …… 221
9.2.7 敏捷测试 …… 224
9.3 软件测试与软件开发 …… 226
9.3.1 整个软件开发生命周期 …… 227
9.3.2 生命周期测试与V模型 …… 227
9.3.3 软件测试IDE产品 …… 229
9.4 软件测试的现状 …… 230
9.4.1 软件测试的过去、现在和未来 …… 230
9.4.2 产业现状 …… 231
9.5 测试工具的选择 …… 232
9.5.1 白盒测试工具 …… 233
9.5.2 黑盒测试工具 …… 234
9.5.3 测试设计和开发工具 …… 234
9.5.4 测试执行和评估工具 …… 234
9.5.5 测试管理工具 …… 235
9.5.6 功能和成本 …… 235
9.6 小结 …… 236
思考题 …… 236

第10章 黑盒测试 …… 237

10.1 等价类划分法 …… 237
10.1.1 划分等价类 …… 238
10.1.2 方法 …… 239
10.1.3 设计测试用例 …… 239
10.2 边界值分析法 …… 242
10.2.1 边界条件 …… 242
10.2.2 次边界条件 …… 243
10.2.3 其他边界条件 …… 244
10.2.4 边界值的选择方法 …… 244
10.3 因果图法 …… 244
10.3.1 因果图设计方法 …… 245
10.3.2 因果图测试用例 …… 246
10.4 功能图法 …… 248
10.4.1 功能图设计方法 …… 248
10.4.2 功能图法生成测试用例 …… 249
10.5 比较与选择 …… 249
10.6 黑盒测试工具 …… 250

10.6.1 WinRunner 的使用 …… 251
10.6.2 LoadRunner 的使用 …… 255
10.6.3 QTP 的使用 …… 259
10.7 小结 …… 268
思考题 …… 268

第 11 章 白盒测试 …… 270

11.1 白盒测试的目的 …… 270
11.2 控制流测试 …… 272
11.2.1 语句覆盖 …… 272
11.2.2 判定覆盖 …… 273
11.2.3 条件覆盖 …… 273
11.2.4 判定-条件覆盖 …… 274
11.2.5 路径覆盖 …… 275
11.2.6 几种常用逻辑覆盖的比较 …… 276
11.2.7 循环测试 …… 276
11.3 基本路径测试 …… 277
11.3.1 程序的控制流图 …… 277
11.3.2 程序结构的要求 …… 278
11.3.3 举例 …… 278
11.4 程序插装 …… 280
11.5 程序变异测试 …… 280
11.6 C++Test 和白盒测试工具 …… 281
11.6.1 C++Test 的使用 …… 281
11.6.2 白盒测试工具 …… 282
11.7 软件缺陷分析 …… 288
11.7.1 简介 …… 288
11.7.2 软件缺陷的类别 …… 288
11.7.3 软件缺陷的级别 …… 289
11.7.4 软件缺陷产生的原因 …… 289
11.7.5 软件缺陷的构成 …… 290
11.8 小结 …… 293
思考题 …… 293

第 12 章 基于缺陷模式的软件测试 …… 294

12.1 相关定义 …… 294
12.1.1 软件缺陷的产生原因 …… 295
12.1.2 减少缺陷的关键因素 …… 296
12.1.3 软件缺陷的特征 …… 297

12.2 软件缺陷的属性 …… 298
12.3 软件缺陷的严重性和优先级 …… 300
12.3.1 缺陷的严重性和优先级的关系 …… 301
12.3.2 常见错误 …… 301
12.3.3 表示和确定 …… 302
12.4 软件缺陷管理和 CMM 的关系 …… 303
12.4.1 初始级的缺陷管理 …… 303
12.4.2 可重复级的缺陷管理 …… 303
12.4.3 已定义级的缺陷管理 …… 303
12.4.4 定量管理级的缺陷管理 …… 304
12.4.5 持续优化级的缺陷管理 …… 304
12.5 报告软件缺陷 …… 305
12.5.1 报告软件缺陷的基本原则 …… 305
12.5.2 IEEE 软件缺陷报告模板 …… 306
12.6 软件缺陷管理 …… 307
12.6.1 缺陷管理目标 …… 307
12.6.2 人员职责 …… 308
12.6.3 缺陷生命周期 …… 308
12.6.4 缺陷管理系统 …… 309
12.6.5 缺陷分析方法 …… 312
12.6.6 缺陷分析指标 …… 313
12.7 小结 …… 316
思考题 …… 316

第 13 章 集成测试 …… 317

13.1 集成测试的定义 …… 317
13.1.1 区别 …… 317
13.1.2 集成测试的主要任务 …… 318
13.1.3 集成测试的层次与原则 …… 318
13.2 集成测试策略 …… 319
13.2.1 非渐增式集成 …… 319
13.2.2 渐增式集成 …… 320
13.2.3 其他集成测试策略 …… 322
13.2.4 几种实施方案的比较 …… 323
13.3 集成测试用例设计 …… 324
13.4 集成测试的过程 …… 325
13.4.1 计划阶段 …… 325
13.4.2 设计实现阶段 …… 326
13.4.3 执行评估阶段 …… 326

13.5 面向对象的集成测试 …… 326
13.5.1 对象交互 …… 327
13.5.2 面向对象的集成测试的步骤 …… 328
13.5.3 常用的测试技术 …… 328
13.6 小结 …… 329
思考题 …… 330

第14章 系统测试 …… 331

14.1 系统测试的定义 …… 331
14.2 系统测试的流程 …… 332
14.3 系统测试的主要方法 …… 333
14.3.1 性能测试 …… 333
14.3.2 强度测试 …… 335
14.3.3 安全性测试 …… 335
14.3.4 兼容性测试 …… 336
14.3.5 恢复测试 …… 337
14.3.6 用户图形界面测试 …… 338
14.3.7 安装测试 …… 339
14.3.8 可靠性测试 …… 340
14.3.9 配置测试 …… 341
14.3.10 可用性测试 …… 342
14.3.11 文档资料测试 …… 344
14.3.12 网站测试 …… 345
14.4 系统测试工具 …… 348
14.4.1 系统测试工具的分类 …… 348
14.4.2 TestDirector 的使用 …… 350
14.5 小结 …… 357
思考题 …… 357

第15章 测试管理 …… 358

15.1 测试管理过程 …… 358
15.1.1 测试的过程及组织 …… 358
15.1.2 测试方法的应用 …… 360
15.1.3 测试的人员组织 …… 361
15.1.4 软件测试文件 …… 361
15.2 建立软件测试管理体系 …… 362
15.2.1 软件测试管理体系的组成和建立目的 …… 363
15.2.2 软件测试项目组织结构的设计 …… 366
15.2.3 测试管理者工作原则 …… 368

15.3 测试文档的撰写 …… 369
15.3.1 测试计划 …… 370
15.3.2 测试规范 …… 371
15.3.3 测试案例和测试报告 …… 372
15.3.4 软件缺陷报告 …… 373
15.4 调试的技巧 …… 373
15.4.1 调试过程 …… 374
15.4.2 心理因素 …… 375
15.4.3 调试方法 …… 375
15.5 软件测试自动化 …… 376
15.5.1 实施理由 …… 377
15.5.2 引入条件 …… 377
15.5.3 不同阶段的优势 …… 379
15.5.4 常用开发工具 …… 380
15.6 小结 …… 383
思考题 …… 383

参考文献 …… 384

第1章 概述

像外行一样思考，像专家一样实践。

——金出武雄(Kanade Takeo)

软件是计算设备的思维中枢，根据麦肯锡的分类方法，到目前为止，计算机软件经历了比较完整的5代发展，软件已经从特定的问题解决和信息分析工具演化为独立的软件产业。

但是，由于早期的程序设计文化给程序设计历史带来的一系列问题，使得软件成为计算机系统演化过程中的阻碍因素。软件由程序、数据、文档组成，这些要素构成了软件工程过程中的各种配置。近50年来，人们一直关注软件过程，准确地说，软件过程是为建造高质量软件需要完成的任务框架。由此可以看出软件过程与软件工程的联系：软件过程定义了软件开发中采用的方法，而软件工程还包含该过程中应用的技术，即技术方法和自动化工具。

开发具有一定规模和复杂性的软件系统，和编写简单的程序是不一样的，《设计模式》的作者G. Booch说过，这种区别如同建造一座大厦和搭建一个狗窝的差别。大型复杂的软件系统的开发是一项工程，开发人员必须按照工程化的方法组织软件的生产和管理，要经过分析、设计、实现、质量保证、测试等一系列软件生命周期阶段。软件工程在软件工程师定义好的、成熟的软件过程框架中进行，并集成了软件开发中的过程、方法、工具。

本章正文共分4节，1.1节介绍软件特征，1.2节介绍软件质量，1.3节介绍软件测试与可靠性，1.4节介绍工业时代的人才特点。

1.1 软件特征

如果要全面理解软件工程，必须了解软件的特征，并知道软件与人类创造的其他事物之间的区别。

国际电气和电子工程师协会(Institute of Electrical and Electronics Engineers，IEEE)对软件的定义如下：软件是计算机程序、规程以及可能的相关文档和运行计算机系统需要的数据。数据即资源，相应地，软件包含4个部分，即计算机程序、规程、文档和软件系统运行所必需的数据。

人类的创造性活动，如分析、设计、建造、测试等，在硬件构建过程中能够全部转换成物理形式。如果要构造一台新的计算机，那么像初始草图、正式图纸设计和面板原型这样的工作会一步步演化成为诸如超大规模集成电路(Very Large Scale Integration，VLSI)芯片、线路板、电源这样的物理产品。软件是逻辑产品，不是物理产品，所以软件具有和硬件完全不同的特征，如图 1-1 所示。

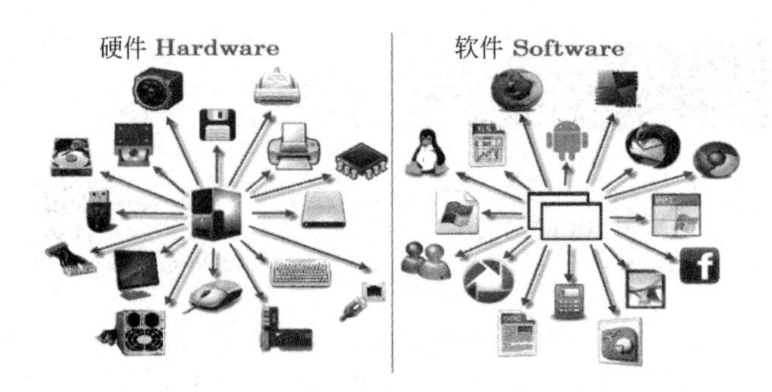

图 1-1　计算机硬件和计算机软件

1. 软件是由开发产生，不是用传统方法制造的

软件开发和硬件制造有一些相似，但是两者有着本质的不同。

软件和硬件都可以通过好的设计带来高质量，可是，硬件在制造过程中引入的质量问题却对软件几乎不存在。软件变成产品，再制造只是简单复制。软件和硬件都依赖于人，但是参与人和完成的工作之间的关系不同；软件和硬件都建造产品，但是方法不同。软件的成本集中在开发，软件项目不能像硬件项目那样来管理。在 20 世纪 80 年代中期，软件业界正式引入"软件工厂"概念，如图 1-2 所示。但是，该术语不认为硬件制造和软件开发是等价的，而是通过概念提出了软件开发中应该使用的自动化工具。

图 1-2　软件工厂

2. 软件不会像硬件那样有磨损

图 1-3 给出了硬件失效率随着时间改变的"浴缸曲线"。

该曲线表明，硬件在生命初期有较高的故障率，这些故障主要由设计、制造缺陷引起；修正这些缺陷之后失效率降下来，并稳定在一个较低的水平；最后，随着时间的增加，硬件故障率又开始上升，其原因在于硬件构件受到的损害、磨损，例如灰尘、振动、错误使用、温度变化，等等。

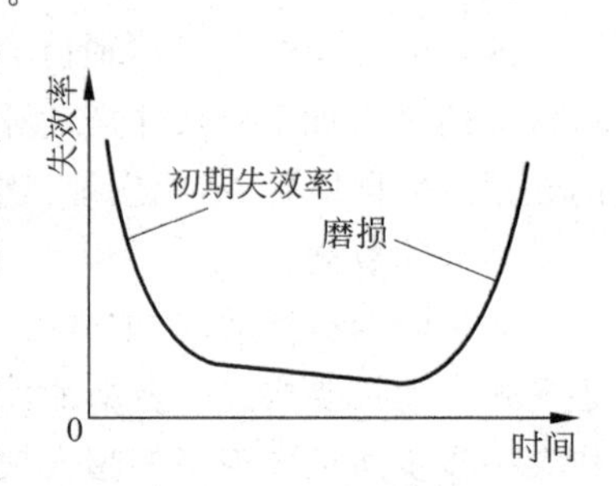

图 1-3　硬件失效曲线图

另一方面，软件不受到这些环境因素影响，软件的故障率曲线呈现如图 1-4 所示的形式。隐藏的错误会引起软件程序在生命初期有较高的失效率；然而，在修正这些错

误之后曲线会趋于平稳。该图是一个实际软件故障模型的简化形式，从中可以看出，软件不会磨损，但是会退化。

这很矛盾，但有以下解释：软件在生命期中会经历若干次修改、维护，会在这些过程中引入新的错误，使得失效率曲线呈现“锯齿形状”。在恢复到稳定状态的故障率之前，新的修改会带来软件失效曲线新的锯齿，随后最小故障率开始提高，并带来软件的退化。磨损特性表明了硬件和软件之间的不同，在硬件磨损时可以用备用零件替换，但对于软件，则没有备用零件替换。每个软件故障都表明了设计中或者是转换成可执行机器代码的过程中存在的错误。

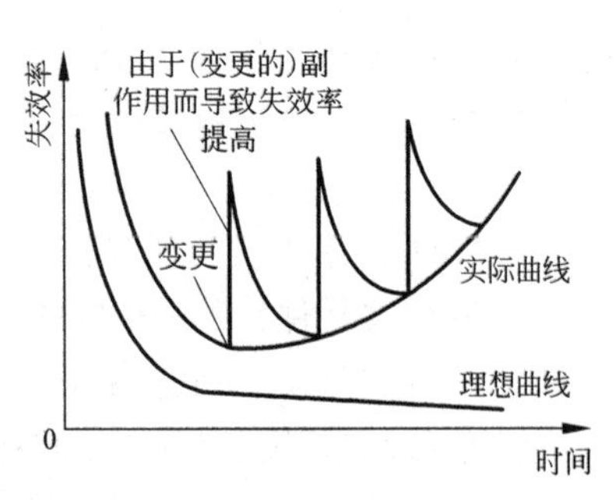

图 1-4 软件失效曲线图

因此，软件维护要比硬件维护复杂得多。

3. 软件不能通过已有构件组装，只能自己定义

先来看微处理器的控制硬件是如何设计和制造出来的。

首先硬件设计工程师需要画简单的数字电路图，做基本的分析，以保证要实现的预定功能，然后需要查阅所需的数字零件的目录。每个硬件集成电路都有零件编号、固定的功能、定义接口和一组标准的集成指南，同时，每个选定的零件都可以在货架上买到。

但是，软件工程师就没这么幸运了。尽管使用可复用构件可以让程序员专心于设计，并做到真正创新，但是硬件设计中的构件复用是工业进程中通用的方法，而在软件设计中大规模的复用才刚刚开始尝试。

在 20 世纪 90 年代以后，整个计算机工业形成这样一种默契：由软件更新带动硬件更新。由于安迪-比尔定律的作用，即“比尔要拿走安迪所给的”(What Andy Grove gives，Bill Gates takes away)，在 IT 工业产业链中处于上游的是“看得见摸不着”的软件和服务业，而下游才是“看得见摸得着”的硬件和半导体。由此，从事 IT 行业，要想获得高利率，就要从上游入手，从微软到谷歌再到 Facebook，无一不是如此。

1.1.1 软件分类

当前计算机软件分为七大类，软件工程正面临持续挑战。

- 系统软件：指控制、协调计算机及外部设备，支持应用软件开发、运行的系统。系统软件是无须用户干预的各种程序的集合，主要功能是调度、监控、维护计算机系统，并负责管理计算机系统中独立的硬件，使之协调工作。系统软件使得计算机用户和其他软件将计算机看作一个整体，而不需要顾及底层硬件如何工作。
- 应用软件：用户可以使用的各种程序设计语言，以及用这些语言编制的应用程序的集合。应用软件分为应用软件包和用户程序。应用软件包是利用计算机解决某类问题而设计的程序集合，供多用户使用。
- Web 应用软件：涵盖了众多的应用程序产品，最简单的是仅用文本和有限的图形表达信息的一组超文本链接文件。但是，随着企业到企业的电子商务模式(Business To Business，B2B)的发展，计算环境会越来越复杂。Web 应用软件不仅给用户提供了标准特性、计算功能、内容信息,而且还和企业数据库和商务应用程序相结合。

- 工程和科学软件:带着数字处理算法的标签,覆盖了从天文到地理、从自动压力分析到航空航天轨道动力学、从分子生物学到自动制造的各个领域。当前的工程和科学软件已不局限于传统的数值算法,计算机辅助设计(Computer Aided Design, CAD)、系统仿真和其他交互性应用程序已经呈现出实时和系统软件的特征。
- 嵌入式软件:嵌入在硬件中的操作系统和开发工具软件,在产业中的关联关系体现为从芯片设计制造到嵌入式系统软件,再到嵌入式电子设备的开发、制造。
- 产品线软件:为多个用户使用提供特定功能,关注特定市场(如库存产品)或者大众消费品市场,如文字处理软件、电子制表软件、计算机绘图软件、多媒体软件、娱乐软件、数据库管理、个人及公司财务应用,等等。
- 人工智能软件:利用非传统数值计算方法和直接分析难以解决的复杂问题,该领域的应用包括机器人、专家系统、模式识别、人工神经网络(Artificial Neural Network, ANN)、机器学习、定理证明和博弈,等等。

工程师文化是硅谷成功的一个重要原因。全世界数百万计的软件工程师正在努力地进行7类项目的工作。程序员或者开发新系统,或者对现有的应用程序进行排错、调整、升级。

"站在风口上,猪也会飞"是小米董事长雷军的观点,在国内互联网圈广泛流传,大家都以此作为进入一个市场或选择一个业务的判断准则。在软件公司里,年轻的软件工程师常常会从事比较大的项目,新的挑战也逐渐显现出来。

- 普适计算(Ubiquitous Computing):无线网络的快速发展促成真正的分布式计算。软件工程师面临的挑战是开发系统和应用软件,使得小型计算设备、个人电脑以及企业应用可以通过网络设施(无所不在)进行通信。
- 网络资源:随着WWW的发展,网络资源成为计算引擎和内容提供平台。软件工程师的新任务是构建简单、智能的应用程序(例如个人理财规划)为全世界最终用户市场服务。
- 开源软件:源码可以被公众使用的软件,并且开源软件的使用、修改、分发也不受许可证限制。开源软件由分散在全世界各个角落的编程队伍开发,大学、政府机构承包商、协会和商业公司都在开发开源软件。历史上的开源软件和UNIX、Internet的联系非常紧密。软件工程师需要开发能自我描述的源代码和技术,使得用户和开发人员了解已有的变动,并知道在软件中如何体现。
- 新经济:20世纪90年代后期困扰金融市场的网络经济衰退使人们相信新经济已经衰亡。现在的新经济体系尽管发展缓慢,但是却能健康成长。新经济朝着多点通信和分布式的方向发展。旧的电话通信方式是"点到点连接",新方法则是"多点相互连接",例如Napster、即时消息软件、短信息系统,等等。

1.1.2 层次化软件工程

1964年4月7日,IBM推出了System/360系列大型主机,这个划时代的创新改变了商业界、科学界、政府、IT界本身,如图1-5所示。

因为IBM System/360的工作,佛瑞德·布鲁克斯(Frederick P. Brooks)于1999年获

图 1-5 IBM 推出的 System/360 系列大型主机

得图灵奖。布鲁克斯把在 IBM 公司任 System 计算机系列以及其庞大的软件系统 OS 项目经理时的实践经验总结成《人月神话》一书，探索了达成一致性的困难和解决的方法，并探讨了软件工程管理的其他方面，如图 1-6 所示。

图 1-6 布鲁克斯和《人月神话》

布鲁克斯认为，软件系统可能是人类所创造的最错综复杂的事物，软件工程还很年轻，需要继续探索和尝试。自从 1968 年在德国的南部小城加尔米施(Garmisch)召开的 NATO 会议上提出“软件工程”这一术语以来，虽然有很多人都给出了软件工程的定义，但佛列兹·鲍尔(Fritz Bauer)在该会上给出的定义仍是进一步展开讨论的基础：软件工程是为了经济地获得可靠的和能在实际机器上高效运行的软件而建立、使用的好的工程原则。加尔米施会议和 Fritz Bauer 如图 1-7 所示。该定义没有涉及软件质量的技术层面，也没有谈到用户满意度或按时交付产品的要求，忽略了测度、度量的重要性，甚至没有阐明一个成熟的过程的重要性。

图 1-7 加尔米施会议和 Fritz Bauer

那么,应用到计算机软件开发中的好的工程原则是什么?如何更经济地编制出可靠性高的软件?如何才能创建出能在多个机器上高效运行的程序?这些问题都对软件工程师提出了进一步挑战。

为此,美国电气和电子工程师协会(IEEE)给出了一个更加综合的软件工程定义。软件工程是将系统化的、规范的、可度量的方法应用于软件的开发、运行、维护的过程,即将工程化应用于软件中,同时是对上面所述方法的研究。

1. 软件过程、软件方法和软件工具

软件工程也是一种层次化的技术。

和任何工程方法一样,软件工程方法必须以质量保证为基础。全面的质量管理促进了不断的过程改进,带来了成熟的软件工程方法。软件工程的根基在于对质量的关注,如图 1-8 所示。

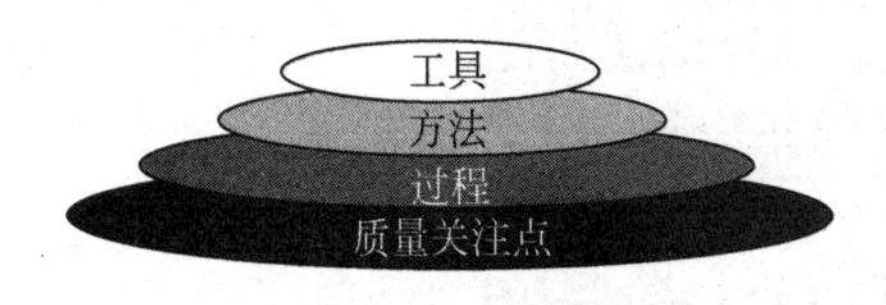

图 1-8 软件工程的层次图

首先,软件工程的过程层是基础。软件工程过程将技术层结合在一起,使得计算机软件得到合理、及时的开发。过程定义了关键过程区域的框架,对软件工程技术的应用是必需的。关键过程区域是软件项目管理控制的基础,确立了上下各区域之间的关系,并规定了采用的技术方法,产生的工程产品(包括模型、文档、数据、报告、表格,等等),建立里程碑(milestone),质量保证以及管理变化。

如图 1-9 所示为微软解决方案框架(Microsoft Solutions Frameworks,MSF)过程的阶段和主要里程碑。MSF 过程模型起始于微软开发软件应用程序的过程,经过演化,与其他流行的过程模型中最为有效的原理相结合,最后形成模型。MSF 过程模型可以跨越所有的工程类型,例如基于阶段类型的、里程碑驱动的、基于迭代模型的工程等。

其次,软件工程的方法层提供了软件在技术上的"如何做"。方法涵盖了一系列任务,如需求分析、设计、编程、测试、维护。软件工程方法依赖于各技术区域的基本原则,并包含建模活动和其他技术。

最后,软件工程的工具层对过程层、方法层提供了自动、半自动的支持。这些工具集成起来,使得产生的信息可被其他工具使用,建立了一个支持软件开发的系统,即计算机辅助软件工程(Computer-Aided Software Engineering,CASE)。CASE 集成了软件、硬件、数据库(包含分析、设计、编程、测试的重要信息仓库),形成了一个软件工程环境,类似于硬件的

图 1-9 微软 MSF 的阶段和主要里程碑

计算机辅助设计（Computer Aided Design，CAD）或计算机辅助工程（Computer Aided Engineering，CAE）。

2. 软件工程视图

分布式和容错性是互联网的生命；简单性和模块化是软件工程的基石。

佛瑞德·布鲁克斯的一句话简洁、形象地点出了科学家和工程师的差异：科学家发明是为了学习，工程师学习是为了发明。工程是对技术实体或社会实体的分析、设计、建造、验证、管理。抛开要工程化的实体，必须先回答下列问题：

- 要解决的问题是什么？
- 用于解决该问题的实体具有什么特点？
- 如何实现该实体？解决方案是怎样的？
- 如何建造该实体？
- 采用什么方法去发现该实体设计和建造过程中产生的错误？
- 当该实体的用户要求修改、适应、增强时如何支持这些活动？

我们要针对的实体是计算机软件，要建造适当的软件必须定义软件开发过程。不考虑应用领域、项目规模、复杂性，可以把软件工程的工作分为 3 个阶段，每个阶段能够回答上述的一个或多个问题。

(1) 定义阶段：针对“做什么”，在定义过程中，软件开发人员试图弄清要处理什么信息，预期完成什么功能和性能，希望有什么系统行为，建立什么样的界面，有什么设计约束，以及定义一个成功系统的标准是什么。这些问题定义了系统和软件的关键需求。定义阶段采用的方法取决于使用的软件工程范型，但都包含 3 个主要任务，即系统或信息工程、软件项目计划、需求分析。

(2) 开发阶段：针对“如何做”，在开发过程中，软件工程师试图定义如何结构化数据，功能如何转换为软件体系结构，过程细节如何实现，界面如何表示，设计如何转换成程序设计语言或非过程语言，测试如何执行。开发阶段采用不同的方法，都包含 3 个特定任务，即软件设计、代码生成、软件测试。

(3) 维护阶段：针对"改变"，维护阶段涉及纠正错误，随着软件环境的演化而进行的适应修改，以及用户需求变化带来的增强性修改。维护阶段在已有软件的基础上重复定义了开发阶段的各个步骤，并需要完成下面4类修改。

- 纠错：即使有最好的质量保证机制，用户还是有可能发现软件错误，纠错性维护的目的在于改正错误而使软件发生变化。
- 适应：随着时间，软件的开发环境(如CPU、操作系统、商业规则、外部产品特征等)会发生变化，适应性维护在于适应外部环境的变化。
- 增强：随着软件的使用，用户会认识到某些新功能会带来更好的效益，增强性维护扩展了原来的功能需求。
- 预防：计算机软件随着修改逐渐退化，因此必须要有预防性维护，即软件再工程，使得软件能够满足最终用户的要求。预防性维护通过修改计算机程序能够更好地纠正软件的错误，提高软件的适应性，并增强软件的需求。

今天，老化的软件工厂迫使很多公司不得不实行软件再工程。软件再工程常常是商业过程再工程的一个组成部分。同时，很多保护性活动用来补充说明软件工程一般视图中的各个阶段和相关步骤，贯穿整个软件过程中的典型活动，包括如下。

- 软件项目追踪、控制；
- 正式的技术复审；
- 软件质量保证；
- 软件配置管理；
- 文档的准备和产生；
- 可复用管理；
- 测试；
- 风险管理。

1.1.3 软件范型的转变

软件范型(Paradigm)指软件系统组织与结构设计的工程技术。软件范型既可以指软件系统静态的组织与结构模型，也可以指动态的软件系统开发与构造构成模型。

自21世纪以来，中国进入新常态，随着"互联网+"和软件工程的融合与创新，软件开发范型发生了变革，即从面向单体与系统中的面向对象(Object Oriented，OO)、基于构件到面向网络资源Web服务与当前的语义Web服务发展到面向人网交互方式，例如以用户(业务和内容服务需求)为中心、要求可信与情境敏感、按需服务的软件范型转变。

互联网与传统行业融合是新的"信息能源"。软件粒度越来越大，软件实体元素的耦合从面向对象之间紧密耦合方式(消息传递)发展到网上软件Web实体资源之间的动态链接与组合形成的动态行为同盟，耦合越来越松散，如图1-10所示。

今后，软件工程学科的走向是软件在网络环境下工作、软件工程向需求工程倾斜、软件结构可以用网络拓扑表示、问题的形式化向着本体描述发展、软件在演化中生长完善。由此，传统的软件工程方法、技术面临着挑战，我们走在面向服务的软件工程时代。在互联网行业，全世界至今遵守当年雅虎公司(Yahoo)制定的游戏规则——"开放、免费、盈利"。在互联网+环境下，软件的研究、开发、测试、经营的传统模式正在发生变化，软件服务化成为

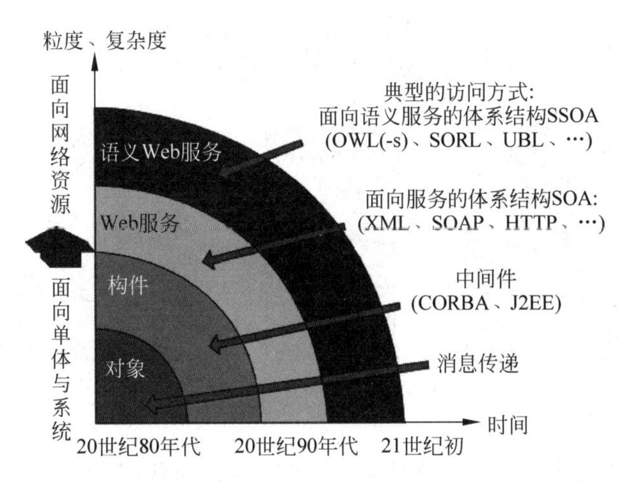

图 1-10　软件范型的转变

一种趋势。

1.1.4　现代软件开发

1. 从传统软件开发到现代软件开发

传统软件开发即作坊式的软件生产，开发工作主要依赖于开发人员的个人素质和编程技巧。

传统软件开发缺少与程序有关的文档，使得软件开发人员的实际成本、进度与预计的相差很大。由于程序量和规模不大，传统软件开发通常由单个程序员完成，不需要团队合作，所以项目管理松散，程序可重用程度差。同时，项目的成败在于开发人员，因此导致随之而来的失败的风险增加，可维护性差。计算机应用需求的快速增长、软件规模的越来越大，使得软件开发的生产率远远跟不上应用需求的增长速度。

20 世纪 60 年代中期，人们把在软件开发和维护方面的各种问题称为“软件危机”。不是最先上岸的，就是最后被淹死的。现代软件开发适应了社会化大生产的需求，强调分工、协作，重视对软件质量的把握和对项目的管理，并采用了工程化方法进行文档的控制和代码的管理。所以，不同于传统软件开发，现代软件开发从设计到开发到测试都由一个人完成，由此保证了软件的质量。微软公司作为世界计算机软件开发的先导，在计划、设计、实施、测试、市场运作等方面的软件开发都有很强的可借鉴性。微软项目功能组的行政结构与工作关系如图 1-11 所示。

在微软的软件开发模式中，开发人员的职责明确、分工细致。在微软公司，从前瞻性的技术研究到研究成果转向产品，再从产品规划到项目经理的产品设计，以及到各个项目开发团队，最后到测试人员，都有明确的分工。微软的软件开发有其独到之处，组织完整的软件测试团队正是软件生产过程的过滤网。素质优秀的软件测试团队可以将软件开发过程中的维护费用降至最低，同时又提升了软件质量以及公司信誉。

现代软件开发正面临巨大的转型。前 3 次工业革命分别是机械化、电力、信息技术的结果，目前，物联网和制造业服务化宣告第 4 次工业革命（即工业 4.0）的到来。在工业 4.0 时

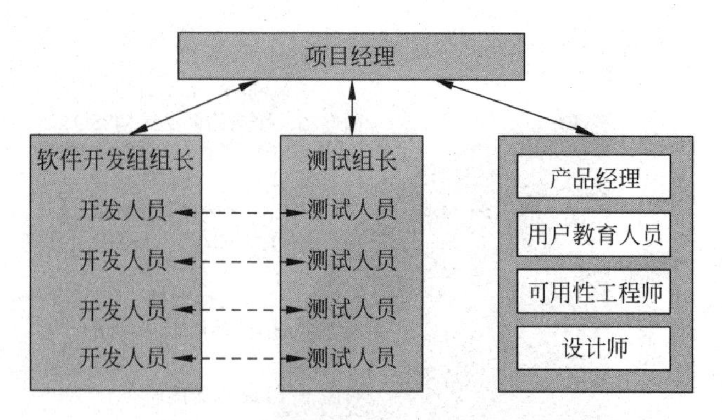

图 1-11 微软项目功能组的工作关系

代,虚拟世界将与现实世界融合,通过计算、自主控制和物联网,人、机器、信息能够互相连接,融为一体。越来越多的项目经理不仅仅只是计算机领域的高手,同时还是应用领域的专家,并具有丰富的管理经验。在现代社会,项目的划分也越来越细,项目不再依赖于单个程序员的发挥和技巧,而是依靠团队(Teamwork)的力量。

那么,在现代软件开发模式下,我们究竟具备什么样的素质和能力,应该怎样做来适应未来的发展呢?

2. 团队与人员培养

软件团队反映了软件工程师在团队环境中是如何工作的。

软件团队的范围对于软件开发有着很重要的影响。团队营造出好的研发氛围无疑能够更大程度地发挥软件工程师的潜能,激励创新、加大沟通,增强团队内部的凝聚力,使软件工程师在协作的环境中工作。这样的工作软环境会极大地吸引多方面的人才。

软件工程师们需要满怀热情投入自己的工作。在微软公司有这样概括企业文化宗旨的一句话,"每天醒来的时候要对技术给生活造成的改变始终拥有一份激情。"1983 年,乔布斯(Steve Jobs)为了说服当时最红的消费产品营销奇才——百事可乐公司总裁约翰·斯卡利(John Sculley)加入苹果公司,说出一句极具煽动性,至今仍被人津津乐道的话,"你是想卖一辈子糖水呢,还是想抓住机会来改变世界?"可见,软件工程师们都需要拥有激情。图 1-12 所示为乔布斯和约翰·斯卡利。

图 1-12 乔布斯和约翰·斯卡利

如果程序员每天早上醒来的时候都有一种感觉——就想躺在床上，不想去上班，这就意味着程序员对目前所从事的工作、项目缺乏兴趣，没有激情。这时程序员就要考虑换一个工作或项目去做了，因为工作如果不能够吸引和驱动程序员，不能带来工作动力，那么程序员就不会完全投入工作，无法取得高效率，软件企业也就无法获得更大的生产力。另一方面，程序员乐于向不同的技术挑战，并愿意看到自己的技术被成千上万的人使用，然后尽情享受成功给自己带来的乐趣。

在传统行业，一个优秀的人才可能有几倍于一个普通人才的生产效率。对于现代 IT 企业，一个优秀的人才的生产效率可能是一个普通人才的数百倍。一个好的程序员与一个一般的程序员之间的差别是非常大的，有时候，一个水平较差的程序员甚至会起到相反的作用。这一点和软件工程的统计数据也是一致的，在影响软件产品质量的众多因素中，最主要的是开发人员的生产效率。

要留住优秀人才需要有良好的软件团队。

吸引优秀人才更是如此，每个渴望成功的人都希望有一个能重视自己、能让自己充分发挥能力、能提高自身能力的大家庭。成功的软件开发团队需要高素质的软件开发人员。好团队里面的软件工程师需要懂得如何理解他人的工作，如何将自己与他人的工作整合起来，如何剪裁他人的工作。好的软件工程师会合理地安排时间进程，及时总结工作中的成绩和失败，以高效为目标，而不是以经常超时工作为荣。

软件公司最宝贵的财富不是巨额财产，而是人。

众多的人才创造出巨额资产，正因为如此，大型国际软件公司在招聘的时候始终力争招到最优秀的人才。微软公司在通知面试者去面试的时候通常会有 4～6 个甚至更多的专家及负责人在等着进行面试，其中每一个人都会和面试者面谈一个小时左右，并集中考查面试者以下几个方面的能力：

- 扎实的基础；
- 创新、独立的工作能力；
- 主人翁精神和团队精神；
- 沟通与协调能力；
- 成就感强，有激情；
- 自觉地干好工作；
- 锲而不舍，从错误中学习。

1.2 软件质量

软件工程方法的唯一目标是生产出高质量的软件，那么什么是软件质量呢？

零缺陷之父、世界质量先生、伟大的管理思想家菲利普·克劳士比（Philip B. Crosby）在关于质量的划时代著作《质量免费》中（见图 1-13）为上述问题提供了答案：质量管理的问题不在于人们不知道什么是质量，而在于人们认为他们自己知道什么。

软件质量的特征是每个人在某种条件之下需要它，每个人都觉得自己理解它，却又不愿意解释它。每个人都认为实行软件质量只需遵从自然趋势，毕竟不管怎样都还做得不错。当然，大多数人认为这一领域的问题都是由别人引起的，他们只要花了时间就能把事情做好。

图 1-13 菲利普·克劳士比和其著作

有些软件开发者认为,软件质量是在编码之后才应该开始担心的事情。这很荒谬,因为软件质量保证(Software Quality Assurance,SQA)是应用于整个软件过程的保护性活动。软件质量保证包括质量管理方法、有效的软件工程技术(方法、工具)、在整个软件过程中采用的正式技术复审、多层次的测试策略、对软件文档及其修改的控制、保证软件遵从软件开发标准的规程以及度量、报告机制。

至繁归于至简。软件质量保证和软件测试的关系、软件质量保证和质量控制的关系如图 1-14 所示。

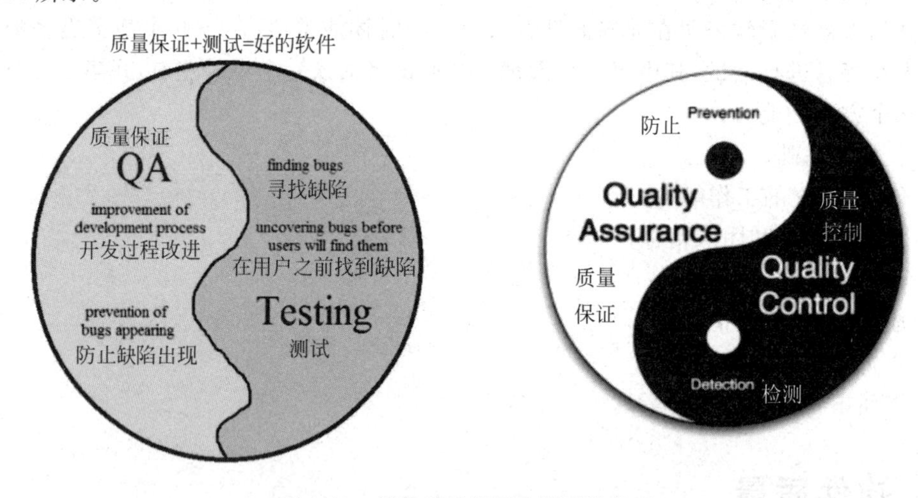

图 1-14 软件质量保证和测试的关系

1.2.1 质量概念

软件系统规模和复杂性的增加使得软件开发成本和软件故障所造成的经济损失也在增加,软件质量问题正成为制约计算机发展的关键因素。

在软件产业的发展过程中,如何提高软件企业的生产率和产品质量已经成为行业关注的焦点。软件质量的研究随着软件开发技术和管理水平的发展不断向前发展。近几年来,随着广泛开展的国际软件企业认证评估,社会对软件质量保障和软件过程改进活动的重视达到了前所未有的程度。

软件工程发展了50年,人们对软件质量的看法、标准随着计算机硬件、软件技术的发展而不断变化。在软件发展初期,由于计算机的内存容量有限且执行速度不高,人们设计软件时除了强调正确性之外特别强调程序的效率和设计技巧。后来,随着计算机硬件的发展和软件规模与复杂性的增加,人们对软件质量的评价由正确性、效率为主的评价转向对软件可靠性、易理解性、可维护性、效率等多方面的评价,即从效率第一转向清晰第一,对软件质量开始形成较全面的评价。

相应地,大家应从下面几个方面来看软件质量。

(1) 软件结构方面:软件应具备良好的结构。一方面要求软件系统的内部结构清晰,易于软件人员阅读和理解,方便对软件的修改和维护;另一方面要求软件系统具备友好的人机界面,方便用户应用。这些需求,和明确规定的功能、性能需求相比常常是隐含的。因此,软件的质量不仅要看明确的功能、性能要求,还要看软件所期望的隐含的需求。

(2) 功能与性能方面:其软件应能够按照既定的要求工作,并且与明确规定的功能、性能需求一致。软件系统能够可靠的工作,不仅在合法的输入情况下能够正确运行,而且还能够安全地排除非法的输入和处理意外事件,保证系统不受损害。

(3) 开发标准与文档方面:软件开发应用必须和明确成文的开发标准一致,遵循软件开发准则,做到软件文档资料齐全。如果不按照软件工程方法开发软件,必然导致软件质量低下。

上述3个方面互相联系、相辅相成。但是,不同的人会从各自的需求出发,对软件质量标准有不同的要求:管理人员要求软件服从一些标准,能够在计划的经费和进度范围内实现所需的功能;用户要求软件应使用方便,执行效率高;维护人员则要求软件文档资料清晰、完整。

不同性质、用途的软件具有不同的特征集合和质量要求。例如,实时控制软件和大型联机事务处理系统(On-Line Transaction Processing,OLTP)软件对于软件的可靠性要求很高;而常规的办公事务软件及管理信息系统(Management Information System,MIS)对于易用性和可移植性要求很高。质量的不同特性之间可能是矛盾的:片面强调执行效率,设计出来的软件可能结构复杂、难于理解,也难于修改和维护;追求可靠性一般也要以一定的时间和空间作为代价。

1.2.2 质量运动

日本式质量管理的集大成者石川馨(Ishikawa Kaoru)曾说,以往讲质量往往站在使用者的角度,但是今天必须考虑对周围影响的质量,例如飞机的噪音、汽车的尾气。这样,全面质量管理所指的实际上就是全面质量的概念。图1-15所示为石川馨。

图1-15 日本质量管理集大成者石川馨

全面质量管理(Total Quality Management,TQM)是一种全员、全过程、全企业的品质经营,指一个组织以质量为中心,以全员参与为基础,目的在于通过让顾客满意和本组织所有成员及社会受益,达到持续经营的管理途径。

通常,全面质量管理包括以下4个步骤:

(1) 第1步是一个连续的过程改进系统,目标在于开发看得见的、可重复的和可度量的软件过程。

(2) 第2步在第1步完成之后才可启动。这一步将检查影响过程的其他因素,并优化这些因素对过程的影响。例如,软件过程可能受到高层职员流动的影响,而该影响是公司内部不断重组引起的。稳定的公司组织会对软件质量的提高带来很大的帮助,所以第2步可以帮助管理者对公司的重组方式提出建议。

(3) 第1步和第2步关注的是过程,第3步(或称"第五感觉")关注软件产品的用户,是通过检查用户使用产品的方式,使得产品本身改进和潜在地改进产品的生产过程。

(4) 第4步将管理者的注意从当前的产品上移开并拓宽。作为面向商业的步骤,第4步通过观察产品的市场用途来寻找产品在相关领域中的发展机会。在软件领域,第4步被视为发现有利可图的新产品或寻找当前计算机系统的副产品所做的努力。

大多数软件公司都关心第1步。在建立一个成熟的软件过程之前,软件公司进入后面步骤的意义不大。

1.2.3 软件质量概念

生产高质量的软件是我们的重要目标,但是如何定义质量呢?一个笑话说"每个程序都能够做好一些事情,不过不是我们希望它做到的那些而已。"软件质量的定义有很多种,这里仅列出有代表性的定义:

1. IEEE关于软件质量的定义

软件质量是:

- 系统、部件或者过程满足规定需求的程度。
- 系统、部件或者过程满足顾客或者用户需要或期望的程度。

该定义相对客观,强调了产品(或服务)和客户/社会需求的一致性。

2. ANSI关于软件质量的定义

按照美国国家标准学会(American National Standards Institute,ANSI)于1983年的标准陈述,软件质量定义为"与软件产品满足规定的和隐含的需求的能力有关的特征和特性的全体"。具体包括:

- 软件产品中能满足用户给定需求的全部特性的集合。
- 软件具有所期望的各种属性组合的程度。
- 用户主观得出的软件是否满足其综合期望的程度。
- 决定所用软件在使用中将满足其综合期望程度的软件合成特性。

该定义重点强调了软件的特性或特征,与需求吻合的程度,以及这些特性或特征的综合评价值。

对软件质量的确定性定义可以持续争论下去。从上述定义可以看出,软件质量强调了3个重要方面:

- 软件需求是进行"质量"度量的基础,与需求不符就是质量不高。

- 指定的标准定义了一组指导软件开发的准则，如果不能遵照这些准则，就极有可能导致质量不高。
- 隐含需求不被提及，如易维护性的需求。如果软件符合明确的需求却没满足隐含需求，软件质量仍然值得怀疑。

质量是产品的生命，对软件尤其如此。

由于其自身的特点，软件质量具有与其他产品质量不同的特点。质量控制本身是一件困难的事情，因为涉及众多的因素，而且软件质量的控制尤其困难。一方面，由于软件生产的历史不算久远，人们的认识还不那么充分；另一方面，软件的复杂性远远超过硬件，但是软件的直观性远远不及硬件。质量评估是产品质量管理的关键，如果没有科学的质量评估标准和方法，就无从有效地管理质量。

现代质量管理认为质量是客户要求或者期望的有关产品或服务的一组特性。

落实到软件上，这些特性可以是软件的功能、性能、安全性。这些特性决定了软件产品保证客户满意的能力，可以度量。软件的无形性、复杂性使得软件质量度量要比其他产品（例如电视机）困难得多，但是我们能借助软件测试的理论、技术、方法、工具来获得软件质量客观、科学的度量，而且我们还能从其他角度（即软件产品是如何生产出来的）来间接地推断软件质量。

软件的过程质量有别于前面所说的软件产品质量。所谓“过程”，可以理解为一个活动序列和与此相关的输入、输出、约束条件、实现方法、辅助工具等因素共同组成的系统。国际标准化组织（International Organization for Standardization，ISO 9001）和能力成熟度模型集成（Capability Maturity Model Integration，CMMI）都是从过程角度来探讨软件质量和质量改进的。

当然，还能从其他角度（比如软件的生产者，即人的素质）来诠释软件质量。但是，不管怎样，软件的产品质量是最终的检验标准，而最终的检验者则是客户。从这个意义上说，软件质量也就是客户满意度。

不同性质、用途的软件有着不同的特征集合和质量要求，把各类软件综合起来可以看到6个主要特征。

- 功能性：软件实现的功能达到要求的和隐含的用户需求以及设计规范的程度。
- 可靠性：软件在指定条件和特定时间段内维持性能的能力程度。
- 易使用性：用户使用该软件所付出的学习精力。
- 效率：在指定条件下软件功能与所占用资源之间的比值。
- 可维护性：当发现错误、运行环境改变或客户需求改变时程序能修改的容易程度。
- 可移植性：将软件从一种环境移入另一种环境的容易程度。

不同的角色对软件的质量又有不同的观点。

从“用户角度”来评价软件质量，关心的重点是所要的功能在软件中是否已经实现？软件的效率如何？软件是否可靠？软件是否方便使用？将软件移植到另一个环境中是否方便？改变或增添软件功能是否方便？

从“开发者角度”来看待软件质量，关心的重点和从用户角度相似，但为了保障软件产品的质量，会更关心软件的结构和软件的可维护性，以及关心在开发的不同阶段对软件中间结果检测和结果分析是否方便。

从“管理者角度”来观察软件更注重软件整体质量，而不是某个具体的质量特征，要根据软件应用的类型和商务需要为不同的特征分配权值,同时还要考虑成本、资源消耗、开发周期的限制等,最后,在管理要素和质量改进需求之间寻求平衡。

1.2.4 评价体系与标准

对于任何为他人生产产品的企业来说,质量保证必不可少。

20世纪之前的质量保证只由生产产品的工匠承担。随着1916年第一个正式的质量保证和控制职能在贝尔实验室出现,质量保证的方法和策略迅速风靡整个制造行业。在计算机发展早期的50和60年代,质量保证只由程序员承担。软件质量保证的标准在70年代首先在军方的软件开发合同中出现,此后被迅速传遍整个商业领域。今天,这一定义的含义在于一个组织中有多个机构负有保证软件质量的责任,包括软件工程师、项目管理者、客户、销售人员和软件质量保证(Software Quality Assurance,SQA)小组的成员。

质量是产品的生命,对软件尤其如此。质量控制是一件困难的事情,因为和很多因素相关。相应地,软件质量控制尤其困难:一方面,由于软件生产的历史不久远,人们的认识还不够充分;另一方面,软件的复杂性远超过硬件,但是直观性远不及硬件。

由于自身特点,软件质量具有与其他产品质量不同的特点。软件质量贯穿整个软件生命周期,涉及软件质量需求、软件质量度量、软件属性检测、软件质量管理技术和过程,等等。相应地,质量评估是产品质量管理的关键,如果没有科学的质量评估标准和方法,就无从有效地管理质量。软件质量保证涉及整个软件开发过程,包括监视和改善过程,确保任何经过认可的标准和步骤都被遵循,并且保证问题被发现和处理。

从本质上说,软件质量保证是为了"预防"。

IEEE给出软件质量保证(SQA)的定义:一种有计划的、系统化的行动模式,是为项目或者产品符合已有技术需求提供充分信任所必需的;用来评价开发或者制造产品的过程的一组活动,与质量控制有区别。

然而,和实际的软件质量保证有偏离,软件质量保证不应局限于开发过程,软件质量保证行动不应局限于功能需求的技术方面,而应该包含与进度和预算有关的活动。

针对这个考虑,软件质量保证有一个扩展定义:软件质量保证是一个有系统的、有计划的行动集合,是为提供软件产品的软件开发过程与维护过程符合已经建立的技术需求,以及跟上计划安排与在预算限制之内进行的管理上的充分信任的必需。

软件质量保证由各种任务构成。这些任务和两个参与者相关,一个是做技术工作的软件工程师,另一个是负责质量保证的计划、监督、记录、分析及报告工作的软件质量保证小组。相应地,软件工程师通过可靠的技术方法、措施进行正式的技术复审、执行计划周密的软件测试来考虑质量问题,并保证软件质量。同时需要为项目准备软件质量保证计划,该计划在制订项目计划时制订,由所有感兴趣的相关部门复审,然后控制软件工程小组和软件质量保证小组执行的质量保证活动。

在计划中要注意下面几点:

- 需要进行评价;
- 需要进行审计、复审;
- 项目可采用的标准;
- 错误报告和跟踪过程;

- 由软件质量保证小组产生的文档；
- 为软件项目组提供的反馈数量。

除了上述活动以外，软件质量保证小组还需要协调变化的控制和管理，并帮助收集和分析软件度量信息。

- 参与开发该项目的软件过程描述：软件工程小组为工作选择一个过程，软件质量保证小组通过复审过程说明来保证该过程与组织政策、内部软件标准、外界所定标准(如 ISO 9001)以及软件项目计划的其他部分相符。
- 复审各项软件工程活动，对其是否符合定义好的软件过程进行核实：软件质量保证小组识别、记录和跟踪与过程的偏差，并对是否已经改正进行核实。
- 审计指定的软件工作产品，对是否符合定义好的软件过程中的相应部分进行核实：软件质量保证小组对选出的产品进行复审，识别、记录和跟踪出现的偏差，对是否已经改正进行核实，定期将工作结果向项目管理者报告。
- 确保软件工作产品中的偏差被记录在案，根据预定规程进行处理：偏差可能出现在项目计划、过程描述、采用的标准或技术工作产品中。
- 记录所有不符合规范的部分，并报告给高级管理者：不符合的部分受到跟踪，直到问题最终解决。

1.3 软件测试与可靠性

从表面上看，软件测试的目的与软件工程其他阶段的目的相反。

软件工程的其他阶段都是“建设性”的，软件工程师力图从抽象的概念出发逐步设计出具体的软件系统，直到用一种适当的程序设计语言写出可执行的程序代码。但是，在测试阶段测试人员努力设计出测试方案，目的却是为了“破坏”已经建造好的软件系统来竭力证明程序中有错误，使得不能按照预定要求正确执行。所以，测试阶段的根本目标是尽可能多地发现软件中隐藏的错误，最终把一个高质量的软件系统交给用户使用。

软件测试的概念最早可以追溯到软件开发的早期。

计算机从诞生起就开始了软件开发和软件测试。由于早期的计算机运行性能比较差，软件的可编程性范围比较窄，错误主要集中在元器件的不稳定上。这一阶段还没有系统意义上的软件测试，更多的是一种调试测试。那时，测试用例的设计和选取都是随机的，并凭借测试人员一定的经验进行。

在 20 世纪 50 年代后期到 60 年代，高级语言相继诞生，并得到广泛的应用，测试的重点逐渐转入到高级语言编写的系统中。此时程序的复杂性增强了，但是由于硬件系统的制约，相对而言软件还处于系统的次要位置，软件的正确性保证主要依赖编程人员的水平。因此，测试理论和方法在这一阶段的发展很缓慢。

在 70 年代后，随着计算机处理速度的飞速提高、内存和硬盘容量的快速增加，软件在这个系统中变得越来越重要。软件的规模越来越大，可视化编程环境、日益完善的软件分析设计方法(如面向对象的分析设计的概念)以及新的软件开发过程模型的出现使得大型软件的开发成为可能。同时，由于软件规模和复杂度的急剧增加，使得软件可靠性面临着危机。软件测试在这一阶段受到诸多挑战，许多测试理论和测试方法相继诞生，并逐渐形成体系。同时,这一阶段也孕育培养了一批出色的测试专家。

随着软件产业化的发展,人们对软件的质量、成本、进度提出了更高要求,质量的控制已不再是传统意义上的软件测试。传统的软件检测基于代码运行,并在软件开发后期才介入。然而,业界的大量研究表明,设计活动引入的错误只占软件过程中出现的所有错误数量的50%～65%。

1.3.1 软件测试的意义

在20世纪40年代,当美国海军准将及计算机科学家葛丽丝·霍普(Grace Hopper)第一次在"事件记录本"中把引起"MARK Ⅱ"计算机死机的飞蛾注明为"第一个发现虫子的实例"后,人们便开始将计算机和软件缺陷称为虫子。软件缺陷就像自然界中的臭虫一样,轻则给用户带来不便,重则造成重大的生命、财产损失。软件是人写的,所以并不完美。图1-16所示为葛丽丝和软件臭虫。

图1-16 葛丽丝和软件臭虫

下面是曾经发生的真实故事。

1. 迪士尼狮子王缺陷

1994年秋天,迪士尼公司(Walt Disney Company)发布了第一个面向儿童的多媒体光盘游戏"狮子王童话",如图1-17所示。迪士尼首次进军该市场,公司进行了大力的宣传和促销活动,结果迪士尼大获全胜,销售额非常可观,该游戏成为孩子们在那个秋天的必买游戏。

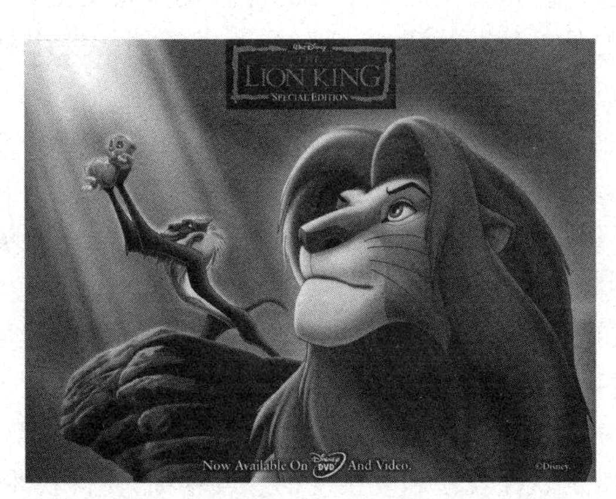

图1-17 迪士尼的"狮子王童话"

后来的事情却让迪士尼吃够了苦头。自 1994 年 12 月 26 日起，迪士尼公司的客户支持部门的电话开始响个不停，很快整个部门陷入了愤怒的已经购买光盘的家长和哭诉玩不成游戏的孩子们的吵闹之中。更让人担心的是，媒体上开始大肆报道迪士尼的恐慌。后来证实，迪士尼公司没有对市场上投入的各种个人电脑类机器进行正确的配置测试。当时的情况是程序员用于开发的系统中的游戏一切正常，而在大众各种各样的机器上却出现了严重的问题。

2. 英特尔浮点除法缺陷

1994 年 12 月 30 日，美国弗吉尼亚州林奇堡大学(Lynchburg College)的 Tomsas R. Nicely 博士在他的奔腾计算机上做除法实验时记录了一个没想到的结果。

他把发现的问题放到因特网上引发了一场风暴，成千上万的人发现了同样的问题，并得出错误的结果。英特尔奔腾浮点除法软件缺陷是在计算机的“计算器”程序中输入算式“(4 195 835/3 145 727)×3 145 727—4 195 835”，如果答案是 0，说明计算机没问题；如果得出其他结果，就表示计算机使用的是带浮点除法软件缺陷的老式英特尔奔腾处理器。该软件缺陷刻录在一个计算机芯片中，并在生产过程中反复制造。不过，万幸的是这种情况很少见，仅在进行精度要求很高的数学、科学、工程计算中才导致错误，大多数进行财会管理和商务应用的用户根本不会遇到此类问题。图 1-18 所示为 Tomsas R. Nicely 博士和 Intel 除法缺陷。

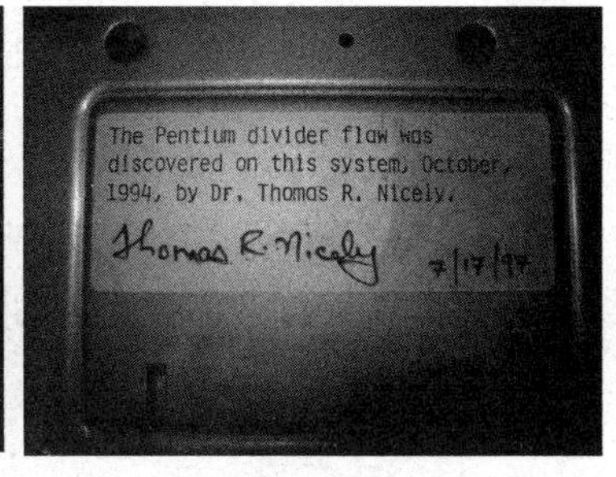

图 1-18　Tomsas R. Nicely 博士和 Intel 除法缺陷

3. 人造陨石坑缺陷

1999 年 12 月 3 日，美国宇航局的火星登陆飞船，在试图登陆火星表面时意外失踪。宇航局内部错误评定委员会检查，发现这一事件的元凶是登陆飞船携带的计算机的某个数据位被意外更改了。

为了节约费用，美国宇航局简化了确定何时关闭减速火箭的装置，进一步消减项目经费，将昂贵的测距激光雷达也节省了。为此，他们准备了一个廉价的触点开关，安装在支撑三脚架上，并且在船载计算机中设置了一个数据位来关闭减震火箭的燃料。这些看起来不错，当三脚架没有接触到坚实的火星土地时火箭是不会停止工作的。

遗憾的是，在后来的测试中错误评定委员会发现了事情的真相：飞船高速穿过火星大气层产生了巨大的震动，三脚架打开后火箭就被启动了，最后火箭燃料耗尽，飞船从 1800m 以上的高空中迅速坠地，在坚实的火星土地上制造了一个来自美国的人造陨石坑，如图 1-19

所示。令人惊讶的是,飞船确实经过了严格的测试,但是整件结果却分开了:宇航局让一个测试团队测试三脚架,另外一个测试团队测试减震火箭。前一个小组不关注传感器的数据,而后面的小组每次做测试总要将传感器数据清空。双方独立工作得都不错,却从未在一起工作过。

图 1-19 人造陨石坑缺陷

4. 程序员的千年虫问题

该事件是 20 世纪 70 年代某位程序员负责公司的工资系统时的杰作,如图 1-20 所示。

当时计算机硬件非常昂贵,以至于程序员绞尽脑汁地节省每一个宝贵的字节存储空间。出于无奈,这名出色的程序员将 4 位数字年缩减为两位,由此得到了大量宝贵的存储空间,得到了公司的嘉奖。该程序员认为,只有在 2000 年的时候计算 00 或者 01 这样的年份时系统才会出现错误,而当时距离 2000 年还有 20 多年,20 年后也许人类早就抛弃地球移民到火星中去了。后来,该程序员退休,大家都遗忘了 2000 年的问题。由于 1999—2001 年整个世界还留在地球上,所以大家为这位程序员的“错误”支付了超过 200 亿美元的代价。

图 1-20 程序员和千年虫

5. Windows 输入法漏洞

Windows 2000 中文简体版的输入法漏洞可以使本地用户绕过身份验证机制,进入系统内部。

实验表明,Windows 2000 中文简体版的终端服务在远程操作时仍然存在这一漏洞,而且危害更大。Windows 2000 的终端服务功能可以使系统管理员对 Windows 2000 进行远程操作,采用的是图形界面,能使用户在远程控制计算机时功能与在本地使用一样,其默认端口为 3389,用户只要装了 Windows 2000 的客户端连接管理器就能与开启了该服务的计算机相联。因此,这一漏洞使终端服务成为 Windows 2000 的合法木马。

6. 爱国者导弹缺陷

1991 年,美国"爱国者"导弹防御系统首次应用于海湾战争,其中的一枚导弹在沙特阿拉伯的多哈误炸 28 名美国士兵。

分析发现症结在 11 个软件缺陷,一个系统时钟的很小的计时错误积累起来到 14 小时后跟踪系统不再准确,如图 1-21 所示。事情的后果是爱国者导弹因为不分敌我击落了美军和英军两架战斗机,导致 3 名飞行人员含冤而死,使得美军多次打自己人。在整个战争中,爱国者导弹部队只击落了 9 枚萨达姆部队的导弹,另外 8 枚萨达姆部队的导弹居然从爱国者眼皮底下溜之大吉。

图 1-21 爱国者导弹缺陷

1.3.2 软件测试的定义

软件测试是保证软件质量的关键步骤,是对软件规格说明、设计和编码的最后复审,其工件量约占总工作量的 40%以上。对于人命关天的情况,测试相当于其他部分总成本的 3～5 倍。

随着 IT 产业的迅速发展,无论在质的方面还是在量的方面,硬件的发展都给人们留下了深刻的印象。同样,软件在量的方面发展非常迅速,上千万行的大型系统软件及百万行的应用软件已屡见不鲜。可是,软件的质量却一直令所有人头疼,随着规模扩大,质量的保证已经成为一项异常艰苦的工作。

21 世纪计算机软件发展的大方向是质量提高优于性能改进。

面对挑战,人们提出许多软件过程方法来力图通过严谨的开发过程保证软件质量。这些努力能创造高质量软件产品,但对软件进行测试仍然是保证软件质量最重要、最有效的方法。

在20世纪50年代,英国著名的计算机科学家图灵(Turing)曾给出过程序测试的原始定义,图灵认为测试是正确性确认的实验方法的一种极端形式,并且通过测试达到确认程序正确性的目的。

1973年,软件测试专家威廉(William C. Hetzel)指出,测试是对程序或系统能否完成特定任务建立信息的过程。该认识在一段时间内起过作用,但后来有人提出异议,认为不应该为了对一个程序建立信心或显示信心而做测试。此后,威廉修正了观点,说测试的目的在于鉴定程序或系统的属性或能力的各种活动,软件测试是软件质量的一种度量。实际上,该定义使得测试依赖于软件质量的概念,由于影响软件质量的因素很多,且经常改变,所以该解释仍然存在不妥。

美国国家标准技术研究所(National Institute of Standards and Technology,NIST)的统计报告指出,通过测试能减少软件失效(Software Failure)引起的经济损失的1/2。软件测试是对软件功能、设计和实现的最终审定,是发现软件故障、保证软件质量、提高软件可靠性的主要手段。

1983年,IEEE在提出的软件测试文档标准(IEEE Standard For Software Test Document,即IEEE 829-1983)中对软件测试进行了准确的定义:软件测试是使用人工或自动手段来运行或测定某个系统的过程,检验是否满足规定的需求,或者弄清预期结果与实际结果之间的差别。

IEEE在1990年颁布的软件工程标准术语集中沿用了这一概念,该概念非常明确地提出了软件测试以检验是否满足需求为目标。

美国计算机科学家梅耶(Glenford Myers)在其经典论著《软件测试的艺术》中对软件测试提出以下观点:

(1) 测试是程序的执行过程,目的在于发现错误。

(2) 一个好的测试用例可以发现至今尚未发现的错误。

(3) 一个成功的测试能发现至今未发现的错误。

梅耶和《软件测试的艺术》如图1-22所示。

图1-22 梅耶和《软件测试的艺术》

把证明程序无错当作测试的目的不仅不正确,也做不到,而且对做测试没有任何益处。该定义规定的范围过于窄,并受到很大的限制。除了执行程序以外,还可以通过程序抽查、软件文档的审查等方法去评价、检验一个软件系统。这样测试似乎只有在编码完成之后才能进行。归根结底，测试包含检测、评价和测验，这和找错是显然不同的。

另外，图灵奖得主、荷兰科学家迪杰斯特拉(E. W. Dijkstra)曾经指出“测试可以表明缺陷的存在，但绝不能证明没有缺陷”。虽然程序正确性证明等形式化方法能在一定程度上排除错误，但是这些方法都存在局限，远没有达到广泛使用阶段。程序代码是软件质量的最终体现，在今后较长的时间软件测试仍将是保证软件质量的重要手段。

最后从下面几个方面对软件测试进行阐述，并对软件测试工作进行概括：

- 测试执行、模拟了一个系统或者程序的操作。
- 测试能建立信心，即软件是按照测试所要求的方式执行，并且不会执行不希望的操作。
- 测试在于带着发现问题和错误的意图来分析程序。
- 测试能够度量程序的功能和质量。
- 测试在于评价程序和项目工作产品的属性、能力，并且评估是否获得了期望和可接受的结果。
- 除了执行代码的测试以外，测试还包括检视和结构化同行评审。

从历史的观点看，测试关注于执行软件来获得软件的可用性，并且证明软件能够胜任工作，于是引导测试把重点投入在检测和排除缺陷上。现代软件测试持续了这个观点，同时还认识到许多重要的缺陷来自于对需求和设计的误解、遗漏、不正确性。因此，早期的结构化同行评审用于帮助排除编码前的缺陷，而证明、检测、预防已经成为一个良好测试的主要目标。

程序员和测试员的区别如图 1-23 所示。

图 1-23 软件工程师和测试工程师的区别

1.3.3 软件测试的方法

除非特别说明，下面介绍软件测试方法时指的是程序代码的测试方法。

软件测试的方法和技术有很多。软件测试技术可以从不同的角度加以分类，例如从是否需要执行被测软件的角度分为静态测试和动态测试；从测试是否针对系统的内部结构和具体实现算法的角度分为白盒测试和黑盒测试。

1. 静态方法和动态方法

静态测试无须执行被测代码,而是借助专用的软件测试工具评审软件文档或程序,度量程序静态复杂度,通过分析或检查源程序的文法、结构、过程、接口等来检查程序的正确性,借以发现程序的不足之处来减少错误概率。

通过程序静态特性分析,静态方法能找出欠缺和可疑之处,如不匹配的参数、不适当的循环嵌套和分支嵌套、不允许的递归、未使用过的变量、空指针的引用和可疑的计算,等等。静态测试结果可用于进一步的查错,为测试用例的选取提供帮助,为软件的质量保证提供依据,以提高软件的可靠性和易维护性。

静态测试包含的内容如下。

- 代码检查:包括代码抽查、桌面检查、代码审查,主要检查代码和设计的一致性、代码的可读性、代码的逻辑表达的正确性、代码结构的合理性等方面。代码检查可以发现不符合程序编写标准的情况,以及程序中不安全、不明确和模糊的部分,同时还能找出程序中不可移植部分、违背程序编程风格的问题,如变量检查、命名和类型审查、程序逻辑审查、程序语法检查、程序结构检查等内容。通过代码检查看到的是问题本身,而非征兆,但是代码检查非常耗费时间,需要知识和经验积累。代码检查应在编译和动态测试之前进行,在检查前应准备好需求描述文档、程序设计文档、程序的源代码清单、代码编码标准、代码缺陷检查表,等等。
- 静态结构分析:主要以图形的方式表现程序的内部结构,例如函数调用关系图、函数内部控制流图。函数调用关系图以直观的图形方式描述一个应用程序中各个函数的调用和被调用关系;控制流图则显示一个函数的逻辑结构。
- 代码质量度量:ISO/IEC 9126 国际标准定义的软件质量包括 6 个方面,即功能性、可靠性、易用性、效率、可维护性、可移植性。软件的质量是软件属性的各种标准度量的组合。软件的可维护性主要有 3 种度量参数,即 Line 复杂度、Halstead 复杂度和 McCabe 复杂度。其中,Line 复杂度以代码的行数作为计算的基准;Halstead 复杂度以程序中使用到的运算符与运算元数量作为计数目标,即直接测量指标,然后据此计算出程序容量、工作量等;McCabe 复杂度一般称为圈复杂度,将软件的流程图转化为有向图,然后用图的复杂度来衡量软件的质量,包括圈复杂度、基本复杂度、模块设计复杂度、设计复杂度和集成复杂度。

动态测试通过人工或使用工具运行程序,使被测代码在相对真实的环境下运行,从多角度观察程序运行时能体现的功能、逻辑、行为、结构等行为,并通过检查、分析程序的执行状态、程序的外部表现来定位程序的错误。动态测试由 3 个部分组成,即构造测试用例、执行程序和分析程序的输出结果,并包括功能确认与接口测试、覆盖率分析、性能分析,等等。

- 功能确认与接口测试:包括各个单元功能的正确执行、单元间的接口,如单元接口、局部数据结构、重要的执行路径、错误处理的路径和边界条件等内容。
- 覆盖率分析:主要对代码的执行路径覆盖范围进行评估,如语句覆盖、判定覆盖、条件覆盖、条件/判定覆盖、修正条件/判定覆盖、基本路径覆盖等,都是从不同要求出发来设计测试用例的。
- 性能分析:代码运行缓慢是开发过程中的重要问题。如果应用程序的运行速度较慢，那么程序员不容易找到是哪里出现了问题；如果不能解决应用程序的性能问题，那么将降低并极大地影响应用程序的质量。查找和修改性能瓶颈成为调整整个代码性能的关键。

2. 黑盒测试、白盒测试、灰盒测试

黑盒测试形象地称为“戴着眼罩测试软件”。

黑盒测试也称功能测试或数据驱动测试，是已知软件所需功能，通过测试来检测每个功能是否都能正常使用。图 1-24 把程序看作一个不能打开的黑盒子，在完全不考虑程序内部结构和内部特性的情况下测试者在程序接口进行测试。这样只检查程序功能是否按照需求规格说明书的规定正常使用，程序是否能适当地接收输入数据产生正确的输出信息，并且保持外部信息(如数据库或文件)的完整性。

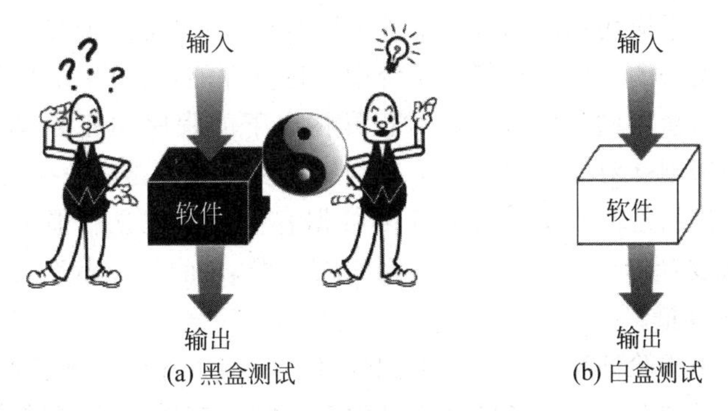

图 1-24 黑盒测试和白盒测试

黑盒测试方法主要有等价类划分、边值分析、因果图、错误推测，等等，用于软件确认测试。该方法着眼于程序外部结构，不考虑内部逻辑结构，针对软件界面和软件功能进行测试。黑盒测试方法是穷举输入测试，只有把所有可能的输入都作为测试情况使用，才能以这种方法查出程序中所有的错误。实际上，测试情况有无穷多个，人们不仅要测试所有合法的输入，而且还要对那些不合法但是可能的输入进行测试。

白盒测试形象地称为“戴上 X 光眼镜测试软件”。

白盒测试也称结构测试或逻辑驱动测试，知道软件内部的工作过程，可通过测试来检测软件产品内部的动作是否按照规格说明书的规定正常进行，并且按照程序内部的结构测试程序来检验程序中的每条通路是否都能按预定要求正确工作，而不考虑功能是否正确。

白盒测试方法有逻辑覆盖、域测试、路径测试、程序插桩、程序变异，等等。

灰盒测试介于白盒与黑盒之间，关注输出对于输入的正确性，同时也关注内部表现。但是，这种关注不像白盒那样详细、完整，只是通过一些表征性的现象、事件、标志来判断内部的运行状态。有时候输出是正确的，但内部其实已经错误了。如果每次都通过白盒测试来操作，效率会很低，因此需要采取灰盒的方法。

3. 软件开发阶段的测试方法

软件开发过程由需求分析、概要设计、详细设计等阶段组成。为了保证得到高质量的软件产品，需要对软件开发过程的每一个阶段进行测试，即软件测试贯穿于软件开发的全

过程。

软件开发不同阶段的测试方法包括以下几种,在后面章节会展开讨论。

- 需求测试:根据软件工程统计,一半以上的系统错误是由于错误需求或缺少需求导致的,同时,超过80%的开销花在追踪需求的错误上。在追踪需求错误的过程中经常相互纠缠或会有重复劳动,因此需求测试是必要的也是必不可少的,需求测试贯穿整个软件开发过程。同样,需求测试能够对软件测试的各个阶段提供指导,并帮助设计整个测试过程,如测试计划怎样安排、测试用例怎样选取、软件的确认要达到哪些要求等。
- 单元测试:在软件测试中,尽早进行软件测试并发现软件中存在的问题能够减轻系统测试的任务,在很大程度上降低测试成本。单元测试需要在软件开发的哪一个环节进行,这关系到软件测试的效率和测试成本。
- 集成测试:一个应用系统的各个部件的联合测试,决定是否在一起共同工作。
- 性能测试:用来测试软件在集成系统中的运行性能,衡量系统与目标定义的差距。
- 压力测试:白盒测试和黑盒测试对正常情况下的程序功能和性能进行了详尽的检查;压力测试则针对非正常的情形来测试系统在其资源超负荷的情况下的表现。
- 容量测试:目的是使系统承受超额的数据容量来发现是否能够正确工作。压力测试让系统承受超额负载;容量测试则面向数据,目的是显示系统能够处理的目标内确定的数据容量。
- 配置测试:用于验证系统在不同的软件、硬件、网络等环境下能否正确工作。
- 回归测试:目的是验证系统的变更有没有影响以前的功能,并保证当前功能的变更是正确的。
- 安装测试:对软件的全部、部分、升级以及安装、卸载处理过程的测试。
- 安全性测试:测试系统在防止非法授权的内部或外部用户的访问时或故意破坏情况下的反映。

1.3.4 软件缺陷的修复费用

软件需要依靠有计划、有条理的开发过程来实现。在从开始到计划、编程、测试、发布再到公开使用的过程中,都有可能发现软件缺陷,图1-25显示了修复软件缺陷费用随着时间而增加的趋势。

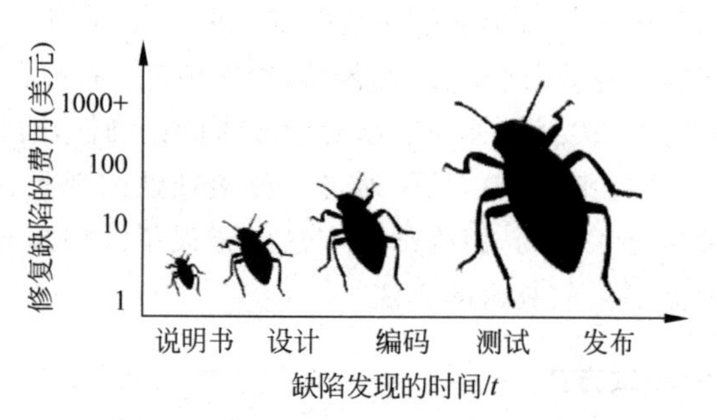

图1-25 随着时间的推移,修复软件缺陷的费用惊人地增长

在该图中，修复缺陷的费用是10的倍数，呈指数级增长。在上述情况下，如果早期编写产品说明书时发现并修复缺陷，费用只要1美元甚至更少。同样的缺陷，如果直到软件编写完成开始测试时才发现，费用可能要10～100美元。最后，如果缺陷是在产品发布时由客户发现的，费用可能达到数千甚至百万美元。

IBM公司的研究结果：假定在分析阶段发现的错误的修改成本为一个货币单位，那么在测试之前（设计编码阶段）发现一个错误的修改成本为6.5个货币单位，在测试时（集成测试、系统测试和验收测试）发现一个错误的修改成本为15个货币单位，而在发布之后（已经交到用户手上）发现一个错误的修改成本为60～100个货币单位。同样，该比例适用于发现一个错误的时间代价。

下面再举前面的例子，如迪士尼的《狮子王》，该问题的根本在于软件无法在当前的计算机平台上运行。假如早在编写产品说明书时就有人已经研究过什么计算机流行，并明确指出软件需要在该配置下进行设计和测试，那么付出的代价可以小到忽略不计。如果不这样做，有一个补救措施，即软件测试员搜集流行计算机，并在上面验证。由于软件必须经过调试、修改、再调试过程，这样也会发现软件的缺陷，但是修复费用要高很多。开发小组还应把软件的初级版本分给小部分客户进行使用，即进行Beta测试，其中挑选出来的代表庞大市场的客户可能会发现问题。然而，实际的情况却是缺陷完全忽略，直到成千上万的光盘生产和销售出去。最终，迪士尼公司支付了客户投诉的电话费、产品召回费、更换光盘费，以及新一轮的调试、修改和测试的费用。严重的软件缺陷到了客户手里足以耗尽整个产品的利润。

1.4 工业时代的人才特点

1.4.1 软件人才的需求

国内计算机软件的开发和应用无论是从产品成熟度、市场效应还是从开发管理等方面，都和国外有着相当的差距。造成差距的因素有多个，表1-1对国内的传统软件人才与国外的创新软件人才的差别和研发工作方法的差别进行了比较。

表1-1 传统人才和创新人才的差别

传统软件人才的特点	创新软件人才的特点
敢冒风险	敢冒风险
有雄心壮志	有雄心壮志
能学习，适应新环境	能学习，适应新环境
实事求是的作风	创新精神
有克服困难的毅力	如果对问题有兴趣，则有热情、有主动性
扎实的理论基础，尤其是数学	独立从事研究的能力
很强的编程能力	题目想得远、做得深
守纪律、讲服从	对什么事都有主见
对许多事情都没有主见，即使有想法也不敢说	直截了当地沟通甚至批评和争论

在国内传统文化的熏陶及学习模式的培养下，传统软件人才有着实事求是的作风、克服困难的毅力、顽强的治学精神、踏踏实实的钻研精神、扎实的知识体系结构和理论基础，并且具有极强的编程能力。但是，传统的程序员比较守纪律和讲服从，不去想一些出格的事情，而软件测试所体现的创新精神却需要不拘一格的想法。并且，传统软件人才对许多事情没有主见，或者有自己的想法但不直接说出来，宁愿闷在心里，这是非常不利于软件项目团队合作的。

创新软件人才的创新意识很强，创新的程序员总是在想新方法，总是要别出心裁，总是想方设法研究出新的东西。同时，创新软件人才只有在对某个问题感兴趣时才会付出热情主动去做，否则根本不会花时间。乔布斯就曾带领团队到曼哈顿的大都会博物馆参观蒂芙尼(Tiffany)的玻璃制品展览，因为他觉得大家可以从路易斯・蒂芙尼(Louis Tiffany)创造出可以量产的伟大艺术品这个例子中获益匪浅。另外，创新软件人才独立从事研发工作的能力也很强，对问题想得远、做得深，对任何事情都有自己的主见，并且敢于当面发表个人的意见，甚至进行批评、争论，以获取直截了当的沟通。

作为比较，传统软件人才缺少的是大胆的创新、尝试，缺少独立从事研究的能力和强有力的主观能动性，以及直截了当的沟通方式，这些特点都是现代软件开发过程中进行软件质量保证与软件测试处处需要的，并以此来增强软件产品的竞争力、提高生产效率、降低生产成本、增加生产利润。

同样，在研发工作上传统软件人才和创新软件人才之间也有很大的差别，如表 1-2 所示。

表 1-2 研发方法的差别

创新研发方法	非创新研发方法
想着做事情	坐着想事情
经过科学手段、大量的数据、可重复的深入研究	肤浅的、无用的、无法扩张的简单结果
研究、理解、借用别人的结果	不看别人的研究，或只抄袭别人的研究成果
经过亲自的设计工程原型，证实对用户有用	理论的、没用的纸上谈兵
承认失败，从头开始	不承认失败，永无止境地延续研究

信息时代的科学基础是三论，即控制论、信息论、系统论。计算机是一门非常独特的科学，需要用户亲自动手实践才能取得成果。软件人才的特征正如 TED(Technology, Entertainment, Design，即技术、娱乐、设计)大会受邀者具备的条件所描述的那样，“有好奇心、创造力，思维开放，有改变世界的热情”。所以，我们不应该在那里坐着想事情，而是要想着做事情。图 1-26 所示为软件测试工程师具备的素质。

计算机科学需要经过科学手段、大量的数据、可重复的深入研究，而不能靠投机取巧获得一些肤浅的、无用的、无法重复实现的简单结果。另外，研究、理解、借鉴前人的研究成果也很重要，否则研发人员花费大量的时间、金钱和精力去开发一项技术，可能在费尽千辛万苦做出来之后发现别人早就已经做出来。

另外，红杉资本(Sequoia Captial)的风险投资家唐・瓦伦丁(Don Valentine)认为，“硅谷最宝贵的是一种心态，在这里不必为失败背负污名。”因此，一名年轻的软件工程师创办一家公司失败之后还能够以更聪明、更成熟的方法卷土重来。

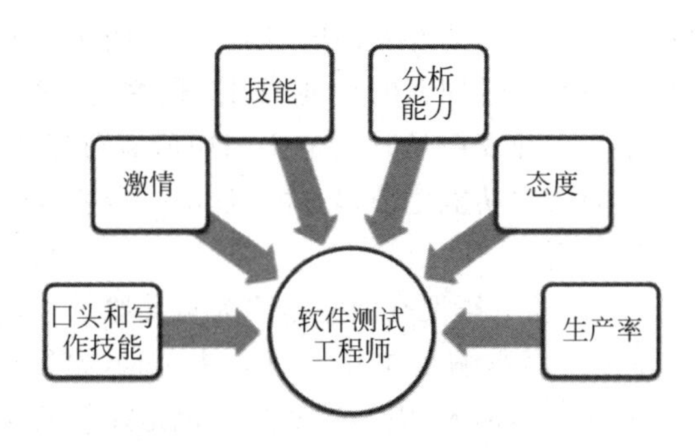

图 1-26　软件测试工程师具备的素质

通常，现代软件研发对软件人才提出的要求如下。

1. 基础和创新

扎实的基础对于软件工程师来讲很有必要，但是在当前社会环境下许多人难免会有追求实际利益及浮躁求快的心态。很多计算机专业的学生不重视打好扎实的专业基础，即使刚接触计算机时就能写出漂亮的代码，但是后来的成就依然有限，这就是因为基础没有打牢的缘故。

当下，中国正处于“大众创业，万众创新”的热潮。现代的软件开发人才不只是会编码，还需要有分析、设计、研究的能力，而这些能力都与扎实的基础密切相关。没有创新意识的软件工程师只凭项目经理告诉做什么，这样的人被称为“码农”一点也不奇怪。

杨振宁教授认为，美国的教育制度着眼于训练最好的人才，而中国的教育制度着眼于训练一般的人才；美国的教育制度不惩罚失败，而中国的教育制度惩罚失败。一般来说，国内学生的创新能力比国外学生的要差，事实上，中国学生的思维能力不一定比国外学生差，而是因为国内的学习、教育模式束缚了创新能力。需要指出的是，创新的思维对于一个软件质量保证和测试人员而言是必不可少的。

当然，预见未来最好的方式就是亲手创造未来。

2. 主人翁精神

主人翁精神意味着软件工程师不仅拥有责任，而且拥有权利、利益。

软件工程师做的事情由自己来决定，而不是由别人决定。这个权利需要充分发挥个人的主观能动性。软件工程师在获得权利的同时也担负了责任，一方面要尽可能努力工作来推动整个项目走向成功，如计划、协作、进程安排等；另一方面应竭尽全力寻求机会和最佳解决方案，为此甚至牺牲自己的业余时间和额外精力，即我们理解的“责任”。

主人翁精神包括以下几个方面的内容。

(1) 首创精神：意味着要时刻准备好抓住新的机会。机会总是存在的，但是只有聪明和有准备的人才能及时地抓住。抓住机会以后，软件工程师需要确定相关的问题，得到很好的想法，这个想法对自己的团队会有帮助。然后软件工程师可以将这个想法和别人交流，以求得到同事甚至团队的支持。

(2) 领导能力：主人翁精神往往也是一种领导能力。软件工程师的首要任务是使产品获得成功。在软件工程师加入了产品的开发团队以后,无论团队是一两个人,还是成百上千人,他都是该产品的负责人,然后经过周密的计划、安排、研究、协作完成它。其次,软件工程师要积极地与合作伙伴协作。在开发产品时一定要利用所有可以利用的资源,包括所在团队以外的资源。在开发产品的某项功能之前,软件工程师一定要找到合作伙伴,看是否有现成的技术,如果有,直接拿过来用。

有些程序员喜欢埋怨,总是说工作没有做完是因为某某原因。其实,埋怨对解决问题一点用都没有,反而会造成许多负面影响。在开发一项技术时,如果依赖的合作伙伴没有做好,不应该去埋怨,而应该主动帮助别人,因为这实际上也是在帮助自己。另外,产品开发中的组长或经理在领导员工的时候要把员工的成功看成是自己的成功。

(3) 牺牲精神和回报:在软件产品快要发布时,通常是在产品测试阶段,每个软件测试工程师都要随时待命。不论白天或黑夜,在任何时候,只要项目组打来一个电话,软件测试工程师都要立即赶到公司来解决。同时,对许多人,包括软件工程师自己,最大的回报就是自我满足的心理。对软件工程师来说,最欣喜的事莫过于在某个项目有所进展时自豪地对别人说那是自己的成果。

3. 团队的精神

当今,软件行业的开放协作、跨界融合非常重要。张小龙说过,“微信是一个森林,而不是一个宫殿”。随之而来,现代的软件开发已经不再是一个人单打独斗了,软件是团队分工和合作的结晶,所以需要注重培养软件工程师的主人翁精神和团队精神。

主人翁精神不是个人英雄主义,而是在有团队意识前提下的主人翁。同样,团队意识也不是一切跟着领导走的意识,相反,团队成员应以主人翁精神为出发点发挥自己的主观意识,以团队利益为己任。

在当今信息社会,靠单打独斗行不通。在现代的软件社会,团队精神非常重要。主人翁精神并不意味着软件工程师拥有一项技术,则一切都是他个人的。在现代软件构造中,软件工程师做任何事情都要和其他人合作。因此,软件工程师必须学会和别人合作,懂得怎样充分整合能利用的一切资源,懂得和别人协调共事,懂得和大家交流并互相帮助。另外,好的团队绝对不是“领导一挥手,大家跟着跑”的团队;也绝对不是能承受高度压力,但缺乏灵感和对企业缺乏信心的团队。

相反,好的团队成功的地方有3个方面。

1) 好的团队的最大财富是智慧

团队的智慧极其宝贵,并且要比团队中任何个人的智慧大得多,但是团队绝不排除个人智慧。毕加索说过,“好的艺术家抄袭创意,伟大的艺术家窃取灵感”;乔布斯说过,“在窃取伟大的灵感方面,我们一直是厚颜无耻的”。在要解决一个问题时,软件工程师需要知道团队中谁会干、谁最精通、谁对这个问题最清楚,而不是每次都老老实实地从第一步走起。要懂得利用集体的智慧解决问题,并从中学到更多的智慧。

好的团队善于利用集体的智慧来解决难题。软件工程师遇到无法解决的问题时会将问题描述清楚,然后通过E-mail或会议等形式告诉大家,请大家一起来解决。如果闭门造车,很可能无法解决问题,或者花的时间太长、效率太低、方法不好。所以,软件工程师要善于了解并利用身边的智慧财富。

2）好的团队的黏合剂是沟通

团队内部成员的沟通犹如团队良好运转的润滑剂。

团队成员要积极地投入，为团队贡献智慧。如果软件工程师本着“事不关己，高高挂起”的原则，必然会使团队变得死气沉沉，没有灵感，没有灵魂。比如，在苹果公司工作的员工就能感受到乔布斯身上被称为“现实扭曲力场”(Reality Distortion Field)的力量。软件工程师要敢于说“不”，但也要尊重不同的想法。软件工程师要学会倾听，抓住获得智慧的机会，而不能自说自话，不听别人说，或者过于注重表现自己。好的团队的沟通最大程度地利用了E-mail。在公司里，软件工程师很少跑到别人的办公室里去，一般都是通过 E-mail 来联系。

3）好的团队的协同作战的保证是承诺

成功团队最明显的特征是互相帮助。

团队成员要做任何可做的小事情去帮助团队成功，另外互相信任非常重要，可以提高工作效率。软件工程师要相信队友做的承诺，全心全意地实现对队友做的承诺。好的团队精神是软件开发的必然要求。团队的成功是个人成功的前提，如果团队失败，则无从谈个人成功。

4. 从错误中学习

很多软件工程师都有永不服输的韧劲，锲而不舍是软件研发工作中软件工程师宝贵的品德，但是锲而不舍不是没有方法、毫无目的地死钻牛角尖。

在软件开发过程中，成功的软件产品的诞生除了敏锐的洞察力和精湛的技术外，更需要开发过程中不断地探索和永不服输的精神支柱，做到乔布斯鼓励年轻人时说的“求知若饥，虚心若愚”(Stay hungry，Stay foolish)。好的软件工程师的这种“锲而不舍，从错误中学习”的精神是非常强烈的。软件工程师们都信奉任何优秀的产品都不是无法超越的，承认自己不够好，追求最好、更好是共同的信念。

失败乃成功之母，但是真正做到敢于面对失败、承认错误、从错误中学习是需要勇气和胆识的。我们不应该为自己犯的错误抱憾，更不应为此而感到羞愧。在硅谷，人们常用一种试错法(Try and error)来尝试新的东西，开动思路设想很多可能性，不断尝试，直到成功。

软件工程师在做完一件产品之后，首先并不是急于自卖自夸，而是急于查找产品中存在的问题，大家并不会因为自己的产品还存在不足而感到羞愧。这种“锲而不舍，从错误中学习”的理念导致的结果是软件工程师愿意去尝试那些高风险、高回报的项目，而不固步自封。相反，如果一个人犯了任何错误都要受到惩罚，那么就会变得唯唯诺诺，不愿意去冒险，从而丧失掉创造性、主观能动性。

1.4.2 软件测试员应具备的素质

可以用“逢山开道，遇水搭桥”来形容软件测试员的特点。

从表面上看，软件测试员的工作似乎比程序员容易，因为分析代码并寻找软件缺陷看起来比从头编写代码简单。但是事实并非如此，井井有条的软件测试所付出的努力并不亚于程序编写工作。一个优秀的程序测试员不必成为一个经验丰富的程序员，但是拥有良好的编程知识会给软件测试员带来极大的好处。

与软件测试相关的工作岗位如图 1-27 所示。

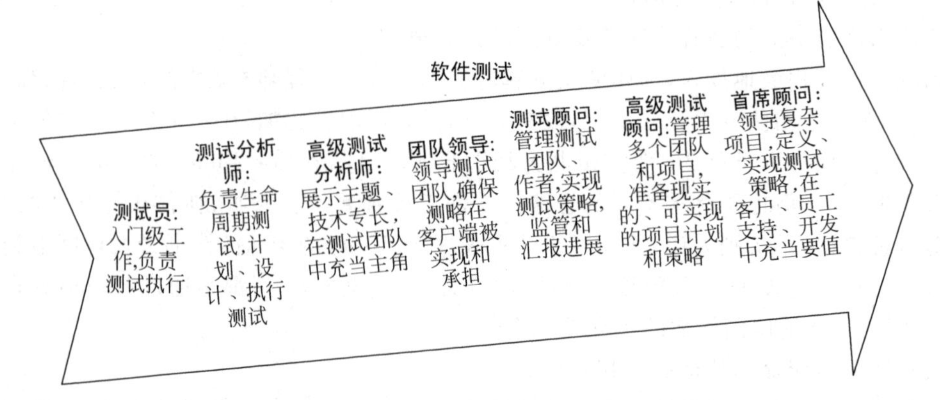

图 1-27 软件测试的工作岗位

现在,大多数成熟的公司都把软件测试看作高级技术工程职位。

在项目组中配备经过良好培训的软件测试员,并在开发过程中早期投入工作,就可以生产出质量更优的软件。用户不会购买带有缺陷的软件产品,一个好的测试组织可以造就一个公司,相反,一个缺少测试的组织能搞垮一个公司。下面是大多数软件测试员应具备的素质。

- 软件测试员是探索者:软件测试员不会害怕进入陌生环境,喜欢拿到新的软件安装在自己的机器上,并观看结果。
- 软件测试员是故障排除员:软件测试员善于发现问题的症结,喜欢解谜。
- 软件测试员不放过蛛丝马迹:软件测试员总在不停地尝试,可能会碰到转瞬即逝或者难以证实的软件缺陷,但不会当作偶然轻易放过,而是会想尽一切可能去发现。
- 软件测试员具有创造性:软件测试员的工作是想出富有创意甚至超常的手段来寻找缺陷。
- 软件测试员是追求完美者:软件测试员力求完美,但是当知道某些无法企及时不去苛求,而是尽力接近目标。
- 软件测试员判断准确:软件测试员要判断测试内容、测试时间以及看到的问题是否为真正的缺陷。
- 软件测试员注重策略和外交:软件测试员常带来坏消息必须告诉程序员,可以说程序很糟糕,但不能说程序员"差劲、脑残"。好的软件测试员知道以怎样的策略来沟通这些问题,也能够和不够冷静的程序员合作。
- 软件测试员善于说服:软件测试员找出的缺陷有时会被认为不重要,且不用修复。这时测试员要善于清晰地表达自己的观点,说明软件缺陷为何需要修复,并且推进缺陷的修复。

总之,一个软件测试员的基本素质是"打破砂锅问到底"的精神。

软件测试员需要找出那些难以捉摸的系统崩溃原因,并乐于处理最复杂和最有挑战的问题。在软件公司里经常可以看到优秀的软件测试员拿到系统后手舞足蹈的样子,他们来回奔走,击掌相庆去对待那些"酷毙了"(Insanely great)的产品,这便是软件测试给软件测试员带来的乐趣。

1.5 小结

软件开发和硬件制造有着本质的不同。软件是计算机程序、规程以及可能的相关文档和运行计算机系统需要的数据。软件包含 4 个部分,即计算机程序、规程、文档和软件系统运行所必需的数据。

软件质量保证是应用于整个软件过程的保护性活动。软件测试是对软件功能、设计、实现的最终审定,是发现软件故障、保证软件质量、提高软件可靠性的主要手段。软件质量贯穿整个软件生命周期,涉及软件质量需求、软件质量度量、软件属性检测、软件质量管理技术和过程等。质量是产品的生命,对软件尤其如此。

软件测试技术从是否需要执行被测软件的角度分为静态测试和动态测试;从测试是否针对系统的内部结构和具体实现算法的角度分为白盒测试和黑盒测试。

现代软件研发对软件人才的需求包括创新能力、主人翁精神、团队精神和从错误中学习的能力。

思考题

1. 谈谈自己对软件质量的理解,并谈谈如何看待软件质量的地位?

2. 什么是软件工程? 什么是软件过程? 它们与软件工程方法学有何关系?

3. 用自己的语言描述软件质量保证,并举例说明软件质量与测试对软件企业的正面影响和负面影响。

4. 软件测试和软件开发的关系是怎样的? 常用的软件测试方法有哪些?

第2章 软件质量工程体系

以扔掉被检验出有缺陷的东西为目的的检验已经太迟了，没有效率并且成本很高，质量不是来自于检验，而是来源于过程的改进。

——戴明（W. Edwards Deming）

从本身的技术意义上说，软件质量控制是一组由开发组织使用的程序和方法，可在规定的资金投入和时间限制的条件下提供满足客户质量要求的软件产品并持续不断地改善开发过程和开发组织本身，以提高将来生产高质量软件产品的能力。

从这个定义可以看到，软件质量控制是开发组织执行的一系列过程；软件质量控制的目标是以最低的代价获得客户满意的软件产品；对于开发组织本身来说，软件质量控制的另一个目标是从每一次开发过程中学习，以便使软件质量控制一次比一次好。

因此，软件质量控制是一个过程，是软件开发组织为了得到客户规定的软件产品的质量而进行的软件构造、度量、评审，以及采取一切适当活动的计划过程；同时，软件质量控制也是一组程序，是由软件开发组织为了不断改善自己的开发过程而执行的一组程序。无论是质量控制还是过程改善，度量都是基础。

本章正文共分3节，2.1节介绍软件质量控制的基本概念和方法，2.2节介绍软件质量控制模型和技术，2.3节介绍软件质量保证体系。

2.1 软件质量控制的基本概念和方法

2.1.1 软件质量控制的基本概念

软件质量控制是对开发进程中软件产品（包括阶段性产品）的质量信息进行连续的收集、反馈。

软件开发进程通过质量管理和配置管理机构及其功能朝着期望的质量目标方向发展，因此软件质量控制是软件质量管理的指向器和原动力，而软件质量管理是软件质量控制的执行机构（即在软件开发中为实现软件质量控制而执行一系列特定活动的机构）。两者紧密结合，构成了软件质量控制系统，如图2-1所示。

可以看到，质量管理是执行机构，技术开发是执行对象；质量管理不仅直接作用于技术开发，而且通过质量控制功能和配置管理功能间接地作用于技术开发。同时，质量控制和配置管理还控制着作为执行机构的质量管理。质量控制承担两个方面的度量：一个是度量与

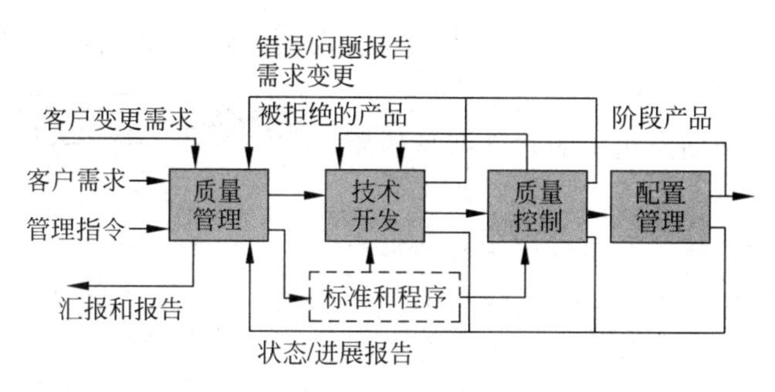

图 2-1　软件质量控制系统的基本结构

计划和定义开发过程的一致性；另一个是度量产品或阶段性产品是否达到了质量要求。通过这种度量、信息收集、反馈、控制可以保证开发的产品能够达到可以信赖的程度。最后，配置管理承担保管基线产品的职责。

需要强调的是，该控制系统的控制过程在整个产品开发期间一直起作用，而不是仅在产品最终交付客户时才起作用。

2.1.2　软件质量控制的基本方法

用于软件控制的一般性方法有目标问题度量法、风险管理法、PDCA 质量控制法。在这里介绍前两种方法，对于 PDCA 质量控制法将在第 7 章介绍。

1. 目标问题度量法

目标问题度量法是通过确定软件质量目标并且连续监视这些目标是否达到来控制软件质量的一种方法。

目标是客户所希望的质量需求的定量的说明。为了建立客户需求的软件质量度量标准，首先应依据这些目标拟定一系列问题，然后根据这些问题的答案使产品的质量特性定量化，再根据产品定量化的质量特性与质量需求之间的差异有针对性地控制开发过程及开发活动，或有针对性地控制质量管理机构，从而改善开发过程和产品质量。

这种方法的具体做法如下：

(1) 对一个项目的各个方面(产品、过程、资源)规定具体的目标，这些表达应非常明确。这样做一方面是为了能更好地理解在开发期间发生了什么，另一方面是为了更容易地评估已经做好了哪些方面，还有哪些方面需要改进。

(2) 对每一个目标要引出一系列能反映出这个目标是否达到要求的问题，并要求对这些问题进行回答。这些问题的答案有助于使目标定量化。

(3) 将回答这些问题的答案映射到对软件质量等级的度量上，根据度量得出软件目标是否达到的结论，或确认哪些做好了，哪些仍需改善。

(4) 收集数据，但要为收集和分析数据做出计划。所收集的数据不仅在分析和度量质量目标时是必不可少的，而且应当保存起来长期使用，以使目标得到长期、持续的改善。

这里有一个关于控制现场使用中的软件产品质量(可维护性)改善的例子。一个在现场使用中的软件产品试图通过增长型开发方式来提高它的质量,即可维护性,如图 2-2 所示。

该例子中实际的做法如下。

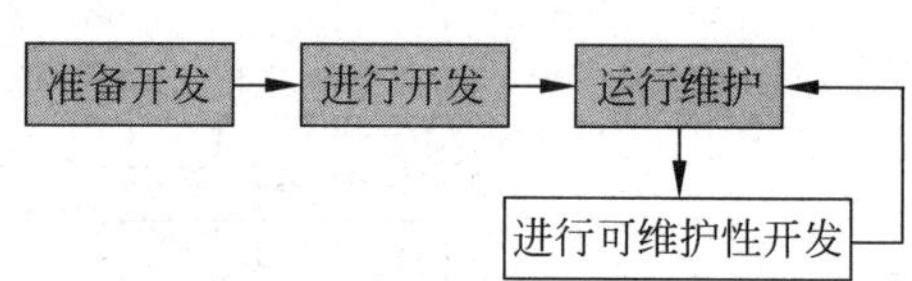

图 2-2 目标问题度量法示例图

(1) 目标:改善现场使用中的软件产品的质量(可维护性)。

(2) 问题:可维护性开发过程在预防和阻止缺陷发生方面有效吗?正在发生哪些缺陷?产生缺陷的原因是什么?

(3) 度量:产品的缺陷密度;按缺陷类别划分的产品缺陷的发生频率;缺陷产生的频率分布以及缺陷发生所在阶段的频率分布。

具体的做法是首先确定质量目标,比如要求该产品在使用现场运行时每月发现的缺陷数不超过一个确定的值:针对给定的目标提出需要回答的问题;为了回答这些问题需要收集、分析现场发生的故障数据,并把这些数据映射到该产品的质量,即可维护性的等级度量上;最后根据度量结果确认目标是否达到,如果未达到,应选择适当的质量控制技术对开发过程、产品及资源进行控制,完成增长型开发的控制循环。

2. 风险管理法

风险管理法是识别和控制软件开发中对成功地达到目标(包括软件质量目标)危害最大的那些因素的一个系统性方法。

风险管理法一般包含两个部分的内容:第一部分是风险估计和风险控制;第二部分是选择用来进行风险估计和风险控制的技术。风险管理法的实施要进行以下几步。

(1) 根据经验识别项目要素的有关风险;

(2) 评估风险发生的概率和发生的代价;

(3) 按发生概率和代价划分风险等级并排序;

(4) 在项目限定条件下选择控制风险的技术,并制订计划;

(5) 执行计划并监视进程;

(6) 持续评估风险状态,并采取正确的措施。

美国卡内基·梅隆大学(Carnegie Mellon University,CMU)的软件工程研究所(Software Engineering Institute,SEI)是软件工程研究与应用的权威机构,旨在领导、改进软件工程实践,以提高软件系统的质量,如图 2-3 所示。

图 2-3 卡内基·梅隆大学和软件工程研究所

SEI风险控制将风险管理法的实施总结为5个步骤，即风险识别、风险分析、风险计划、风险控制和风险跟踪，各步骤之间的关系如图2-4所示。

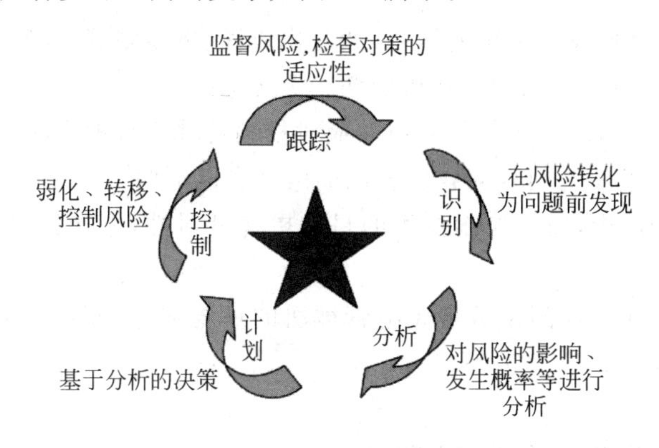

图2-4 SEI风险管理模型

其中，软件项目各阶段可能存在的风险如表2-1所示。

表2-1 软件项目各阶段的风险

阶段	可能面临的风险问题	
计划	目标不清 范围不清 缺少沟通	业务不清 缺乏可行性分析
设计	缺乏经验 没有变更控制计划	项目计划仓促(进度风险) 设计疏漏
实施	缺乏环境 设计错误 开发能力 项目范围变更 进度变更	人员变更 内部沟通不畅 备选方案无效 测试计划不充分或缺少经验
发布	质量差 客户不满意	设备未按时到货 资金不能及时回收

在进行风险分析的时候需要对风险进行量化，确定哪些风险是必须要应对的，哪些是可以接受的，哪些是可以忽略的。表2-2所示为风险严重程度的等级标准。

表2-2 风险严重程度的等级标准

影响程度	标 准	等级
危险	严重影响项目，可能导致项目取消或直接失败	10～
高	影响进度，导致延期，客户抱怨严重	7～9
中	影响预算或软件性能差，客户不满意	5～6
低	影响进程但很快解决，客户有些不满	3～4
小	影响较小，客户未察觉或认可	0～2

控制阶段主要用到的风险控制方法有风险避免、风险弱化、风险承担、风险转移等，分别叙述如下。

(1) 风险避免：通过变更计划消除风险的触发条件，如采用成熟技术、增加资源、减少软件范围等。

(2) 风险弱化：降低风险发生的概率，如简化流程、更多测试、开发原型系统等。

(3) 风险承担：制订应急方案，随机应变。

(4) 风险转移：将风险发生的结果以及应对权利转移给有承受能力的第三方。

风险管理质量控制法与目标问题度量法的区别有以下两个方面：

(1) 在风险管理法中，质量控制技术的目的更有针对性，直接针对最具危险的、严重影响质量的关键因素。

(2) 正确地选择质量控制技术是风险管理法的重要部分，而目标问题度量法更多地关注质量目标及监视它们的改善进程。

2.2 软件质量控制模型和技术

开发人员在开发一个特定项目时必须非常了解软件质量控制的模型才能进行全面质量控制。

2.2.1 软件质量控制模型

在我国，经过多年的全面质量管理工作的实践，PDCA 被证明是行之有效的质量管理理念，而目前基于 PDCA 的全面统计质量控制(Total Statistical Quality Control，TSQC)模型是我国实际采用的模型之一，其指导开发者计划和控制软件质量的框架，用来描述各组成要素间的关系，如图 2-5 所示。

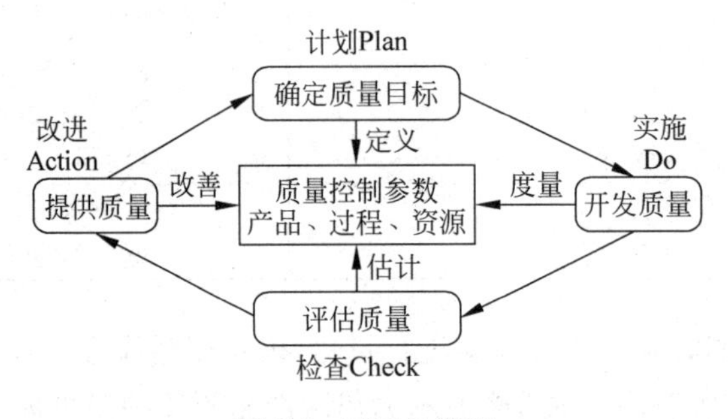

图 2-5 TSQC 模型

TSQC 过程是一个调节和控制那些影响软件质量的参数的过程。影响软件质量的参数如下。

- 产品：所有可交付物；
- 过程：所有活动的集合；
- 资源：活动的物质基础(人力、技术、设备、时间、资金等)。

TSQC 过程是 PDCA 几个活动的循环。

- 计划 Plan：确定参数要求；
- 实施 Do：根据要求开展活动；

- 检查 Check：通过评审、度量、测试确认满足要求；
- 改进 Action：纠正参数要求再开发。

2.2.2　软件质量控制模型参数

质量控制模型中的参数不是孤立的，而是具有相关性。在质量控制中需要对这些参数进行综合调节、平衡。

1. 产品

产品是软件生命期中某个过程的输入和输出，或者是对最终产品的需求、最终产品本身或开发过程中产生的任何中间产品。如图 2-6 所示，这些产品包括计划、报告、编码、数据等。

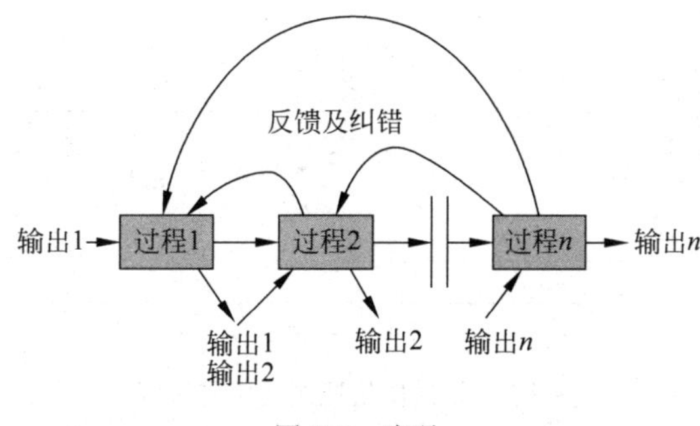

图 2-6　产品

- 中间产品是某个阶段的输出，也是后续阶段的输入；
- 作为输入的产品的质量不会比过程的输出更高；
- 产品的缺陷在后续阶段不会自动消失，影响会更大。

2. 过程

过程是为完成开发、维护和为保证软件质量所进行的管理和技术活动，包括管理过程和技术过程。

- 管理过程：包括计划、监控、资源分配、组织等；
- 技术过程：以软件工程方法为特征，包括工具。

对于软件质量，过程分为下面两类：

- 质量设计和构造过程；
- 质量检查过程。

过程对质量的影响主要有以下几个方面：

- 产品质量通过开发过程设计并构造进产品，同时也引入缺陷；
- 产品的质量是通过检查过程检查并确认的；
- 每个过程所涉及的组织的数量以及它们之间的关系都直接影响引入缺陷的概率和纠正错误的概率；
- 在软件开发过程中，人的心理、社会、组织因素对产品生产率和质量有较大的影响。

3. 资源

资源指为得到要求的产品质量过程所需的时间、资金、人力、设备等。资源的数量和质量以下列方式影响软件产品的质量：

- 人力因素是影响软件质量和生产率的主要因素。
- 时间、资金不足将削弱软件质量控制活动。
- 不充分、不合适、不可靠的开发环境和测试环境会使缺陷率增加，发现并纠正错误的时间和资金也将增加。

2.2.3 软件质量控制的实施过程

软件质量控制过程是在软件生命期的各个阶段应用 TSQC 模型对产品、过程、资源的控制过程，如图 2-7 所示。

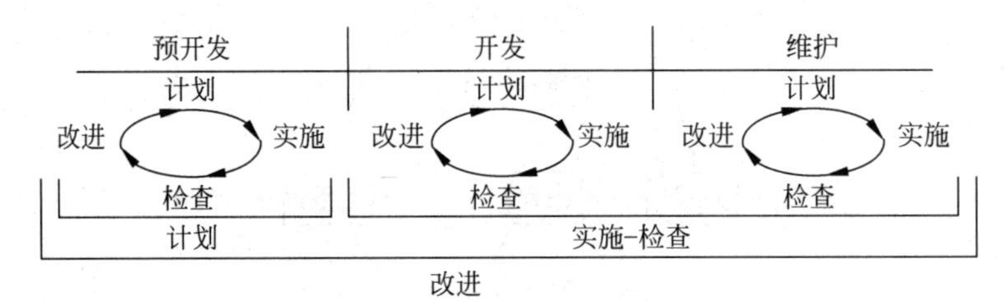

图 2-7 软件质量控制的实施过程

1. 预开发阶段

其主要活动包括买主与客户研究建立需求、发布招标请求、选择资源、与开发者签订合同等。买主和客户的工作如下。

- P：计划质量控制过程，选择开发标准，选择工具和方法。
- D：制定招标方案，包括功能和质量需求规格、任务描述、资源选择标准、招标书评价指导、进度计划数据、交付产品。
- C：检查招标方案质量，研究承包商的反映。
- A：根据取得的经验和数据改进质量控制计划。

开发者的工作如下。

- P：确定要开发的中间产品。
- D：制订开发方案，说明技术和工艺。
- C：检查资金、人力资源、开发设施、计划进度的适当性。
- A：提出改善产品质量的措施。

2. 开发阶段

开发阶段的质量控制活动涵盖从产品开发到移交产品并获得客户的满意度结束的全过程，代表性工作如下。

- P：分析需求和风险，制订详细的开发过程、使用资源、产品的质量控制计划，并取得客户的认可。

- D：执行质量控制计划。
- C：与客户一起检查计划与预期结果得以执行。
- A：改善计划、过程、资源分配及产品，重新认识风险。

3. 维护阶段

维护阶段的活动主要是对产品的更新，目的是修复缺陷、适应需求变更或提高性能，主要质量控制活动如下。

- P：根据客户反馈或审查结果制定软件更新质量控制计划。
- D：实施软件更新并控制质量。
- C：检查是否达到质量目标，主要是缺陷修复率等。
- A：收集客户反馈，研究软件产品的性能、可维护性等质量要素。

2.2.4 软件质量控制技术

在理解了软件质量的模型和参数后，下面介绍常用的软件质量控制技术。

1. 软件质量控制技术的特征

(1) 软件生命周期的阶段可用性：不同阶段可以选择的技术不尽相同，部分软件质量控制技术的生命周期特征如表 2-3 所示。

表 2-3 部分软件质量控制技术的生命周期特征

质量控制技术	预开发	开发	维护
因果分析		√	√
配置管理		√	√
独立的确认和验证(IV&V)	√	√	
检查		√	
管理度量		√	
性能工程	√	√	
初样	√	√	
可靠性建模		√	√
软件审计		√	
SEI 能力评估	√	√	
软件设计度量		√	
软件开发能力/资格评审	√		
软件工程环境		√	√
软件工程实践	√		
软件工程初样	√		
软件质量保障		√	√
软件问题报告分析		√	√
标准	√	√	√
测试		√	√

(2) 综合使用“预防性”和“检测性”技术。

- 预防性技术：用于避免错误，如 Plan。
- 检测性技术：用于查找产品、过程、资源的缺陷，如 Check。不同技术在预防性和检测性方面的特征如表 2-4 所示。

表 2-4 部分软件质量控制技术的预防性特征及检测性特征

质量控制技术	预防性特征	检测性特征
因果分析	分析原因，提出改进建议，预防出错	
配置管理	控制软件配置，防止引入新的错误	及时发现和纠正需求、设计、编码的错误
独立的确认和验证(IV&V)		
检查	在测试之前检查并纠正设计和编码的缺陷	检查和纠正设计、编码缺陷
管理度量	检查早期问题，并调整质量控制参数	
性能工程	提供某种方法，避免潜在的性能问题	度量实际性能，确认是否满足需求
初样	对早期需求和问题的确认，用户界面设计确认	
可靠性建模		度量软件的可靠性，并预测附加测试
软件审计	识别关键风险，并提出规避方法	检测超时、超支和质量缺陷
SEI 软件能力评估	评估组织的开发过程，确定成熟度等级	

(3) 不同技术对不同的质量参数有影响，如表 2-5 所示。

表 2-5 部分软件质量控制技术对质量参数的影响

质量控制技术	受影响的质量控制参数		
	产　品	过　程	资　源
因果分析		需求分析、开发与测试	人力、设备、进度
配置管理	需求、接口、编码及文档	配置管理、软件质量保障	
独立的确认与验证	需求、设计、编码及测试文档	需求分析、开发与测试	设备
检查	设计、编码及文档		
管理度量	需求、设计、编码	需求分析、开发与测试、开发工具、软件状态	计算机资源、人力、资金、进度
性能工程	设计、编码、定时分配、规模估计	测试	
初样	需求、客户界面	开发与测试	设备
可靠性建模	设计、编码		为测试、评估确定进度计划
软件审计	需求、接口、定时分配和规模估计	需求分析、开发与测试、初样工程、配置管理、SQA	人力、管理、开发和测试设备

2. 软件质量控制问题与技术

软件质量控制技术是为了解决软件的实际质量问题而产生的。下面列出买主或客户、开发者在软件质量控制过程中经常遇到的一些问题，以及为解决这些问题所涉及的质量控制技术。

(1) 最终产品的质量需求是什么？所需技术如下。

① 运行概念文档：描述软件的运行环境和方式，是对软件动态特征的描述。

② 招标建议书的准备和评审：需制定质量标准并确保需求清楚、详尽、可验证。

③ 初样：系统的有限实现，用于描述复杂的或有争议的需求。

(2) 选择什么样的开发组织？所需技术如下。

① 招标建议书的准备和评审：建议书中包含选择标准，竞标者需提供足够的信息应标。

- 开发组织的软件工程方法、标准、实践、开发环境(工具及设备)；
- 是否拥有相应的业务领域知识能力；
- 是否拥有必需的经验，是否熟悉所需要的开发过程；
- 所提出的软件工程方法和过程是否成熟；
- 能提供的质量保障和配置管理措施；
- 对项目的承诺和对开发管理技术的理解程度；
- 组织的内部结构及与其他组织的关系、任务分配方案；
- 技术方案的健全性；
- 费用、进度计划的可信性。

② SEI 软件能力评估：用于评估开发组织控制和改进软件开发过程，并使用现代软件工程技术的能力。

③ SEI 的 CMM 评估：可以在不同开发组织之间、同一组织的不同时间点上较客观、一致地评估组织的软件开发能力。

④ 软件开发能力/资格评审：用于评估开发组织开发一个具体项目的能力。

⑤ 软件工程实践：借助微型开发，客户评估开发商的过程、工具、技术能力，评估领域经验。

(3) 为预防软件质量缺陷应该做些什么？客户和开发商都有必要采取措施以预防缺陷的产生，客户可以提出要求，开发商更应该主动行动。

① 标准：即活动规范，分为下面 3 类。

- 客户标准：提供管理和维护程序的一致性。
- 开发组织标准：目的是使过程可重复、对工具的投资与过程相适应、训练开发人员、使开发过程可度量和改进，客户需要了解开发组织标准。
- 技术标准：用于描述功能部件和接口，包括良好定义的技术规格说明，与其他系统的互操作性，设计方法的可维护性，接口的通用性，产品的可移植性、灵活性和可适应性。

② 软件工程初样：由客户要求的针对原型系统的开发实践，目的是要证明开发商的开发能力。在初样的技术指标中包含一组指令，以便客户的评审。

③ 使用初样的目的如下。

- 便于客户了解开发组织的过程和能力。
- 显示软件的开发环境和开发组织的理解程度。
- 了解开发组织对软件应用环境和工程原理的理解水平。
- 根据初样的经验和教训改进开发过程。
- 可以将初样作为实际系统的一部分。

④ 配置管理：目的是在整个生命期内控制配置的变化，保持配置的完整性和可追踪性，步骤如下。

- 标志配置项的功能部件及特性，建立文档。
- 控制配置项特性的变化。
- 记录并存储状态报告。

⑤ 性能工程：估计、度量和控制软件时效性的活动，由客户、开发组分别或共同执行，包括以下性能特征。

- 执行时间：即执行一个特定任务的时间。
- 反应时间：即系统对输入做出反应的时间。
- 吞吐量：即系统完成一特定任务或处理一特定加载的速率。
- 储备：即未使用但可用的处理时间、输入/输出容量及对需求变更的适应性。
- 性能工程技术：包括分析建模、仿真、软/硬件选择等。

⑥ 软件工程环境：由一组集成的自动化工具组成，用于制成开发组织的开发过程。对质量的影响如下：

- 对软件及相关文档的产生、修改和管理提供帮助。
- 对各种文档及相关设计的一致性检查。
- 使配置管理自动化。
- 检查相对编码标准的偏差。
- 度量测试覆盖。
- 从其他形式的文档产生代码，如图、表、字典等。

⑦ 重用：即利用已开发的软件或部件，目的是提高开发效率和质量，可重用的软件如下。

- 已经开发，并取得充分经验的软件。
- 已经广泛使用，并具有完整文档、可靠且支持好的商业软件。
- 客户提供的类似软件。
- 对以上软件进行修改并已经确认的软件。

(4) 怎样检查软件质量？检查质量既包括预测质量也包括评估质量，既可以连续进行也可以设置检查点。主要技术如下。

① 评审和审计。

- 客户评审：属于计划评审，与阶段开发活动进度吻合，目的是检查开发进度、质量和预防缺陷、理解错误。
- 软件审计：客户对开发过程的关键点的评审，目的是评估开发组织是否完成了必要的需求分析和系统设计，是否为软件的初步设计做好了准备；评估开发组织是否有合适的开发计划；评估需求规格说明和需求分解的完整性；评审时效性分析、客户界面设计、测试理论和计划及设计准备。

- 检查：开发者在测试前进行的评审，目的是及早发现和纠正错误，可以是正式的或非正式的。

② 独立的确认和验证(Independent Verification and Validation，IV&V)：在软件开发过程中由客户雇用某独立组织对照技术规格说明评估软件产品——IV&V连续、客观地向客户提供可视的软件质量和开发状态。

③ IV&V过程：包括需求验证、设计验证、编码验证、程序确认、文档验证等。

④ 软件质量保障：由开发者执行的一系列质量控制活动，也可以由组织内独立的小组完成，主要是检查过程、程序与标准的一致性。

⑤ 测试：通常，开发过程中的测试由开发者完成，客户的测试是在开发结束时或在向客户提交了某个版本时进行的，客户也可以通过以下方式介入开发者的测试活动。

- 评审和批准开发者的测试计划和程序；
- 提供测试设备、工具和人员；
- 提供测试环境。

⑥ 测试等级如下。

- 非正式测试；
- 初步的鉴定测试：针对特定配置项，客户不在；
- 正式的鉴定测试：客户到现场，由独立机构组织；
- 开发性测试：在开发环境下的集成测试，客户参与；
- 验收测试；
- 起始运行测试：在客户运行环境下的确认测试；
- 正式运行测试：目的是客户学习。

⑦ 可靠性建模：用统计学方法分析软件故障的一种方法，即在软件测试或软件运行、维护期间收集软件发生故障的时间数据，或收集在一定时间间隔内的故障数据，并运用于一个或几个软件可靠性模型中，以预测软件可靠性的增长情况。可靠性建模应用于对软件可靠性有明确规定的场合，也适用于预测测试过程达到可靠性要求的所需时间的场合。

(5) 在检查点应该获得哪些信息？检查点是为评估和预测软件质量设置的，应收集的信息如下。

① 计划：开发者是如何执行开发活动的。

② 状态：已完成了多少工作，使用了多少资源。

③ 产品文档：外部、内部的描述。

④ 客户文档：使用指南，维护文档。

⑤ 证明软件质量的产品分析。

可用技术如下。

① 软件问题报告分析：用于度量质量、预测进度和改进过程。

② 模块开发卷宗：

- 审计、检查和评审过程，分析单元问题。
- 确定是否遵守了组织的或计划的SQA标准。

• 有助于配置管理。

(6) 开发组织为改善过程和资源应做些什么？许多技术可用于开发组织改善过程和资源,重要内容如下。

① 因果分析：目的在于辨别有内在联系的缺陷的产生原因。对当前项目可以改变过程或改变资源以避免缺陷的产生；对将来项目可修改或改善过程、资源标准。

② SEI 自我评价：开发组织通过自我评估以确定开发过程的薄弱环节。不同于 SEI 能力评估,自我评估由开发组织内部实施,结果不与客户共享。

3. 软件质量控制技术的选择

下面是选择控制技术需要考虑的因素。

(1) 有些技术是在任何时候都要考虑的,尽管使用等级可以变化。

(2) 要考虑所选技术的效益,并使需求、风险、限制得到平衡。

(3) 有些技术是冗余的或是矛盾的,只需或只能选择其一。

(4) 有些技术是互补的,同时使用可能提高效益。

(5) 控制技术的选用不能与约定相矛盾。

(6) 有些技术只能用于特定的开发阶段或特定的开发活动中。

(7) 检测性技术宜尽早使用,以防早期缺陷的产生和传播。

(8) 对于高风险的设计和程序,质量控制活动和检查点的安排在时间上不要隔太久。

2.3 软件质量保证体系

2.3.1 软件质量保证的内容

软件质量保证(Software Quality Assure,SQA)是建立一套有计划、有系统的方法向管理层保证拟定出的标准、步骤、实践、方法能够正确地被所有项目采用。

软件质量保证的目的是使软件过程对于管理人员来说是可见的,通过对软件产品和活动进行评审和审计来验证软件是符合标准的。软件质量保证组在项目开始时就一起参与建立计划、标准和过程。这些将使软件项目满足机构方针的要求。

SQA(软件质量保证)是 CMM(软件能力成熟度)2 级中的一个重要的关键过程区域,是贯穿于整个软件过程的第三方独立审查活动,在 CMM 的过程中充当重要的角色。软件质量保证的内容如图 2-8 所示。

SQA 的目的是向管理者提供对软件过程进行全面监控的手段,包括评审和审计软件产品和活动,验证是否符合相应的规程和标准,同时给项目管理者提供这些评审和审计的结果。因此,满足 SQA 是达到 CMM 2 级要求的重要步骤。

1. SQA 背景

对任何制造业企业来说,质量保证活动都是必不可少的。

第一个正式的质量保证和控制职能部门于 1916 年在贝尔实验室出现,此后迅速风靡整个制造业。软件的质量标准首先出现在 20 世纪 70 年代军方的软件开发合同中,此后得到

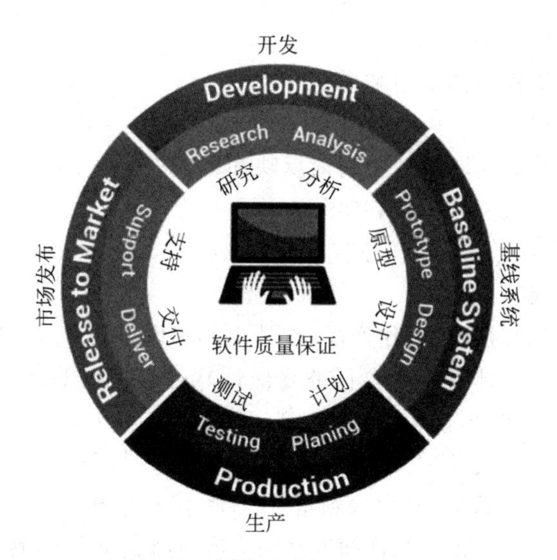

图 2-8　软件质量保证的内容

了广泛的应用。在软件越来越普及的今天，“软件质量保证”更成为软件开发企业和最终用户所关心的问题。

实践证明，软件质量保证活动在提高软件质量方面卓有成效。IBM 360/370 系统软件的开发经验证明了这一点，IBM 有关报告指出，在 8 年的时间里软件质量提高了 3～5 倍，而 SQA 是其质量体系中的一个重要的组成部分。

2. SQA 目标

SQA 组织并不负责生产高质量的软件产品和制订质量计划，这些都是软件开发人员的工作。SQA 组织的责任是审计软件经理和软件工程组的质量活动，并鉴别活动中出现的偏差。

软件质量保证的目标是以独立审查的方式监控软件生产任务的执行，给开发人员和管理层提供反映产品质量的信息和数据，辅助软件工程组得到高质量的软件产品，主要工作包括以下 3 个方面。

（1）通过监控软件的开发过程来保证产品的质量；

（2）保证生产出的软件和软件开发过程符合相应的标准与规程；

（3）保证软件产品、软件过程中存在的不符合问题得到处理，必要时将问题反映给高级管理者。

从软件质量保证的目标中可以看出，SQA 人员的工作与软件开发工作紧密结合，需要与项目人员沟通。因此，SQA 人员与项目人员的合作态度是完成软件质量保证目标的关键，如果合作态度是敌意的或者是挑剔的，软件质量保证的目标将难以顺利实现。

3. SQA 任务

软件质量保证的主要作用是给管理者提供实现软件过程的保证，因此 SQA 组织要保证以下内容：

- 选定的开发方法被采用;
- 选定的标准和规程得到采用和遵循;
- 进行独立的审查;
- 偏离标准和规程的问题得到及时地反映和处理;
- 项目定义的每个软件任务得到实际执行。

相应地,软件质量保证的主要任务有以下方面。

1) SQA 审计与评审

其中,SQA 审计包括对软件工作产品、软件工具和设备的审计,评价这几项内容是否符合组织规定的标准。SQA 评审的主要任务是保证软件工程组的活动与预定义的软件过程一致,确保软件过程在软件产品的生产中得到遵循。

2) SQA 报告

SQA 人员记录工作的结果,并写入到报告之中,发布给相关的人员。SQA 报告的发布应遵循 3 条基本原则:SQA 和高级管理者之间应有直接沟通的渠道,SQA 报告必须发布给软件工程组但不必发布给项目管理人员,在可能的情况下向关心软件质量的人发布 SQA 报告。

3) 处理不符合问题

通过在软件开发周期中尽可能早地预期或检测到不符合情况(错误)来防止错误的发生,并减少错误纠正的成本。错误发现得越早,造成的损失越小,修改的代价也越小。

这是 SQA 的一个重要任务。SQA 人员要对工作过程中发现的不符合问题进行处理,及时向有关人员及高级管理者反映。在处理问题的过程中要遵循两个原则:其一,对符合标准过程的活动,SQA 人员应该积极地报告活动的进展情况,以及这些活动在符合标准方面的效果;其二,对不符合标准过程的活动,SQA 要报告其不符合性,以及它对产品的影响,同时提出改进建议。

2.3.2 SQA 活动和实施

1. 不同阶段的目标

1) 需求分析

(1) 确保客户提出的要求是可行的。

(2) 确保客户了解自己提出的需求的含义,并且这个需求能够真正达到目标。

(3) 确保开发人员和客户对于需求没有误解或者误会。

(4) 确保按照需求实现的软件系统能够满足客户提出的要求。

2) 规格定义

(1) 确保规格定义能够完全符合、支持、覆盖前面描述的系统需求。

(2) 可以采用建立需求跟踪文档和需求实现矩阵的方式。

(3) 确保规格定义满足系统需求的性能、可维护性、灵活性的要求。

(4) 确保规格定义是可以测试的,并且建立了测试策略。

(5) 确保建立了可行的、包含评审活动的开发进度表。

(6) 确保建立了正式的变更控制流程。

3）设计

（1）确保建立了设计的描述标准，并且按照该标准进行设计。

（2）确保设计变更被正确地跟踪、控制、文档化。

（3）确保按照计划进行设计评审。

（4）确保设计按照评审准则评审通过并被正式批准之前没有开始正式编码。

4）编码

（1）确保建立了编码规范、文档格式标准，并且按照该标准进行编码。

（2）确保代码被正确地测试和集成，代码的修改符合变更控制和版本控制流程。

（3）确保按照计划的进度编写代码。

（4）确保按照计划的进度进行代码评审。

5）测试

（1）确保建立了测试计划，并按照测试计划进行测试。

（2）确保测试计划覆盖了所有的系统规格定义和系统需求。

（3）确保经过测试和调试软件仍符合系统规格和需求定义。

6）维护

（1）确保代码和文档同步更新，保持一致。

（2）确保建立了变更控制流程和版本控制流程，并按照流程管理维护过程中的产品变化。

（3）确保代码的更改仍符合编码规范和代码评审，并且不会造成垃圾代码或冗余代码。

2. SQA 活动

1）识别质量需求

SQA 小组应参与项目组的需求开发工作，站在客户的角度协助项目组识别质量指标和可能的质量风险，反映在系统需求中。

2）参与项目计划制订

（1）SQA 小组进行有关项目计划、标准和规程的咨询。

（2）SQA 小组验证项目计划、标准、规程是否到位，且可用于评审和审核项目。

（3）SQA 小组参与项目计划的评审。

3）制订 SQA 计划

（1）在项目计划制订的同时 SQA 小组负责制订 SQA 计划。

（2）项目经理、项目组、SCM 小组评审 SQA 计划。

（3）SQA 计划经 SQA 经理审核、CCB 批准后纳入配置管理。

4）SQA 小组评审工作产品

（1）依据 SQA 计划，SQA 小组可以用下列方式评审工作产品：SQA 小组参与项目组评审，SQA 小组独立对工作产品评审，SQA 小组邀请其他专家评审工作产品。

（2）依据适用的标准、规程和合同需求，SQA 小组客观地评价工作产品。

（3）SQA 小组识别和记录工作产品中的不合格项，验证纠正结果，跟踪到问题关闭。

5）SQA 小组实施审核工作

（1）根据 SQA 计划，SQA 小组审核项目组、相关组的活动，评价与计划、适用的标准和规程的一致性。

(2) SQA 小组记录和识别项目活动中的不合格项,验证纠正结果,跟踪到问题关闭。

6) SQA 小组报告

(1) SQA 小组应及时提交审核报告或不合格项报告给项目经理及项目组相关人员。

(2) SQA 人员定期(一般是每周)提交 SQA 报告给项目经理和 SQA 经理。

(3) SQA 经理定期(一般是每月)提交 SQA 报告给高层管理和 SEPG。

7) 处理不合格项

(1) SQA 小组提交不合格报告给项目组相关人。

(2) 项目经理负责在规定的期限内进行处理。

(3) SQA 小组将项目组未能及时处理的不合格项报告高层管理者(事业部、研究所高层管理或产品办公室)。

(4) 高层管理者负责这些不合格项的裁决。

(5) SQA 人员跟踪不合格项到关闭。

8) 监控软件产品质量

(1) 对软件产品的验收。

(2) 把握采购软件的质量。

(3) 监控分承包商的软件质量保证工作。

9) 收集项目各个阶段的数据

(1) 记录不协调事项。

(2) 跟踪不协调事项直到解决。

(3) 收集各阶段的评审和审计情况。

3. SQA 的实施

软件质量保证任务的实现需要考虑以下几个方面的问题。

第一,要考虑 SQA 人员的素质。SQA 人员的责任是审查软件设计、开发人员的活动,验证是否将选定的标准、方法、规程应用到活动中,因此 SQA 工作的有效执行需要 SQA 人员掌握专业的技术,例如质量控制知识、统计学知识,等等。

第二,SQA 人员的经验对任务的实现同样重要,应该选择那些经验丰富的人来做 SQA,同时对 SQA 人员进行专门的培训,以使他们能够胜任这项工作。

第三,组织应当建立文档化的开发标准和规程,使 SQA 人员在工作时有一个依据、判断的标准,如果没有这些标准,SQA 人员就无法准确地判断开发活动中的问题,容易引发不必要的争论。

第四,高级管理者必须重视软件质量保证活动。在一些组织的软件生产过程中,高级管理者不重视软件质量保证活动,对 SQA 人员发现的问题不及时处理,如此一来软件质量保证就流于形式,很难发挥应有的作用。

第五,SQA 人员在工作过程中一定要抓住问题的重点、本质,不要陷入对细节的争论之中。SQA 人员应集中审查定义的软件过程是否得到了实现,及时纠正那些疏漏或执行得不完全的步骤,以此来保证软件产品的质量。

此外,做好软件质量保证工作还应该有一个计划,用于规定软件质量保证活动的目标,执行审查所参照的标准和处理的方式。一般性项目可采用通用的软件质量保证计划；有特殊质量要求的项目则必须根据项目自身的特点制订专门的计划。

总之，软件质量保证是软件过程中独立的审查活动，从一个侧面反映了现行软件过程能力的成熟度水平。软件质量保证活动贯穿整个软件过程，那种到编码之后才开始关心质量的做法是极其错误的。

2.4　小结

软件质量控制是对开发进程中软件产品（包括阶段性产品）的质量信息进行连续的收集、反馈。软件质量控制是一组由开发组织使用的程序和方法，可在规定的资金投入和时间限制的条件下提供满足客户质量要求的软件产品，并持续不断地改善开发过程和开发组织本身，以提高将来生产高质量软件产品的能力。

用于软件控制的一般性方法有3种，即目标问题度量法、风险管理法、PDCA质量控制法。其中，我国最常用的模型是基于PDCA的全面服务质量管理（TSQC）模型。

软件质量保证是建立一套有计划、有系统的方法向管理层保证拟定出的标准、步骤、实践、方法能够正确地被所有项目采用。软件质量保证的目的是使软件过程对于管理人员来说是可见的。

思考题

1. 简述软件质量控制的基本概念。
2. 简要描述几种常见的质量控制模型。
3. 简述软件质量控制的实施过程。
4. 简要描述软件质量保证体系的目标。

第3章 软件质量度量和配置管理

当你能够测度你所说的，并将其用数字表达出来，你就对它有了一些了解；但当你不能测度，不能用数字表达它时，你对它的了解就很贫乏、很不令人满意。

——开尔文(Lord Kelvin)

软件质量度量的根本目的是为了管理的需要利用度量来改进软件过程。

人们无法管理不能度量的事物，在软件开发的历史中可以意识到20世纪60年代末期的大型软件所面临的软件危机反映了软件开发中管理的重要性。对于管理层人员来说，没有对软件过程的可见度就无法管理；而没有对见到的事物有适当的度量或适当的准则去判断、评估和决策也无法进行优秀的管理。软件工程的方法论主要在提供可见度方面下工夫，但是仅是方法论的提高，并不能使其成为工程学科，这就需要使用度量。

度量是一种可用于决策的可比较的对象。度量已知的事物是为了进行跟踪、评估。对于未知的事物，度量则用于预测。软件度量的成果非常初步，还需要大量工作才可能真正地做到实用化，并对软件的高质量和高速发展产生不可估量的影响。

本章正文共分4节，3.1节介绍度量和软件度量，3.2节介绍软件质量度量，3.3节介绍软件过程度量，3.4节介绍软件配置管理。

3.1 度量和软件度量

3.1.1 度量

测量在科学领域有悠久的历史。

相对在1889年就定义好了度量单位“米”的长度测量，温度的度量复杂得多。华氏(Fahrenheit)和摄氏(Celsius)分别在1714年和1742年提出了基于某固定点间隔递增等级的温度度量方法。摄氏将0～100度分为100等份，但问题是一直不能唯一确定50摄氏度。而且，长度的测量总是一个比例尺度，温度可能用间隔(摄氏/华氏温度表)或者比例尺度(开氏温度)来衡量，如图3-1所示。

虽然术语Measure(测量)、Measurement(测度)和Metric(度量)经常被互换，但注意到它们之间的细微差别是很重要的。因为Measure和Measurement既可作为名词也可作为动词，所以定义会混淆。在软件工程领域中，Measure对一个产品过程的某个属性的范围、数量、维度、容量、大小提供了一个定量的指示，Measurement则是确定一个测量的行为，下

°C	°F	°C	°F	°C	°F
70	158	140	284	210	410
80	176	150	302	220	428
90	194	160	320	230	446
100	212	170	338	240	464
110	230	180	356	250	482
120	248	190	374	260	500
130	266	200	392	270	518

摄氏温度和华氏温度转换

图 3-1 摄氏和华氏度量

面给出相关定义。

- Measure(名词)：根据一定的规则赋予软件过程或产品属性的数值或类别，数值是对软件产品、软件过程的特征的量化计数的结果，类别是特征的定性表示。
- Measure(动词)：按照度量过程中的过程定义对软件过程或软件产品实施度量，表示实际的动作。
- Measurement：按照一定的尺度用度量(名词)给软件实体属性赋值的过程，强调对软件实体属性进行量化的过程性，是提取软件过程或软件产品属性的度量(名词)的过程。蕴含的内容是度量的过程，度量过程可分为评估度量的过程和直接度量的过程，评估度量的过程是对计划实施度量的过程，直接度量的过程是在实施项目过程中收集数据和分析数据的过程。
- Metric：已定义的测量方法和测量尺度，在很多场合与 Indicator 交叉出现，内涵大于 Indicator，Metric 指软件环境中任何一个软件对象的属性的量化表现。
- Indicator：指示器或称指标，是用于评价或预测其他度量的度量。指示器是一个或多个度量的综合，是对软件产品或软件过程的某一方面特征的反映。不同的度量目的有不同的度量指示器选择。在实施过程中，可操作的度量成千上万，应选择最能反映当时度量环境的指标作为度量指示器。

3.1.2 软件度量

软件度量(或者说软件工程度量)领域是一个在过去 30 多年研究非常活跃的软件工程领域。

软件度量(Software Measurement)和软件量度(Software Metric)一样，非常有名。目前学界还没有明确这两个术语的区别。参照测量理论的相关术语，采用软件度量(Software Measurement)。从文献上看，两个术语是同义词。在这里，量度(Metric)不作度量空间理解，而理解为度量是客观对象到数字对象的同态映射。同态映射包括所有关系和结构映射，软件品质和软件度量成直对关系，这是度量和软件度量的根本理念。

软件度量是对软件开发项目、过程、产品进行数据定义、收集、分析的持续性定量化过程，目的在于对此加以理解、预测、评估、控制、改善。

没有软件度量就不能从软件开发的暗箱中跳出来。通过软件度量可以改进软件开发过程，促进项目成功，开发高质量的软件产品。度量取向是软件开发诸多事项的横断面，包括顾客满意度度量、质量度量、项目度量，以及品牌资产度量、知识产权价值度量，等等。度量取向要依靠事实、数据、原理、法则,其方法是测试、审核、调查;工具是统计、图表、数字、模型;标准是量化的指标。

软件度量研究主要分为两个阵营,一部分认为软件可以度量;另一部分认为软件无法通过度量分析。当前的研究主流是关心软件的品质和认为软件需要定量化度量,目前有超过上千种软件度量方法被软件研究人员及从业人员提出。

3.1.3 作用

可度量性是学科是否高度成熟的标志,度量使软件开发逐渐趋向专业、标准、科学。尽管人们觉得软件度量比较难操作,且不愿意在度量上花费时间、精力,甚至对其持怀疑态度,但是这无法否认软件度量的作用。

美国卡内基·梅隆大学软件工程研究所(SEI)在《软件度量指南》(*Software Measurement Guidebook*)中认为,软件度量在软件工程中的作用如下:通过软件度量增加理解;通过软件度量管理软件项目,主要是计划和估算、跟踪和确认;通过软件度量指导软件过程改善,主要是理解、评估、包装。

软件度量对于不同的实施对象具有不同的效用,表3-1是其详细说明。

表3-1 软件度量的作用

角色	度量效果
软件公司	(1) 改善产品质量; (2) 改善产品交付; (3) 提高生产能力; (4) 降低生产成本; (5) 建立项目估算的基线; (6) 了解使用新的软件工程方法和工具的效果、效率; (7) 提高顾客满意度; (8) 创造更多利润; (9) 构筑员工自豪感
项目经理	(1) 分析产品的错误、缺陷; (2) 评估现状; (3) 建立估算的基础; (4) 确定产品的复杂度; (5) 建立基线; (6) 实际上确定最佳实践
软件开发人员	(1) 可建立更加明确的作业目标; (2) 可作为具体作业中的判断标准; (3) 便于有效把握自身的软件开发项目; (4) 便于在具体作业中实施渐进性软件开发改善活动

软件度量的效用有以下几个方面。

- 理解:获取对项目、产品、过程、资源等要素的理解,选择和确定进行评估、预测、控制、改进的基线。
- 预测:通过理解项目、产品、过程、资源等各要素之间的关系建立模型,由已知推算未知，预测未来发展的趋势，合理地配置资源。

- 评估：对软件开发的项目、产品、过程的实际状况进行评估，使软件开发的标准和结果都得到切实的评价，并确认各要素对软件开发的影响程度。
- 控制：分析软件开发的实际和计划之间的偏差，发现问题所在，并根据调整后的计划实施控制，确保软件开发良善发展。
- 改善：根据量化信息和问题之所在探讨提升软件项目、产品、过程的有效方式，实现高质量、高效率的软件开发。

3.2 软件质量度量

3.2.1 软件质量和软件质量要素

对于软件质量，CMM 的定义如下：一个系统、组件、过程符合特定需求的程度；一个系统、组件、过程符合客户或用户的要求或者期望的程度。

在全面质量管理中，“质量”一词并不具有绝对意义上的“最好”的一般含义。质量是指“最适合于一定顾客的要求”。

这些要求是产品的实际用途产品的售价，也就是可以满足软件的商业目标，而不需要追求尽善尽美。重视软件质量是应该的，但是“质量越高越好”并不是普适的真理。只有极少数软件应该追求“零缺陷”，对绝大多数软件而言，商业目标决定了质量目标，而不该把质量目标凌驾于商业目标之上。

软件质量是许多质量属性的综合体现，各种质量属性反映了软件质量的方方面面。人们通过改善软件的各种质量属性来提高软件的整体质量，否则无从下手。软件的质量属性很多，如正确性、精确性、健壮性、可靠性、容错性、易用性、安全性、可扩展性、可复用性、兼容性、可移植性、可测试性、可维护性、灵活性，等等。所谓的软件质量要素指以下两个方面：

- 从技术角度讲，对软件整体质量影响最大的那些质量属性才是质量要素；
- 从商业角度讲，客户最关心的、能成为卖点的质量属性才是质量要素。

对于特定的软件，首先判断什么是质量要素才能给出提高质量的具体措施，而不是一股脑想把所有的质量属性都做好，否则不仅做不好，还得不偿失。

如果某些质量属性并不能产生显著的经济效益，可以忽略，把精力用在对经济效益贡献最大的质量要素上。软件质量保证也就是对重要的质量要素的保证。

3.2.2 影响软件质量的因素

软件业通过多年的实践总结出软件质量是人、过程和技术的函数，即 Q＝{M，P，T}。其中，Q 表示软件质量、M 表示人、P 表示过程、T 表示技术。

首先是人的因素，即 M。

软件开发是智力劳动，软件是人的脑力劳动、进行创造性思维的成果。只有积极进取的开发人员才能把这项工作做好，同时还要有效的软件管理，软件管理就是人员的管理，有效的软件管理能够更好地发挥人的作用，用户、分析员、设计员、程序员、测试员配合得当是开发高质量软件的重要前提。

其次是过程因素,即 P。

"过程"一词有许多定义,ISO 9000 将过程定义为"一组将输入转化为输出的相互关联或相互作用的活动"。软件过程是用来生产软件产品的一系列工具、方法、实践的集合。

软件过程可以分为软件工程过程、软件管理过程、软件支持过程 3 大类。其中,工程过程指软件开发和生产的过程,如需求分析、设计、编码、测试等过程;管理过程指对软件开发和生产过程进行管理的过程,如项目策划过程、跟踪监控过程、质量保证过程、配置管理过程等;支持过程指对有效软件开发和生产进行支持的过程,如评审过程、培训过程、度量过程等。这些过程不是相互孤立、彼此隔离的,都关系到软件产品的质量,必须将其科学、系统地组织成一个有效的运作体系才能使组织的所有与质量相关的活动有条不紊、高效地运行。

最后是技术因素,即 T。

近年来,软件技术虽然取得了不少进展,提出了许多新的开发方法,比如充分利用现成软件的复用技术、自动生成技术,也研制了一些有效的软件开发工具或软件开发环境,但是在软件项目中采用的比率仍然很低。传统的手工艺开发方式仍然占统治地位。软件的复杂性与软件技术发展不相适应的状况越来越明显,图 3-2 给出软件技术的发展与复杂的软件需求随着时间的推移差距日益加大。这种差异成为制约软件质量的重要因素。

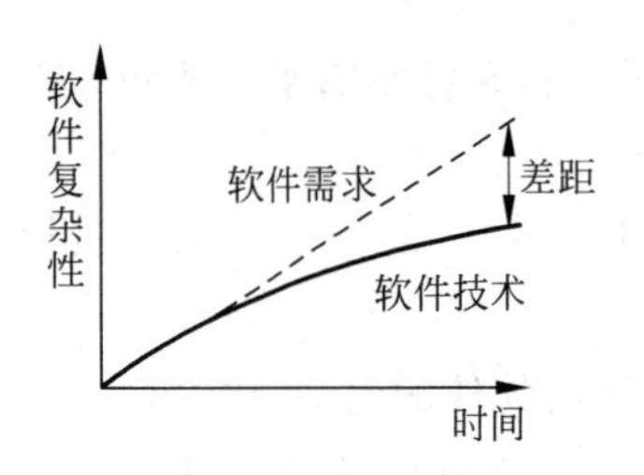

图 3-2 软件技术和软件需求的差距

3.2.3 质量保证模型

软件质量模型是软件质量评价的基础,代表了人们对软件质量特性的认识程度、理解程度,也代表了软件质量评价研究的进展状况。

当前软件质量模型有很多,比较常见的有以下几种模型,即 McCall 模型、Boehm 模型、FURPS 模型、ISO 9126。

1. McCall 模型

McCall 提出软件质量模型,把软件质量进行基于 11 个特性之上,分别面向软件产品的运行、修正、转移,如图 3-3 所示。

- 正确性:程序满足需求规约和实现用户任务目标的程度。
- 可靠性:程序满足所需的精确度和完成预期功能的程度。
- 效率:程序完成其功能所需的计算资源和代码的度量。
- 完整性:对未授权人员访问软件或数据的可控制程度。
- 可用性:学习、操作、准备输入、解释程序输出所需的工作量。
- 可维护性:定位、修复程序中的错误所需的工作量。

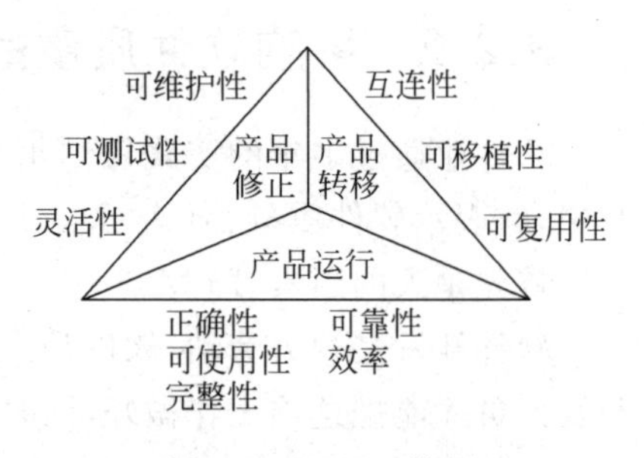

图 3-3 McCall 模型

- 灵活性：修改运行的程序所需的工作量。
- 可测试性：测试程序，确保完成所期望的功能所需的工作量。
- 可移植性：把程序从一个硬件或软件系统环境移植到另一个环境所需的工作量。
- 可复用性：程序可以在另外一个应用程序中复用的程度。
- 互连性：连接一个系统和另一个系统所需的工作量。

2. Boehm 模型

Boehm 模型着手于软件总体的功效，对于软件系统而言，除了有用性以外，开发过程必定是一个时间、金钱、能量的消耗过程。考虑到系统交付时使用的用户类型，Boehm 模型从几个维度来考虑软件的效用。

总功效分解成可移植性、有效性、可维护性。其中，有效性细分为可靠性、效率、运行工程，可维护性可以细分为测试性、可理解性、可修改性。具体如表 3-2 所示。

表 3-2 Boehm 模型

系统功效	可移植性	
	有效性	可靠性、效率、运行工程
	可维护性	测试性、可理解性、可修改性

3. FURPS 模型

McCall 和同事提出的质量要素代表了被提出的众多软件质量“检查表”之一，惠普提出了一套考虑软件质量的因素，简称为 FURPS，即功能性（Functionality）、可用性（Usability）、可靠性（Reliability）、性能（Performance）、支持度（Supportability）。质量因素从早期工作中得出的 5 个主要因素定义了以下评估方式。

- 功能性：通过评价特征集和程序的能力、交付的函数的通用性、整体系统的安全性来评估。
- 可用性：通过考虑人的因素、整体美学、一致性、文档来评估。
- 可靠性：通过度量错误的频率和严重程度、输出结果的准确度、平均失效间隔时间、从失效恢复的能力、程序的可预测性等来评估。
- 性能：通过处理速度、响应时间、资源消耗、吞吐量、效率来评估。
- 支持度：包括扩展程序的能力可扩展性、可适应性、服务性 3 个属性，代表了更一般的概念——可维护性、可测试性、兼容度、可配置性，以及组织和控制软件配置的元素的能力、一个系统可以被安装的容易程度、问题可以被局部化的容易程度。

FURPS 质量因素和上述属性可以用来为软件过程中的每个活动建立质量度量。

4. ISO 9126

ISO/IEC 9126 软件质量模型包括 6 个质量特性和 21 个质量子特性。

- 功能性：适合性、准确性、互操作性、依从性、安全性。
- 可靠性：成熟性、容错性、可恢复性。
- 可用性：可理解性、易学性、可操作性。

- 效率：时间特性、资源特性。
- 可维护性：可分析性、可改变性、稳定性、可测试性。
- 可移植性：适应性、可安装性、一致性、可替换性。

3.2.4 缺陷排除效率

缺陷排除效率(Defect Removal Efficiency,DRE)在项目级和过程级都能提供有益的质量度量。在本质上,DRE是对质量保证及控制活动的过滤能力的一个测量,这些活动贯穿于整个过程框架活动。

在把一个项目作为一个整体考虑时,DRE按以下方式定义：

$$\mathrm{DRE} = E/(E + D)$$

其中,E=软件交付给最终用户之前所发现的错误数,D=软件交付之后所发现的缺陷数。

最理想的DRE值是1,即软件中没有发现缺陷。在现实中,D会大于0,但随着E值的增加,DRE的值仍能接近1。事实上,随着E的增加,D的最终值可能会降低(错误在变成缺陷之前已经被过滤了)。DRE作为一个度量,提供关于质量控制和保证活动的过滤能力的衡量指标,则DRE鼓励软件项目组采用先进技术,以便在交付之前发现尽可能多的错误。

DRE也能够用来在项目中评估一个小组发现错误的能力,在这些错误传递到下一个框架活动或软件工程任务之前(例如需求分析任务产生了分析模型)可以复审该模型以发现、改正错误。在分析模型的复审中,未被发现的错误会传递给设计任务(这里它们有可能被发现,也有可能没被发现)。在这种情况下,定义DRE为：

$$\mathrm{DRE}_i = E_i/(E_i + E_{i+1})$$

其中,E_i=在软件工程活动i中所发现的错误数,E_{i+1}=在软件工程活动$i+1$中所发现的错误数,这些错误来源于软件工程活动i中未能发现的错误。

软件项目组(或单个软件工程师)的质量目标是使DRE_i接近1,即错误应该在传递到下一个活动之前被过滤掉。

3.3 软件过程度量

3.3.1 概念

软件过程度量是对软件过程进行度量的定义、方法、活动、结果的集合。软件过程度量不是单一的活动,而是一组活动的集合,本身也是一个系统的过程。与任何系统的过程一样,软件过程度量包括确定需求、制订计划、执行、结果分析等一系列完整的步骤。

通常,软件过程度量包括以下活动：选择和定义度量、制订度量计划、收集数据、执行度量分析、评估过程性能、根据评估结果采取相应措施,等等,如图3-4所示。

1. 软件过程度量的目标

软件过程度量的目标是对软件过程的行为进行目标管理,并在度量的基础上对软件过

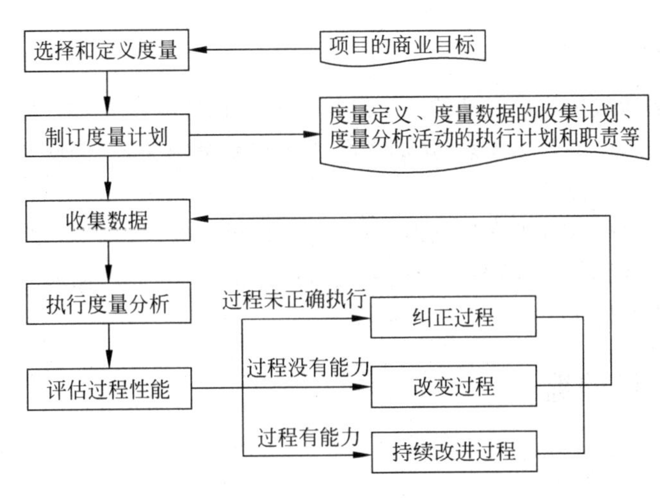

图 3-4 软件过程度量的过程

程进行控制、评价、改善。最终，软件过程度量为项目管理和软件过程管理服务。

2. 软件过程度量的对象

软件过程度量就其对象而言主要包括 3 个，即工作产品、软件项目、过程。

工作产品指软件项目执行过程中产生的交付的和不交付的过程产品，如用户手册、同行评审记录。同行评审记录虽然在一般情况下不交付给顾客，但属于工作产品。软件项目的度量主要集中在项目质量、成本、进度等方面。过程度量主要从组织的角度考虑。软件开发组织定义统一的组织标准软件过程(Organization's Set of Standard Process，OSSP)，项目根据具体情况对组织标准软件过程进行剪裁，形成项目定义软件过程，根据项目定义软件过程制订软件开发计划(Software Development Plan，SDP)。过程度量主要指对项目定义软件过程和组织标准软件过程的度量。

在软件开发组织中对工作产品的度量主要包括规模、质量两个方面。目前比较流行的工作产品的规模度量包括软件系统规模度量和软件产品文档规模度量。软件系统规模度量的方法主要有 LOC、FPA，软件产品文档规模度量方面还没有成型的方法。工作产品质量的度量已经有相应的国际标准。虽然规模度量和质量度量在国外都有比较成型的方法或标准，但在应用中一定要根据实际情况参考标准或相应方法制定本组织的标准，尤其是在质量度量方面，一定要对原有标准进行剪裁。

3. 软件过程度量的方法

对软件过程的度量方法是过程性方法，软件过程行为是事件行为，对过程的度量也具有过程性，从制定度量目标到收集数据再到数据分析表示出了典型的度量阶段。并且，随着软件过程的进化，度量过程也随之进化发展，度量过程中的各个阶段所用到的技术、方法是动态更新的。

软件过程度量的方法包括常用的采集方法(在不同项目阶段针对不同类型内容的数据采集)和常用的数据分析方法(多种数据表示方法和分析方法)。

4. 软件过程度量的结果

产品度量结果通常是软件产品的复杂度模型和可靠性模型等,对过程度量的结果模型(例如花费模型、质量模型等)、关系(例如人员投入与质量的关系、进度与质量关系等)和由过程量化特征组成的过程基线。

软件产品度量和软件过程度量虽然存在不同,但也有联系。产品度量内容可以是过程度量内容的一部分,因为对产品的度量结果是对产品的评价,而产品又是过程的结果,产品的好坏体现了过程的好坏。

3.3.2 常见问题

1. 度量得太多、太频繁

软件过程有成百的方面可以度量,在实施度量时很容易选择了过多的数据项进行度量。过多的度量要求会使管理人员和参与人员困惑,并产生抵触情绪。而且,由于度量必然带来成本支出,太多的度量要求会造成度量计划的成本太高,与其收益不匹配。因此,制订度量计划应该从较小的度量集合开始,实施取得成功后再逐步扩展。

2. 度量得太少、太迟

某些度量计划只定义了很少的度量,以至于能提供足够的信息来理解当前的情况,并做出正确的决定。这同样会造成度量收益与其成本不匹配的情况,使投资人或管理者认为该度量计划没有意义,因而中止实施。同时,如果只对工作的少量方面进行度量,还可能造成现实的负面影响。人们有时会根据度量要求改变其行为,这样会带来难以预期的副作用。

3. 度量了不正确的事物或属性

如果度量的数据项与业务的关键成功决策没什么关系,那么就意味着度量了错误的东西。如果管理人员不能适时地获得改善项目管理或人员管理所需的数据,那么就应该重新评估度量集的定义。

4. 度量的定义不精确

模糊的或有歧义的度量定义会导致多种理解。某些人会把软件多余的特性当作是缺陷,而另一些人却不会。如果没有一致的理解,一段时间后的度量结果可能会表现出奇怪的特征,因为每个人都可能是以不同的方式进行数据收集和报告。因此,在制订度量计划时必须精确定义每个需要度量的数据项,以及由这些数据项组合计算得到的度量。

5. 收集了数据却没有利用

度量得来的数据应该得到充分利用,尽可能增大度量的收益。项目经理和管理层应该把度量结果与开发团队共享,让大家都能理解度量的好处,以及度量得到的信息如何帮助管理者进行决策和采取正确措施。同时应公开一些度量结果供所有利益相关者查阅,以便能分享成功和处理不足之处。

6. 错误地解释度量数据

度量得到的趋势可以揭示很多问题，但是不能单独地看待每一个信号，应综合分析原因，否则有可能得到错误解释。例如，在采取了质量改进措施之后如果发现缺陷密度增加了，分析人员可能会认为这些质量改进措施大于利，而打算回到原来的开发方式，但是这种情况的实际原因可能是因为改进的测试技术提高了缺陷的发现率。

因此，在进行度量结果分析时需要跟踪一个相对较长时期的数据，不应对某个数据点的值反应过度。分析异常情况的原因应该综合考虑所有可能的原因进行正确的判断。为了避免陷入这些困境，需要采用一些行之有效的方法制订度量计划来保证计划的合理性。

7. 自动化工具欠缺

自动化工具欠缺也就是缺少数据的收集、组织、分析的自动化工具。自动化工具的使用可减少数据收集的成本，同时使数据的分析、反馈更加容易和准确。另外可减少人为的错误，使管理者更加相信数据的有效性。事实上，度量和分析从技术上讲并不是很复杂，建立一个有效的度量程序的最大挑战与各种公式、统计技术和复杂的分析技术都无关。困难主要在于如何决定哪些度量是对组织有意义的，采用什么流程收集和使用这些度量数据最有效。

3.3.3 基于目标的方法

基于目标的软件过程度量方法(Goal-Question-Metric，GQM)是于1988年美国马里兰大学的Victor R. Basili提出的一种面向目标的、自上而下由目标逐步细化到度量的定义方法，用来告诉组织/机构要采集哪些数据。

隐含的一个假设是每一个组织、项目都有一系列目标要实现。要实现每一个目标，均要回答一系列问题才能知道目标有没有实现。对提出的每个问题都可以找到一个完整、可以量化的满意解答，使得测量由“被动引发到过程中”变成“主动地渗透到过程中”，由目标细化到度量的逐步求精的方法具备很强的灵活性和可操作性，因而得到了广泛认可。

由图3-5可见，GQM模型是一种层次状结构，最上层是一个目标，对该目标细化就得到几个问题，构成问题层。这几个问题将关注的方面分解为几个部分。每一个问题可以进一步细化为几个度量项。不同的问题可能共享相同的度量项，不同的目标也可能涉及相同的问题。另外，度量值可能是主观的，也可能是客观的。在测量同一个度量项时，如果同时服务于多个目标，则有可能因为观测角度不同得到不同的结果。

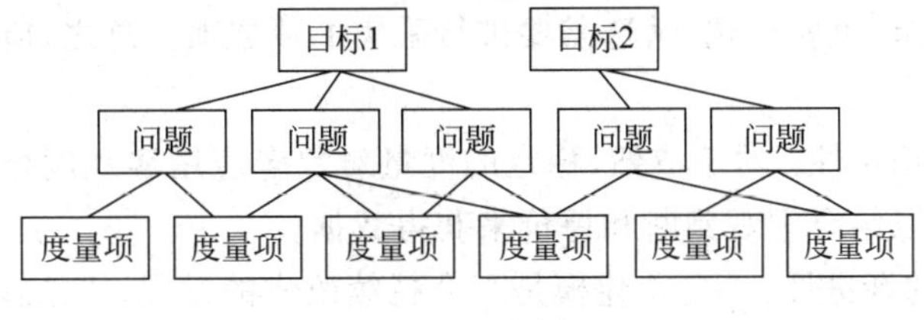

图3-5　GQM模型

GQM 建模可应用于公司、部门或者仅仅一个项目上，然而任何层次上的建模都需要事先分析度量对象和上下环境的相关信息。问题的定义要尽可能详细地描述要实现的目标。建立目标的过程对 GQM 建模起着关键作用，需要遵循一定的方法和步骤。

如图 3-6 所示，一个目标主要受下面几个因素控制。

- Issues(侧重点)：度量对象的质量重点。
- Viewpoint(立场)：信息使用者。
- Object(对象)：要度量的对象。
- Purposes(目的)：一般是理解、控制和改进要度量的对象。

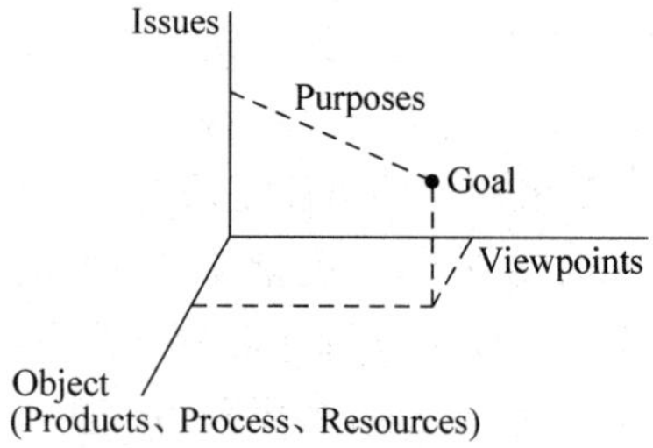

Issues
Purposes
Goal
Viewpoints
Object
(Products、Process、Resources)

图 3-6 GQM 的目标定义

因此，目标开发需要了解以下 3 个方面的信息。

- 分析组织的经营战略和方针：通过分析可以挖掘出实现组织目标的目的和侧重点。
- 分析组织的过程和产品定义：只有这样才能准确地锁定实现目标要度量的对象。
- 分析软件组织的架构模型：可以锁定关注目标的特定角色。

当然，没必要将组织中的所有元素都牵涉进来。确保这一点必须在选择之前进行细致的相关分析。根据以往经验，建议先从解决实际问题着手，以后随着组织过程的逐步成熟再对度量目标进行改进。

对于确定的每一个目标(比如目标是从过程改进人员的角度分析同行评审过程，目的是提高同行评审过程的能力)，能够以量化的方式导出一些相关的问题。

通常，获得问题可以从以下方面考虑：

(1) 对于特定目标陈述中的对象应该抓住哪些可以量化的特征？例如：

- 什么是当前同行评审的效率？
- 实际同行评审过程是按照文档化的流程执行的吗？
- 同行评审发现缺陷的数量与评审对象规模、评审小组人数有关系吗？

(2) 结合模型中的侧重点，这些特征应该怎么来描述？例如：

- 同行评审的效率与基线的偏差是多少？
- 同行评审的效率正在提高吗？

(3) 结合模型中的侧重点，应该如何评价度量对象的这些特征？例如：

- 每人时发现的缺陷数量明显提高了吗？
- 项目经理能够明显觉察到评审效率的提高吗？

一旦选好了应该回答的问题，并且确定其可以量化，便可以选择或构造一些数量指标。在选择数据项时至少要考虑以下方面。

- 现有数据的有效性：尽量利用现有数据，如果实在没有相关数据积累或者现有数据的可靠性太差，也要少选、精选需要进行采集的数据项。总之，应该最大限度地利用现有数据。
- 度量对象的稳定性：对于成熟、稳定的度量对象多应用客观度量，对于不成熟、不稳定的对象可以结合主观判断和评价来获得数据。
- GQM 建模的渐进性：GQM 建模是一个持续改进的过程，所选择的度量项不仅可以评价度量的对象，也反映了模型本身的可靠性和质量。

实施以上步骤，最后得到的GQM样例如表3-3所示。

表3-3　GQM分解样例

GQM		
目标	用途	控制、改进
	对象	同行评审过程
	侧重点	能力
	需求方	过程改进人员
	环境	符合CMMI4要求的研发规范
问题1		什么是PR的过程能力
度量项	PR排错能力	同行评审过程缺陷密度的均值和控制限
问题2		如何判断一次同行评审的有效性
度量项	有效性项目经理评价缺陷密度值状态	项目经理对评审结论的评价 缺陷密度值落在控制限之外：Y 缺陷密度值落在控制限之内：N
问题3		项目经理对评审对象质量提高的评价
问题4		……

3.4　软件配置管理

配置管理的概念源于美国空军，为了规范设备的设计与制造，美国空军于1962年制定并发布了第一个配置管理的标准——AFSCM375-1，CM During the Development & Acquisition Phases。

软件配置管理概念的提出则在20世纪60年代末70年代初。当时美国加州大学圣巴巴拉分校（University of California，Santa Barbara，UCSB）的Leon Presser教授在承担美国海军的航空发动机研制期间撰写了一篇名为“Change and Configuration Control”的论文，提出控制变更和配置的概念，这篇论文同时也是管理该项目（进行过近1400万次修改）的一个经验总结。

Leon Presser在1975年成立了一家名为SoftTool的公司，开发了配置管理工具（Change and Configuration Control，CCC），这是最早的配置管理工具之一。

随着软件工程的发展，软件配置管理越来越成熟，从最初的仅仅实现版本控制发展到现在的提供工作空间管理、并行开发支持、过程管理、权限控制、变更管理等一系列全面的管理能力，形成了一个完整的理论体系。同时，在软件配置管理的工具方面出现了大批的产品，如最著名的ClearCase、开源产品CVS、入门级工具Microsoft VSS、新秀Hansky Firefly。

软件配置管理（Software Configuration Management，SCM）是一种标识、组织、控制修改的技术。软件配置管理应用于整个软件工程过程。我们知道，在软件建立时变更是不可避免的，变更加剧了项目中软件开发者之间的混乱。SCM活动的目标就是为了标识变更、控制变更、确保变更正确实现，并向其他有关人员报告变更。从某种角度讲，SCM是一种标识、组织、控制修改的技术，目的是使错误降为最小，并最有效地提高生产效率。

软件配置管理作为CMM 2级的关键域（Key Practice Area，KPA），在整个软件的开发

活动中占有很重要的位置。软件配置管理是贯穿于整个软件过程的保护性活动,被设计用来:

- 标识变化;
- 控制变化;
- 保证变化被适当地实现;
- 向其他可能有兴趣的人员报告变化。

所以,必须为软件配置管理活动设计一个能够融合于现有的软件开发流程的管理过程,甚至直接以软件配置管理过程为框架来再造组织的软件开发流程。

3.4.1 目标

国外已经有30多年的软件配置管理历史,而国内的发展却是在21世纪的事。国内的软件配置管理已经取得了迅速发展,并得到了包括BAT(百度、阿里巴巴、腾讯)3家在内的软件公司的普遍认可。软件配置管理是在贯穿整个软件生命周期中建立和维护项目产品的完整性,基本目标如下:

- 软件配置管理的各项工作是有计划进行的。
- 被选择的项目产品得到识别、控制,并且可以被相关人员获取。
- 已识别出的项目产品的更改得到控制。
- 使相关组别和个人及时了解软件基准的状态和内容。

为了达到上述目标要贯彻执行以下方针:

- 技术部门经理和具体项目主管确定配置管理的工作过程。
- 施行软件配置管理的职责应被明确分配,相关人员得到软件配置管理方面的培训。
- 技术部门经理和具体项目主管应该明确在相关项目中所担负的软件配置管理方面的责任。
- 软件配置管理工作应该享有足够的资金支持,需要在客户、技术部门经理、具体项目主管之间协商。
- 软件配置管理应该实施于对外交付的软件产品,以及那些被选定的在项目中使用的支持类工具等。
- 软件配置的整体性在整个项目生命周期中得到控制。
- 软件质量保证人员应该定期审核各类软件基准以及软件配置管理工作。
- 使软件基准的状态和内容能够及时通知给相关组别和个人。

3.4.2 角色职责

对于任何一个管理流程,保证该流程正常运转的前提条件是要有明确的角色、职责、权限的定义。特别是在引入了软件配置管理的工具之后,理想的状态就是组织内的所有人员按照不同角色的要求,根据系统赋予的权限执行相应的动作。因此,在软件配置管理过程中主要涉及下列角色和分工。

1. 项目经理(Project Manager,PM)

项目经理是整个软件研发活动的负责人,根据软件配置控制委员会的建议批准配置管理的各项活动，并控制它们的进程，具体职责如下：

- 制定和修改项目的组织结构和配置管理策略；
- 批准、发布配置管理计划；
- 决定项目起始基线和开发里程碑；
- 接受并审阅配置控制委员会的报告。

2. 配置控制委员会(Configuration Control Board,CCB)

配置控制委员会负责指导和控制配置管理的各项具体活动的进行，为项目经理的决策提供建议，具体职责如下：

- 定制开发子系统；
- 定制访问控制；
- 制定常用策略；
- 建立、更改基线的设置，审核变更申请；
- 根据配置管理员的报告决定相应的对策。

3. 配置管理员(Configuration Management Officer,CMO)

配置管理员根据配置管理计划执行各项管理任务，定期向 CCB 提交报告，并列席 CCB 的例会，具体职责如下：

- 软件配置管理工具的日常管理与维护；
- 提交配置管理计划；
- 各配置项的管理与维护；
- 执行版本控制和变更控制方案；
- 完成配置审计并提交报告；
- 对开发人员进行相关的培训；
- 识别软件开发过程中存在的问题，并拟就解决方案。

4. 系统集成员(System Integration Officer,SIO)

系统集成员负责生成和管理项目的内部和外部发布版本，具体职责如下：

- 集成修改；
- 构建系统；
- 完成对版本的日常维护；
- 建立外部发布版本。

5. 开发人员(Developer,DEV)

开发人员的职责就是根据组织内确定的软件配置管理计划和相关规定，按照软件配置管理工具的使用模型来完成开发任务。

3.4.3 过程描述

软件研发项目可以划分为 3 个阶段，即计划阶段、开发阶段、维护阶段。

然而,从软件配置管理的角度来看,后两个阶段所涉及的活动是一致的,所以合二为一,成为“项目开发和维护”阶段。

1. 项目计划阶段

在项目设立之初 PM 首先需要制订整个项目研发计划,之后软件配置管理的活动就可以展开了,因为如果不在项目开始之初制订软件配置管理计划,那么软件配置管理的许多关键活动就无法及时、有效地进行,直接后果就是造成了项目开发状况的混乱,并注定软件配置管理活动成为一种“救火”的行为。所以,及时制订一份软件配置管理计划在一定程度上是项目成功的重要保证。

在软件配置管理计划的制订过程中,主要流程如下:

(1) CCB 根据项目的开发计划确定各里程碑和开发策略;

(2) CMO 根据 CCB 的规划制订详细的配置管理计划,交 CCB 审核;

(3) CCB 通过配置管理计划后交项目经理批准,发布实施。

2. 项目开发和维护阶段

这一阶段是项目研发的主要阶段,软件配置管理活动主要分以下 3 个层面:

(1) 由 CMO 完成的管理和维护工作;

(2) 由 SIO 和 DEV 具体执行软件配置管理策略;

(3) 变更流程。

这 3 个层面既彼此独立又互相联系,是一个有机的整体。在软件配置管理过程中,核心流程如下:

(1) CCB 设定研发活动的初始基线;

(2) CMO 根据软件配置管理规划设立配置库和工作空间,为执行软件配置管理就绪做好准备;

(3) 开发人员按照统一的软件配置管理策略,根据获得的授权资源进行项目的研发工作;

(4) SIO 按照项目的进度集成组内开发人员的工作成果并构建系统,推进版本的演进;

(5) CCB 根据项目的进展情况审核各种变更请求,并适时地划定新的基线,保证开发和维护工作的有序进行。

该流程循环往复,直到项目结束。当然,除上述核心过程之外还涉及其他相关的活动和操作流程,下面按不同的角色分工。

(1) 各开发人员按照项目经理发布的开发策略或模型进行工作;

(2) SIO 负责将各分项目的工作成果归并至集成分支,供测试或发布;

(3) SIO 可向 CCB 提出设立基线的要求,经批准后由 CMO 执行;

(4) CMO 定期向项目经理和 CCB 提交审计报告,并在 CCB 例会中报告项目在软件过程中可能存在的问题和改进方案;

(5) 在基线生效后,一切对基线和基线之前的开发成果的变更必须经 CCB 的批准;

(6) CCB 定期举行例会,根据成员所掌握的情况、CMO 的报告和开发人员的请求对配置管理计划做出修改,并向项目经理负责。

配置管理的工作流程如图 3-7 所示。

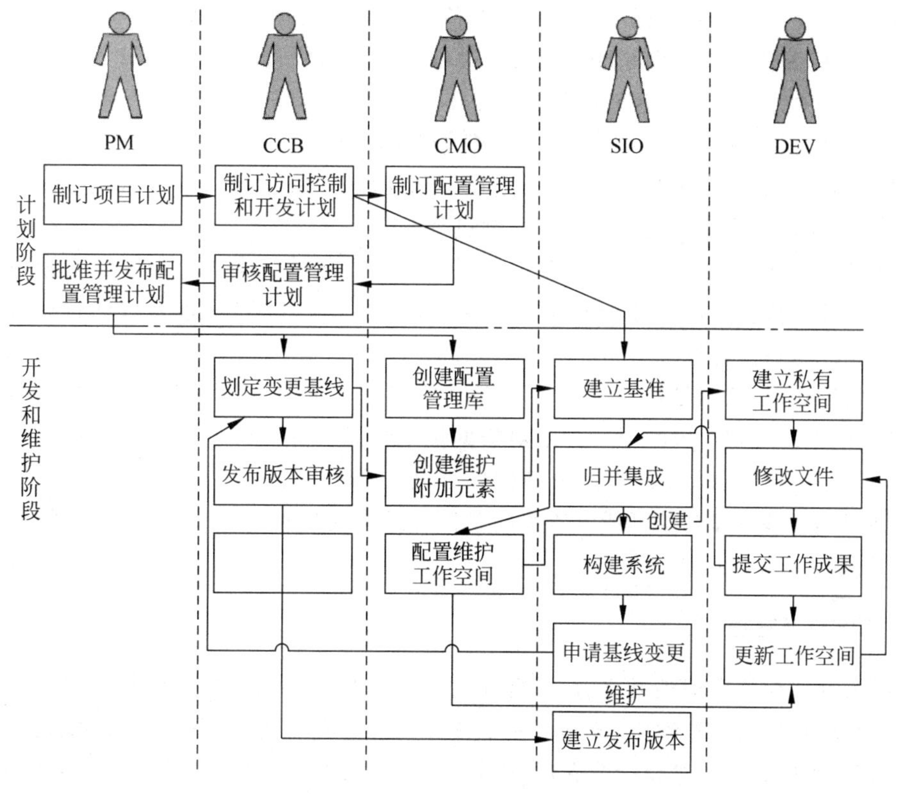

图 3-7　软件配置管理基本流程

3.4.4 关键活动

软件配置管理是软件质量保证的重要一环，其主要责任是控制变化。

然而，SCM 也负责个体 SCI 和软件的各种版本的标识、软件配置的审计（保证已被适当地开发），以及配置中所有变化的报告。任何关于 SCM 的讨论均涉及一系列复杂的问题：

- 一个组织如何标识和管理程序（及其文档）的很多现存版本才能使变化可以高效地进行？
- 一个组织如何在软件发布给客户之前和之后控制变化？
- 谁负责批准变化，并给变化确定优先级？
- 如何保证变化已经恰当地进行？
- 采用什么机制告知其他人员已经实行的变化？

下面针对这些问题给出 SCM 任务的定义。

1. 配置项识别

软件过程的输出信息可以分为 3 个主要类别：

- 计算机程序（源代码和可执行程序）；
- 描述计算机程序的文档（针对技术开发者和用户）；

• 数据(包含在程序内部或外部)。

这些项包含了在软件过程中产生的所有信息,总称为软件配置项。

由此可见,配置项的识别是配置管理活动的基础,也是制订配置管理计划的重要内容。

软件配置项分类软件的开发过程是一个不断变化的过程,为了在不严重阻碍合理变化的情况下控制变化,软件配置管理引入了“基线(Base Line)”这一概念。

IEEE 对基线的定义是“已经正式通过复审和批准的某规约或产品,因此可作为进一步开发的基础,并且只能通过正式的变化控制过程改变”。

根据定义,在软件的开发流程中把所有需要加以控制的配置项分为基线配置项和非基线配置项两类。基线配置项可能包括所有的设计文档和源程序等;非基线配置项可能包括项目的各类计划和报告等。

配置项的标识、控制是指所有配置项都应按照相关规定统一编号,按照相应的模板生成,并在文档中的规定章节(部分)记录对象的标识信息。在引入软件配置管理工具进行管理后,这些配置项都应以一定的目录结构保存在配置库中。所有配置项的操作权限应由 CMO 严格管理,基本原则是基线配置项向软件开发人员开放读取的权限;非基线配置项向 PM、CCB 及相关人员开放。

2. 工作空间管理

在引入软件配置管理工具之后,所有开发人员都会被要求把工作成果存放到由软件配置管理工具所管理的配置库中,或是直接工作在软件配置管理工具提供的环境之下。一般来说,比较理想的情况是把整个配置库视为一个统一的工作空间,然后再根据需要划分为个人(私有)、团队(集成)、全组(公共)3 类工作空间(分支),从而更好地支持将来可能出现的并行开发的需求。

每个开发人员按照任务的要求在不同的开发阶段工作在不同的工作空间上。例如,对于私有开发空间而言,开发人员根据任务分工获得对相应配置项的操作许可之后即在自己的私有开发分支上工作,所有工作成果体现为在该配置项的私有分支上的版本的推进,除该开发人员以外,其他人员均无权操作该私有空间中的元素;而集成分支对应的是开发团队的公共空间,该开发团队拥有对该集成分支的读/写权限,其他成员只有只读权限,管理工作由 SIO 负责;至于公共工作空间,则是用于统一存放各个开发团队的阶段性工作成果,提供全组统一的标准版本,并作为整个组织的 Knowledge Base。

由于选用的软件配置管理工具不同,在对工作空间的配置和维护的实现上有比较大的差异,对于 CMO 来说,这些工作是重要职责,必须根据各开发阶段的实际情况来配置工作空间,并定制相应的版本选取规则来保证开发活动的正常运作。在变更发生时,应及时做好基线的推进。

3. 版本控制

版本控制是软件配置管理的核心功能。

所有置于配置库中的元素都应自动予以版本的标识,并保证版本命名的唯一性。版本在生成过程中依照设定的使用模型自动分支、演进。除了系统自动记录的版本信息以外,为了配合软件开发流程的各个阶段,还需要定义、收集一些元数据(Metadata)来记录版本的辅助信息和规范开发流程，并为今后对软件过程的度量做好准备。当然，如果选用的工具支持，这些辅助数据将能直接统计出过程数据，从而方便软件过程改进（Software Process Improvement，SPI）活动的进行。

对于配置库中的各个基线控制项，应该根据其基线的位置和状态来设置相应的访问权限。一般来说，基线版本之前的各个版本都应处于被锁定的状态，如果需要进行变更，应按照变更控制的流程进行操作。

4. 变更控制

在对SCI的描述中引入了基线的概念。从IEEE对基线的定义中可以发现，基线是和变更控制紧密相连的。也就是说，在对各SCI做出了识别，并且利用工具进行了版本管理之后，如何保证在复杂多变的开发过程中真正处于受控的状态，并在任何情况下都能迅速地恢复到任一历史状态，就成为了软件配置管理的另一重要任务。因此，变更控制就是通过结合人的规程和自动化工具提供一个变化控制的机制。

前面部分已经把SCI分为基线配置项和非基线配置项两大类，所以这里涉及的变更控制的对象主要指配置库中的各基线配置项。变更管理的一般流程如下：

- （获得）提出变更请求；
- 由CCB审核并决定是否批准；
- （被接受）修改请求分配人员为提取SCI，进行修改；
- 复审变化；
- 提交修改后的SCI；
- 建立测试基线并测试；
- 重建软件的适当版本；
- 复审（审计）所有SCI的变化；
- 发布新版本。

在这样的流程中，CMO通过软件配置管理工具进行访问控制和同步控制，而这两种控制是建立在前文所描述的版本控制和分支策略的基础上的。

5. 状态报告

配置状态报告就是根据配置项操作数据库中的记录向管理者报告软件开发活动的进展情况。

这样的报告应该是定期进行，并尽量通过计算机辅助软件工程（Computer Aided Software Engineering，CASE）工具自动生成，用数据库中的客观数据来真实地反映各配置项的情况。

配置状态报告应根据报告着重反映当前基线配置项的状态，作为对开发进度报告的参照。同时，也能从中根据开发人员对配置项的操作记录对开发团队的工作关系做一定的分析。

配置状态报告包括下列内容：

- 配置库结构和相关说明；
- 开发起始基线的构成；

- 当前基线位置及状态；
- 各基线配置项集成分支的情况；
- 各私有开发分支类型的分布情况；
- 关键元素的版本演进记录；
- 其他应予报告的事项。

6. 配置审计

配置审计的主要作用是作为变更控制的补充手段来确保某一变更需求已被切实实现。在某些情况下，配置审计被作为正式的技术复审的一部分，但当软件配置管理是一个正式的活动时，该活动由 SQA 人员单独执行。

总之，软件配置管理的对象是软件研发活动中的全部开发资产。所有一切都应作为配置项纳入管理计划，统一进行维护、集成。因此，软件配置管理的主要任务归结为以下几条：

- 制订项目的配置计划；
- 对配置项进行标识；
- 对配置项进行版本控制；
- 对配置项进行变更控制；
- 定期进行配置审计；
- 向相关人员报告配置的状态。

3.4.5 VSS 的使用

目前，配置管理工具可以分为 3 个级别。

- 第一级别即简单的版本控制工具，是入门级的工具，例如 Concurrent Version System (CVS)、Visual Source Safe(VSS)；
- 第二级别即项目级配置管理工具，适合管理中小型的项目，例如 PVCS、MKS；
- 第三级别即企业级配置管理工具，具有强大的过程管理功能，例如 CCC Harvest、ClearCase。

自 20 世纪 80 年代后期研制并完善了“增量存储算法”，后配置管理工具的春天便开始了，目前国内常用的配置管理工具有 VSS、CVS 和 ClearCase。VSS 是微软公司推出的一款支持团队协同开发的配置管理工具，因为其短小精悍，又继承了微软集成销售的一贯作风——用户可以用相对于免费的价格得到，用户量是第一位。VSS 简单、易用，人们在使用配置管理工具的时候 80%的时间只是用 Add、Check in、Check out 等几个功能。VSS 的主要局限性是只支持 Windows，不支持异构环境下的配置管理，另外对 Internet 的支持不够完善。

VSS 是使用服务器、本地机的概念来进行操作的，所有需要操作的文件都存在服务器版本文件和本地机版本文件，无论用户的 VSS 的架构是服务器客户机形式还是个人单机版形式，机制都是这样。用户所用的修改都是在本地机上完成的，修改完成后再上传服务器。单机版也是这样操作。

服务器版本文件是一个绝对受配置管理软件限制的文件，用户只能通过 VSS 的规定的权限和操作方法修改，因为它并不是一个人的，而是大家的。本地文件是一个基本不受限制

的文件，用户可以像操作本地文件一样操作它。

VSS 由 Visual SourceSafe 6.0 Admin、Microsoft Visual SourceSafe 6.0、Analyze VSS DB、Analyze & Fix VSS DB 几个部分组成。Analyze VSS DB、Analyze & Fix VSS DB 两个工具不是很常用，前者用于检查 SourceSafe 数据库文件的完整性，后者主要修正 SourceSafe 数据库文件存在的错误。Visual SourceSafe 6.0 Admin 的功能类似于 Windows 2000 的用户管理器，软件配置管理人员用来分配用户和设定相应的权限。管理员的管理操作一般都集中在 Visual SourceSafe 6.0 Admin 中，系统中只有一个系统管理员——Admin 可以登录到此程序中进行管理工作，一般在刚安装的系统中此用户的密码默认为空。而且，系统为 Admin 这个用户保留的一切权利不可更改。数据库的创建操作必须在服务器上执行，因为通过客户端创建数据库操作只是在客户端的机器上创建数据库，这个数据库往往只能单机使用。图 3-8 所示为 Visual SourceSafe 的使用。

图 3-8 Visual SourceSafe 的使用

注意，由于 VSS 是通过 Windows 的网络共享来完成服务器端受控版本文件的共享，因此 VSS 服务端的数据库必须建立在服务器的一个完全共享的目录之中，否则客户端将无法获得数据库中的文件。下面介绍数据库的备份与恢复，如果要备份数据库的一个项目，选择 Tools→Archive Projects 命令，弹出对话框，根据提示一步步进行备份，最后会形成一个扩展名为 *.ssa 的备份档案文件。如果要从档案文件中恢复 VSS 数据库中的文件数据，选择 Tools→Restore Projects 命令，根据提示一步步完成数据恢复工作。其中，在恢复过程中可以选择恢复为原有工程，也可以改变恢复成其他工程目录。

下面介绍 VSS 的主要使用方法。

1. 添加项目

用户可以在根结点下添加项目，方法是选择 File→Add File 命令，出现 Add File 对话框后选中相关文件，单击 Add 按钮。用户可以通过 File→Create Project 命令在根目录下创建一个项目后在此项目结点下添加文件。添加完文件后，所添加源文件的属性自动变为只读，并在所添加文件的文件夹下生成一个 vssver 文件，以后对文件的操作就基本上与原文件没有关系了。

2. 浏览 Source Safe Server 中的文件

在 Visual SourceSafe Explore 中双击要打开的文件会弹出一个对话框，直接单击 OK 按钮即可。这时 SourceSafe Explore 会将文件复制一份到本地机的临时文件夹中(临时文件夹的路径通过 Tools→Options 设置)，因原文件已经变为只读，所以临时文件也是只读属性，而且文件名会通过系统自动更改。

3. 设置工作文件夹

SourceSafe 的文件夹需要在本地计算机上指定一个“Working Folder”。当 Check Out 时，相应文件会下载到这个本地工作文件夹中。在本地的文件夹中修改文件，然后把修改后的文件 Check In 返回到服务器的 SourceSafe 中。用户可以使用 Set Working Folder 命令建立 Source Safe 文件夹和本地 Working Folder 的对应关系。方法是在 SourceSafe 的文件目录树中选中要建立对应关系的文件夹，再右击选择 Set Working Folder。

4. 下载最新版本文件到本地机

使用 Get Latest Version 命令可以将一个文件、一组文件或整个文件夹的最新版本从 SourceSafe 中复制到本地计算机中，并用只读的形式保存起来。方法如下：

在左侧的文件树中选择相应的文件夹，右击选择 Get Latest Version 命令，这时会弹出一个对话框，其中包括 3 个复选框，当 3 个复选框都不选中时，只将 SourceSafe 文件夹根目录下的文件复制到本地计算机，如同 DOS 中的 COPY 命令；当 Recursive 被选中时，会将 source safe 文件夹下的所有文件夹及文件都复制到本地计算机，如同 DOS 中的 DISKCOPY。如果 Make Writable 被选中，复制到本地的文件是可写的。

如果单击 Advance 按钮，就会出现更多的选择项。Set File 中的 4 个选项如下：

- Current 为复制操作发生时的当前时间；
- Modification 为文件最近一次修改的时间；
- Check In 为文件最后一次 Check In 时的时间；
- Default 同 Current。

Replace Writable 中的 4 个选项的作用是当本地机有一个和要下载的文件同名时，且本地机的文件是可写的同名文件，设置系统如何执行复制：

- Ask 系统提示是否覆盖本地的同名文件；
- Replace 自动覆盖本地的同名文件；
- Skip 不覆盖本地的同名文件；
- Merge 将两个文件合并。

大家一定要养成先 Get Latest Version 的习惯，否则如果别人更新了代码，VC 会提示存在版本差异并问是否覆盖、整合、保留等，如果选错了，就会把别人的代码 Cancel 掉，所以大家一定要小心。

5. 下载文件到本地

当修改一个文件时，首先要把文件从 SourceSafe 中复制到 Working Folder 中，并且以可写的形式保存,这一系列动作的命令就是 Check Out。具体方法是选择要下载到本地机的文件,右击选择 Check Out,这时会弹出一个对话框。

默认情况下 don't get local copy,是不选中的,意义如下:如果不选保持默认状态,当本地的同名文件是只读时,系统首先用 SourceSafe 的文件更新本地的文件,本地的文件变为可写。当本地的文件是可写时,则会出现另一提示框,其中的选项 Leave this file 为本地文件保留当前状态,SourceSafe 中的文件也保留当前状态,这样有可能两个文件不一致;选项 Replace your local file with this version from source safe 为用 SourceSafe 中的文件更新本地的文件。如果选择 don't get local copy 选项,则不把 SourceSafe 的文件复制到本地。

在文件 Check 成功后,可以看到文件上有红色标记,这时的本地文件是可写的,就可以修改文件了。但上面的选项让人心乱,为了操作更简便,推荐一种 Check Out 方法:

- 当本地的文件比 SourceSafe 中的文件内容新时,选择 don't get local copy 选项,然后 Check In 使本地机与服务器内容同步;
- 当 SourceSafe 中的文件比本地机的文件内容新时,则在 SourceSafe 中选择此文件,使用 Get Latest Version 命令,然后按照默认选项进行 Check Out;
- 当两者内容相同时,按照默认选项操作。

注意,SourceSafe 中使用了文件锁的概念,当一个文件被别人 Check Out 时,其他人不能 Check Out 此文件;如果文件锁是无效的,可以查看 Visual SourceSafe 6.0 Admin-tools-general-allow multiple chechouts 选项是否被选中,当 Check Out 修改文件完毕后一定要 Check In,以保证 SourceSafe 中的文件最新。

记住,Check Out 时是使代码对自己可写,对别人只读,仅 Check Out 自己需要修改的部分,否则工作的时候同组成员只能休息了。

6. 上传文件到服务器

用户必须利用 Check In 命令保证 Source Safe 本地的文件同步,Check In 与 Check Out 成对出现,作用是用本地的文件更新 SourceSafe 中被 Check Out 的文件。

具体操作是在 SourceSafe 中选中处于 Check Out 状态的文件,右击选择 Check In,此时会出现一个对话框,在默认状态下两个复选框处于非选中状态。

- 选中 Keep checked out 选项,可以在 Check In 后自动地再次 Check Out,等于是省略了下一步 Check Out 操作;
- 选中 Remove local copy 选项,可以在 Check In 的同时删除本地机上 Working Folder 中的同名文件。

一般按照默认选项就可以了。Check In 成功后,SourceSafe 和本地的文件是完全相同的,本地的文件变成了只读文件。当要再次修改文件时,再执行 Check Out 操作,此时本地机的文件属性自动变为可写状态。大家一定要记住,Check Out 后要 Check In,否则导致的后果如同写完了文件不保存一样。

大家要保证文档正确、可编译后再 Check In,否则会使其他人也无法通过编译,整个工程没法调试。

7. Undo Check Out 操作

当一个文件被 Check Out 后,如果想要撤销这项操作,可以使用 Undo Check Out 命令,操作步骤为选中处于 Check Out 状态的文件,右击后选择 Undo Check Out。当 SourceSafe 中的文件和本地的文件完全相同时不出现提示信息,文件恢复为普通状态;当 SourceSafe 中的文件和本地的这个文件不完全相同时出现提示对话框,其中包括 3 个选项。

- Replace 选项被选中后会出现系统询问是否覆盖的信息,如果单击 Yes,则用 SourceSafe 上的文件的最后一个版本覆盖本地机上的文件,如果选择 No,则保留本地计算机上文件的内容,SourceSafe 上的文件是上次 Check In 后的内容,此时两个文件可能出现不同;
- Leave 选项保留当前计算机上的内容,SourceSafe 上的文件是上次 Check In 后的内容,两个文件可能出现不同;
- Delete 选项删除本地计算机上的这个文件,选择一个选项,单击 OK 按钮后,文件回到普通状态。

8. Edit 操作

Edit 命令是一个组合命令,是先 Check Out 再修改的命令的组合。大家应当注意,执行 Edit 命令后修改了文件,但是 SourceSafe 中的文件并没有同步修改,还是要 Check In 完成本地文件与 SourceSafe 上文件的同步。

9. 查看文件的历史内容

选中此文件,右击选择 Show History,出现一个对话框,单击 OK 按钮,弹出一个窗体,可以看到文件的历史内容。对于文件的所有版本,如果要查看某个版本,可以单击 View 按钮。如果想下载某个版本,可以单击 Get 按钮。

10. 关于 SourceSafe 的权限

在默认情况下,项目安全管理以简单模式来运行,即用户对工程的操作的权限只有两种,一种是只读权限,一种是读/写权限。如果要启用高级模式,可以在 Visual SourceSafe 6.0 Admin-tools-project security-enable project security 中将此项选中。

SourceSafe 的权限分为下面 5 级。

- 无权限级:看不到文件。
- Read 级:自能浏览文件,可以使用 Get Latest Version 命令。
- Check In/Check Out 级:可以更新文件,但不能对文件进行删除。
- Delete 级:可以删除文件,但通过某些命令这些文件还能恢复。
- Destroy 级:可以彻底地删除文件,删除之后无法恢复。

为用户设定权限的工作一般由软件配置管理员在 Visual SourceSafe 6.0 Admin 中完成。权限管理就是管理用户和工程目录之间的操作权限的关系。因此有两种管理方式,一种是以工程目录为主线来管理权限,一种是以用户为主线来管理权限。若以目录为主线管理用户权限,则选择 Tools→Right By Project 命令,弹出对话框来管理项目的用户访问权限。

如果以用户为主线来管理权限，则应先在主界面下方的用户列表中选中一个用户，再选择 Rights Assignments For User 命令，弹出对话框，在对话框下方列出了该用户对数据库各项目目录的访问权限，如果访问某个项目，在列表上没有列出，则说明该项目的权限是继承上级目录的访问权限。只要选中一个目录，就可以编辑该用户对该项目目录的访问权限。

权限复制就是将一个用户的权限直接复制给另外一个用户，管理员可以通过选择 Copy User Right 命令来实现。

11. 关于 Password 的更改

Password 一般是由软件配置管理员分配的，如果需要修改密码，可以选择 Tools→Change Password 命令修改。需要说明的一点是，当 SourceSafe 密码和 Windows 密码相同时，启动 SourceSafe 不会出现提示输入密码的对话框。这是微软的一贯作风，在 SQL Server 数据库管理系统下也能找到这个影子，因为微软认为 Windows 的密码应该比其他软件的密码级别高，既然能用相同的用户名和密码进入 Windows，那么也就有权使用相同的用户名进入其他的软件。

3.5 小结

测量使得管理者和开发者能够改善软件过程；辅助软件项目的计划、跟踪、控制；评估产生的产品(软件)的质量。对过程、项目、产品的特定属性的测量被用于计算软件度量。分析这些度量可产生指导管理及技术行为的指标。对于一个特定的软件，首先判断什么是质量要素才能给出提高质量的具体措施，而不是一股脑地想把所有的质量属性都做好，否则不仅做不好，还可能得不偿失。

过程度量使得一个组织能够从战略级洞悉一个软件过程的功效。项目度量是战术的，使得项目管理者能够以实时的方式改进项目的工作流程及技术方法。软件配置管理覆盖了整个软件的开发过程，因此是改进软件过程、提高过程能力成熟度的理想的切入点。

思考题

1. 简述影响软件质量的因素。
2. 简要描述几种常见的质量保证模型。
3. 简述软件过程度量的目标、对象、方法和结果。
4. 简要描述软件配置管理过程。
5. 安装并学习使用 Visual SourceSafe。

第4章 软件可靠性度量和测试

软件可靠性是软件质量特性中重要的固有特性和关键因素。软件可靠性反映了用户的质量观点。

——软件工程研究所(SEI CMU)

软件系统规模越做越大、越复杂,其可靠性越来越难保证。

软件应用本身对系统运行的可靠性要求也越来越高,一些关键的领域,如航空、航天等,可靠性要求尤为重要。在银行等服务性行业,软件系统的可靠性直接关系到这些行业自身的声誉和生存发展的竞争能力。软件可靠性比硬件可靠性更难保证,严重影响了整个系统的可靠性。

在许多项目开发过程中对可靠性没有提出明确的要求,开发商(部门)也不在可靠性方面花更多的精力,往往只注重速度、结果的正确性、用户界面的友好性等,而忽略了可靠性。在投入使用后才发现大量可靠性问题,增加了维护困难和工作量,严重时只有将其束之高阁,无法投入实际使用。

本章正文共分5节,4.1节介绍软件可靠性,4.2节介绍可靠性模型及其评价标准,4.3节介绍软件可靠性测试和评估,4.4节介绍提高软件可靠性的方法和技术,4.5节介绍软件可靠性研究的主要问题。

4.1 软件可靠性

4.1.1 软件可靠性的发展史

软件可靠性的发展与软件工程、可靠性工程的发展密切相关,尤其与软件工程的关系更加紧密。软件可靠性是软件工程学派生的新分支,同时又合理地继承、利用了硬件可靠性工程的理论和方法,因此需要根据软件工程的发展线索来了解软件可靠性的发展过程。软件工程的发展大体上可分为以下4个阶段。

1. 1950—1958年

在这段时间里,计算机几乎完全用于科学、工程计算。计算机编程语言只有机器语言和稍微晚些时候出现的简单的汇编语言。那时没有专职的程序员,程序由应用计算机的科学家和工程师自行编制,没有公认的规则可以遵循,很多人集科学家(工程师)、程序员、用户的职能于一身。

因此，编制程序成了物理学家、数学家、机械工程师及各专业工程师的一项高超的智力活动。经过这些业余程序员的精雕细刻，可以编制出一些高明的精品，但是这些程序一般仅供个人一次性使用。在软件发展过程中的原始阶段完全没有软件可靠性的概念。由于上述原因，以可靠性工程奠基性文件著称的1957年的美国AGREE报告完全没有提及软件和软件可靠性的问题。

2. 1959—1967年

在这段时间内，软件领域开始出现高级语言，应用也日趋广泛。操作系统开始应用于计算机，脱机操作得以实现。计算机的功能除单一的科学、工程计算之外，增添了重要的数据处理功能，使计算机的应用范围扩展至银行、商业、交通管理等领域。软件设计、编码、操作及系统分析等职能逐渐分离，出现了相应的专业人员，用户也逐渐与设备和程序脱离。在这个阶段，开发高级语言方面尤其受到关注，目的在于减轻用户在编程上的困难。

与这个阶段计算机硬件和软件技术飞快发展形成强烈对比的是软件可靠性问题没有引起重视，这种状况很快就受到了软件的惩罚。IBM 360系列机是那个时代的一项杰出的技术成就，如图4-1所示。然而，IBM 360系列的操作系统OS 360却连续不断地发生故障，最终使该系列陷入困境。OS 360系统的开发依靠了一批优秀的专家，投入了大量的人力、物力。这个挫折引起了有关方面非常强烈的反响。在计算机应用其他领域，问题也大量暴露，所以人们将这段时期称为软件危机时期。

图4-1　IBM 360/91系列机

3. 1968—1978年

作为软件工程学建立和发展的时期，这个阶段以集成电路为主体的第三代电子计算机问世，各种小型机逐渐得到应用，并开始配备较为满意的系统软件，FORTRAN等高级语言也可直接在小型机上使用，在硬件技术迅速发展的前提下，以及在软件危机的刺激和推动下，软件工程学得以建立、发展。软件的可靠性问题是软件工程学得以建立的一个强大的推动力，也是软件工程界力图解决的一个重要目标。软件工程学的理论、技术为可靠软件的设计、测试、管理提供了指南和工具，但是却没有能力满足系统开发中软件可靠性定量评估的要求。于是，一些著名的软件工程专家开始致力于利用和改造硬件可靠性工程学的成果，使之移植到软件领域，从而迎来了软件可靠性开创时期。

在这个阶段，在美国召开了多次软件可靠性国际学术会议，吸引了各界人士的关注。软件可靠性的数学模型开始涌现，著名的Jelinski-Moranda模型、Shooman模型、Nelsen模型、Mills-Basin模型都在这个阶段推出。此外，软件失效数据的积累和分析工作有了初步发展。另外，硬件技术的快速发展也给软件工程带来了消极影响。小型机可以作为控制元件应用的优点，吸引了一大批电子工程师投入这个领域，成为集工程开发、程序设计、使用于一身的非专业软件工作人员，许多人不了解软件工程的基本准则，随心所欲地设计了大量的实时处理嵌入式软件。

20世纪70年代的小型机还不具备虚拟机(Virtual Machine)的基本特征，在这种背景之下，软件的质量和可靠性问题根本无法解决。

4. 1978年至今

作为软件工程日趋成熟的时期，这个阶段由于大规模集成电路的出现导致计算机向大型化和微型化两个极端的方向发展，小型机在1981年PC面市后逐渐被微型机取代。这种两极发展的势头对软件工程学的发展产生了深刻的影响。在大型化的一端，20世纪80年代各种类型的大型机都具有了各种高级语言的编译程序，其中的分时系统能力很强，可以配置数百个终端，同时还有批处理系统和实时系统的完善的通信软件可以沟通与卫星站的联系，具有与其他计算机系统联网的能力。大型机系统的程序支持环境还能为其他应用软件的开发提供工具。庞大的应用软件为不同领域的用户提供了极大的方便，大型机的硬件功能也飞速地改进。

到了2000年，IBM的ASCI White系统的计算速度已达每秒12.3万亿次。此外，比大名鼎鼎的"深蓝"计算机强大100多倍，能在1秒钟内进行超过1千万亿次运算的"蓝色基因"已经开始研制。在微型化的一端，时至今日，体积小巧、环境适应性强、处理能力和存储能力超强的微型机已经成为网络终端、办公室和家庭的标准配置。这些微机的功能(遵循WinTel体系，源于微软公司的操作系统Windows和英特尔公司Intel两个英文词的组合)已经达到和超过了旧时大型机的水平。作为计算机微型化的极端，各种小巧的嵌入式计算机芯片广泛地配置在各种类型的设备中，承担着自动控制的功能。计算机在生产、武器装备的自动控制和社会生活的各个方面扮演了极为重要的角色，成为信息社会的一个重要支柱。

在上述各种场合，软件的重要性更加突出，软件工程学的准则得到科技界的一致认同，软件工程学已经成为大学计算机专业的重要课程。软件可靠性的研究在这一阶段出现了旺盛的势头；软件的设计、测试技术都有所提高。各种改进后的软件可靠性模型相继推出，模型的验证、试用受到重视；软件可靠性管理技术的开发列入日程，软件可靠性标准化工作开始起步。

国际电工委员会的TC 56技术委员会在1985年成立了软件可靠性工作组，开始制定软件可靠性和维修性标准。软件安全性问题受到了特别的重视，硬件可靠性和安全性分析中所采用的故障树分析法、故障模式效应分析法和潜藏回路分析法已在软件安全性分析中使用，并取得了令人鼓舞的成果。在这种背景下，为了应用软件可靠性的成果，在1988年AT&T贝尔实验室编写了《软件可靠性工程》内部教材，此后"软件可靠性工程"这个术语很快被科技界接受，从此步入了从理论研究向工程应用的过渡时期，图4-2所示为AT&T贝尔实验室的图标。

图4-2 AT&T贝尔实验室的图标

软件可靠性多年来的发展过程的进展是明显的，然而与硬件可靠性工程的发展水平相比仍存在很大差距，尤其在工程应用方面，远不能满足计算机科学和信息社会发展的需要。

4.1.2　软件可靠性的定义

可靠性是软件的一个质量要素。

明确上述观点可以避免可靠性工作与质量保证工作相对立。另一方面，如果在软件的开发过程中仅限于泛泛提及软件质量，忽视软件可靠性的特殊性，在许多情况下是不妥当的。

软件如果不具有足够的可靠性水平，在使用过程中将频繁失效，其后果轻则给用户带来麻烦，造成经济损失，重则导致安全事故发生。这样的软件不仅没有使用价值，而且非常危险。

关于软件可靠性的确切含义，学术界有过长期的争论。曾经有人否认软件具有可靠性属性，把软件可靠性说成是科学家寻求的一种“神圣梦想”，有人认为软件的正确性就是可靠性。现在，仍然保持这种偏颇观点的人士已十分罕见。还有一些软件工程专家认为软件具有与硬件不同的性质，不宜将硬件可靠性的定义引申到软件领域。

经过长期的争论和研究，在1983年美国IEEE计算机学会对“软件可靠性”一词正式作出了如下定义：在规定的条件下，在规定的时间内，软件不引起系统失效的概率，该概率是系统输入和系统使用的函数，也是软件中存在的错误的函数，系统输入将确定是否会遇到已存在的错误(如果错误存在)；在规定的时间周期内，在所述条件下，程序执行所要求的功能的能力。

这个定义随后经美国标准化研究所批准作为美国的国家标准。1989年我国国标GB/T—11457采用了这个定义，定义表明软件可靠性具有定性、定量两层含义。在强调其定量的含义时，工程上常用软件可靠度来代替软件可靠性。在这个定义中，软件和程序两个词汇明显地被混用，现象表明，由于习惯用法的影响，对意义相近的名词无法做出绝对规范的解释，读者对此不必过分介意。

不难看出，上述定义是硬件可靠性定义的引申和扩展，但是这种类似引申是有充分根据的。

第一，尽管硬件和软件的性质不同，但是软件失效的外部表现具有明显的随机性。由于软件设计过程中错误产生的原因非常复杂，错误的性质、错误引入的时间、错误引入的部位无法事先断定。在使用中程序的运行状况和执行程序的路径也很难准确地确定，这些因素使软件运行中的失效呈现出随机的性质。对于随机事件的变化规律，用概率的方法描述显然是一种合理的选择。

第二，程序只有在输入计算机之后才能发挥作用，软件的运行必须以计算机的运行为前提。在一般情况下，软件只是系统中的一个单元。建立在硬件可靠性基础上的系统可靠性分析和评估技术的价值早被各界公认。创立一套与系统可靠性分析相兼容的软件可靠性理论和方法是实现软/硬件系统可靠性综合分析的必要前提，这个定义恰当地反映了系统可靠性综合分析的要求。

软件可靠性定义中提到的“规定的条件”和“规定的时间”在工程上有重要的意义，需要进一步解释。

软件测试和运行有 3 种时间度量。

- 第一种是日历时间,指日常生活中使用的日、周、月、年等计时单元;
- 第二种是时钟时间,指从程序运行开始到运行结束所用的时、分、秒,包括等待时间和其他辅助时间,但是不包括计算机停机占用的时间;
- 第三种是执行时间,指计算机在执行程序时实际占用的中心处理器(CPU)的时间,又称为 CPU 时间。

这 3 种时间单元的区别可以用下面的例子说明。某学生选课系统在 3 周之内运行了 72 小时,中心处理器的工作时间是运行时间的 1/3。在这个例子中,日历时间是 3 周,时钟时间是 72 小时,CPU 时间是 24 小时。

如果考察的系统处于稳定的工作状态,平均每周运行的时钟时间和 CPU 时间变化不大,则 3 种时间单元可按相应的比例系数加以折算。经验表明,在 3 种时间单位中采用 CPU 时间作为可靠性度量效果较好。

该定义中所指的"条件"指环境条件,环境条件包括了与程序存储、运行有关的计算机及其操作系统。

例如,计算机的型号、字长、内存容量、外存介质的数量及容量、输入和输出设备的数量、通信网络、操作系统和数据管理系统、编译程序及其他支持软件。这些因素显然对程序的运行有重要的影响,但是在使用中一般没有变化。该定义中的环境条件还包括软件的输入分布。程序在启动运行时需要给变量赋值,即给程序提供输入数据。输入数据可能由外部设备输入,也可能早已存储于计算机内等待读取。程序运行一次所需的输入数据构成程序输入空间的一个元素,这个元素是一个多维向量,全体输入向量的集合构成程序的输入空间。一组输入数据经过程序处理后得到一组输出数据。

这些输出数据构成一个输出向量,全部输出向量的集合构成程序的输出空间。程序输入空间元素数量非常庞大,程序运行中每个元素被选用的概率互不相同,构成一定的概率分布,我们称这个概率分布为程序的运行剖面。程序的不同运行状态对应不同的运行剖面。

图 4-3 给出了某程序的两个输入向量及其发生概率。图 4-4 是对应的运行剖面。一般情况下,运行剖面是一条如图 4-5 所示的连续曲线。

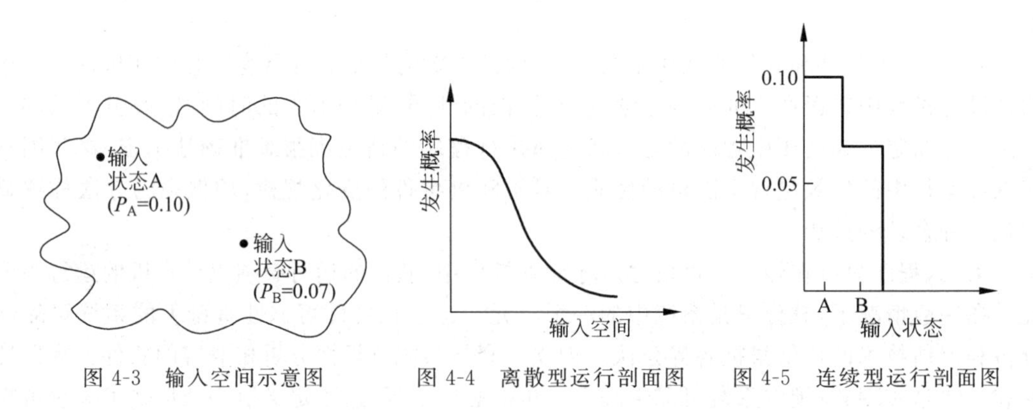

图 4-3 输入空间示意图　　图 4-4 离散型运行剖面图　　图 4-5 连续型运行剖面图

4.1.3 基本数学关系

现在,从软件可靠性的基本定义出发导出它的数学表达式。随机变数 ξ 表示从程序运行开始到系统失效所经历的时间，$F_{\xi}(t)$表示ξ的分布函数，t表示任意的给定时刻，$R_{\xi}(t)$表示程序在t时刻的可靠度，则

$$R_{\xi}(t) = P_r\{\xi > t\} = 1 - F_{\xi}(t) \tag{4-1}$$

上式是软件可靠度的数学表达式，图4-6是$F_{\xi}(t)$和$R_{\xi}(t)$变化规律的示意图，图中的两条曲线表明，当软件开始运行后，随着时间的延续，其失效概率逐渐增大，在长期运行之后将趋近于1，其可靠度则逐渐降低，并趋近于0。

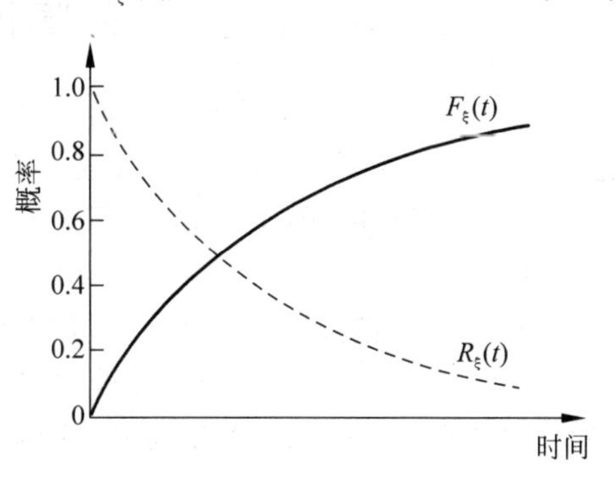

图4-6 $F_{\xi}(t)$和$R_{\xi}(t)$曲线图

描述软件失效规律的另一个特征量是失效率(Failure Rate)，其数学定义是软件在t时刻没有发生失效的条件下，在$(t+\Delta t)$区间内，当Δt很小时，单位时间内发生失效的概率。

用随机变数ξ表示从软件运行开始到系统失效所经历的时间，用t表示任意给定的时刻，用$\lambda(t)$表示失效率，则失效率数学公式为：

$$\lambda(t) = \lim_{\Delta t \to 0} \frac{P_r\{t + \Delta t \geqslant \xi > t/\xi > t\}}{\Delta t} \tag{4-2}$$

由以上两个公式可以得到软件的平均失效间隔时间(Mean Time Between Failures, MTBF)。MTBF指两次相邻失效时间间隔的均值。假设两次相邻失效时间间隔为ξ，ξ具有累计概率密度函数$F(t)=P(\xi\leqslant t)$，即可靠度函数

$$R(t) = 1 - F(t) = P(\xi > t)$$

则平均失效时间函数(Mean Time To Failure, MTTF)为

$$\mathrm{MTTF} = \int_0^{\infty} R(t)\mathrm{d}t \tag{4-3}$$

4.1.4 影响因素

软件可靠性是关于软件能够满足需求功能的性质，软件不能满足需求是因为软件中的差错引起了软件故障。

软件差错是软件开发各阶段潜入的人为错误，包括下面几种。

- 需求分析定义错误：如用户提出的需求不完整、用户需求的变更未及时消化、软件开发者和用户对需求的理解不同等。
- 设计错误：如处理的结构和算法错误、缺乏对特殊情况和错误处理的考虑等。
- 编码错误：如语法错误、变量初始化错误等。
- 测试错误：如数据准备错误、测试用例错误等。
- 文档错误：如文档不齐全、文档相关内容不一致、文档版本不一致、缺乏完整性等。

从上游到下游，错误的影响是发散的，所以要尽量把错误消除在开发前期阶段。错误引入软件的方式可归纳为两种特性，即程序代码特性和开发过程特性。程序代码最直观的特性是长度，另外还有算法和语句结构等，程序代码越长，结构越复杂，可靠性越难保证。开发过程特性包括采用的工程技术和使用的工具，也包括开发者个人的业务经历水平等。除了

软件可靠性外,影响可靠性的另一个重要因素是健壮性,即对非法输入的容错能力。

所以,提高可靠性从原理上看就是要减少错误和提高健壮性。

4.1.5 软件的差错、故障和失效

软件可靠性是一个新近发展起来的领域,在该领域当前的文献中引入了许多新的术语。这些术语存在着模糊性,某些定义需要澄清。

下面介绍差错(Error)、故障(Fault)及失效(Failure)等这些与软件可靠性分析有关的术语的定义。

(1) 异常:偏离期望的状态(或期望值)的任何情形都称为异常。这个期望的状态可能来自文档(例如需求规格说明、设计文档、用户文档等),或来自直觉,或来自经验。值得注意的是,除了那些导致出现差错、缺陷、故障、失效(也被认为是异常)的异常之外,有时候出现的异常不一定说明软件中存在问题;但是反过来,属于差错、缺陷、故障和失效的异常,软件中一定存在着问题。

(2) 缺陷:不符合使用要求,或与技术规格说明不一致的任何状态常称为缺陷。

(3) 差错:一般意义上差错有下面几个方面的含义。

- 计算的、观测的或测量的值与真实的、规定的或理论上正确的值或者条件之间的差别。
- 一个不正确的步骤、过程、数据定义。
- 一个不正确的结果。
- 一次产生不正确的结果的人的活动。

(4) 故障:一个计算机程序中出现的不正确的步骤、过程、数据定义常称为故障。上述"差错"中的第2项属于故障。

(5) 失效:一个程序运行的外部结果与软件产品的要求出现不一致时称为失效。软件失效证明了软件中存在着故障。上述"差错"中的第3项属于失效。

从软件可靠性工程的角度来说,软件的差错指人们在设计和构造软件时所产生的缺陷。产生缺陷的原因或者是因为需求转换错误,或者是因为设计错误,或者是因为编码和逻辑错误。对于这些差错,终端用户也许能够、也许不能够观察或检测得到。

在实际项目中,对差错的总数是不可能知道的,因而只能估计。一个被检测出的差错是一个可观察到的并且是一个已知的差错,一个已纠正的差错是一个已被改正过的检测出的差错。因此,差错中包含被检测出的差错,被检测出的差错中包含已纠正的差错。

对于某些输入数据,如果软件运行的输出结果不正确,那么就说该软件出了故障。软件故障是软件差错的表现,换句话说,软件故障是软件代码中能引起一个或一个以上功能单元不能执行所要求功能的差错,是软件代码缺陷在软件运行时的反应。

因而,软件故障是用户以某种形式检测出的或在软件运行中表现出的一个差错。"风起于青萍之末,止于草莽之间",用户也许现在不知道,甚至将来也不知道,差错的根源在哪里,但一个故障总是由一个差错引起;反过来,一个差错不一定引起一个故障,也许未被激发而不产生故障,也许一个差错的存在不只产生一个故障。

失效是系统或系统部件不能执行所要求的功能而导致系统功能的失效,是软件故障在软件运行时所产生的后果。一次软件失效实质上就是引起系统失效的一个软件故障。某些

软件故障可以使软件失效，另一些软件故障则不一定，但是所有的软件失效都是由于软件故障，即软件的差错引起的。已纠正的差错是那些已经被发现并经修改的差错，是整个差错中的一部分。表 4-1 所示为失效与故障之间的区别。

表 4-1 失效与故障之间的区别

失　　效	故　　障
面向用户	面向开发者
软件运行偏离用户需求	程序执行输出错误结果
可根据对用户应用的严重性等级分类	可根据定位和排除故障的难度分类
例如 3 次失效/1000 CPU 小时	例如 6 个故障/1KLOC

以上的差错、故障、已纠正差错、失效之间的因果关系可用图 4-7 表示。

图 4-7 差错、故障、已纠正差错、失效之间的关系

4.2 可靠性模型及其评价标准

4.2.1 软件可靠性模型

软件可靠性模型(Software Reliability Model)是软件可靠性工程中备受关注、研究最早、成果最多、目前仍最活跃的一个领域。

从 Hudson 的工作开始到 1971 年发表 J-M 模型至今已公开发表了 100 余种模型。软件可靠性模型不仅是解决软件可靠性预计、分配、分析、评价等基本问题的最强有力的工具，更是软件可靠性设计的指南。软件可靠性模型旨在根据软件可靠性数据以统计方法给出软件的可靠性估计值或预测值，是从本质上理解软件可靠性行为的关键，是软件可靠性工程实践的基本活动。为了对软件可靠性进行评估，除了进行软件测试之外，我们还需要借助软件可靠性模型的帮助。

软件可靠性模型指为预计或估算软件的可靠性所建立的可靠性框图和数学模型。建立可靠性模型可以将复杂系统的可靠性逐级分解为简单系统的可靠性，以便于定量预计、分配、估算和评价复杂系统的可靠性。

1. 历史背景

软件可靠性建模是围绕 20 世纪 70 年代的先驱工作者——Telinski、Moranda、Shooman 和

Coutinbo 等人的工作展开的。

基本方法是用过去的失效数据建立可靠性模型,然后用所建立起来的模型估计现在和预测将来的软件可靠性。该方法使用的先验条件是给定过去某个时期内的软件失效次数或软件的失效时间间隔。因此,根据模型使用的这两种数据将模型分成以下两类:

- 给定时间间隔内的失效数模型。
- 两相邻失效间的时间间隔模型。

但是,这两类模型并非互不相关。大多数模型对任何一种数据都可以处理,即使用某一种数据的模型,在只有另一种数据时,该模型仍然可以使用。例如,用户只有失效间隔时间一种数据,却要使用给定时间内失效数的模型时,用户可设定一个时间长度(如一周),然后将失效情况映射到所设定的那些时间段上,并观察每一段时间内的失效数;反之,如果用户只有给定时间内的失效数据,则可以用数理统计的方法在满足给定时间内失效数不变的情况下,在每个单位时间内随机地产生失效发生时间,以获取失效时间间隔数据。

2. 好模型的标准

建立软件可靠性模型的目的是估计软件可靠性,提供开发状态、测试状态以及计划日程状态的参考定量数据,监视可靠性性能及其变化。

一个好的模型必须有适合具体项目开发过程的正确的假设。如果不知道哪个模型最适合当前项目,那么聪明的办法就是在一个项目上执行一个以上的模型,并且综合分析所得到的结果。

一个好的模型不仅要求它的假设对实际项目是正确的或接近的,还应要求在实际应用中是可行的、有效的。如果一个模型不是有效的,那么将对开发过程产生不希望的影响。同时,不能过于追求结果的准确性,否则会造成使用模型的费用过高。

一个好的模型也应当是容易执行的。实际上,这是模型是否有效的另一个方面。它应当不需要太多的资源,不需要专人操作,其输入数据也不应当耗费太多的人力或资源就能收集到。

在软件可靠性模型先驱者的工作成果的基础上,经过近 50 年的努力,软件可靠性模型到目前为止已经出现了很多种,最为常见且比较具有代表意义的模型不少于 20 个。下面简单列举其中几个:

- Musa 模型,包括基本模型和对数模型;
- Shooman 模型;
- Goel-Okumoto 模型;
- 测试成功模型;
- 威布尔模型。

3. 模型的分类

模型的分类是软件可靠性工程研究与实践的前提。

软件可靠性模型数量多、表达形式不同,且新模型不断发表;适用于某些软件故障数据集合的模型不适用于其他故障数据集合;同一模型适用于同一软件项目开发的某个阶段,不适用于其他阶段;而且,有些模型是针对特定的软件或过程开发的。这些无疑为模型的应用设置了障碍。为了系统、深刻地理解软件可靠性模型，有必要对现有模型进行科学、合理的分类。

目前，关于如何进行模型分类、选择尚无明确的指导原则，一般按数学结构、模型假设、参数估计、失效机理、参数形式、数据类型、建模对象、模型适用性、时域等进行分类。但是，这些分类方法均缺乏足够的科学性、系统性、适用性。目前，基于实用的目的，结合建模方法、适用范围、模型假设、模型特性等在多维构架的基础上进行综合分类将是模型分类研究的方向。

Musa 和 Okumoto 根据软件可靠性模型的 5 种特征对模型进行了以下分类。

- 时间域(Time Domain)：按时钟时间、执行时间(或 CPU 时间)分类。
- 类别(Category)：根据软件在无限的时间内运行时可能经历的故障数是有限的还是无限的进行分类。
- 形式(Type)：根据软件在运行时间 t 时的失效数分布来分类，其中主要考虑泊松分布和二项式分布。
- 种类(Class)：根据软件发生故障的故障密度对时间的函数形式分类(仅对有限故障类)。
- 族(Family)：根据软件的故障密度对它的期望故障数的函数形式分类(仅对无限故障类)。

4. 可靠性度量

IEEE 于 1989 年发表的 39 种度量都直接或间接与软件可靠性度量相关，主要的度量有失效率、失效强度、残留缺陷、可靠度、平均无失效时间、可用度等。现在，一般的做法是把它们按技术度量和管理度量落实到软件生命周期的每个阶段，其目的都是面向用户和开发人员，并以他们共同熟悉的形式对软件可靠性目标和任务加以度量。

软件故障与差错的分析及定义是软件可靠性度量的基础。软件故障是软件中能引起一个及一个以上失效的缺陷，或是引起一个功能单元不能执行的意外条件，它是在软件设计过程中形成的。

软件故障在数据结构或程序输出中的表现即为软件差错。常见的软件差错包括非法转移、误转移、死循环、空间溢出、数据执行、无理数据等。在软件可靠性分析和设计中经常利用故障模型对不同的故障表现进行抽象。故障模型可以建立在系统的各个级别上，建立的级别越低，进行故障处理的代价就越低，但模型所覆盖的故障也越少。常用的故障模型有基于逻辑级、基于数据结构级和基于系统级的故障模型。

5. 模型的建立

软件可靠性模型的建立是通过对所选模型关联参数的统计来确定失效情况、可靠性目标和实现这一目标的时间，并利用可靠性模型来制定测试策略，同时确定软件交付的预期可靠性。

此外，软件可靠性模型对经费估算、资源计划、进度安排、软件维护等也很重要。软件可靠性建模可归结为模型的比较与选择、参数的选择、模型的应用。模型参数取决于软件性能、过程特性、修改活动、程序变化等。由于软件本身的特性以及缺乏可靠性数据，建立完全满足这些因素的可靠性模型非常困难,且难以验证。

软件可靠性模型的导出是在定义软件失效概率密度或分布函数,或确定危险函数的基础上把它描述为一个随机过程,或者使它与 Bayes 估计、Markov 过程或时间序列模型等相关联。

值得注意的是,软件可靠性模型对高可靠性的验证和测试策略的制定还有很大困难。虽然可以通过软件容错来克服这种困难,但其有效应用尚待深入研究。

6. 模型的统一

目前,种类和数量繁多的软件可靠性模型导致了理论研究、实际应用的困难。因此,很有必要对这种明显的混乱状态进行澄清,而统一模型是最有希望的解决办法。统一模型试图为软件可靠性模型所涉及的范围、结构等建立一个统一的框架,从中反映出现有模型在理论和实际应用间的差别,并能在对象和特性分析的基础上为用户提供合适的模型。各类模型之间关系密切,模型合并将有助于突出其关系。

在软件可靠性模型中,软件的故障行为常被描述为随机过程,也可用马尔可夫过程来描述。

为了能导出模型的解析表达式,先验分布主要采用均匀分布、γ 分布和 β 分布。从 J-M 模型、Shooman 模型和 Musa 模型的表达式、假设条件、使用方法等来看,都具有 $\lambda=k*y$ 的形式。在这种意义下它们等价。二项式模型与泊松模型可相互转化。从 Bayse 观点来看,Hangverg 和 Sigpurwalla 指出,从二项式模型可推导出指数类的泊松形式模型,Bayse 模型类中的 L-V 模型即二项式模型中的 Pareto 类模型。

从现有模型来预计软件可靠性往往存在偏差。当给定或已知数据的基本分布时,极大似然估计(Maximum Likelihood Estimate,MLE)是模型参数估计最基本的方法,显然有利于对预计的改进。最小二乘法(Least-squares)能很好地代替极大似然估计,最小二乘法通过故障强度拟合来估计模型参数,对中小样本的情况具有较小的偏差和较快的收敛性。Bayes 分析方法提供了一种把先验知识综合到估计过程中的方法,为把不同数据源综合起来提供了有效的手段,但其分析和计算极为复杂。

4.2.2 模型及其应用

1. Musa 模型

美国贝尔实验室的 John Musa 博士将自己的研究成果与同事 Kazuhira Okumoto 和 Anthony Iannino 的研究成果结合起来,形成了两个著名的可靠性模型——基本模型和对数模型。

1) 基本模型

基本模型假设软件中存在的差错对故障率有同等的贡献;每纠正一个差错,故障率均匀地减少,这就意味着故障率对时间是常数;软件中估计的固有故障总数是一个有限的数,但这个数不一定是固定的,这就意味着模型考虑了在差错纠正期间可能会又产生差错。

根据以上假设,Musa 基本模型由以下参数确定:

$$\lambda_p = \lambda_0 e^{-\frac{\lambda_0 \tau}{\mathrm{ETV}}} \tag{4-4}$$

该模型对软件可靠性的贡献是可以利用该模型确定要达到某可靠性目标还必须发现或检测出的差错数以及仍需要的运行时间，这对计划人力需求和估计释放时间是有用的。

若设为达到某一故障率目标 λ_f，需发现的故障数 N_f 为

$$N_f = \frac{1}{\ln(\lambda_p/\lambda_f)} \tag{4-5}$$

为达到某一故障率目标 λ_f，仍需要的执行时间 T_f 为

$$T_f = \frac{1}{\lambda_p - \lambda_f} \tag{4-6}$$

为达到某可靠性目标计划的测试时间和检测出的差错数如图 4-8 所示。

2）对数模型

对数模型与基本模型的差别在于对数模型假设差错对故障率的贡献是不同的。对数模型假设在频繁地被执行的编码中存在的差错发现得越早，故障率随时间减少得越大。因此，故障率对时间不像基本模型那样是常数。对数模型还假设总的固有故障数是无限的。

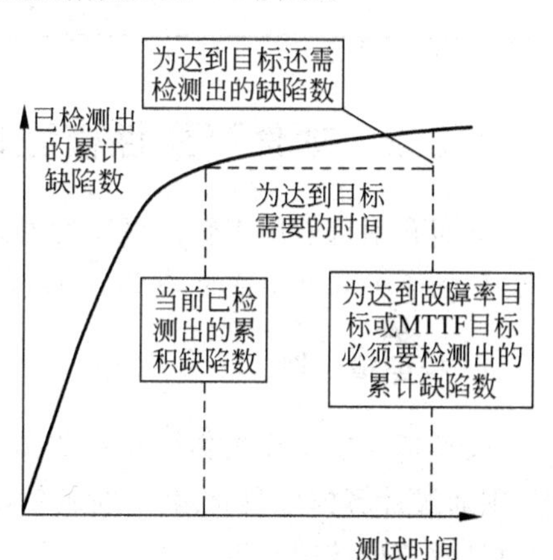

图 4-8 为达到某可靠性目标计划的测试时间和检测出的差错数

下面是对数模型参数之间的关系：

$$\lambda_p = \frac{\lambda_0}{\lambda_0 \theta\tau + 1} \tag{4-7}$$

若设为达到某一故障率目标 λ_f，需发现的故障数 N_f 为

$$N_f = \frac{1}{\ln(\lambda_p/\lambda_f)} \tag{4-8}$$

为达到某一故障率目标 λ_f，仍需要的执行时间 T_f 为

$$T_f = \frac{\lambda_p \lambda_f}{\lambda_p - \lambda_f} \tag{4-9}$$

2. Goel-Okumoto 模型

美国锡拉丘兹大学（Syracuse University）的 Amrit Goel 和贝尔实验室的 Kazuhira Okumoto 具有多年开发软件可靠性模型的经验。Goel-Okumoto 模型假设差错对时间的分布是非时齐的。该模型用在寿命期的早期阶段是最好的，因为差错的非时齐分布在软件寿命期的早期阶段是最可能发生的。Goel-Okumoto 模型假设当差错发现时不一定会立即取消，而且那个差错还可能引起另外的差错。

Goel-Okumoto 模型的参数如下：

$$\lambda(t) = ab\mathrm{e}^{-bt} \tag{4-10}$$

其中，ab 为常数，与单位时间内发生的缺陷有关。

可用下面的公式进行起始估计：

$$ED(t) = a - a\mathrm{e}^{-bt} \tag{4-11}$$

以上软件可靠性模型的适用条件和阶段如表 4-2 所示。

表 4-2 以上软件可靠性模型的适用条件和阶段

模　型	假　设	适用阶段	难易度
Mussa 基本模型	优先固有缺陷数 常数故障率 指数分布	集成测试后	E
Mussa 对数模型	无限固有缺陷数 对数分布 故障率随时间变化	单元测试到系统测试	E
Goel-Okumoto	非时齐缺陷分布 缺陷可能因修复而产生 指数、Weibull 分布	集成测试后	M

4.2.3 软件可靠性模型评价准则

下面介绍目前用于软件可靠性模型选择较为流行的 5 种模型评价准则，即主要用于比较常见的 4 种软件可靠性模型(J-M 模型、G-O 模型、S-W 模型)的评估指标。

1. 模型拟合性

模型拟合度指模型估计出的失效数据与实际失效数据的吻合程度。对于失效间隔数据，则通过计算柯尔莫哥洛夫-斯米尔诺夫(Kolmogorov-Smirnov，KS)距离来度量可靠性模型对失效数据的拟合度。

下面介绍 KS 距离拟合检验法的具体方法。

假设观测到的失效间隔数据为 $x_1, x_2, \cdots, x_n$；$t_1, t_2, \cdots, t_n$。其中 $x_i = t_i - t_{i-1}, t_0 = 0$，则 KS 距离定义如下：

$$D_n = \sup_t \mid F_n(t) - F(t) \mid = \max_{1 \leqslant i \leqslant n} \delta_i \tag{4-12}$$

其中，$\sup_t$ 表示函数的最小上限，$F_n(t)$是取样累加分布函数，$F(t)$是一致累加分布函数。计算 δ_i 的式子为：

$$\delta_i = \max\{F_n(t_i) - (i-1)/n, i/n - F_n(t_i)\}, \quad i = 1, 2, \cdots, n \tag{4-13}$$

在显著性水平 α 下，样本大小为 n 的 KS 检验的临界值为 $D_{n,\alpha}$。若 $D_n < D_{n,\alpha}$，说明此模型的拟合效果比较理想。对于给定的失效数据，模型计算出来的 D_n 值越小，该模型的拟合效果就越好。

2. 模型的预计有效性

模型的拟合性是从历史角度来反映模型评估的有效性，模型的预计有效性则是从预测的角度来反映模型评估的有效性，用序列似然度检验来比较模型在预计有效性方面的优劣。

序列似然度(Prequential Likelihood，PL)表示模型累计精确性的度量。这里以失效间隔数据为例，令 $F_i(x) = P_r[T_i < x]$为 T_i 的真实但未知的累积分布函数，令$\hat{F}_i(x)$为用特定的可靠性模型获得的累积分布函数的估计。设 T_i 的真实概率密度函数为 $f_i(x) = F_i'(x)$，而 $f_i(x)$的估计为$\hat{f}_i(x) = \hat{F}_i'(x)$。序列似然度 PL 定义为$\hat{f}_i(x_i)$，即在实际观察的值 t_i 上的

估计的预测密度。在进行 $n+1$ 次预测之后，进一步定义 PL 为：

$$\mathrm{PL}_{(n+1)}=\prod_{j=i}^{i+n}\hat{f}_j(t_j) \tag{4-14}$$

对于同一个失效数据来说，模型 PL 值越大，说明预计有效性越好，预测越精确。另外，人们常用 $-\ln$ 输入值做比较，$-\ln$ 输入值越小，说明预计有效性越好，预测越精确。

3. 模型偏差

在传统意义上，偏差(Bias)定义为 u-结构图中完全预测曲线和实际预测曲线在竖直方向上的最大距离，即 KS 距离。u-结构图的目的是用来判定预测 $\hat{F}_j(x)$ 是否平均地接近于实际分布 $F_j(x)$。

判断 $\{u_j\}$ 序列是否偏离一致性的方法是构造 u-结构图。具体方法如下：

(1) 根据观测到的 x_j 实现值和可靠性模型的假设可得到序列 $u_j=\hat{F}_j(x_j)$，其中 $j=s,\cdots,i$，且 $0<u_j<1$，将 u_j 序列由小到大排序得到序列 u'_j；

(2) 在坐标系的横轴(0,1)区间上依次取 u'_j，$j=s,\cdots,i$；

(3) 由左至右画出单步增长函数，横轴上每个 u 值每步的增长高度为 $1/(i-s+2)$，如图 4-9 所示。

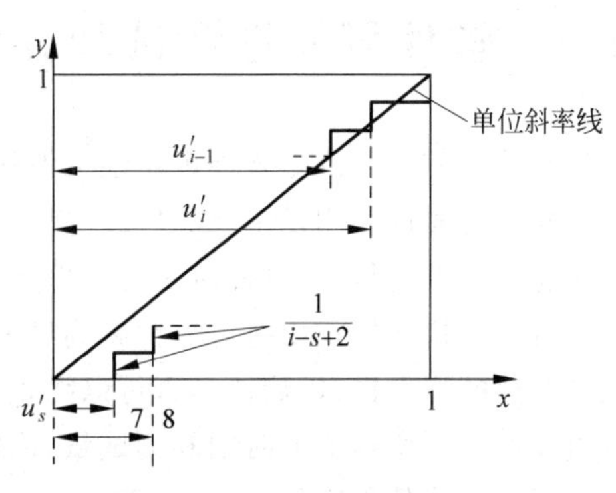

图 4-9 u-结构图

判定偏离严重与否的一种方法是求 KS 距离(具体计算方法在前面模型拟合性中已给出)，它是 u-结构图与单位斜率直线的最大垂直距离，KS 距离越大，表明偏差越大。总之，u-结构图远离单位斜率直线，表明预计存在着某种偏差。

4. 模型的偏差趋势

与模型偏差类似，模型的偏差趋势也可用模型 y-结构图的 KS 距离表示。y-结构图可以用于探测 u-结构图难以发现的预测与现实数据之间的偏差，例如在 u-结构图中某一阶段预测趋势乐观，而另一阶段预测趋势悲观，对于 u-结构图来讲，可能得到的 KS 值较小，使用 y-结构图则可以发现这种偏差。

y-结构图是通过 $\{u_j\}$ 序列进行变换后绘制的。u_j 是(0,1)区间上同分布的均匀随机变量。对 u_j 做一转换——$x_j=\ln(1-u_j)$，得到另一序列 x_j，x_j 序列可看作独立的同分布单位指数型随机变量的实现。检测泊松过程中的趋势，首先将整个序列 x_j 归一化到(0,1)，即对于一个预计序列从步骤 s 到步骤 i 定义：

$$y_k=\frac{\sum_{j=s}^{k}x_j}{\sum_{j=s}^{i}x_j},k=s,\cdots,i-1 \tag{4-15}$$

然后由序列 $\{y_j\}$ 绘制 y-结构图。y-结构图类似 u-结构图，绘制方法也一样。在区间(0,1)从左边开始画出步长为 $1/(i-s+2)$ 的单步增长函数 $y_s,y_{s+1},\cdots,y_{i-1}$ 的值。

y-结构图能够检测出 u-结构图是否掩盖了一致偏差。评价 y-结构图"好"与"不好"的标准仍然是KS距离,KS距离越小,y-结构图越好,模型偏差趋势越小。

5. 模型噪声

模型噪声指出模型本身给模型预测引入噪声的程度。模型噪声定义为:

$$\text{Model} - \text{Noise} = \sum_i \left| \frac{\hat{t}_i - \hat{t}_{i-1}}{\hat{t}_i} \right| \tag{4-16}$$

显然,在使用不同软件可靠性模型时人们总是期望在预测过程中引入的噪声越小越好。

综上所述可以得到如下结论:表征模型拟合性、模型预计有效性(−ln 输入)、模型偏差、偏差趋势、模型噪声的指标值越小,模型的适应性越好。

4.3 软件可靠性测试和评估

软件可靠性评价是软件可靠性工作的重要组成部分。

软件可靠性评测是主要的软件可靠性评价技术,包括测试、评价两个方面的内容,既适用于软件开发过程,也可针对最终软件产品。在软件开发过程中使用软件可靠性评测技术除了可以更快速地找出对可靠性影响最大的错误外,还可以结合软件可靠性增长模型估计软件当前的可靠性,以确认是否可以终止测试和发布软件,同时还可以预计软件要达到相应的可靠性水平所需要的时间和测试量,论证在给定日期提交软件可能给可靠性带来的影响。

对于最终软件产品,软件可靠性评测是一种可行的评价技术,可以对最终产品进行可靠性验证测试,确认软件的执行与需求的一致性,确定最终软件产品所达到的可靠性水平。

4.3.1 软件可靠性评测

软件可靠性评测指运用统计技术对软件可靠性测试和系统运行期间采集的软件失效数据进行处理并评估软件可靠性的过程。软件可靠性评测的主要目的是测量和验证软件的可靠性。当然,实施软件可靠性评测也是对软件测试过程的一种完善,有助于软件产品本身的可靠性增长。

软件测试者可以使用很多方法进行软件测试,如按行为或结构来划分输入域的划分测试,纯粹随机选择输入的随机测试,基于功能、路径、数据流、控制流的覆盖测试,等等。对于给定的软件,每种测试方法都局限于暴露一定数量和一些类别的错误。通过这些测试能够查找、定位、改正、消除某些错误,实现一定意义上的软件可靠性增长。但是,由于它们都是面向错误的测试,测试所得到的结果数据不宜用于软件可靠性评估。

软件可靠性测试指在软件的预期使用环境中为进行软件可靠性评估而对软件实施的一种测试。软件可靠性测试是面向故障的测试,以用户将要使用的方式来测试软件,每一次测试代表用户将要完成的一组操作,使测试成为最终产品使用的预演,这就使得所获得的测试数据与软件的实际运行数据比较接近,可用于软件可靠性估计。

软件可靠性评测由可靠性目标的确定、运行剖面的开发、测试的计划与执行、测试结果的分析与反馈4个主要的活动组成。

可靠性目标指客户对软件性能满意程度的期望，通常用可靠度、故障强度、MTTF 等指标来描述，根据不同项目的不同需要而定。建立定量的可靠性指标需要对可靠性、交付时间和成本进行平衡。为了定义系统的可靠性指标，必须确定系统的运行模式，定义故障的严重性等级，确定故障强度目标。

为了对软件可靠性进行良好的预计，必须在软件的运行域上对其进行测试，首先定义一个相应的剖面来镜像运行域，然后使用这个剖面驱动测试，这样可以使测试真实地反映软件的使用情况。由于可能的输入几乎是无限的，测试必须从中选择出一些样本，即测试用例，测试用例要能反映实际的使用情况，反映系统的运行剖面。将统计方法应用到运行剖面开发和测试用例生成，在运行剖面中的每个元素都被定量地赋予一个发生概率值和关键因子，然后根据这些因素分配测试资源、挑选、生成测试用例。在这种测试中，优先测试那些最重要或最频繁使用的功能，释放和缓解最高级别的风险，有助于尽早发现那些对可靠性有最大影响的故障，以保证软件的按期交付。一个产品有可能需要开发多个运行剖面，这取决于所包含的运行模式和关键操作，通常需要为关键操作单独定义运行剖面。

在软件的开发过程中，使用软件可靠性测试和利用软件可靠性测试对最终产品进行评价在测试计划的制定上有所不同。用于设计过程的可靠性测试称为可靠性增长测试，测试与故障的排除联系在一起，一般安排在开发过程的系统测试阶段执行，将测试所确定的故障提交给开发者进行修改，建立软件的一个新的版本，再进行下一次测试。在这种“测试—排错—新版本”的迭代过程中跟踪故障强度的变化，确认测试是否可以终止及软件是否可以发布。可靠性增长测试的测试脚本将执行多次。针对最终产品的可靠性测试称为可靠性验证测试，通过验证测试可确定软件产品当前的可靠性水平。就单个软件版本而言，可靠性验证测试的测试脚本仅执行一次。软件可靠性故障数据的收集是测试活动的一部分，在测试周期内记录每个故障的资料，如与时间相关的故障频度、类型、严重性、故障的根源等，并且应区分设计阶段和最终产品的故障。

可靠性增长测试和可靠性验证测试将从不同的角度理解故障数据。

在可靠性增长测试中测试以迭代的方式进行，根据测试期间跟踪到的故障，使用基于软件可靠性增长模型和统计推理的可靠性评估程序进行故障强度的估计，并用于跟踪测试的进展情况。可靠性验证测试是软件系统提交前进行的最后测试，是最终检验，而不是调试。在验证测试中，目标是确定一个软件组件或系统在风险限度内是被接受还是被拒绝。验证测试使用可靠性框图，故障被绘制在图上，根据落入的区域来决定被测软件是被接受还是被拒绝，或者继续进行测试。用户可以根据不同的客户风险（接受不良程序的风险）和供应商风险（拒绝好程序的风险）级别构造图表。

4.3.2 具体实施过程

1. 软件可靠性测试过程模型

这里的测试问题不是研究测试技术本身，而是将测试作为软件产品可靠性定量评估的数据来源，作为可靠性评估的一个环节，从管理的角度对软件可靠性测试的具体实施过程给予简要的叙述。

软件可靠性测试过程可以用图 4-10 所示的模型来说明。

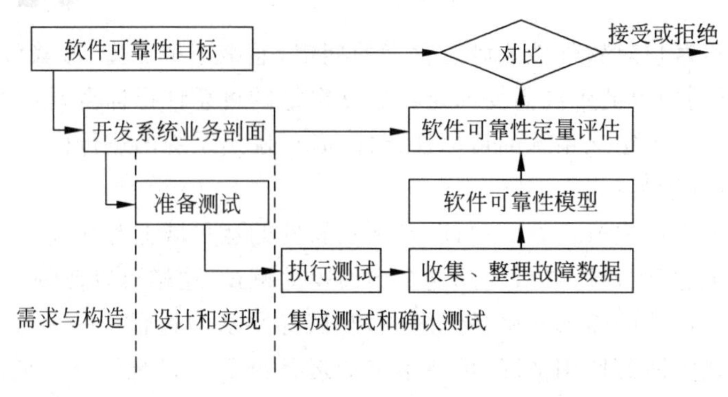

图 4-10 软件可靠性测试过程模型

软件可靠性测试是将定量的可靠性目标和业务剖面(系统使用剖面)联合起来在业务剖面的基础上进行的测试,因此开发业务剖面是软件可靠性测试的一个重要环节。一方面,业务剖面能更有效地指导测试;另一方面,业务剖面对可靠性及其度量有着重要的影响。从这个角度来说,业务剖面是软件可靠性工程中的一个重要问题。

2. 测试目的

软件可靠性测试的主要目的是通过软件系统在规定的业务剖面下的执行确认该软件是否能够完成与规定的业务剖面有关的以下几点:

- 正确地完成规定的功能。
- 满足性能要求。
- 不完成没有规定的功能。
- 提供运行中的故障数据。

需要强调的是,不同的业务剖面(不同的业务及其相应的发生概率的结合)有不同的功能和性能要求,执行不同的业务剖面,被激发的程序中的缺陷可能产生的故障类型及其数目也可能不同。因此,测试必须在系统的各种业务剖面(即在系统的不同测试环境下)进行。

3. 测试准备和执行

作为用户的质量管理部门要参加到软件测试中,并以下列方式干预测试:

- 规定测试要求,包括测试条件和测试环境。
- 评审和批准测试计划和程序。
- 评审和批准每一个或每一组需求的认证方法和技术。
- 提供使用环境及操作人员供测试组织进行测试。
- 要求组织一个独立于开发者和用户的测试组织,承担测试任务。

在上述基础上进行测试准备并进而执行测试过程。

4.4 提高软件可靠性的方法和技术

4.4.1 建立以可靠性为核心的质量标准

在软件项目规划和需求分析阶段要建立以可靠性为核心的质量标准。这个质量标准包括实现的功能、可靠性、可维护性、可移植性、安全性、吞吐率,等等。虽然没有一个衡量软件质量的完整体系,但还是可以通过一定的指标来指定标准基线。

软件质量从构成因素上可以分为产品质量和过程质量。

产品质量是软件成品的质量,包括各类文档和编码的可读性、可靠性、正确性,用户需求的满足程度等。

过程质量是开发过程环境的质量,与所采用的技术、开发人员的素质、开发的组织交流、开发设备的利用率等因素有关。

用户还可以把质量分为动态质量和静态质量。

- 静态质量是通过审查各开发过程的成果来确认的质量,包括模块化程度、简易程度、完整程度等内容。
- 动态质量是考察运行状况来确认的质量,包括平均故障间隔时间(Mean Time Between Failures, MTBF)、软件故障修复时间(Mean Time To Repair Fault, MTRF)、可用资源的利用率。

在实际工程中,人们一般比较重视动态质量而忽视静态质量。

质量标准度量至少应达到以下两个目的:

- 明确划分各开发过程(需求分析过程、设计过程、测试过程、验收过程),通过质量检验的反馈作用确保差错及早排除并保证一定的质量。
- 在各开发过程中实施进度管理,产生阶段质量评价报告,对不合要求的产品及早采取对策。

以下是确定划分的各开发过程的质量度量。

- 需求分析质量度量:需求分析定义是否完整、准确(无二义性),开发者和用户间有没有理解不同的情况,文档完成情况等,要有明确的可靠性需求目标、分析设计及可靠性管理措施等。
- 设计结果质量度量:设计工时,程序容量和可读性、可理解性,测试情况数,评价结果,文档完成情况等。
- 测试结果质量度量:测试工时,差错状况,差错数量,差错检出率及残存差错数,差错影响评价,文档等,以及有关非法输入的处理度量。
- 验收结果质量度量:完成的功能数量、各项性能指标、可靠性等。

最后选择一种可靠度增长曲线预测模型,如时间测量、个体测量、可用性,在后期开发过程中用来计算可靠度增长曲线的差错收敛度。

在建立质量标准之后设计质量报告及评价表,在整个开发过程中要严格实施并及时做出质量评价,填写报告表。

4.4.2 选择开发方法

软件开发方法对软件的可靠性也有重要影响。

目前的软件开发方法主要有 Parnas 方法、Yourdon 方法、面向数据结构的 Jackson 方法和 Warnier 方法、PSL/PSA 方法、原型化方法、面向对象方法、可视化方法、ICASE 方法、瑞理开发方法等,其他还有 BSP 方法、CSF 方法等。这里特别要提一下的是 Parnas 方法。

Parnas 方法是最早的软件开发方法,是 Parnas 在 1972 年提出的,基本思想是在概要设计时预先估计未来可能发生变化,提出了信息隐藏的原则,以提高软件的可靠性和可维护性。

在设计中要求先列出将来可能要变化的因素,在划分模块时将一些可能发生变化的因素隐含在某个模块的内部,使其他模块与此无关,这样就提高了软件的可维护性,避免了错误的蔓延,也就提高了软件的可靠性。同时还提出了提高可靠性的措施:

- 考虑到硬件有可能出故障,接近硬件的模块要对硬件行为进行检查,及时发现错误。
- 考虑到操作人员有可能失误,输入模块对输入数据进行合法性检查,检查是否合法、越权,及时纠错。
- 考虑到软件本身有可能失误,加强模块间检查,防止错误蔓延。

Rational 模式是美国 Rational 软件工程公司发展出来的,其模式如下:

- 面向对象;
- 螺旋式上升;
- 管理与控制;
- 高度自动化。

以管理观点和技术观点把软件生命周期划分为起始、规划、建构、转移、进化 5 个阶段,也可把这 5 个阶段归并为研究时期(起始和规划)和生产时期(建构和转移),最后是维护时期(进化),特别适合对高风险部分及变动需求的处理。

在以上众多方法中,可视化方法主要用于与图形有关的应用,目前的可视化开发工具只能提供用户界面的可视化开发,对一些不需要复杂图形界面的应用不必使用这种方法;ICASE 技术还没有完全成熟,所以可视化方法和 ICASE 方法最多只能用作辅助方法。面向数据结构的方法、PSL/PSA 方法及原型化方法只适合于中小型系统的开发。

面向对象的方法便于软件复杂性控制,有利于生产率的提高,符合人类的思维习惯,能自然地表达现实世界的实体和问题,具有一种自然的模型化能力,达到从问题空间到解空间的较为直接、自然的映射。在面向对象的方法中,由于大量使用具有高可靠性的库,其可靠性也就有了保证,用面向对象的方法也利于实现软件重用。

所以建议采用面向对象的方法,借鉴 Parnas 和 Rational 模式的思想,在开发过程中再结合使用其他方法,吸取其他方法的优点。

4.4.3 软件重用

最大限度地重用现有的成熟软件不仅能缩短开发周期、提高开发效率,也能提高软件的可维护性和可靠性。因为现有的成熟软件已经过严格的运行检测,大量的错误已在开发、运行、维护过程中排除,比较可靠。在项目规划开始阶段就要把软件重用列入工作中不可缺少的一部分,作为提高可靠性的一种必要手段。

软件重用不仅仅指软件本身,也可以是软件的开发思想方法、文档,甚至环境、数据等,包括下面 3 个方面内容的重用。

- 开发过程重用:指开发规范、各种开发方法、工具和标准等。
- 软件构件重用:指文档、程序和数据等。
- 知识重用:如相关领域专业知识的重用。

一般使用比较多的是软件构件重用。

软件重用的过程如下:候选,选择,资格,分类和存储,查找和检索。在选择可重用构件时一定要有严格的选择标准，可重用的构件必须是经过严格测试的，甚至是经过可靠性和正确性证明的构件，应模块化（实现单一的、完整的功能）、结构清晰（可读、可理解、规模适当），且有高度可适应性。

4.4.4 使用开发管理工具

开发大的软件系统离不开开发管理工具，项目管理员仅仅靠人管理是不够的，需要有开发管理工具来辅助解决开发过程中的各种各样的问题，以提高开发效率和产品质量。

如 Intersolv 公司的 PVCS 软件开发管理工具在美国市场的占有率已超过 70%，使用 PVCS 可以带来不少好处：规范开发过程，缩短开发周期，减少开发成本，降低项目投资风险；自动创造完整的文档，便于软件维护；管理软件多重版本；管理和追踪开发过程中危及软件质量和影响开发周期的缺陷和变化，便于软件重用，避免数据丢失，也便于开发人员的交流，对提高软件可靠性、保证质量有很大的作用。

在我国开发管理工具并没有得到有效使用，许多软件公司还停留在人工管理阶段，所开发的软件质量不会很高。

人的管理比较困难，在保证开发人员素质的同时要保持人员的稳定性，尽可能避免人员的经常流动。人员流动影响了软件的质量、工作连续性难保证、继承者不可能对情况了解很清楚等也可能影响工作进程等，PVCS 也提供了适当的人员管理方法。

4.4.5 加强测试

在软件开发前期各阶段完成之后，为进一步提高可靠性，只有通过加强测试来实现了。

为最大限度地除去软件中的差错、改进软件的可靠性，要对软件进行完备测试。对大的软件系统进行完备测试是不可能的，所以要确定最小测试数和最大测试数，前者是技术性的决策，后者是管理性的决策，在实际过程中要确定一个测试数量的下界。总的来说，要在可能的情况下进行尽可能完备的测试。

谁来做测试呢？一般来说，用户不大可能进行模块测试，模块测试应该由最初编写代码的程序员进行，要在他们之间交换程序进行模块测试，自己设计的程序自己测试一般都达不到好的效果。

在测试前要确定测试标准、规范，在测试过程中要建立完整的测试文档，把软件置于配置控制下，用形式化的步骤去改变它，保证任何错误及对错误的动作都能及时归档。

测试规范包括以下 3 类文档。

- 测试设计规范：详细描述测试方法，规定该设计及其有关测试所包括的特性，还应规定完成测试所需的测试用例和测试规程，规定特性的通过/失败判定准则。
- 测试用例规范：列出用于输入的具体值及预期输出结果，规定在使用具体测试用例时对测试规程的各种限制。
- 测试规程规范：规定对于运行该系统和执行指定的测试用例实现有关测试所要求的所有步骤。

测试的方法多种多样，下面列出几种。

- 走查（Walk-through）：即手工执行，由不同的程序员（非该模块设计者）读代码，并进行评论。
- 机器测试：对于给定的输入不会产生不合逻辑的输出。

- 程序证明或交替程序表示。
- 模拟测试：模拟硬件、I/O设备等。
- 设计审查：关于设计的所有各方面的小组讨论会，利用所获得的信息找出缺陷及违反标准的地方等。

以上可以交替并行循环执行，在实际测试过程中要使用测试工具提高效率。

除进行正常的测试之外，还要对软件进行可靠性测试，确保软件中没有对可靠性影响较大的故障；制订测试计划方案，按实际使用的概率分布随机选择输入，准确记录运行时间和结果，并对结果进行评价。

没有错误的程序如同永动机一样是不可能达到的。常用的排错方法有试探法、追溯法、归纳法、演绎法，还要使用适当的排错工具，如UNIX提供的sdb和dbx编码排错工具，这些排错工具只有浏览功能，没有修改功能，是实际的找错工具。

4.4.6 容错设计

提高可靠性的技术可以分为两类，一类是避免故障，在开发过程中尽可能不让差错和缺陷潜入软件，常用的技术如下。

- 算法模型化：把可以保证正确实现需求规格的算法模型化。
- 模拟模型化：为了保证在确定的资源条件下的预测性能的发挥，使软件运行时间、内存使用量及控制执行模型化。
- 可靠性模型：使用可靠性模型从差错发生频度出发预测可靠性。
- 正确性证明：使用形式符号及数学归纳法等证明算法的正确性。
- 软件危险分析与故障树分析：从设计或编码的结构出发，追踪软件开发过程中潜入系统缺陷的原因。
- 分布接口需求规格说明：在设计的各阶段使用形式的接口需求规格说明，以便验证需求的分布接口实现可能性与完备性。

这些技术一般都需要比较深厚的数学理论知识和模型化技术。

另一类就是采用冗余思想的容错技术。

容错技术的基本思想是使软件内潜在的差错对可靠性的影响缩小控制到最低程度。软件的容错从原理上可分为错误分析、破坏程度断定、错误恢复、错误处理4个阶段。常用的软件容错技术有*N*-版本技术、恢复块技术、多备份技术等。

N-版本程序设计是依据相同规范要求独立设计*N*个功能相等的程序(即版本)。独立是指使用不同的算法、不同的设计语言、不同的测试技术，甚至不同的指令系统等。

恢复块技术是使用自动前向错误恢复的故障处理技术。

防错性程序设计要在程序中进行错误检查。被动的防错性技术是当到达检查点时检查一个计算机程序的适当点的信息；主动的防错性技术是周期性地搜查整个程序、数据，或在空闲时间寻找不寻常的条件。采用防错性程序设计是建立在程序员相信自己设计的软件中肯定有错误这一基础上的，有的程序员对此不大习惯，因为可能太相信自己，相信自己的程序只有很少错误，甚至没有错误，作为项目管理员，应该能说服他或者强制他采用这种技术，虽然在设计时要花费一定的时间，但这对提高可靠性很有用。

4.5　软件可靠性研究的主要问题

软件可靠性的研究虽然已取得了很大的成就，但存在的问题仍很多，主要如下。

(1) 观点、方法、工具问题：目前的研究主要是建立在概率论和数理统计基础上，这并不总是恰当的。软件可靠性理论和技术还有待大的发展，需要有新的数学工具，如模式识别、人工智能、Petri网等；需要揭示生命机体的可靠性机制，还需要从系统科学的其他分支中吸取营养，特别是从高层次的系统科学中寻求指导思想。根据软件可靠性数据，将知识发现与数据挖掘技术、机器学习技术应用于软件故障数预测中取得了较好的效果。

(2) 软件可靠性模型问题：虽然目前已建立了数百种软件可靠性模型，但均具有一定的局限性，因此从软件可靠性模型的假设是否合理、实际应用是否简单方便、适用范围是否广泛等问题出发，如何进一步建立合理、实用的软件可靠性模型还有待于进一步研究。

(3) 软件可靠性模型的应用问题：各类软件可靠性模型，特别是软件可靠性增长模型，模型预测的不一致仍然是一个有待于解决的问题。另外，如何将软件可靠性模型有效地应用于实际的软件开发、评价、管理中也是当前需要进一步探讨的问题。

(4) 数据问题：软件数据的收集是一项艰巨又烦琐的工作，到目前为止，尚未建立起用于测试软件可靠性模型，证明估计精度、可用性以及模型与模型之间差别的数据库，因此软件失效数据库的建立及软件失效数据的自动收集都是当前迫切需要解决的一个问题。

(5) 软件测试用例的自动生成问题：现有的软件测试用例生成方法缺乏形式化方式，因此各种软件测试工具中测试用例的自动生成工具还有待于进一步开发和完善。

(6) 软/硬件混合系统可靠性问题：计算机系统中软/硬件故障产生的方式截然不同，故软/硬件可靠性不完全一致，同时，考虑到人的可靠性，目前虽然已建立了一些软/硬件可靠性模型，但这些模型都是针对一些具体的问题提出的，其侧重点各不相同，因而模型的问题还有很多。

4.6　小结

软件可靠性指在规定的条件下和规定的时间内软件不引起系统故障的能力。软件可靠性不仅与软件中存在的缺陷有关，而且与系统输入和系统使用有关。软件可靠性是软件质量特性中重要的固有特性和关键因素。软件可靠性反映了用户的质量观点。

软件可靠性模型是软件可靠性工程中倍受关注、研究最早、成果最多、目前仍最活跃的一个领域。软件可靠性评价是软件可靠性工作的重要组成部分。软件可靠性评测是主要的软件可靠性评价技术，包括测试与评价两个方面的内容，既适用于软件开发过程，也可针对最终软件产品。

在软件项目规划和需求分析阶段要建立以可靠性为核心的质量标准。这个质量标准包括实现的功能、可靠性、可维护性、可移植性、安全性、吞吐率，等等。虽然没有一个衡量软件质量的完整体系，但可以通过一定的指标来指定标准基线。

思考题

1. 简述软件可靠性和硬件可靠性的区别。
2. 简要描述主要的软件可靠性参数。
3. 简述流行的5种软件可靠性模型评价准则。
4. 简要描述提高软件可靠性的方法和技术。

第5章 软件质量标准

20 世纪是生产率的世纪，21 世纪是质量的世纪，质量是和平占领市场最有效的武器。

——朱兰(Joseph M. Juran)

经过数十年的发展，软件行业的分工很细、体系繁多，因此需要从标准的层次说明软件质量标准的情况。

根据软件工程标准制定机构和标准适用的范围，软件质量标准分为 5 个级别，即国际标准、国家标准、行业标准、企业标准、项目规范。很多标准的原始状态可能是项目标准或企业标准，但是随着行业发展、推进，标准的权威性可能促使标准发展成为行业、国家或国际标准。因此，层次具有一定的相对性。

能力成熟度模型(Capability Maturity Model，CMM)的本质是软件管理工程的一个部分。CMM 是对于软件组织在定义、实现、度量、控制、改善其软件过程的进程中各个发展阶段的描述，通过 5 个不断进化的层次来评定软件生产的历史与现状。

本章正文共分 5 节，5.1 节是软件质量标准概述，5.2 节介绍 ISO 9001 和 9000-3 在软件中的应用，5.3 节介绍能力成熟度模型，5.4 节介绍 IEEE 软件工程标准，5.5 节介绍其他质量标准。

5.1 软件质量标准概述

5.1.1 国际标准

由国际机构指定和公布的供各国参考的标准称为国际标准。

国际标准化组织(International Standards Organization，ISO)具有广泛的代表性、权威性，公布的标准也具有国际影响力，如图 5-1 所示。在 20 世纪 60 年代初，国际标准化组织建立了“计算机与信息处理技术委员会”，专门负责与计算机有关的标准工作。公布的标准

图 5-1 国际标准化组织 ISO

带有 ISO 字样，如 ISO 10012:1995 质量手册编写指南。

5.1.2 国家标准

由政府或国家级的机构制定或者批准，适用于本国范围的标准称为国家标准。例如以下机构和标准。

- GB(GuoBiao)：中华人民共和国国家技术监督局，它是中国的最高标准化机构，所公布实施的标准简称为“国标”。
- ANSI(American National Standards Institute)：美国国家标准协会，它是美国一些民间标准化组织的领导机构，具有一定的权威性。
- FIPS(Federal Information Processing Standards)：美国商务部国家标准局联邦信息处理标准，所公布的标准均冠有 FIPS 字样，如 1987 年发表的 FIPS PUB 132-87 Guideline for validation and verification plan of computer software(软件确认与验证计划指南)。
- BS(British Standard)：英国国家标准。
- DIN(Deutsches Institut für Normung)：德国标准协会。
- JIS(Japanese Industrial Standard)：日本工业标准。

5.1.3 行业标准

行业标准是由一些行业机构、学术团体或国防机构制定，适用于某个业务领域的标准。

中华人民共和国国家军用标准(GJB)是由我国国防科学技术工业委员会批准，适合国防部门和军队使用的标准，例如 1988 年发布实施的 GJB 473-88 军用软件开发规范。

美国电气和电子工程师学会(Institute of Electrical and Electronics Engineers，IEEE)成立了软件标准技术委员会(SESS)，开展软件标准化活动。美国国防部标准(Department of Defense-Standards，DOD-STD)为国防部各任务领域体系结构的开发、描述、集成定义了一种通用的方法，有利于快速确定作战需求。美国军用标准(Military-Standards，MIL-S)的任务是瞄准需求，及时向作战人员、采办人员、后勤人员提供标准化的过程、产品、服务，使武器装备、设施和其他供应品在设计、采办、管理、使用过程中必需的材料、零件、元件、组件、设备、分系统、系统、过程、惯例、程序实现标准化。另外，我国的信息产业部也开展了软件标准化工作，制定、公布了一些适合本部门工作需要的规范。这些规范的制定参考了国际标准、国家标准，对各自行业的软件工程起到了强有力的推动作用。

5.1.4 企业规范

大型企业或公司，由于软件工程工作的需要，制定适用于本部门的规范。例如，1984 年美国被称为蓝色巨人的 IBM 公司通用产品部(General Products Division)制定“程序设计开发指南”。

5.1.5 项目规范

项目规范为一些科研生产项目需要而由组织制定一些具体项目的操作规范，此种规范制定的目标很明确，即为该项任务专用。虽然项目规范最初的使用范围小，但如果成功指导一个项目的成功运行并重复使用，也有可能发展为行业规范。

5.2 ISO 9001 和 9000-3 在软件中的应用

ISO 9001 是 ISO 9000 簇标准体系之一，即设计、开发、生产、安装、服务的质量保证模式，在这套标准中包含了高效的质量保证系统必须体现的 20 条需求。

ISO 9001 标准适用于所有的工程行业，ISO 9000-3 是为了在软件过程的使用中帮助解释该标准而专门开发的 ISO 指南的子集。ISO 9001 描述的 20 条需求是以下问题：

- 管理职责；
- 质量系统；
- 合同复审；
- 设计控制；
- 文档和数据控制；
- 对客户提供产品控制；
- 产品标识和可跟踪性；
- 过程控制；
- 审查和测试；
- 审查、度量和测试设备的控制；
- 审查和测试状态；
- 对不符合标准产品的控制；
- 改正和预防行为；
- 处理、存储、包装、保存、交付；
- 质量记录的控制；
- 内部质量审计；
- 培训；
- 服务；
- 统计技术；
- 采购。

软件企业为了通过 ISO 9001，必须针对上述每一条需求建立相关政策和过程，并且其组织活动是按照这些政策和过程进行的。

由于软件行业的特殊性，ISO 9001 在软件行业中应用时一般会配合 ISO 9000-3 作为实施指南。其实，ISO 9000-3 是 ISO 质量管理和质量保证标准在软件开发、供应、维护中的使用指南，并不作为质量体系注册/认证时的评估准则，主要考虑软件行业的特殊性制定。ISO 9000-3 的核心内容如下：

- 合同评审；
- 需方需求规格说明；
- 开发计划；
- 质量计划；

- 设计和实现；
- 测试和确认；
- 验收；
- 复制、交付和安装；
- 维护。

5.3 能力成熟度模型

5.3.1 CMM 质量思想

1. 历史和发展

在信息时代，软件质量的重要性越来越被人们认识。软件是产品、是装备、是工具，质量使得顾客满意，是产品市场开拓、事业得以发展的关键。而软件工程领域在 1992—1997 年取得了前所未有的进展，其成果超过软件工程领域过去 15 年的成就总和。

软件管理工程引起人们广泛注意源于 20 世纪 70 年代中期，当时美国国防部曾立项专门研究软件项目做不好的原因，发现 70%的项目是因为管理不善引起的，并不是因为技术实力不够，进而得出一个结论，即管理是影响软件研发项目全局的因素，技术只影响局部。

到了 20 世纪 90 年代中期，软件管理工程不善的问题仍然存在，大约 10%的项能够在预定的费用和进度下交付。软件项目失败的主要原因有需求定义不明确，缺乏好的软件开发过程，没有统一领导的产品研发小组，子合同管理不严格，没有经常注意改善软件过程，对软件构架很不重视，软件界面定义不善且缺乏合适的控制，软件升级暴露了硬件的缺点，关心创新而不关心费用和风险，军用标准太少且不够完善，等等。

在关系软件项目成功与否的众多因素中，软件度量、工作量估计、项目规划、进展控制、需求变化、风险管理等都是与工程管理直接相关的因素，由此可见，软件管理工程的意义至关重要。

1987 年，美国卡内基·梅隆大学软件研究所(Software Engineering Institute，SEI)受美国国防部的委托，率先在软件行业从软件过程能力的角度提出了软件过程成熟度模型(Capability Maturity Model，CMM)，随后在全世界推广实施一种软件评估标准，用于评价软件承包能力并帮助其改善软件质量的方法。CMM 主要用于软件开发过程和软件开发能力的评价、改进，侧重于软件开发过程的管理及工程能力的提高、评估。CMM 自 1987 年开始实施认证，现已成为软件业最权威的评估认证体系。

CMM 包括 5 个等级，共计 18 个过程域、52 个目标、300 多个关键实践，如图 5-2 所示。

CMM 为软件过程改进提供了一个框架，5 个成熟度等级定义了一个有序的尺度，用来衡量组织软件过程成熟度和评价其软件过程能力。在每一级中定义了达到该级过程管理水平所应解决的主要问题和关键域。CMM 分为 5 个等级：1 级为初始级，2 级为可重复级，3 级为已定义级，4 级为已管理级，5 级为优化级。从当今整个软件公司现状来看，最多的成熟度为 1 级，多数成熟度为 2 级，少数成熟度为 3 级，极少数成熟度为 4 级，成熟度为 5 级的更是凤毛麟角。

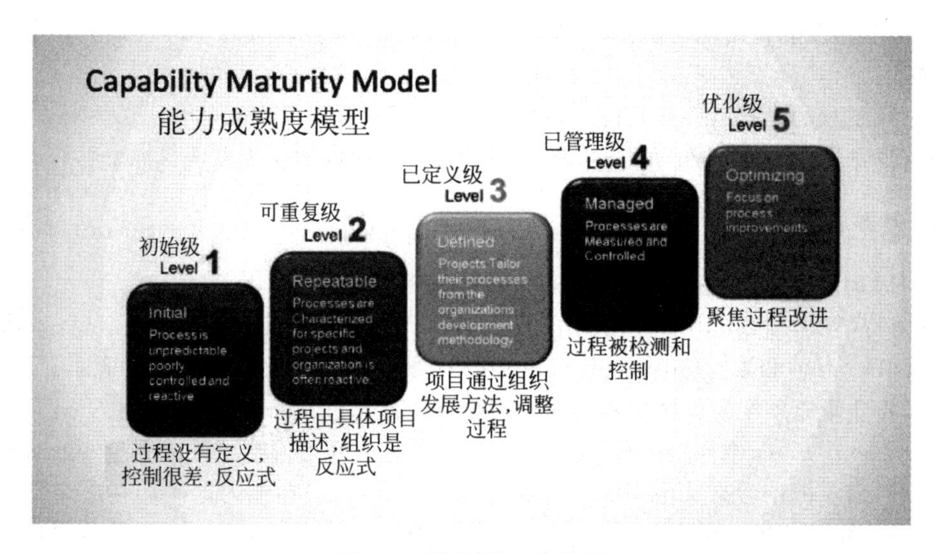

图 5-2 CMM 的 5 个层次

每一较低级别是达到较高级别的基础,如表 5-1 所示。

表 5-1 CMM 级别的特点和关键域

等级	特征	主要解决问题	关键域	结果
Ⅴ 优化级	软件过程的量化反馈和新的思想与技术,促进过程的不断改进	保持优化的机构	缺陷预防、过程变更和技术变更管理	
Ⅳ 已管理级	收集软件过程、产品质量的详细度量,对软件过程和产品质量有定量的理解和控制	技术变更、问题分析、问题预防	定量的软件过程管理和产品质量管理	
Ⅲ 已定义级	已经将软件管理和过程文档化、标准化,同时综合成该组织的标准软件过程,所有的软件开发都使用该标准软件过程	过程度量、过程分析量化质量计划	组织过程定义,组织过程焦点,培训大纲,软件集成管理,软件产品工程,组织协调,专家评审	生产率和质量
Ⅱ 可重复级	建立了基本的项目管理来跟踪进度、费用和功能特征,制订了必要的项目管理,能够利用以前类似项目应用取得成功	培训、测试、技术常规及评审过程关注、标准和过程	需求管理,项目计划,项目跟踪和监控,软件子合同管理,软件配置管理,软件质量保证	风险
Ⅰ 初始级	软件过程是混乱无序的,对过程几乎没有定义,成功依靠的是个人的才能和经验,管理方式属于反应式	项目管理、项目策划、配置管理软件质量保证		

2. 基本概念

软件能力成熟度模型(Capability Maturity Model for Software,英文缩写 SW-CMM,简

称CMM)是对于软件组织在定义、实施、度量、控制和改善其软件过程的实践中各个发展阶段的描述。

CMM的核心是把软件开发视为一个过程,并根据这一原则对软件开发和维护进行过程监控、研究,以使其更加科学化、标准化,使企业能够更好地实现商业目标。

3. 基本思想

CMM的基本思想基于已有60多年历史的产品质量原理。

休哈特(Walter Shewhart)在20世纪30年代发表了统计质量控制原理,戴明(W. Edwards Deming)和朱兰(Joseph Juran)的关于质量的著作进一步发展和论证了该原理。实际上,将质量原理变为成熟度框架的思想是克劳斯比(Philip Crosby),他在著作《质量免费》(*Quality is Free*)中首先提出,他的质量管理成熟度网络描绘了采用质量实践时的5个进化阶段,而该框架后来又由IBM的拉迪斯(Rom Radice)和他的同事们在汉弗莱(Watts Humphrey)指导下进一步改进以适应软件过程的需要。1986年,汉弗莱将此成熟框架带到了SEI,并增加了成熟度等级的概念,将这些原理应用于软件开发,发展成为软件过程成熟度框架,形成了当前软件产业界正在使用的框架。

汉弗莱的成熟度框架的早期版本发表在1987年的SEI技术报告中。在该报告中还发表了初步的成熟度提问单,这个提问单作为工具给软件组织提供了软件过程评估的一种方法。在1987年又进一步研制了软件过程评估和软件能力评价两种方法,以便估计软件过程成熟度。自1990年以来,SEI基于几年来将框架运用到软件过程改进方面的经验进一步扩展和精炼了该模型,目前软件能力成熟度模型2.0版已经修订问世。

然而,企业的最终目的是把自己的产品或服务提供给顾客,让顾客满意,尽力使这个过程不断反复且能够不断壮大,这样才能源源不断地创造利润,所以应该明白以下几点。

第一,企业的使命是为顾客创造价值,努力地为顾客创造价值就是企业的成功之路。

第二,能为顾客带来价值的是企业的各种作业。一个作业由一系列能为顾客创造价值的活动组成,构成一个作业的各种活动由员工完成,但是,各种活动本身对顾客来说毫无意义,顾客关心的是这些活动的结果。只有各种活动组合在一起构成一个完整的作业才能创造价值,顾客并不关心怎样组合这些活动。因此,出于对顾客利益的考虑,作业的构造要努力做到"复杂其中,简便其表"。

第三,企业事业的成功来自优异的作业绩效。尽管优质的产品或服务、杰出的人才和优秀的战略对企业来说必不可少,但并不能保证企业的成功。因为,产品或服务、人才和战略只有存在于能为顾客带来价值的各种作业之中才能对企业事业的成功有所贡献,只有通过作业把这些高质量的要素结合在一起才具有实质性意义。这种高绩效的作业则是企业优势的集中体现。

第四,优异的作业绩效是通过科学的作业设计、适当的人员配置和良好的工作环境的共同作用达到的。因为,科学的作业设计能够灵敏地对顾客的需求变化做出反应,是作业本身有效性的根本保证;适当的人员组合能获得集体智慧和战斗力;良好的环境则能激发员工的工作热情,促使员工不断超越自己。对于软件企业来说,成功来自优异的软件开发过程,要想取得优异的软件开发过程,就得按照以上4点要求进行管理和改进软件企业过程。所以,CMM模型其实就是一种新兴的管理思想和方法,蕴涵的是当今欧美乃至日本日趋盛行的“连续改进”管理哲学，现已渗透到各行各业的具体管理中，是现代企业管理的发展方向之一。

连续改进(Continuous Improvement)的含义是以超前的视野预见过程执行实施中可能的引起要素(包括特定的设计、作业方式及其与之相联系的成本要素)，借先期规范制约的各种手段做出最大可能效果创出(最优成本/效益比)的预期调整，并将相应的效果计量和评估方法相配合，确保实际过程以预期的低成本运作的先导式控制。

CMM是一种用于评价软件承包能力并帮助其改善软件质量的方法，侧重于软件开发过程的管理及工程能力的提高与评估。其依据的想法是只要集中精力持续努力去建立有效的软件工程过程的基础结构，不断进行管理的实践和过程的改进，就可以克服软件生产中的困难。CMM是目前国际上最流行、最实用的一种软件生产过程标准，已经得到了众多国家以及国际软件产业界的认可，成为当今企业从事规模软件生产不可缺少的一项内容。

CMM为软件企业的过程能力提供了阶梯式的改进框架，基于过去所有软件工程过程改进的成果，吸取了以往软件工程的经验教训，提供了基于过程改进的框架；指明了软件组织在软件开发方面需要管理哪些主要工作和这些工作之间的关系，以及以怎样的先后次序一步一步地做好这些工作而使软件组织走向成熟。

4. 实施的必要性

软件开发的风险大是由于软件过程能力低，最关键的问题在于软件开发组织不能很好地管理其软件过程，从而使一些好的开发方法和技术起不到预期的作用。

项目的成功也是通过工作组的杰出努力，所以仅仅建立在可得到特定人员上的成功不能为全组织的生产和质量的长期提高打下基础，必须在建立有效的软件(如管理工程实践和管理实践的基础设施)方面坚持不懈地努力才能不断改进，才能持续地成功。

软件质量是一个模糊的、捉摸不定的概念。大家经常听说某某软件好用，某某软件不好用，某某软件功能全、结构合理，某某软件功能单一、操作困难。这些模糊的语言不能算作软件质量评价，更不能算作软件质量科学的、定量的评价。软件质量乃至于任何产品质量都是一个很复杂的事物性质和行为。产品质量包括软件质量，是人们实践产物的属性、行为，是可以认识、可以科学描述的，可以通过一些方法和人类活动来改进质量。

实施CMM是改进软件质量的有效方法，是控制软件生产过程、提高软件生产者组织性和软件生产者个人能力的有效合理的方法。软件工程和很多研究领域及实际问题有关，主要相关领域和因素有需求工程(Requirements Engineering)。在理论上，需求工程是应用已被证明的原理、技术和工具帮助系统分析人员理解问题或描述产品的外在行为。软件复用(Software Reuse)被定义为利用工程知识或方法由存在的系统来建造新系统。这种技术可改进软件产品质量和生产率。另外还有软件检查、软件计量、软件可靠性、软件可维修性、软件工具评估和选择等。

5.3.2 CMM关键域

为了达到一个成熟度等级，必须实现该等级上的全部关键域。

为了实现一个关键域，必须达到该关键域的所有目标。这些目标概括一个关键域的关键实践，可用来确定一个组织或一个项目是否已有效地实施该关键域，表明每个关键域的范围、边界、意图。

每个关键域将识别出一串相关活动,当这些活动全部完成时能达到一组对增强过程能力至关重要的目标。每个关键域按定义存在于单个成熟度等级上。达到关键域目标的途径因项目而异,这是因为在应用领域或环境上的差异。但是,就软件组织来说还是可以识别出共同点,当所有项目均已达到关键域目标时,可以说该组织的以此关键域为特征的过程能力被规范了。

基于这些共同点实施所需要的关键活动,从而保证关键域的总体目标的实现,随着组织晋升到过程成熟度的更高等级,在关键域上应进行的具体实践在内容上将有所发展,如图 5-3 所示。

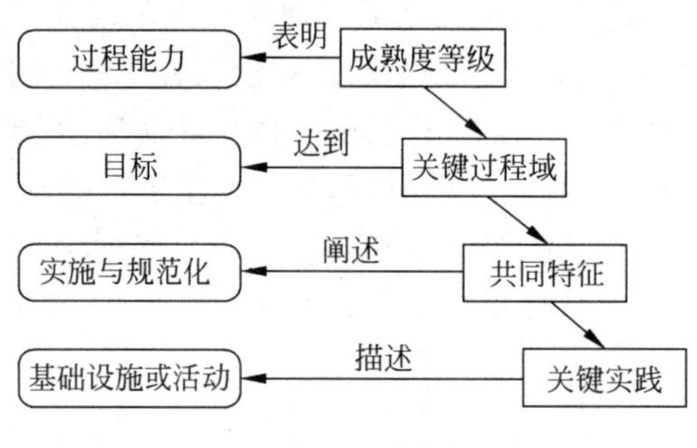

图 5-3 CMM 的内容结构

1. 初始级

初始级处于这个最低级的组织,基本上没有健全的软件工程管理制度,每件事情都以特殊的方法来做,如图 5-4 所示。

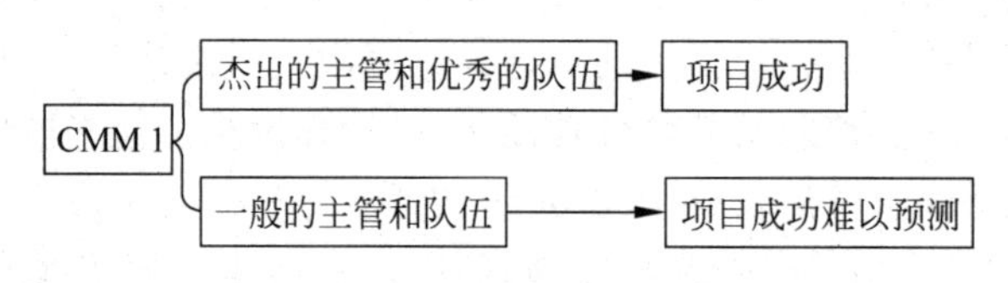

图 5-4 处于 CMM 初始级的项目

如果一个特定的工程碰巧由有能力的管理员和优秀的软件开发组来做,那么这个工程可能是成功的。然而,通常的情况是由于缺乏健全的总体管理和详细计划,时间、费用经常超支,结果大多数的行动只是应付危机,而非事先计划好的任务。处于成熟度等级 1 的组织,由于软件过程完全取决于当前的人员配备,所以具有不可预测性,人员变化了,过程也跟着变化。结果,要精确地预测产品的开发时间和费用之类的重要的项目是不可能的。

本阶段的改进重点包括建立软件项目开发过程并进行有效管理;建立需求管理,明确客户要求;建立各类项目计划;建立完善的文档体系,严格执行质量监控;按 CMM2 级所规定的各项核心实践进行开发。

2. 可重复级

在这一级有些基本的软件项目的管理行为、设计、管理技术是基于相似产品中的经验,故称为“可重复”。这一级采取了一定措施,这些措施是实现一个完备过程所必不可缺少的第一步。典型的措施包括仔细地跟踪费用和进度。CMM2 项目如图 5-5 所示。

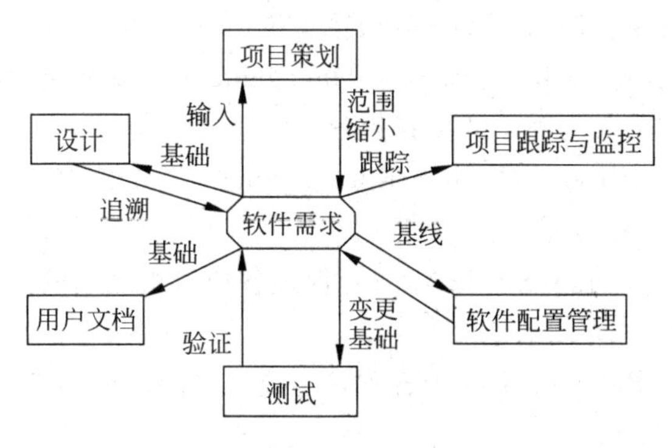

图 5-5 CMM2 项目

可重复级不像第 1 级，在危机状态下行动，管理人员在问题出现时便可发现，并立即采取修正行动，以防变成危机。关键的一点是如果没有这些措施，要在问题变得无法收拾前发现不可能。一个项目中采取的措施也可用来为未来的项目拟定实现的期限和费用计划。

- 需求管理(Requirement Management)：软件项目的开发必须以客户的需求为指向，需求管理的目的在于使开发商和客户对客户本身的真实需求有统一认识。
- 软件项目策划(Software Project Planning)：软件项目管理必须事先拟定符合规范的开发计划及相关计划，例如检测与追踪计划。
- 软件项目跟踪和监控(Software Project Tracking and Oversight)：防范项目实施过程中所产生的计划偏离问题，使项目组对软件项目的进展充分了解并控制。
- 软件子合同管理(Software Subcontract Management)：建立规范化的软件分包管理制度，保证软件质量的一致性。
- 软件质量保证(Software Quality Assurance)：通过对软件开发过程的监控和评测保证软件质量。
- 软件配置管理(Software Configuration Management)：保证在软件项目开发生命周期的完整性。

本阶段的改进重点包括将各项目的过程经验总结为整个企业的标准过程，使整个企业的过程能力得以提高，需要树立齐全组织的过程标准概念，建立软件工程过程小组(Software Engineering Process Group，SEPG)，对各项目的过程和质量进行评估和监控，使软件过程得以正确地调整。然后建立软件工程数据库和文档库，加强培训。

3. 已定义级

从 CMM 3 开始，为保证软件工程活动和软件工作产品的一致性，将软件生命周期的各个阶段严格地划分出来，从组织这个层次来保证过程质量改进。CMM 的思想是以过程为基础进行质量控制，把质量控制从事后检测变为事前预防，能够尽量减少大的设计更改。

CMM 3 的关键域既阐述项目的问题，又阐述组织问题，是组织建立起对所有项目有效的软件工程过程和管理过程规范化的基础设施。

- 企业过程焦点(Organization Process Focus)：在整个企业范围内树立标准的过程，并将其列为企业工作重点。

- 企业过程制定(Organization Process Definition):对企业过程进行确立。
- 培训计划(Training Program):对项目组员工进行必要的过程培训。
- 集成软件管理(Integrated Software Management):调整企业的标准软件过程,并将软件工程、管理集成为确定的项目过程。
- 软件产品工程(Software Product Engineering):关于软件项目的技术层面的目标在此确立,如设计、编码、测试和校正。
- 组间协调(Intergroup Coordination):促进各项目组之间的借鉴与支持,在全企业范围内实现。
- 同业复查(Peer Reviews):促进各项目组成员之间运用排查、审阅、检测等手段找到并排除产品中的缺陷。

本阶段的改进重点是应准备对整个软件过程(包括生产、管理两方面)的定量评测分析,以便尽可能将软件工程所涉及的定性因素转变为定量标准,从而对软件进行定量控制和预测,应使整个企业的软件能力在定量基础上可预测和控制。

4. 已管理级

第4级过程是量化的过程,所有项目和产品的质量都有明确的定量化衡量标准,软件也被置于这样一个度量体系中进行分析、比较、监控,所有定量指标都被尽可能地详细采集并描述,使其可具体用于软件产品的控制之中,软件开发真正成为一种工业化生产行为,由专门的软件过程数据库收集、分析软件过程中的各类数据,并以此为对软件活动的质量评估的基准。企业所有项目的生产过程在定量化的基础上大大提高了可控制性和可预测性,生产过程中可能面对的偏差被控制在一定的量化范围内并被分析、解决,新技术的采纳也在量化基础上有控制地进行,从而控制了风险。

在此级中所有的软件过程、产品都树立了定量的目标,并被定量地管理,使软件组织的能力可以很好地预测。在此阶段,所有定量标准都是明确定义并持续一致的,可以用于对软件过程和管理的评估、调节。所有修正和调节方法(包括对偏差及缺陷的校正分析)都是基于变化指标上,新的软件开发技术也在定量的基础上被评估。项目组成员对整个过程及其管理体系有高度一致的理解,并学会运用数据库等方法定量地看待和理解软件工程。本级的主要特点是定量化、可预测化和高质量。

- 定量过程管理(Quantitative Process Management):对软件过程的各个元素进行定量化描述和分析,并收集量化数据协调管理。
- 软件质量管理(Software Quality Management):通过定量手段追踪掌握软件产品质量,使其达到预定标准。

本阶段的改进重点是注意采取必要措施与方案减少项目缺陷,尽量建立起缺陷防范的有效机制,引进技术变动管理以发挥新技术的功用,引进自动化工具减少软件工程中的人为误差,实行过程管理,不断改进已有的过程体系。

5. 优化级

第5级的软件过程应是持续改进的过程,并且有一整套有效机制,确保软件工程误差接近最小或零。每一个过程在具体项目的运用中可根据周边和反馈信息来判断下一步实施所需的最佳过程，持续改善过程使之最优化。因此，企业能不断调整软件生产过程，按优化方案改进并执行所需过程。这样，企业的精力集中于持续的过程改进之中。新技术的采用也被作为日常活动加以规划，各项目组已具备尽早、尽快识别工程缺陷并改正错误的手段。这需要完善的数据库和长期积累的量化指标来协助实现，新技术和自动化工具也使软件工程人员能够预防软件缺陷，并找到其根源以防止错误再现，企业资源在第5级阶段被有效利用并节约。

一般来讲，企业在优化级所遵循的持续改进措施既包括对已有过程的渐进改善，也包括应用新技术和工具所产生的革新式改进，整个企业的过程定义、分析、校正、处理能力也大大加强，这些都需要建立在第4级的定量化标准之上。项目组都能主动找到产生软件问题的根源，也能对导致人力和时间浪费等低效率因素进行改进，防止浪费再发生。整个机构都有强烈的团队意识，每个人都致力于过程改进、缺陷防范和高品质的追求。

本阶段的特点是新技术的采用和过程的不断改进被作为企业的常规工作，以实现缺陷防范的目标。

- 缺陷预防(Defect Prevention)：通过有效机制识别软件缺陷并分析缺陷来源，从而防止错误再现，减少软件错误发生率。
- 技术变动管理(Technology Change Management)：引入新工具、技术，并将其融入企业软件过程之中，以促进生产工效和质量。
- 过程变动管理(Process Change Management)：在定量管理基础上坚持全企业范围的持续性的软件过程改进，提高生产率，减少投入和开发时间，保证企业的过程长期处于不断更新和主动调节之中。

5.3.3 PSP和TSP

CMM成功与否与组织内部有关人员的积极参与和创造性活动密不可分，而且CMM并未提供有关子过程实现域所需要的具体知识和技能，因此个体软件过程和团体软件过程应运而生。

1. 个体软件过程

个体软件过程(Personal Software Process，PSP)是一种可用于控制、管理、改进个人工作方式的自我持续改进过程，是一个包括软件开发表格、指南和规程的结构化框架。

PSP与具体的技术(程序设计语言、工具、设计方法)相对独立，其原则能够应用到几乎任何的软件工程任务之中。PSP能够说明个体软件过程的原则，帮助软件工程师做出准确的计划，确定软件工程师为改善产品质量要采取的步骤，建立度量个体软件过程改善的基准，确定过程的改变对软件工程师能力的影响。

随着软件工程知识的普及，软件工程师都知道，要开发高质量的软件必须改进软件生产的过程。目前，业界公认由CMU/SEI开发的软件能力成熟度模型CMM是当前最好的软件过程，并且CMM已经成为事实上的软件过程工业标准。但是，CMM虽然提供了一个有力的软件过程改进框架，却只告诉我们“应该做什么”，而没有告诉我们“应该怎样做”，并未提供有关实现关键过程所需要的具体知识和技能。为了弥补这个欠缺，Humphrey主持开发了个体软件过程。图5-6所示为CMM1、个体软件过程和团队软件过程。

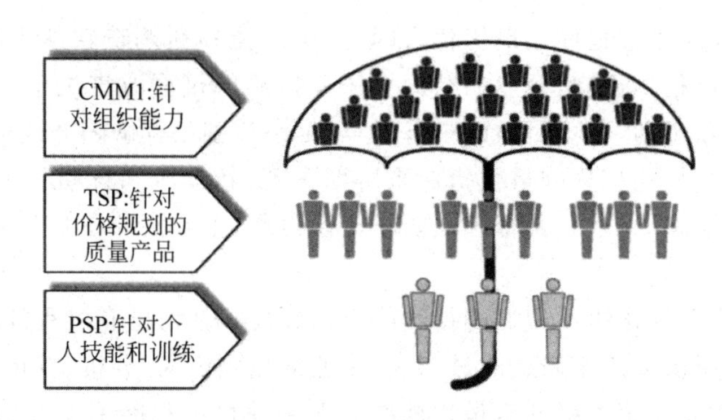

图 5-6 CMM1、个体软件过程和团队软件过程

在 CMM 1.1 版本的 18 个关键过程域中有 12 个与 PSP 有关,据统计,软件项目开发成本的 70%取决于软件开发人员个人的技能、经验和工作习惯。因此,一个单位的软件开发人员如能接受 PSP 培训,对该单位软件能力成熟度的升级是一个有力的保证。CMM 侧重于软件企业中有关软件过程的宏观管理,面向软件开发单位,PSP 则侧重于企业中有关软件过程的微观优化,面向软件开发人员。二者互相支持,互相补充,缺一不可。

按照 PSP 规程改进软件过程的步骤,首先需要明确质量目标,也就是软件将要在功能和性能上满足的要求和用户潜在的需求。接着就是度量产品质量,有了目标还不行,目标只是一个原则性的东西,还不便于实际操作和判断,因此必须对目标进行分解、度量,使软件质量能够"测量"。然后是理解当前过程,查找问题,并对过程进行调整。最后应用调整后的过程度量实践结果,将结果与目标做比较,找出差距,分析原因,对软件过程进行持续改进。

像 CMM 为软件企业的能力提供一个阶梯式的进化框架一样,PSP 为个体的能力也提供了一个阶梯式的进化框架,以循序渐进的方法介绍过程的概念,每一级别都包含了更低一级别中的所有元素,并增加了新的元素。这个进化框架赋予软件人员度量和分析工具,使其清楚地认识到自己的表现和潜力,从而可以提高自己的技能和水平。

2. 团队软件过程

实践证明仅有 PSP 还不够,因此 CMM/SEI 又在此基础上发展出了 TSP 方法。

TSP 指导项目组中的成员如何有效地规划和管理所面临的项目开发任务,并且告诉管理人员如何指导软件开发队伍。TSP 实施集体管理与自己管理自己相结合的原则,最终目的在于指导开发人员如何在最短的时间内以预计的费用生产出高质量的软件产品。所采用的方法是对群组开发过程定义、度量和改进。实施 TSP 的先决条件有以下 3 条。

(1) 需要有高层主管和各级经理的支持,以取得必要的资源;

(2) 项目组开发人员需要经过 PSP 的培训并有按 TSP 工作的愿望和热情;

(3) 整个开发单位在总体上应处于 CMM 2 级以上,开发小组的规模以 3~20 人为宜。

在实施 TSP 的过程中首先要有明确的目标,开发人员要努力完成已经接受的委托任务,在每一个阶段要做好工作计划。如果发现未能按期、按质完成的计划,应立即分析原因,以判定问题是由于工作内容不合适或工作计划不实际所引起,还是资源不足或主观努力不够所引起。开发小组一方面应随时追踪项目进展状态并进行定期汇报,另一方面应经常评审自己是否按 PSP 的原理工作。开发小组成员应按自己管理自己的原则管理软件过程,如发现过程不合适应及时改进,以保证用高质量的过程来产生高质量的软件。

总而言之,单纯实施 CMM 不能做到真正的能力成熟度的升级,只有将实施 CMM 与实施 PSP 和 TSP 有机结合起来才能发挥最大的效力。

5.3.4 CMMI

软件能力成熟度集成模型(Capacity Maturity Model Integrated,CMMI)是 CMM 模型的最新版本。

早期的能力成熟度模型是一种单一的模型,其英文缩写为 CMM,它较多地用于软件工程。随着应用的推广与模型本身的发展,该方法演绎成为一种被广泛应用的综合性模型,因此改名为 CMMI 模型,如图 5-7 所示。

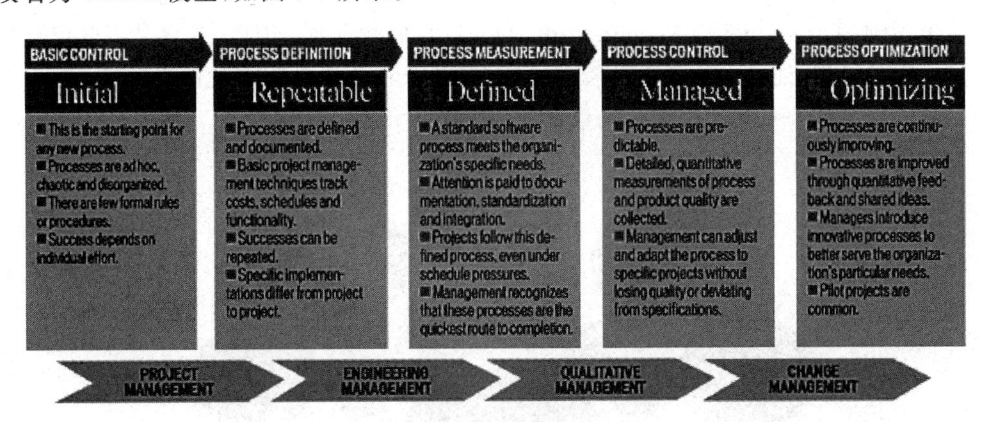

图 5-7 CMMI 模型

自从 1994 年 SEI 正式发布软件 CMM 以来,相继又开发出了系统工程、软件采购、人力资源管理以及集成产品和过程开发方面的多个能力成熟度模型。虽然这些模型在许多组织都得到了良好的应用,但对于一些大型软件企业来说可能会出现需要同时采用多种模型来改进自己多方面过程能力的情况,这时就会发现存在一些问题,主要问题体现在以下方面:

(1) 不能集中其不同过程改进的能力,以取得更大的成绩;

(2) 要进行一些重复的培训、评估和改进活动,因而增加了许多成本;

(3) 遇到不同模型中有一些对相同事物说法不一致或活动不协调,甚至相抵触。

于是,希望整合不同 CMM 模型的需求产生了。1997 年,美国联邦航空管理局(Federal Aviation Administration,FAA)开发了 FAA-iCMMSM(联邦航空管理局的集成 CMM),该模型集成了适用于系统工程的 SE-CMM、软件获取的 SA-CMM 和软件的 SW-CMM 几个模型中的所有原则、概念和实践。该模型被认为是第一个集成化的模型。

CMMI 与 CMM 最大的不同点在于 CMMISM-SE/SW/IPPD/SS 1.1 版本有 4 个集成成分,即系统工程(SE)和软件工程(SW)是基本的科目,对于有些组织还可以应用集成产品和过程开发方面(IPPD)的内容,如果涉及供应商外包管理可以相应地应用 SS(Supplier Sourcing)部分。

CMMI 有两种表示方法,一种是大家很熟悉的,和软件 CMM 一样的阶段式表现方法,另一种是连续式的表现方法。这两种表现方法的区别是阶段式表现方法仍然把 CMMI 中的若干个过程区域分成了5个成熟度级别；而连续式表现方法，则通过将CMMI中过程区域分为4大类——过程管理、项目管理、工程以及支持。对于每个大类中的过程域又进一步分为基本的和高级的。这样，在按照连续式表示方法实施CMMI的时候一个组织可以把项目管理或者其他某类的实践一直做到最好，而其他方面的过程域可以完全不必考虑。

5.3.5 CMM中的质量框架

CMM不仅对于指导过程改进是一项很好的工具，而且把全面质量管理概念应用到软件上，实现从需求管理到项目计划、项目控制、软件获取、质量保证、配置管理的软件过程的全部质量管理。

CMM的思想是一切从顾客需求出发，从整个组织层面上实施过程质量管理，正符合了全面质量管理(Total Quality Management，TQM)的基本原则。因此，其意义不仅仅是对软件开发过程的过程，还是一种高效的管理方法，有助于企业最大程度地降低成本，提高质量和用户满意度。图5-8所示为全面质量管理TQM。

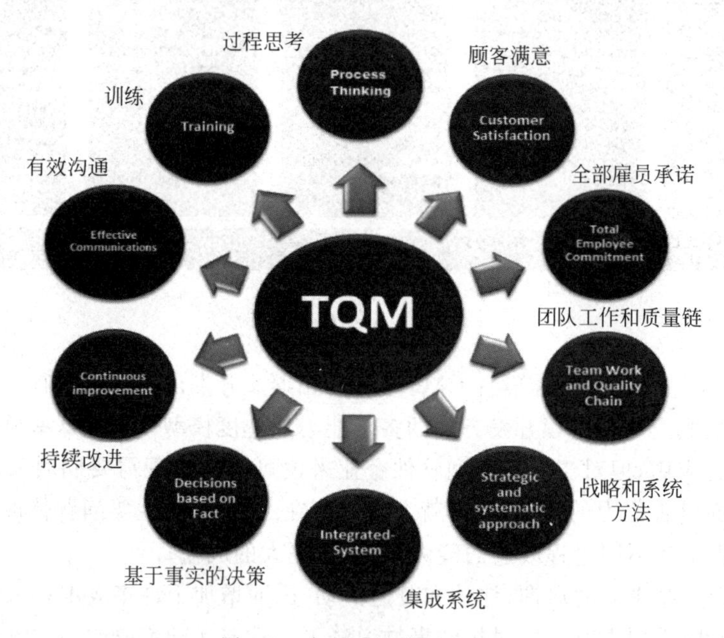

图5-8 全面质量管理TQM

软件质量保证(Software Quality Assurance，SQA)是CMM可重复级中的6个关键过程域之一，在CMMI中该关键过程升级为管理级中的过程与产品质量保证过程(Process and Product Quality Assurance，PPQA)。正如在CMMI SW中描述的那样，软件质量保证的目的是提供成员与管理阶层客观洞察流程与相关工作产品。

软件质量保证包括评审和审计软件产品和活动，以验证是否符合适用的规程和标准，还包括向软件项目和其他有关的管理者提供评审和审计的结果。

CMM/CMMI为满足这个关键过程域的要求需要达到下面4个目标。

- 目标1：软件质量保证活动，它是有计划的。
- 目标2：软件产品和活动与适用的标准、规程、需求的符合性，要得到客观验证。

- 目标 3：相关的小组和个人，要被告知软件质量保证的活动、结果。
- 目标 4：高级管理者处理在软件项目内部不能解决的不符合问题。

为实现 CMM/CMMI 的质量保证目标，SQA 过程将审计软件项目的开发是否遵循了为满足 CMM/CMMI 软件质量保证关键过程域的要求而定义的一系列软件开发活动应遵循的标准、规程。

为确定软件项目应遵循哪些开发标准和规程，在项目启动时应制定 SQA 计划，根据软件项目的特定类型和所属的生命周期来确定在项目中做哪些方面的审计(audit)，并选择该软件项目应使用审计项列表(checklist)的内容。根据软件项目自身的要求，审计的内容可以进行裁剪。

在对软件项目的审计中应参照审计列表中的审计项逐一对项目进行审计。审计完成后，SQA 过程要追踪那些与审计项不一致的项(No Compliance，NC)。在理论上，只有当软件项目开发过程中已不存在不一致项时 SQA 过程才算完成，项目才被证明是符合过程的，才可以继续进入下一阶段。

针对 CMM/CMMI 质量保证中的 4 个目标，并结合以上分析，质量保证实现的具体实施方法如下：

1. 定义项目类型和生命周期

软件项目根据其开发规模、技术路线被分为不同类型。不同类型的软件项目都遵循着一定的生命周期。一个软件项目必须确定其类型和生命周期才能唯一地确定应该遵循的开发过程。管理员为软件项目定义其类型和所属的生命周期(Life Cycle)，并定制该项目类型应包括的阶段(phase)。

软件项目所遵循的开发过程通常由不同的开发阶段构成。比如项目 A 以瀑布为生命周期，该生命周期可能包括需求(requirement)、高层设计(High Level Design，HLD)、低层设计(Low Level Design，LLD)、编码及单元测试(Coding Unit Test，CUT)和集成测试(Integration Test，IT)等阶段。同时，假设项目 A 的类型又属于微型项目(Tiny Type)，因此，项目 A 除应遵循其生命周期中的阶段外，还可以根据微型项目的特点对阶段进行裁剪，比如可以去掉高层设计，也可以增加其他微型项目独有的阶段。

通过在项目类型和生命周期中增加、删除、修改，可以在阶段层面实现针对不同项目定制不同审计过程的目的。

2. 建立 SQA 计划，确定项目审计内容

项目 SQA 通过建立软件质量保证计划(SQA Plan)来定制软件项目的审计内容。SQA Plan 从管理员所定义的项目类型和生命周期中选定适应本软件项目的内容。根据项目类型和生命周期确定的每个阶段中包括了若干条与过程相关的审计项，为 SQA 过程提供了具体的审计内容。

SQA 人员可以通过检查项目是否遵循了审计列表中所列的审计项来了解项目的过程是否符合 CMM/CMMI 成熟能力度要求，并做出及时修正。

通过对阶段中的每个审计项增加、删除、修改，即可在审计项层面上实现针对不同生命周期的项目定制不同审计过程的目的。

3. 生成 SQA 报告

为了规范软件开发过程以得到高质量的软件产品,项目 SQA 应在每月或某一阶段完成时对项目进行审计,使项目严格遵循该项目生命周期和该项目类型的标准开发过程。审计的具体形式通过 SQA 月报和 SQA 阶段性报告来体现。

项目 SQA 应在 SQA 报告中反映出项目进行中哪些部分是严格遵循了既定开发过程,哪些没有。对于没有严格遵循过程的部分,即不一致项,应分析其原因,以确定是该过程不适用于本项目还是实施失败。通过记录不一致项的产生原因为最终的纠正措施提供参考。

SQA 报告直观反映了项目遵循的过程及评审的具体情况。SQA 报告由项目的 SQA 创建,以 SQA 计划为基础,由一系列针对项目开发过程的审计问题构成。通过检查 SQA 报告,相关的管理人员能实时地监控项目的进展状况,并且能很容易地知道软件项目的开发是否遵循了过程和导致产生不符合标准过程不一致项的原因并给出建议。

4. 审计 SQA 报告

为了将软件质量保证的活动和结果告知相关的人员,SQA 报告完成后应及时发送到相关人员手中,经过分析后,相关的反馈意见也应及时被送回。

只有当项目开发过程中已不存在不一致项时审计过程才算完成,项目才被证明是符合过程,才可以继续进入下一阶段。

5. 独立汇报

SQA 小组或个人应有一个向高级管理者报告的渠道,它独立于项目经理、项目的软件工程组及其他软件相关小组。

以上 5 个 SQA 过程的具体实现方法满足了 CMM/CMMI 质量保证过程的 4 个主要目标的要求。这 5 个实现方法所产生的与项目软件质量保证活动相关的数据都应存入过程资产库。这一过程资产库作为与组织软件质量保证工作相关的所有历史数据源。有了历史数据,组织就可以开始考虑对质量进行测量,并向 CMM/CMMI 的更高级别迈进。

5.4 IEEE 软件工程标准

IEEE 系统软件工程标准是由软件工程技术委员会(Technical Committee on Software Engineering,TCSE)的软件工程标准工作小组(Software Engineering Standards Subcommittee, SESS)创建的。

软件工程标准围绕在顾客标准、资源与技术标准、流程标准、产品标准 4 个对象上,每一种标准又分为需求分析、建议惯例、指南。

(1) 顾客标准:

- 软件获得(software acquisition);
- 软件安全(software safety);
- 软件需求(software requirements);
- 软件开发流程(software development processes)。

(2) 流程标准：

- 软件质量保证(software quality assurance)；
- 软件配置管理(software configuration management)；
- 软件单元测试(software unit testing)；
- 软件验证与确认(software verification and validation)；
- 软件维护(software maintenance)；
- 软件项目管理(software project management)；
- 软件生命周期流程(software life cycle processes)。

(3) 产品标准：

- 可靠性度量(reliability measures)；
- 软件质量度量(software quality metrics)；
- 软件用户文档(software user documentation)。

(4) 资源与技术标准：

- 软件测试文件(software test documentation)；
- 软件需求规格(software requirements specifications)；
- 软件设计描述(software design descriptions)；
- 再用链接库的运作概念(concept of operations for interoperating reuse libraries)；
- 辅助工具的评估与选择(evaluation and selection of CASE tools)。

5.4.1 IEEE 730:2001 结构与内容

软件质量保证计划(Software Quality Assurance Plan,SQAP)-IEEE Std 730-2001 共分 17 个部分,内容结构如下。

(1) 目的。

(2) 参考文档。

(3) 管理。

- 组织；
- 任务；
- 角色和职责；
- 质量保证估计资源。

(4) 文档。

① 目的。

② 最新文档需求。

- 软件需求描述(SRD)；
- 软件设计描述(SDD)；
- 测试或验证和确认计划；
- 软件验证结果报告(SVRR)和测试或确认结果报告(TVRR)；
- 用户文档；
- 软件配置管理计划(SCMP)。

③ 其他文档。

(5) 标准、实践、约定和度量。

- 目的;
- 内容。

(6) 软件评审。

① 目的。

② 最小需求。

- 软件规格说明评审(SSR);
- 架构设计评审(ADR);
- 详细设计评审(DDR);
- 软件验证和确认计划评审(SVVPR);
- 功能审计;
- 物理审计;
- 过程内审计;
- 管理审计;
- 软件配置管理计划评审(SCMPR);
- 实现后评审。

③ 其他评审。

(7) 测试。

(8) 问题报告和改正活动。

(9) 工具、技术和方法学。

(10) 软件代码控制。

(11) 媒体控制。

(12) 供应商控制。

(13) 记录收集、维护和保持。

(14) 培训。

(15) 风险管理。

(16) 词汇表。

(17) SQAP 变更规程和历史。

5.4.2 IEEE/EIA Std 12207 软件生命周期过程

1995 年,国际标准化组织公布了《ISO/IEC 12207 信息技术——软件生命周期过程》。该标准全面、系统地阐述了软件开发的过程、活动和任务,定义了 17 个过程,分别属于主要过程、支持过程和组织过程,如图 5-9 所示。

下面对该标准提出的各个过程加以简要介绍。

1. 主要过程(Primary Process)

主要过程包括 5 个过程,这些过程供各主要当事方(如需方、供方、开发者、运行者和维护者)在参与或完成软件产品开发、运行或维护时使用,它们如下。

- 获取过程:需方获取系统、软件产品或软件服务的活动。

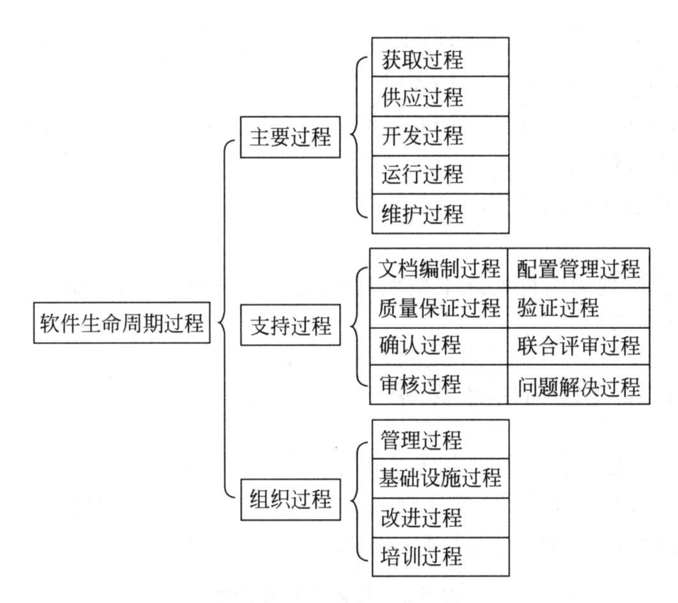

图 5-9 软件生命周期过程示意图

- 供应过程：供方向需方提供系统、软件产品或软件服务的活动。
- 开发过程：开发者定义并开发软件产品的活动。
- 运行过程：运行者在规定的环境中为其用户提供计算机系统服务的活动。

2. 支持过程(Supporting Process)

支持过程包括 8 个过程，其每个过程均有明确的目的支持其他过程，帮助软件项目获得成功及良好的产品质量。

- 文档编制过程：记录生命周期过程中产生信息所需的活动。
- 配置管理过程：实施配置管理活动。
- 质量保证过程：为确保软件产品和软件过程符合规定的需求并能坚持既定计划所需的活动，联合评审、审核、验证、确认可作为质量保证技术使用。
- 验证过程：为验证最终产品满足预期使用要求的活动。
- 确认过程：为确保最终产品满足预期使用要求的活动。
- 联合评审过程：评审方与被评审方共同对某一活动的状态和产品进行评审的活动。
- 审核过程：审核项目是否按要求、计划、合同完成的活动。
- 问题解决过程：分析和解决在开发、运行、维护或其他过程中出现的问题(不论性质和来源如何)的活动。

5.4.3 IEEE Std 1012 验证与确认

验证是通过评价某一系统或某一组件的过程来判断给定阶段的产品是否满足该阶段开始时施加的条件，即说明验证活动在一定程度上是一种普通的测试活动，要求验证每个开发阶段是否符合先前阶段定义的需求。

经过合理组织的项目应该包含验证和确认计划(Verification and Validation Plan,

VVP)。在 IEEE 1012-1987——《IEEE 软件验证和确认标准》(*IEEE Standard for Software Verification and Validation*)和 IEEE 1059-1993——《IEEE 软件验证和确认指南》(*IEEE Software Guide for Verification and Validation Plan*)中,IEEE 为建立一个 VVP 提供了优秀的指导。

确认是开发过程中间或结束时对某一系统或某一组件进行评价的过程,以确认它是否满足规定的需求。

需要确认已经实现的组件实际上按照规格说明书进行的工作,通常用测试来完成这项任务,确认计划是必需的。

5.4.4 IEEE Std 1028 评审

IEEE Std 1028 对评审做了较为详尽的标准化工作。评审是对软件元素或者项目状态的一种评估手段,以确认其是否与计划的结构保持一致,并使其得到改进。评审(Peer Review)包括管理评审、技术评审、审查、走查、审计,如表 5-2 所示。

表 5-2 各类评审的描述

类别	目的	参与人	备注
管理评审	监控进展是否与需求相符,判定计划和进度表的状态及需求;在系统中分配或评价为达到目的相符所采用的管理途径的有效性;它们由对本系统负有直接责任的管理人员施行	决策制定者、评审领导人、记录员、管理人员、其他小组成员(可选)、技术人员、客户或用户代表(可选)	
技术评审	评价软件产品,由认定的小组人员决定对预期使用的适宜性,并标识规格说明和标准的偏差	决策制定者、评审领导人、记录员、管理人员、其他小组成员(可选)、技术人员、客户或用户代表(可选)	
审查	查出并标识软件产品的反常,验证软件产品是否满足规格说明,是否满足指定的指令属性,是否与用到的规章、标准、指南、计划和规程相符,标识与标准和规格说明的偏差,收集软件工程数据,用收集到的软件工程数据改善审查过程本身以及相应的支持文档	审查领导人、记录员、读者、作者、审查员	评审的所有参与者都是审查员,管理地位比审查小组的所有成员都高的人不应参与
走查	找出反常、改善产品、考虑替换物的实现、评价与标准和规格说明的相符性	走查领导人、记录员、作者、小组成员	
审计	就用到的规章、标准、指南、计划和规程对软件产品和过程独立地提供评价	审查领导人、记录员、作者、项目发起人、审计组织	审计员应将观察到的不相符处和相符处记入档案

5.5 其他质量标准

5.5.1 ISO/IEC 15504-2:2003 软件过程评估标准

在软件方面主要使用 ISO 9000 系列标准。ISO 9000 是一个非常完整的标准,并且定义了供应商设计和交付一个有质量产品的能力所需要的所有元素。ISO 9002 涵盖了对供应商控制设计和开发活动所认为的重要的质量标准；ISO 9003 用于证明供应商在检测和测试期间检测和控制产品不一致性的能力；ISO 9004 描述和 ISO 9001、ISO 9002 和 ISO 9003 相关的质量标准，并提供了一个完整的质量查检表。

ISO/IEC 联合信息技术委员会（ISO/IEC Joint Technical Committee For Information Technology）是国际标准化组织（ISO）和国际电工委员会（IEC）联合组建的第一个标准化技术委员会，其编号为 JTC1，在 ISO 和 IEC 共同领导下承担信息技术领域国际标准制定工作，其重要性和影响力非同一般。

国际标准化组织和国际电工委员会这两大国际顶尖的标准化机构长期以来形成了既有明确的业务分工，同时又相互协作的良性互动关系。具体地说，IEC 负责电工技术领域的国际标准制定工作，其他领域则由 ISO 负责。

1. ISO/IEC 15504-2：2003

ISO/IEC 15504-2：2003 定义实施过程评估要求，作为使用过程改进和能力测定的基础。过程评估建立在二维模型之上，包括过程维、能力维。

过程维由外部的过程参考模型（PRM）提供，PRM 用来定义一个过程集合，过程由陈述过程的目的和结果来表征。

能力维由测量框架组成，包括 6 个过程能力级别和与其相连的过程属性，评估输出称为过程剖面，由每个过程评估获得的分数的集合构成，同时也包括该过程达到的能力等级。

ISO/IEC 15504-2：2003 确定过程能力测量框架和确定事件的要求如下：

- 实施评估；
- 过程参考模型；
- 过程评估模型；
- 验证过程评估一致性。

ISO/IEC 15504-2：2003 确定的过程评估要求构成一套完整的结构，特点是容易进行自评估；提供了用于过程改进和能力测定的基础；考虑了评估的过程在执行中的前后关系；评定过程的分数；关注过程达到其目的的能力；在组织的所有领域的可应用性；为各组织之间提供客观基准。

ISO/IEC 15504-2：2003 中规定了要求的最小集合，使其能够保证评估结果的客观、公正、一致和可重复，保证被评估过程具有代表性。当过程评估的范围相似时，评估结果可以相互比较。关于这方面的问题，ISO/IEC 15504-4 将提供指南。

2. ISO/IEC 15504-2：2004

ISO/IEC 15504 为过程评估提供框架，可用于组织计划、管理、监督、控制，以及改进采办、供应、开发运行、产品和服务的演变与支持。ISO/IEC 15504-3 提供指南以满足 ISO/IEC 15504-2 规定的、执行评估要求的最小集合，提供过程评估的总的看法，提供下列指南，解释这些要求。

- 执行评估；
- 过程能力测量框架；

- 过程参考模型和过程评估模型；
- 选择和应用评估工具；
- 评审员资格；
- 验证一致性。

3. ISO/IEC 15504-4:2004

ISO/IEC 15504-4 为在过程改进和过程能力测定中怎样利用过程评估提供指南。在一个过程改进(PI)环境中，过程评估利用选择的过程和能力提供了表示一个组织单元的方法。分析过程评估的结果对照一个组织单元的业务目标可以识别这些过程的效力、弱点、风险，这个结果反过来有助于确定这些过程对实现企业目标是否有效并提供改进动力。

对于承担的特定项目在指定的组织单元内选择的过程，过程能力测定(PCD)关注这些过程评估的结果，以识别其效力、弱点、危险。过程能力测定为选择供应商提供基本的输入，在这种情况下经常用术语——供应商能力测定来表示。

ISO/IEC 15504-4:2004 描述了 PI 和 PCD，描述了如何配置 PI 和 PCD。ISO/IEC 15504-4:2004 为下列事项提供指南：

- 利用过程评估；
- 选择过程参考模型；
- 设定目标能力；
- 定义评估输入；
- 从评估输出推断过程相关的危险；
- 过程改进的步骤；
- 过程能力测定的步骤；
- 评估输出分析的可比性。

5.5.2 Tick IT

在 20 世纪 80 年代末期，软件开发过程的特殊性使软件企业在应用 ISO 9001 标准时陷入了困境，于是在这个特殊的行业需要在通用认证过程的基础上补充附加的要求，导致了 Tick IT 认证项目的产生，如图 5-10 所示。

图 5-10 Tick IT 认证

Tick IT 项目帮助软件企业建立与其业务过程相关的质量体系，并使该体系满足 ISO 9001 的要求。Tick IT 程序要求企业的第三方质量管理体系认证应由经认可的认证机构实施，而认证审核活动应通过使用那些在软件行业及其过程方面有直接经验的审核员完成。

Tick IT 项目由 Tick IT 办公室进行管理，是英国标准学会(Britain Standard Institute，BSI)专门负责所有信息系统和通信标准化工作的部门。

IRCA Tick IT 审核员项目通过向第三方认证提供 Tick IT 审核员及审核员培训课程来支持 Tick IT 认证项目的实施。审核员 IT 能力要求基本指南由英国计算机协会的 Tick

IT 委员会制定。

5.6 小结

本章从通用标准的概念、层次等方面展开，侧重于对软件质量标准的介绍，并从整体上了解软件行业标准体系结构和内容。

CMM 为软件过程改进提供了一个框架，将整个软件改进过程分为 5 个成熟度等级，这 5 个等级定义了一个有序的尺度，用来衡量组织软件过程成熟度和评价其软件过程能力。在每一级中定义了达到该级过程管理水平所应解决的主要问题和关键域。

CMM 成功与否与组织内部有关人员的积极参与和创造性活动密不可分，而且 CMM 并未提供有关子过程实现域所需要的具体知识和技能，因此个体软件过程和团体软件过程应运而生。

思考题

1. 简述标准的层次。
2. 简述 CMM 与 CMMI 的关系。
3. 根据本章的学习谈谈软件质量标准之间的关系及其优缺点。

第6章 软件评审

不管你有没有发现它们，缺陷总存在，问题只是你最终发现它们时需要多少纠正成本。评审的投入把质量成本从昂贵的后期返工转变为早期的缺陷发现。

——卡尔 E. 威格斯(Karl E. Wiegers)

在软件开发过程中有两个途径可以保证软件产品的质量和减少返工所带来的附加成本，一个是阻止缺陷的产生，另一个是当缺陷不可避免地引入产品后应尽可能早地发现。从成本上来说，预防缺陷发生是一种最有效的方法，但是在开发过程中是不可能不引入缺陷的。因此，缺陷检查技术(例如评审、检查等)或许比缺陷预防技术用得更为广泛。

评审是一些用于开发过程早期检查和纠正缺陷的有效方法，可以用来检查未形成执行代码的文档的缺陷。用评审发现缺陷的成本与用测试相比是相当低的，但是作为缺陷检测技术，评审也不能完全代替代码的运行测试。评审与测试是以不同效益和效率发现不同类型缺陷的不同技术，相辅相成。

通过评审可以为测试提供更有把握的编码，因而可以减少测试工作量。统计资料显示，可能节省的测试工作量可达50%或许更多。同时，通过对测试规范评审可以改善测试过程本身的效率，这是收益很大的事。在软件开发期间，评审可以改善生产率、减少差错，以便在开发结束时可得到更高质量的软件产品，这已是众所周知的事实。由此看出，评审确实是一种经济有效的静态测试形式，在软件生命周期的所有阶段都应当使用。

本章正文共分5节，6.1节介绍为什么需要软件评审，6.2节介绍软件评审的角色和职能，6.3节介绍评审的内容，6.4节介绍评审的方法和技术，6.5节介绍评审会议流程。

6.1 为什么需要软件评审

软件开发实践表明大部分缺陷从软件开发的最早阶段起就存在于软件之中，所有程序差错的一半以上是由于不正确的设计规范引起的。

这就是说，从技术规范起草的时候起差错就存在。差错不可避免存在，问题是如何尽早地发现，因为在开发中问题发现得越迟排除问题的成本越高。在开发期间，这些成本是随缺陷因未发现而保留的时间长度的增加成指数增加的。经验表明，在制定技术规范期间产生的问题如果在集成测试或在产品使用时被发现，与在设计或编码期间被发现相比，返工的成本前者要比后者高10～100倍。

从传统的观点来看，对执行代码进行测试被认为是发现缺陷的主要过程。但对于纠正那些早就存在的缺陷来说太迟了。最希望的是，缺陷刚引入很快就能被发现并得到纠正，这是最经济的。在执行代码形成之前能做到这一点只有通过评审、检查。

总体来说，在开发过程中评审可以让我们获得以下收益：

(1) 提高项目的生产率，这是由于早期发现了错误，因而减少了返工时间，还可能减少测试时间。

(2) 改善软件的质量。

(3) 在评审过程中使开发团队的其他成员更熟悉产品和开发过程。

(4) 通过评审标志软件开发的一个阶段的完成。

(5) 生产出更容易维护的软件。

对于被评审的软件，评审者必须非常熟悉；同时，在评审过程中一定会产生并利用很多证明文档，于是评审迫使开发者产生出许多有用的文档，而这些文档如果不是因为评审，则在整个项目期间可能都不会产生。此外，评审过程也将增加对所开发软件的理解。

为了使评审和检查获得最大的收益，必须要有明确的评审和检查目标及系统的评审方法。除了不同开发阶段的具体目标之外，从质量保障管理方面来说，评审的目标如下：

(1) 通过评审保证项目按计划进行，确定必须要做什么，不能做什么。

(2) 通过评审确定软件开发过程的活动计划是否需要改变，如何改变。

(3) 通过评审为项目确定一个适当的资源水平。

除了不同开发阶段的具体目标之外，从技术方面看，评审的目标是评价具体的软件单元或部件，以便为管理决策提供下列根据：

(1) 软件单元或部件与技术指标规范的一致性。

(2) 对性能来说已经完成的开发与标准的一致性。

(3) 软件所做的变更的适当性，以及它可能带来的不可预测的影响。

6.2 软件评审的角色和职能

评审是项目管理者为确定当前的阶段性产品能否发布、能否进行阶段转移而组织的正式的检查。在正式评审中，参加者必须具体地担当各自的角色，完成具体的职能。在某些情况下，一个人担当一个以上的角色也是可以的。在大多数评审中应该明确认定以下角色。

1. 评审组长(Moderator)

评审组长同时肩负评审会主持人的角色，在整个评审会议中起着缓和剂的作用，主要任务如下：

(1) 和作者共同商讨，决定具体的评审人员。

(2) 安排正式的评审会议。

(3) 与所有评审人员举行准备会议，确保所有的评审员都明确他们的角色、责任。

(4) 确保会议的输入文件都符合要求。

(5) 如果作者或者评审员没有为即将召开的评审会议做好充分的准备，则需要重新安排会议并通知大家。

(6) 确保大家的关注点都是评审内容的缺陷。

(7) 确保所有提出的缺陷都被记录下来。
(8) 跟踪问题的解决情况。
(9) 和项目组长沟通评审的结果。

2. 宣读员(Reader)

除了代码评审可以选择作者作为宣读员外,其他评审选择直接参与后续开发阶段的人员作为宣读员。宣读员的主要任务是在评审会上通过朗读和分段来引导评审小组遍历被审材料。

3. 记录员(Recorder)

记录员的主要任务是将评审会上发现的软件问题记录在"技术评审问题记录表"中。

4. 作者(Author)

作者可以是部门经理或者文档撰写人等,作者的主要职责是确保即将评审的文件已经准备好,与项目组长、协调人一起定义评审小组的成员。

5. 评审员(Reviewer)

评审员必须具备良好的个人能力。通常,在评审员的选择上应该包含上一级文档的作者代表和下一级文档的指定作者。例如,需求说明文档的作者可以是总体设计文档的评审员,并检查该设计文档是否正确地理解了需求说明,而详细设计的指定作者也同时是总体设计文档的评审员,并能对该总体设计的可行性进行分析。通常,评审员从下列人员中选取。

- 设计人员:负责被评审软件系统的分析和设计的系统分析员。
- 编码人员或实现人员:彻底熟悉编码任务的专业人员,最好是任命的编码组长,评审员必须将专长贡献给检测那些可能导致编码错误和随之而来的软件实现困难的缺陷。
- 测试人员:有经验的专业人员,最好是任命的测试组长,专注于识别在测试阶段常常检测出的设计错误。
- 标准推行员:专长是开发标准和规程被分配的任务,指出那些偏离标准和规程的地方,这类错误对小组的长期有效性有重大影响,首先因为这类错误对新成员加入项目组造成额外困难,二是因为将降低系统维护组的有效性。
- 维护专家:关注重点是可维护性、灵活性、可测试性,并检测那些能妨碍 Bug 的改正或进行未来更改的设计缺陷。另一个需要专长的方面是文档编制,其完备性、正确性对于任何维护活动都是至关重要的。
- 用户代表:内部用户或外部用户代表对于评审过程有着非常重要的作用,因为他们是以用户的观点而不是设计者的观点来考察软件系统的。在没有"真正"用户可用时,组员可以担当这个角色,通过比较原始需求与实际的设计来关注有效性问题。

总体来说,评审员的主要职责如下:
(1) 熟悉评审内容,为评审做好准备。
(2) 在评审会议上应该关注问题,而不是针对个人。

(3) 主要的问题和次要的问题被分别讨论。

(4) 在会议前或会议后就存在的问题提出建设性的意见、建议。

(5) 明确自己的角色和责任。

(6) 做好接受错误的准备。

评审人员的数量一般保持在3～6个人,不要误以为评审小组的评审员越多就越有效,因为并不是人越多越能发现问题。通常,代码审查只需要两个评审员,而需求规格说明审查则需要较多的评审员。人数太多,往往很难集中所有人的精力,也会在控制会议流程上浪费太多的时间,影响评审的质量。研究表明,同时安排几个小型的评审会比安排一个大型的评审会更加有效。

6.3 评审的内容

在整个质量保证活动过程中涉及很多评审内容,主要包括管理评审、技术评审、文档评审、过程评审,等等。

6.3.1 管理评审

组织之所以需要管理,是为了能更好地进步和发展。为了达到目的,通常需要对原来的发展状况进行回顾,分析、总结出存在的问题和改进的措施,这也就是为什么进行管理评审的原因。

管理评审是最高管理者为评价管理体系的适宜性、充分性、有效性所进行的活动。管理评审的主要内容是组织的最高管理者就管理体系的现状、适宜性、充分性、有效性以及方针和目标的贯彻落实与实现情况进行正式的评价。其目的是通过这种评价活动来总结管理体系的业绩,并从业绩上考虑找出与预期目标的差距,同时还应考虑任何可能改进的机会,在研究分析的基础上对组织在市场中所处的地位及竞争对手的业绩予以评价,从而找出自身的改进方向。

1. 目的

管理评审是ISO 9001标准对组织最高管理者提出的重要活动之一。在ISO 9001标准中明确规定"负有执行职责的供方管理者应按照规定的时间间隔对质量体系进行评审,确保持续的适宜性、有效性,以满足本标准要求和供方规定的质量方针与目标"。管理评审通常由最高管理者策划和组织,评审会一般需要一年组织1～2次,在特殊情况下可以适当增加会议次数。

- 适宜性：管理体系实施后是否符合组织的实际情况、是否具备适宜于内外环境变化的能力,如市场变化、顾客变化、法律法规更新、设备更新、人事变动、产业结构调整,等等。
- 有效性：管理体系是否满足市场、顾客、相关方、员工、社会当前和潜在的需求与期望,评价管理体系各个过程展开的充分性、资源利用的有效性、众多相互关联过程的顺序是否明晰、职责是否全面有效落实、过程的输入/输出和转化活动是否得到有效控制。

- 充分性:管理体系运行后,目标的达成程度包括方针、目标的实现等,可以从顾客、经营绩效、过程业绩、产品的符合性、审核结果、员工、社会和相关方的反馈等方面进行判定。

2. 输入

各部门负责人接到任务后开始准备评审会输入文件。输入文件是管理评审的重点,如果输入文件的质量不高(如信息缺乏、信息不准确等),管理评审会往往会流于形式,不能对质量体系存在的问题进行正确的分析、判断,也就更谈不上改进了。

管理评审的输入文件需要包含以下内容:

- 近期内审、外审的评审结果;
- 顾客信息反馈;
- 相关方关注的问题;
- 工作业绩与存在的问题;
- 纠正、预防措施的实施情况;
- 上次管理评审的有关决定和措施的执行情况;
- 可能影响管理体系变更的情况,如法律、法规的变化,组织机构或产品、活动的变化、外部环境的变化等;
- 管理方针、目标和指标的适宜性及其实现情况。

根据实际情况,有时还需要准备组织机构设置、资源配置状况信息等。在准备输入文件时不能简单地提供原始数据,还需要在此基础上进行分析和总结。例如涉及产品质量的部分就不能仅仅提供目前的质量状况,还可能需要与同行或以前的数据对比分析,提出相应的改进建议和措施。

3. 输出

管理评审的输出是最高管理者对组织的管理体系做出的战略性决定或决策,其结果通常为《管理评审报告》。该报告在一定时间内将成为组织开展各项管理活动的重要依据,这是一个组织在一段时间内围绕最高管理者战略性决策开展各项管理、经营活动的重要依据。

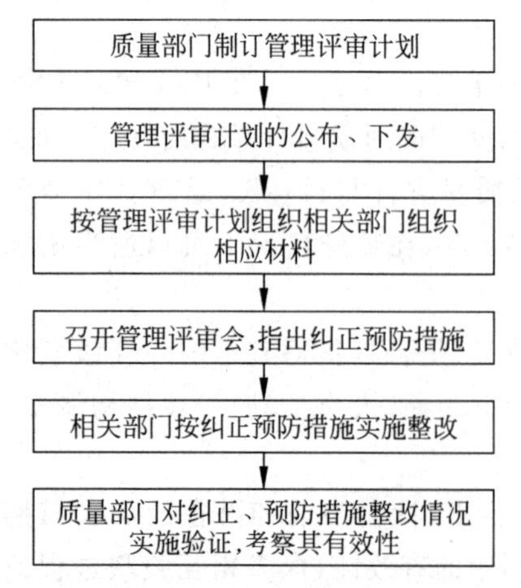

图 6-1 管理评审流程

《管理评审报告》需要包含以下内容:

- 管理评审的目的、时间、参加人员、评审内容;
- 管理体系及过程的适用性、充分性、有效性的综合评价与需要的改进;
- 管理方针、目标、指标适宜性的评价与需要的更改;
- 资源需求的决定、措施;
- 管理评审所确定的改进措施、责任部门、完成日期。

管理评审的流程如图 6-1 所示。

6.3.2 技术评审

技术评审(Technical Review)是一种同行审查技术,主要特点是由一组评审者按照规范的步骤对软件需求、设计、代码或其他技术文档进行仔细的检查,以找出和消除其中的缺陷。

技术评审的目的是确保需求说明、设计说明书与最初的说明书一致,并按照计划对软件进行了正确的开发。在技术评审后需要以书面形式对评审结果进行总结。技术评审分为正式、非正式两种,通常由技术负责人(技术骨干)制订详细的评审计划,包括评审时间、地点以及定义所需的输入文件。

1. 目的

作为一项软件质量保证活动需要,技术评审的目的如下:

- 发现软件在功能、逻辑、实现上的错误;
- 验证软件符合它的需求规格;
- 确认软件符合预先定义的开发规范和标准;
- 保证软件在统一的模式下进行开发;
- 便于项目管理。

在完成技术评审的过程中不仅需要关注上述的评审目标,还需要注意技术的共享和延续性。因为如果某些人对某几个模块特别熟悉,也可能形成思维的固化,这样既可能使问题被隐藏,也不利于知识的共享和发展。

2. 输入

技术评审的输入如下:

- 评审的目的,说明为什么要进行该评审,该评审的实施目的是什么;
- 评审的内容,包括需求文档、源代码、测试用例等;
- 评审检查单(检查项);
- 其他必需文档,如对设计文档进行评审,那么需求文档可以作为相关文档带入技术评审会。

在评审的过程中,评审小组会按照评审检查单对需要评审的内容进行逐项检查,确定每项的状态,检查项的状态可以被标记为合格、不合格、待定、不适用等。

3. 输出

评审结束后,评审小组需要列出存在的问题、建议措施、责任人等,并完成最终的评审报告。其中的技术评审报告需要提供以下内容:

- 会议的基本信息;
- 存在的问题和建议措施;
- 评审结论和意见;
- 问题跟踪表;
- 技术评审问答记录(通常作为附录出现在报告中)。

6.3.3 文档评审

1. 目的

在软件开发的每个阶段对该阶段形成的文档进行评审，尽早发现问题，并及时采取措施予以解决，确保文档的内容准确，为软件产品的质量提供保障。

2. 内容

在软件开发过程中需要进行评审的文档很多，主要包括以下内容。

- 需求评审：对《市场需求说明书》、《产品需求说明书》、《功能说明书》等进行评审；
- 设计评审：对《总体设计说明书》、《详细设计说明书》等进行评审；
- 代码评审：对代码进行审核；
- 质量验证评审：对《测试计划》、《测试用例》等进行评审。

在对以上各项进行评审时又往往分为格式评审、内容评审。所谓格式评审，是检查文档的格式是否满足标准，而内容评审则是从一致性、可测试性等方面进行检查。

下面是内容评审的检查列表。

1）正确性
- 所有的内容都是正确的吗？
- 检查在任意条件下的情况。

2）完整性
- 是否有漏掉的功能？
- 是否有漏掉的输入、输出或条件？
- 是否考虑了所有的可能性？
- 通过增强创造力的方法避免思维的局限性。

3）一致性
- 使用的术语是否唯一？不能用同一个术语表达不同的意思。
- 注意同义词、缩写词等的使用在全文中是否一致。
- 在术语表、缩略语表中需要对文档中使用的缩写词进行说明。

4）有效性
- 是否所有的功能都有明确的目的？
- 保证不会提供对用户毫无意义的功能。

5）易测性
- 将如何测试所有的功能？是否易于测试？
- 将如何测试所有的不可见功能(内部功能)？

6）模块化
- 系统和文档描述必须深入到模块，模块化指的是模块的独立性。
- 模块内部最大关联，模块之间最低耦合(高内聚低耦合)。
- 模块的大小不能超过一定的限制。
- 模块结构必须是分层的。

- 可适当参考同一模块的重复使用。

7）清晰性

- 文档中的所有内容都是属于易理解的。
- 每一项的说明都必须是唯一的。
- 每一项的说明都必须清晰、不含糊。

8）可行性

对于高层次的文档（如需求文档）而言需要对可执行性进行分析。

9）可靠性

- 系统崩溃时会出现什么问题？
- 出现异常情况时系统如何响应？
- 提出了什么诊断方法？
- 对于某些关键软件 SQA 还需要提供可靠性检查清单并召集专门的可靠性评审会。

10）可追溯性

- 文档中的每一项都需要清楚地说明来源。
- 有效地进行各种评审会可以尽早发现软件开发中的缺陷，提高生产率、生产质量，降低生产成本。

6.3.4 过程评审

过程评审是对软件开发过程的评审，主要任务是通过对流程的监控保证 SQA 组织定义的软件过程在项目中得到了遵循，同时保证质量保证方针能得到更快、更好的执行。过程评审的评审对象是质量保证流程，而不是针对产品质量或者其他形式的工作产出。

过程评审的作用如下：

(1) 评估主要的质量保证流程。

(2) 考虑如何处理和解决评审过程中发现的不符合问题。

(3) 总结和共享好的经验。

(4) 指出需要进一步完善和改进的部分。

进行过程评审需要成立一个专门的过程评审小组。评审小组要走访软件生产涉及的各个部门和人员，包括开发工程师、测试工程师，甚至兼职人员等。整个评审流程如图 6-2 所示。

在走访过程中评审小组需要关注以下内容：

- 质量保证流程在开发过程中是如何被遵循的。
- 还能采取什么措施来加强质量保证流程的效力。
- 目前的流程对项目的进展是否有帮助。

在整个走访活动结束之后评审小组需要提交一份《评审报告》，包括以下内容：

- 评审记录。
- 评审后对现有流程的说明和注释。
- 评审小组的建议。

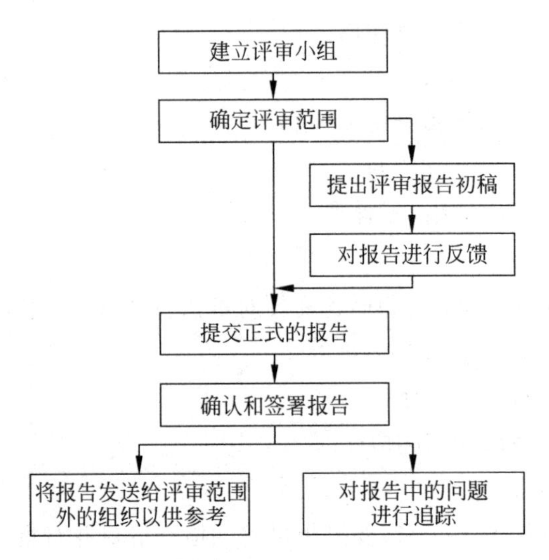

图 6-2 过程评审流程

6.4 评审的方法和技术

6.4.1 评审的方法

有很多评审的方法有正式的、非正式的。图 6-3 显示了从非正式到正式的各种评审方法。

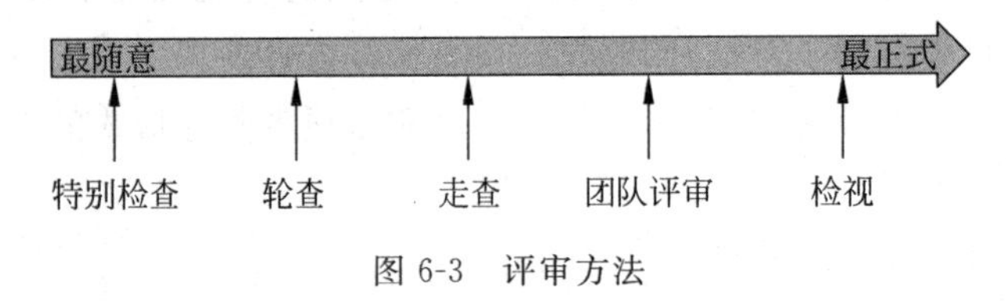

图 6-3 评审方法

1. 特别检查(Ad hoc Review)

特别检查是最不正式的一种评审方法,通常应用于平常的小组合作。

2. 轮查(Pass Around)

轮查又称为分配审查方法,作者向评审者做简要介绍,但不参加评审过程;评审者独立进行评审,并记录发现的结果,准备报告。

3. 走查(Walk through)

走查也属于一种非正式的评审方法,在软件企业中被广泛采用。

产品的作者将产品向一组同事介绍,并收集他们的意见。在走查中,作者占有主导地位,由作者描述产品的功能和结构以及完成任务的情况等。走查的目的是希望参与评审的其他同事可以发现产品中的错误,了解产品,并对模块的功能和实现达成一致意见。

然而,由于作者的主导性,也使得缺陷发现的效果并不理想。因为评审者事先对产品的了解不够，导致在走查过程中可能曲解作者提供的信息，并假设作者是正确的。评审员对于作者实现方法的合理性等很容易保持沉默，因为并不确信作者的方法存在问题。

4. 团队评审(Group Review)

团队评审是有计划的和结构化的，非常接近于最正式的评审技术。

评审的参与者在评审会议前几天就拿到了评审材料，并对该材料独立研究。同时，评审还定义了评审会议中的各种角色和相应的责任。然而，评审的过程还不够完善，特别是评审后期的问题跟踪和分析往往被简化、忽略。

5. 检视(Inspection)

检视和团队评审很相似，比团队评审更严格，是最系统化、最严密的评审方法。普通的检视过程包含了制订计划、准备和组织会议、跟踪和分析检视结果，等等。

检视具有非正式评审所不具有的重要地位，在IEEE中提到：

- 通过检视可以验证产品是否满足功能规格说明、质量特性、用户需求等；
- 通过检视可以验证产品是否符合相关标准、规则、计划、过程；
- 提供缺陷和检视工作的度量，以改进检视过程和组织的软件工程过程。

在软件企业中广泛采用的评审方法有检视、团队评审、走查。作为重要的评审技术，它们的异同点如表6-1所示。

表6-1 检视、团队评审和走查的异同点比较

角色/职责	检视	团队评审	走查
主持者	评审组长	评审组长或作者	作者
材料陈述者	评审者	评审组长	作者
记录员	是	是	可能
专门的评审角色	是	是	否
检查表	是	是	否
问题跟踪和分析	是	可能	否
产品评估	是	是	否
计划	有	有	是
准备	有	有	无
会议	有	有	有
修正	有	有	有
确认	有	有	无

通常，在软件开发的过程中各种评审方法都是交替使用的。在不同的开发阶段和不同场合要选择适宜的评审方法。例如，程序员在工作过程中会自发地进行特别检查，而同行检查用于需求阶段可以发挥不错的效果。要找到最适合评审方法的有效途径是在每次评审结束时对选择的评审方法的有效性进行分析，并最终形成适合组织的最优评审方法。

选择评审方法最有效的标准是对于最可能产生风险的工作成果采用最正式的评审方法。

对于需求分析报告，因为不准确、不完善会给软件的后期开发带来极大的风险，所以必须要采用最正式的评审方法，如检视或团队评审；又如，核心代码的失效会带来很严重的后

果,由此也应该采用检视或者团队评审;而一般的代码采用轮查或特别检查就可以了。

6.4.2 评审的技术

在实际评审中不仅要采用合适的评审方法,还需要选择合适的评审技术。

1. 缺陷检查表

缺陷检查表在评审中占有相对比较重要的地位,列出了容易出现的典型错误,是评审的一个重要组成部分。缺陷检查表有助于审查者在准备期间将精力集中在可能的错误来源上,还有助于避免这些问题,以开发更好的软件产品。检查表应该尽量短,因为太长的检查表会给评审人员造成困扰,使之不愿意检查每一条检查项。

2. 规则集

规则集是指用户定义规则的集合,功能类似于缺陷检查表,通常是业界通用的规范或者企业自定义的各种规则的集合。例如,各种编码规范都可以作为规则集在评审中使用。

3. 评审工具的使用

虽然人工评审可以完成评审过程中的全部内容,但是这将消耗掉评审人员的大量时间、精力。合理地利用评审工具来协助评审人员可以大大提高评审人员的工作效率。目前,市面上有很多比较成熟的评审工具,既有商业付费版的,也有免费共享版的。例如:

- Gerrit 是一个基于 Web 的代码评审和项目管理的工具,面向基于 Git 版本控制系统的项目;
- Jupiter 是一款轻量级的、易于使用和学习的 Eclipse 开源协作代码评审工具;
- SourceMonitor 是一个由 Campwood Software 开发的免费的代码评审工具。

4. 从不同角度理解产品

看待一样事物通常有不同的角度,得到的结论也往往不同。同样,从不同的角度看待产品、文档也会得到不同的理解。例如,客户可能考虑功能需求或易用性多一些,设计人员可能更多考虑功能的实现问题,而测试人员可能更加关注功能的可测试性。

5. 场景分析技术

场景分析技术多用于需求文档评审,从用户的角度出发对产品和文档进行评审。使用该技术很容易发现遗漏的需求和多余的需求。场景分析法比缺陷检查表能发现更多的错误和问题。

6.5 评审会议流程

评审会议流程包括 3 大环节,即评审会议的准备、评审会议的召开、评审结果的跟踪与分析。

6.5.1　准备评审会议

在评审会议开始之前评审组长需要发出评审通知(评审内容、会议时间、会议地点、参加人员等),并且将待评审的相关资料也发送给参加会议的评委,主要目的有下面两个:

- 让参加会议的人员对会议的内容有一定的了解,在会议前做好准备,避免盲目地参加会议而浪费自己和其他人的时间;
- 如果某评审员在会议时间有其他紧急的事情,可以及早反馈给评审组长,以便召集人重新确定评委或者评审会议改期召开。

1. 何时召开评审会议

在进行评审会议准备时,首先要确定的是召开评审会议的时间。在软件开发工程计划中往往预先定义了许多检查点,这些检查点都具有里程碑意义,评审会议的召开时间通常就选在这些检查点上,如图 6-4 所示。

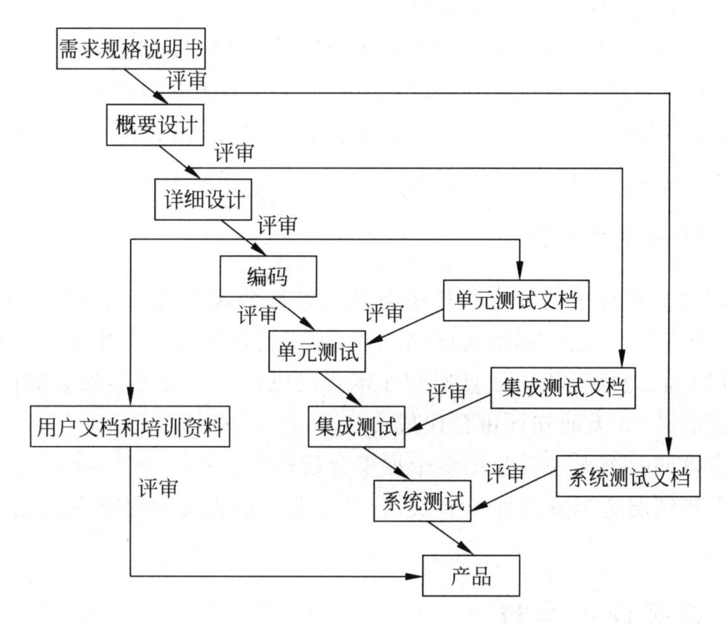

图 6-4　评审会议召开的时间点

2. 选择哪些评审材料

由于作者意愿和评审会议时间的限制,不大可能对所有交付的产品和文档都进行评审,因此需要由评审组长和作者一起协商,选定需要进行评审的材料。材料筛选的原则如下:

(1) 基础性和早期的文档,如需求说明和原型等;

(2) 与重大决策有关的文档,如体系结构模型;

(3) 对如何做没有把握的部分,如一些挑战性模块,实现了不熟悉的或复杂的算法,或涉及复杂的商业规则和开发人员不了解的其他领域;

(4) 将不断被重复使用的部件。

大体原则为选择那些最复杂和最危险的部分进行评审。

3. 打包分发评审材料

任何一份评审材料都是他人智慧、心血的结晶，需要花足够的时间去了解、熟悉、思考，只有这样才能在评审会议上发现有价值的深层次问题。在很多的评审中，评审员因为各种原因在评审会议之前对评审材料没有足够的了解，于是出现了评审会议变成技术报告的怪现象。

因此，评审组长和作者一起确定好评审材料后需要将其汇聚成一个评审包，在评审会议开始前一周左右分发给评审小组的成员，以确保评审员有充分的时间来熟悉各种待评审材料。通常以下材料需要被打包：

(1) 需要评审的部分可交付产品和文档；

(2) 定义了可交付产品的前期文档；

(3) 评审会议成员需要的所有表格；

(4) 有助于评审员发现缺陷的工具和文档，如缺陷检查表、规则集等；

(5) 用于验证可交付产品的测试文档。

评审员收到评审包之后应该抓紧时间熟悉其中的内容，采用相应的缺陷检查表或者其他方法来检查产品和文档中可能存在的缺陷，并记录将在评审会议中提出的问题。对于拼写、语法等错误，评审员可记录在另外的表格中并提交给作者，这部分错误可以不作为缺陷在评审会议中提出，以节省评审会议时间。

4. 合理安排评审活动进程

在评审会议正式开始之前评审组长还需要收集每个评审员的准备时间，并在审查文档中记录总的准备时间。当这一切准备就绪之后，评审组长还要制定相应的活动进度表，安排会议房间，并将时间、地点等相关信息通知评审会议成员。在安排会议时应注意以下几点：

(1) 至少提前 2～3 天通知评审会议成员；

(2) 不要安排同一个人一天参加多个评审会议；

(3) 根据工作情况适当安排评审会议，合理协调项目进度和评审会议之间的关系，不要让彼此相互影响。

6.5.2 召开评审会议

在评审会议正式开始之前评审组长应验证评审员是否已经准备就绪。若审查员的准备不够充分，审查组长应重新安排会议的日程，一切就绪之后便可以如期召开评审会议了。

宣读员应向评审员组陈述软件产品；评审员应客观和彻底地评审软件产品；在该审查会议期间，评审组长应致力于形成缺陷清单；记录员应在缺陷清单上填写每个缺陷、位置、描述、分类；在此期间作者应根据他对软件产品的特殊理解回答具体的问题并发现其中的缺陷。如果对某个缺陷存在争议，则应记录并标记为潜在的缺陷，以便在会议结束时加以解决，而不应该陷入无休止的讨论之中。

1. 评审预备

为了确保评审的质量，可以先进行一个预备会议。

在预备会议上由作者花几分钟时间向评审组概要介绍评审材料，例如讲解一下本工作产品的目标是什么，其他相关细节、开发标准等。这个讲解过程从某种角度上来说也保证了作者提交工作产品的质量。

2. 评审开始

评审会议是评审活动的核心，评审会议开始后各个成员应该各负其责，使会议能平稳有序地向前推进。整个评审会议的过程大致如下。

1）成员介绍

评审组长（或主持人）逐一介绍参加评审会议的各个成员，简述每个人所承担的角色和职责。

2）评审员进行演示或说明

评审员就评审材料向评审组分段进行演示或说明。演示可以按照测试用例的顺序进行，而不必按照文档的顺序进行。当出现分支的时候需要保证所有的可能性都被考虑到。虽然在评审会议之前所有的评审员都熟悉过评审材料，但这一步仍然不能省略，因为每个人对于评审材料的理解可能会各不相同。

3）评审员就不清楚或疑惑的地方与作者进行沟通

在评审员和作者对评审材料进行演示或说明的过程中会表露出各人对材料的理解的不一致性，从而很快可以发现二义性、遗漏，或者某种不合适的假设。评审员可以就各种疑惑与作者进行交流。

4）记录员在会议过程中完成会议记录

在会议中，记录员详细记录每一个已经达成共识的缺陷，包括缺陷的位置、简短的缺陷描述、缺陷类别、该缺陷的发现者等。未达成共识的缺陷也将被记录下来，加入“待处理”标识，评审组长将指派作者和评审员在会后处理评审会议中未能解决的问题。

3. 评审决议

在会议最后，评审小组就评审内容进行最后讨论，形成评审结果。评审结果有以下几种可能。

- 接受：评审内容不存在大的缺陷，可以通过。
- 有条件接受：评审内容不存在大的缺陷，修订其中的一些小缺陷后可以通过。
- 不能接受：评审内容中存在较多的缺陷，作者需要对这些缺陷进行修改，并在修改之后重新进行评审。
- 评审未完成：由于某种原因评审未能完成，还需要后续开会商议。

4. 评审结束

评审结束之后评审组长根据记录员的记录和自己的总结在一天之内写出评审报告，内容如下：

- 根据评审员个人的输入创建总的缺陷清单。
- 加入会议中发现的缺陷。
- 剔除经确认属于重复或者无效的缺陷。

• 共同确定需要修改的缺陷及修改的程度。

5. 几个原则

在评审当中应该把握以下原则。

• 评审的是工作产品,而不是作者:如果进行得恰当,可以使所有参与者体会到温暖的成就感;如果不恰当,则可能陷入审问的气氛之中。另外应当温和地指出错误,会议的气氛应当是轻松和建设性的,不要试图贬低或者羞愧别人。评审组长应当加以引导,以保证会议始终处于恰当的气氛和态度中,如果失去控制应立即休会。
• 制定日程,并且遵守日程:各种会议都有一个主要缺点——放任自流。评审会议必须保证不要离题和按照计划进行。评审组长要有维持会议的程序的责任,在有人转移话题的时候应当提醒。
• 限制争论和辩驳:评审员提出问题时未必所有人都能认同该问题的严重性或者能马上达成一致的意见,不要花费时间争论这一问题,应当记录在案,留会后讨论。
• 鼓励所有人发表见解,但是不要试图解决所有记录的问题:评审会议不是解决问题的会议,问题的解决由作者自己或在其他人的帮助下完成。对于问题解决方案的讨论应当在会后进行。
• 做书面笔记:有时候,让记录员在黑板上做笔记是个好主意,在记录的时候评审员可以推敲措辞,确定问题的优先次序。
• 限制参与人数,并且坚持事先做准备:两个人的脑袋好过一个,但是14个脑袋未必就好过4个。将评审涉及的人员数量保持在最小的值上,所有参与会议的人员要事先做好准备。
• 为每个可能要评审的工作产品建立一个检查表:这样能帮助评审组长组织会议,并帮助每个与会人员将注意力集中在重要问题上。
• 为评审分配资源和时间:评审要占项目组的资源和时间,所以评审会议一定要作为软件工作活动的任务加以调度。
• 对所有的评审员进行有意义的培训:为了提高效率,所有参与评审会议的人都应当接受正式的培训。
• 会议时间的控制:为了提高效率,每次评审会议只评审一个工作产品,并且时间最长不能超过两个小时。

6.5.3 跟踪和分析评审结果

评审会议结束并不意味着评审已经结束。评审会议的一个重要输出就是缺陷列表,这些缺陷都需要作者进行修改和返工。

因此,评审组长需要对作者的修改情况进行跟踪,其目的就是验证作者是否恰当地解决了评审会上所列出的问题,直到所有的问题都得到妥善解决;另外,评审组长还需要确保作者在修改过程中没有注入新的缺陷。除了跟踪之外,评审组长还需要对评审结果进行分析,测量评审的效果。

1. 跟踪

评审的最后决议包括接受、有条件接受、不能接受、未完成 4 种情况，其中接受和未完成基本不存在缺陷的跟踪，缺陷的跟踪主要跟有条件接受和不接受有关。

1）有条件接受的缺陷跟踪

- 作者需要在评审会议后对产品进行修改，修改期限一般为 3～5 个工作日。修改完成后，作者需要将修改后的产品提交给所有的评审组成员。
- 评审组对修改后的产品进行确认，根据实际情况在两个工作日内提出反馈意见。如需再度修改，作者应立即修改并重新发给评审组。
- 评审组长需要确定评审决议中的所有缺陷是否全部被解决。如全部解决，则可以结束此次评审过程；如仍有未解决的问题，则评审组长应督促作者尽快处理。
- 在结束此次评审过程后，评审组长需要编写评审报告，并将报告分发给所有评审组成员、作者、SQA 人员，可以把评审报告看作评审会议的结束标志。

2）不接受的缺陷跟踪

- 作者需要在评审会议后根据缺陷列表对产品进行全面修改，并将修改结果提交给所有的评审组成员。
- 评审组长检查修改后的产品，如果已经满足评审的基本条件，需要重新组织和召开评审会议对产品进行评审。

2. 分析

除了进行缺陷跟踪外，评审组长还需要对评审结果进行有效性分析，对评审效率和成本进行核算，总结经验，并在以后的评审过程中进行改进，以找到适合自己团队或者企业的评审方法。

1）有效性

进行有效性分析需要对包括由客户发现的所有产品缺陷进行统计，举例如下：

- 需求评审发现的缺陷为 4；
- 代码评审发现的缺陷为 25；
- 单元测试发现的缺陷为 20；
- 集成测试发现的缺陷为 40；
- 系统测试发现的缺陷为 10；
- 由客户发现的缺陷为 1；
- 发现的总缺陷数为 100。

对于该项目而言：

- 需求评审的有效性为 4/100＝4％；
- 代码评审的有效性为 25/100＝25％。

从大量项目的统计上可以分析、计算出通用的评审有效性。例如，如果通过分析得出企业的代码评审有效性大概为 30％，那么当通过代码评审发现了 30 个缺陷时可以假设实际缺陷数大致为 100 个，其余的 70 个缺陷将会在以后通过其他评审或测试被发现。

2) 效率和成本

在相同情况的评审中评审的效率越高,发现的缺陷越多,则发现一个缺陷的平均成本越低。在评审过程中,评审员总是试图通过各种评审方法和技术力争发现更多的缺陷,降低成本。但随着过程的改进,质量逐渐提高,使得发现一个缺陷的成本也越来越高。这时,需要在质量、成本之间建立一个平衡的标准,在质量提高的同时要保证发现缺陷的平均成本不超过该缺陷遗留给客户的商业成本。

6.6 小结

人的认识不可能100%符合客观实际,因此在软件生命周期的每个阶段的工作中都可能引入人为的缺陷。某一阶段中出现的缺陷如果得不到及时纠正,就会传播到开发的后续阶段中,并在后续阶段中引出更多的缺陷。为了使评审和检查获得最大的收益,必须要有明确的评审和检查目标及系统的评审方法。

实践证明,提交给测试阶段的产品中包含的缺陷越多,经过同样时间的测试之后,产品中仍然潜伏的缺陷也越多。所以必须将发现缺陷的工作提前,在开发时期的每个阶段都要进行严格的软件评审,尽量不让缺陷传播到下一阶段。评审会议流程包括3大环节,即评审会议的准备、评审会议的召开、评审结果的跟踪与分析。

思考题

1. 什么是软件评审?为什么需要进行软件评审?
2. 软件评审主要包括哪些内容?
3. 软件评审主要有哪些方法?它们的异同点是什么?
4. 简述评审会议的流程。

第7章 软件全面质量管理

评价产品的质量与它将世界向更好的方向改变了多少有关。

——*汤姆·狄马克*(Tom DeMarco)

20世纪70年代中期,美国国防部专门研究软件工程做不好的原因,发现70%的失败项目是因为管理存在的瑕疵引起的,而非技术性原因,从而得出结论,管理是影响软件研发项目全局的因素,而技术只影响局部。

软件质量被视为软件开发的重中之重。质量是产品或服务满足明确或隐含需要能力的特征、特性的总和。当前更流行、更通俗的定义是从用户的角度来看待质量,质量是用户对产品(包括相关的服务)满足程度的度量。

在新常态、新思维、新经济下,质量是产品或服务的生命。质量受软件企业生产经营管理活动中多种因素的影响,是软件企业各项工作的综合反映。如果要保证和提高产品质量,必须对影响质量的各种因素进行全面而系统的管理。全面质量管理(Total Quality Management,TQM)是企业组织全体职工和有关部门参加,综合运用现代科学和管理技术成果控制影响产品质量的全过程和各因素,经济地研制生产和提供用户满意的产品的系统管理活动。全面质量管理正成为有效的整体项目管理的重要组成部分。

本章正文共分4节,7.1节是全面质量管理概述,7.2节介绍6σ项目管理,7.3节介绍质量功能展开设计,7.4节介绍DFSS流程及主要设计工具。

7.1 全面质量管理概述

7.1.1 发展阶段

人们普遍认为质量是“好的东西”,但是实际上系统的质量可能是模糊的、尚未定义的属性。所有商品和服务的开发者都关心质量,不过由于软件的固有特征,尤其是软件的不确定性和复杂性,会带来特殊的需求。

- 增加了软件的危险程度:最终的客户或用户很关心软件的整体质量,特别是软件的可靠性。随着项目越来越依赖于计算机系统,以及软件越来越多地用于安全性很高的领域,这种现象日渐增加。
- 软件的不确定性:导致很难判断项目中某一特定任务是否能圆满地完成。如果要求开发者开发能够进行质量检查的“可交付”,那么这些任务的结果就是可确定的。

- 软件开发期间积累缺陷：计算机系统的开发由多个步骤组成，而且一个步骤的输出即为下一个步骤的输入。所以，早期的可交付物存在的缺陷会加到后续步骤的产品中，并造成有害影响的积累。由于缺陷发现时间越晚，需要修改的费用就越高，而且因为系统中缺陷未知，所以项目的调试阶段就更加难以控制。

现在，中国制造似乎成了一个时髦的词。

所以，我们首先需要确定质量的主体，包括产品或服务的质量；工作的质量；设计质量和制造质量。后两者往往容易被人们遗忘，但这是“大质量”管理思想和管理方法必不可少的。通常来说，质量控制理论的发展可以概括为5个阶段：

- 20世纪30年代以前为质量检验阶段，仅能对产品的质量实行事后把关，但质量并不是检验出来的。所以质量检验并不能提高产品质量，只能剔除次品、废品。
- 1924年提出休哈特理论，质量控制从检验阶段发展到统计过程控制阶段，利用休哈特工序质量控制图进行质量控制。休哈特(Walter A. Shewhart)认为，产品质量不是检验出来的，而是生产制造出来的，质量控制的重点应放在制造阶段，从而将质量控制从事后把关提前到制造阶段。
- 1961年，费根堡姆(Armand V. Feigenbaum)提出全面质量管理理论(Total Quality Management，TQM)，将质量控制扩展到产品寿命循环的全过程，强调全体员工都参与质量控制。
- 20世纪70年代，田口玄一(Genichi Taguchi)博士提出田口质量理论，包括离线质量工程学(主要利用3次设计技术)和在线质量工程学(在线工况检测和反馈控制)。田口认为，产品质量首先是设计出来的，其次才是制造出来的。因此，质量控制的重点应放在设计阶段，从而将质量控制从制造阶段进一步提前到设计阶段。
- 20世纪80年代，利用计算机进行质量管理(Computer Aidied Quality，CAQ)，出现了在计算机集成制造系统(Computer Integrated Manufacturing Systems，CIMS)环境下的质量信息系统(Quality Information System，QIS)。借助于先进的信息技术，质量控制与管理又上了一个新台阶，因为信息技术可以实现以往无法实现的很多质量控制与管理功能。

图7-1所示为休哈特、费根堡姆、田口玄一。

图7-1 休哈特、费根堡姆、田口玄一

全面质量管理是软件企业管理现代化、科学化的一项重要内容，在20世纪60年代产生于美国，后来在西欧与日本逐渐得到推广与发展。该方法应用数理统计方法进行质量控制，使得质量管理定量化，并把产品质量的事后检验变为生产过程中的质量控制。全面质量管理类似于日本式的全面质量控制(Total Quality Control，TQC)。首先，质量的含义是全面的，不仅包括产品服务质量，而且包括工作质量，用工作质量保证产品或服务质量。其次，全面质量控制是全过程的质量管理，不仅要管理生产制造过程，而且要管理采购、设计直至储存、销售、售后服务的全过程。

因此要形成这样一种意识，好的质量是设计和制造出来的，而不是检验出来的。

质量管理的实施要求全员参与，并且要以数据为客观依据，视顾客为上帝，以顾客需求为核心。最后，在实现方法上要按戴明循环进行。

1. 为什么要进行全面质量管理

全面质量管理为什么能够在全球获得广泛的应用与发展？这与其自身实现的功能是不可分的。总的来说，全面质量管理可以为企业带来以下益处：

- 缩短总运转周期；
- 降低质量所需的成本；
- 缩短库存周转时间；
- 提高生产率；
- 追求企业利益和成功；
- 使顾客完全满意；
- 最大限度地获取利润。

2. 全面质量管理的含义

全面质量管理是一种由顾客的需要和期望驱动的管理哲学，是以质量为中心，建立在全员参与基础上的一种管理方法，其目的在于长期获得顾客满意、组织成员和社会的利益。对于全面质量管理，ISO 8402 和费根堡姆(Armand Vallin Feigenbaum)的定义分别如下：

ISO 8402 对 TQM 的定义是一个组织以质量为中心，以全员参与为基础，目的在于通过让顾客满意和本组织的所有成员及社会受益而达到长期成功的管理途径。

费根堡姆对 TQM 的定义是为了能够在最经济的水平上，并考虑充分满足顾客要求的条件下进行市场研究、设计、制造、售后服务，把企业内各部门的研制质量、维持质量和提高质量的活动构成一体的一种有效的体系。

具体来讲，全面质量管理包括以下含义。

- 强烈关注顾客：从现在和未来的角度看，顾客已成为企业的衣食父母，“以顾客为中心”的管理模式正逐渐受到企业的高度重视。全面质量管理注重顾客价值，其主导思想就是“顾客的满意和认同是长期赢得市场、创造价值的关键”。因此，全面质量管理要求必须把以顾客为中心的思想贯穿到企业业务流程的管理中，即从市场调查、产品设计、试制、生产、检验、仓储、销售到售后服务的各个环节都应该牢固树立“顾客第一”的思想，不仅要生产物美价廉的产品，而且要为顾客做好服务工作，最终让顾客放心满意。
- 精确度量：全面质量管理采用统计度量组织作业中人的每一个关键变量，然后与基准进行比较来发现问题，从而追踪问题的根源，达到消除问题、提高品质的目的。

- 坚持不断的改进：全面质量管理是一种永远不能满足的承诺，"非常好"还不够，质量总能得到改进。在"没有最好，只有更好"的指导下，企业持续不断地改进产品或服务的质量与可靠性，以确保企业获取差异化的竞争优势。
- 向员工授权：全面质量管理吸收生产线上的工人加入改进过程，广泛地采用团队形式作为授权的载体，依靠团队发现和解决问题。
- 改进组织中每项工作的质量：全面质量管理采用广义的质量定义，不仅与最终产品有关，还与组织如何交货、如何迅速地响应顾客的投诉、如何为客户提供更好的售后服务等有关系。

3. 全面质量管理与竞争优势

如图 7-2 所示，全面质量管理能够为企业带来很多竞争优势。全面质量管理能够给企业结构、技术、人员、管理者带来变革，并使软件企业通过这些相关的变革来获得竞争优势。

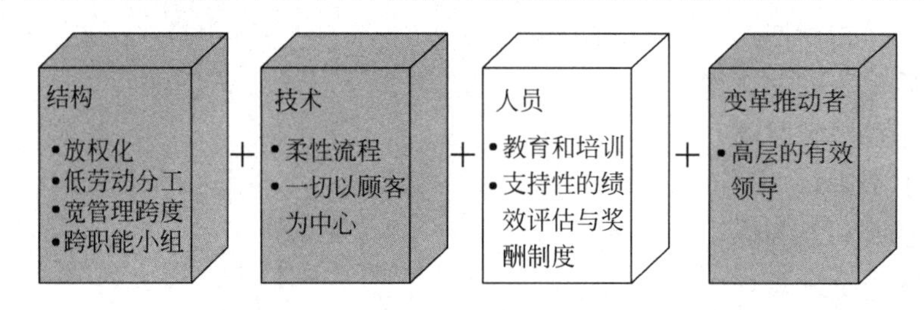

图 7-2 全面质量管理推动企业变革

总的来说，全面质量管理的特点如下：

- 拓宽管理跨度，增进组织纵向交流。
- 减少劳动分工，促进跨职能团队合作。
- 实行"防检结合，以预防为主"的方针，强调企业活动的可测度、可审核性。
- 最大限度地向下委派权利和职责，确保对顾客需求的变化做出迅速、持续的反应。
- 优化资源利用，降低各个环节的生产成本。
- 追求质量效益，实施名牌战略，获取长期竞争优势。
- 焦点从技术手段转向组织管理，强调职责的重要性。

7.1.2 相关问题

1. 戴明循环

如图 7-3 所示，戴明循环又称 PDCA 循环，是由现代质量管理之父——戴明（W. Edwards Deming）提出的，是一种科学的工作程序。其中 4 个阶段循环往复，没有终点，只有起点。通过 PDCA 循环能够提高产品、服务或工作质量，即"P(Plan)计划→D(Do)实施→C(Check)检查→A(Action)处理"这样的循环过程。

图 7-3 现代质量管理之父——戴明和 PDCA 循环图

- 第 1 个阶段是 P 阶段，又称为计划阶段。该阶段通过市场调查、用户访问、国家计划指示等搞清楚用户对产品质量的要求，确定质量政策、质量目标、质量计划等。
- 第 2 个阶段是 D 阶段，又称为执行阶段。该阶段实施计划阶段规定的内容，如根据质量标准进行产品设计、试制、试验，其中包括计划执行前的人员培训。
- 第 3 个阶段是 C 阶段，又称为检查阶段。该阶段主要是在计划执行过程中或执行之后检查执行情况是否符合计划的预期结果。
- 第 4 个阶段是 A 阶段，又称为处理阶段。该阶段主要根据检查结果，采取相应的措施。

2. 面向社会大网络的全面质量管理

如图 7-4 所示，美国式全面质量管理的思想与日本的全面质量控制有很多类似之处，最大的区别在于美国的全面质量管理活动都是建立在社会大网络的基础之上。古老的目标隐喻着现在，正如苹果公司的口号"打开心扉、自问心源、脱离尘世(turn on，tune in，drop out)"。美国的质量管理目标正在发生转移，正逐步从"追求企业利益最大化"向"体现企业的社会责任"转移。

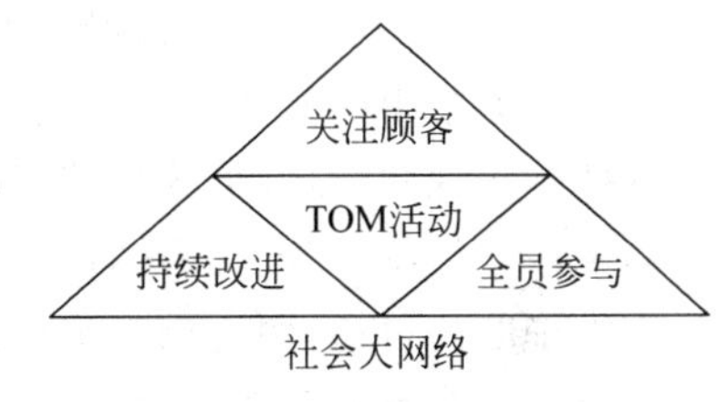

图 7-4　美国式全面质量管理

3. 全面质量管理的系统思考

图 7-5 描述了全面质量管理与顾客完全满意(Total Customer Satisfaction，TCS)之间的系统关联性，有关顾客完全满意的内容将在后面讨论。

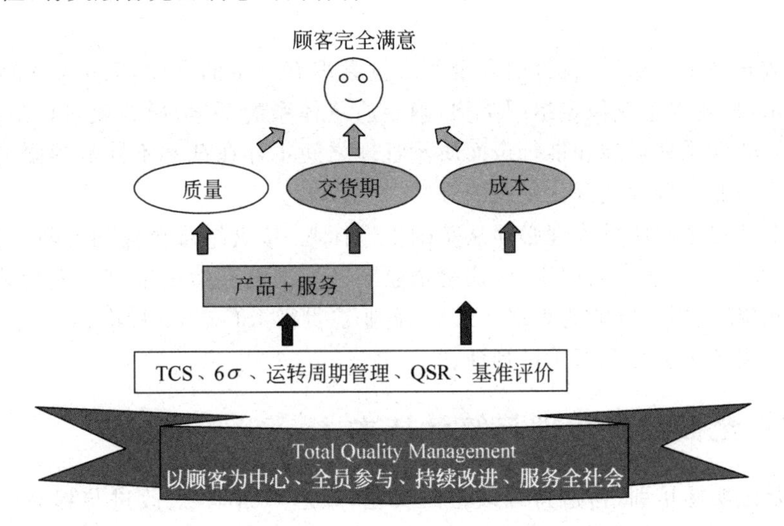

图 7-5　全面质量管理与顾客完全满意

7.1.3　全面质量管理与 ISO 9000

ISO 9000 是指质量管理体系标准，它不是指一个标准，而是一族标准的统称，如图 7-6 所示。ISO 9000 是由 TC 176(指质量管理体系技术委员会)制定的所有国际标准。ISO

9000是ISO发布的12 000多个标准中最畅销、最普遍的产品。

图7-6 ISO 9000

下面将ISO 9000和全面质量管理进行比较，给出相同和不同之处。

(1) 相同之处：首先，两者的管理理论和统计理论基础一致，都认为产品质量形成于产品全过程，都要求质量体系贯穿于质量形成的全过程。在实现方法上，两者都使用了PDCA质量环运行模式。其次，两者都要求对质量实施系统化的管理，都强调一把手对质量的管理。最后，两者的最终目的一致，都是为了提高产品质量，满足顾客的需要，都强调任何一个过程都是可以不断改进和不断完善的。

(2) 不同之处：首先，两者的期间目标不一致。全面质量管理的目标是改变现状，其作业只限于一次，目标实现后管理活动也就结束了。下一次计划管理活动虽然是在上一次计划管理活动的结果的基础上进行的，但绝不重复与上次相同的作业。相反，ISO 9000的目标是维持标准现状，目标值为定值，管理活动是重复相同的方法、作业，使实际工作结果与标准值的偏差量尽量减少。其次，两者的工作中心不同，全面质量管理以人为中心，ISO 9000以标准为中心。再次，两者的执行标准及检查方式不同。实施全面质量管理企业所制定的标准是企业结合其自身特点制定的自我约束的管理体制，其检查方主要是企业内部人员，检查方法是考核和评价。而ISO 9000系列标准是国际公认的质量管理体系标准，是世界各国共同遵守的准则。贯彻ISO 9000系列标准强调的是由公正的第三方对质量体系进行认证，并接受认证机构的监督和检查。

全面质量管理是一个企业达到长期成功的管理途径，但成功地推行全面质量管理需要一定的条件。

对大多数软件企业来说，直接引入全面质量管理有一定的难度，而ISO 9000是质量管理的基本要求，只要求企业稳定组织结构，确定质量体系的要素、模式就可以贯彻实施。因此，贯彻ISO 9000系列标准和推行全面质量管理之间不存在截然不同的界限，把两者结合起来才是现代企业质量管理深化发展的方向。

软件企业开展全面质量管理必须从基础工作抓起，认真结合企业的实际情况和需要贯彻实施ISO 9000族标准。应该说，认证是企业实施标准的自然结果，而“先行请人捉刀，认证后再逐步实施”是本末倒置的表现。最后，企业在贯彻ISO 9000标准、取得质量认证证书后一定不要忽视甚至丢弃全面质量管理。

7.1.4 全面质量管理与统计技术

不断对员工实施培训，营造持续改进的文化，塑造不断学习、改进与提高的文化氛围。统计技术是ISO 9000中的4.20要素，包含五大统计技术，即显著性检验(假设检验)、实验/试验设计、方差分析与回归分析、控制图、统计抽样。

这仅是统计技术中的中等统计技术方法，在质量管理中的应用只有60多年的历史，并经历了统计质量控制和全面质量管理两个阶段。

统计质量控制起源于美国的贝尔电话公司，1924年，该公司的休哈特博士运用数理统计方法提出了世界上的第一张质量控制图，通过在生产过程中预防不合格产品的产生，变事后检验为事前预防，从而保证了产品质量，降低了生产成本，大大提高了生产率。

1929 年，贝尔电话公司的道奇(H. F. Dodge)与罗米格(Harry Romig)又提出了改变传统的全数检验的做法，并解决了当产品不能或不需要全数检查时如何采用抽样检查的方法来保证产品的质量，并使检验费减少。全面质量管理的主要观点认为企业要能够生产满足用户要求的产品，单纯依靠数理统计方法对生产工序进行控制是不够的，质量控制应该从产品设计开始直到产品到达用户手中，使用户满意为止，包括市场调查、设计、研制、制造、检验、包装、销售、服务等各个环节都要加强质量管理。

由此可见，统计技术是全面质量管理的核心，是实现全面质量管理与控制的有效工具。

7.2　6σ 项目管理

7.2.1　6σ 管理法简介

1. 6σ 由来

六西格玛(Six Sigma，6σ)的概念属于品质管理范畴。

西格玛(Σ，σ)是希腊字母，是统计学里的一个单位，表示与平均值的标准偏差，旨在生产过程中降低产品及流程的缺陷次数，防止产品变异，提升品质。

6σ 最早由 Motorola(摩托罗拉公司，是全球芯片制造、电子通信的领导者)的工程师比尔·史密斯(Bill Smith，如图 7-7 所示)于 1985 年提出，后得到公司总裁高尔文(Robert Galvin)的鼎力支持，并将其作为质量目标。另一位 Motorola 工程师克雷格(Craig Fullerton)设计了 6σ 设计方法(SSDM 或 DFSS)，并于 1986 年在全公司推广 6σ 质量改进项目。1988 年 Motorola 因成功地应用 6σ 而成为赢得第一届马可姆·波里奇奖(Malcolm Baldrige Award，如图 7-8 所示)的大公司，并于 2002 年在全球电子、电信行业再度获得殊荣，Motorola 因此成为世界性的质量领袖。

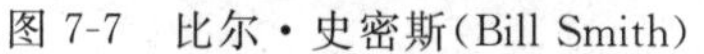

图 7-7　比尔·史密斯(Bill Smith)

图 7-8　马可姆·波里奇奖(Malcolm Baldrige Award)

从此，许多世界著名企业也开始应用 6σ 来提高企业竞争力。在应用过程中，6σ 从一个衡量优良程度的标准、解决问题的技术演化为一个企业建立持续改进系统、增强综合领导能力、不断提升业绩和带来巨大利润的管理理念和系统方法。

20 世纪 90 年代中期,6σ 开始被 GE(通用电气公司,是全球最大的跨行业经营的科技、制造和服务型企业之一)从一种全面质量管理方法演变成为一个高度有效的企业流程设计、改善、优化的技术,并提供了一系列同等地适用于设计、生产和服务的新产品开发工具。继而,6σ 与 GE 的全球化、服务化、电子商务等战略齐头并进,成为世界上追求管理卓越性的企业最为重要的战略举措。在此之后,6σ 逐步发展成为以顾客为主体来确定企业战略目标和产品开发设计的标尺,追求持续进步的一种管理哲学。图 7-9 所示为 6σ 管理的发展。

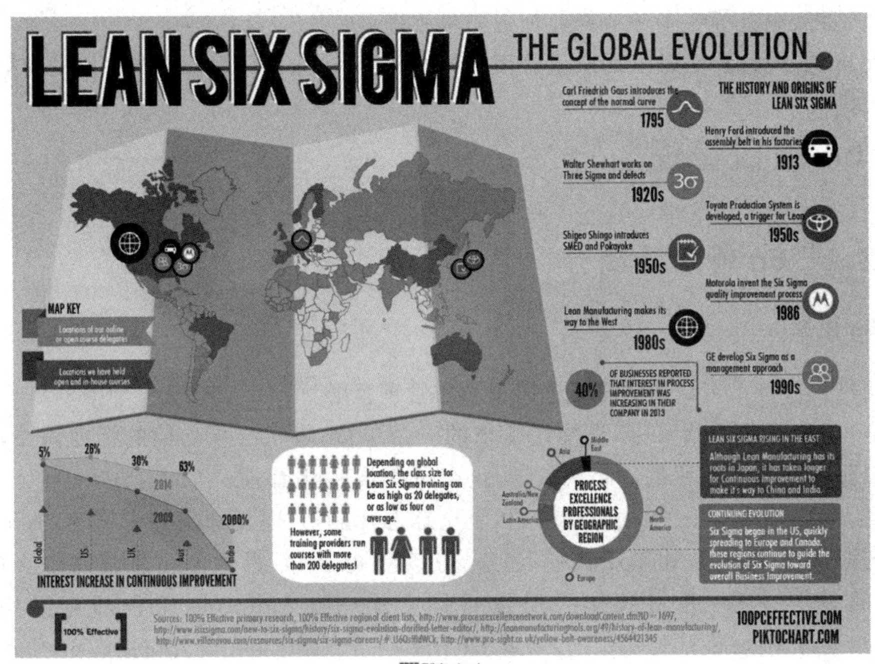

图 7-9 6σ 管理的发展

6σ 管理总结了全面质量管理的成功经验,提炼了其中流程管理技巧的精华和最行之有效的方法,成为一种提高企业业绩与竞争力的管理模式。该管理法在 Motorola、GE、Dell、惠普、西门子、索尼、东芝等众多跨国企业的实践证明是卓有成效的。

作为质量管理学发展的里程碑之一,6σ 系统由针对制造环节的改进逐步扩大到对几乎所有商业流程的再造,如图 7-10 所示,当今从家电惠而浦(Whirlpool),通用电气 GE、LG,电脑戴尔(Dell),物流 DHL,化工 Dow Chemical、DuPont,制药安捷伦(Agilent)、葛兰素史克(GSK),通信沃达丰(Vodafone)、韩国电信(Korea Tel),金融美国银行(BoA)、美林证券(Merrill Lynch)、汇丰银行(HSBC)到美国陆、海、空三军等都引进了 6σ 系统。

2. 6σ 管理

关于 6σ 管理目前没有统一的定义,下面是一些管理专家关于 6σ 的定义:

管理专家罗纳德(Ronald Snee)先生将 6σ 管理定义为"寻求同时增加顾客满意和企业经济增长的经营战略途径"。

6σ 管理专家汤姆(Tom Pyzdek)定义"σ 管理是一种全新的管理企业的方式,6σ 主要不

图 7-10 6σ 被各类行业的公司广泛采用

是技术项目，而是管理项目”。

被誉为世界第一 CEO 的 GE 的杰克·韦尔奇(Jack Welch)在接受美国著名作家珍妮特·洛尔(Janet Lowe)采访时谈到 6σ 管理，说道：“品质的含义从字面上来看乃是要提供一个超越顶级的事物，而不仅是比大多数的事物更好而已。”

韦尔奇是 6σ 品质热衷的追求者，在 1996 年美国弗吉尼亚夏洛特城(Charlotte)举行的 GE 公司的年会上，韦尔奇说道：“在 GE 的进展过程中，我们有一项重大科技含量的品管任务，这项品管任务会在 4 年内将我们的生产方式引至一个卓越的层次，使我们无论是在产品制造还是在服务方面的缺陷或瑕疵都低于百万分之四。这是我们 GE 前所未有的大挑战，同时也是最具潜力、最有益处的一次出击。”

他还说道：“我们推翻了老旧的品管组织，因为它们已经过时了。现代的品管属于领导者，属于经理人员，也属于员工，即每一位公司成员的工作。”

他又说：“我们要改变我们的竞争能力，所依恃的是将自己的品质提升至一个全新的境界。我们要使自己的品质使消费者觉得极为特殊而有价值，并且对他们来说是相当重要的成功因素。如此一来，我们自然就会成为他们最有价值的唯一选择。”

最后，韦尔奇在他 20 年的任期内把 GE 集团带入了辉煌。

在这里，我们可以把 6σ 管理定义为“获得和保持企业在经营上的成功，并将其经营业绩最大化的综合管理体系和发展战略是使企业获得快速增长的经营方式”。6σ 管理是“寻求同时增加顾客满意和企业经济增长的经营战略途径”。6σ 管理是使企业获得快速增长和竞争力的经营方式，不是单纯的技术方法的引用，而是全新的管理模式。

相应地，6σ 管理比以往更广泛的业绩改进视角强调从顾客的关键要求以及企业经营战略焦点出发，寻求业绩突破的机会，为顾客和企业创造更大的价值。同时，6σ 管理强调对业绩、过程的度量，通过度量提出挑战性的目标和水平对比的平台。6σ 管理提供了业绩改进方法。针对不同的目的与应用领域，这种专业化的改进过程包括 6σ 产品/服务过程改进 DMAIC 流程、6σ 设计 DFSS 流程等。

在实施上，6σ 管理由“勇士”“大黑带 MBB”“黑带 BB”“绿带 GB”等经过培训职责明确的人员作为组织保障,该管理方法明确规定成功的标准及度量方法,以及对项目完成人员的奖励。

最后,6σ管理通过确定和实施6σ项目完成过程改进项目,一般每一个项目的完成时间在3～6个月。

7.2.2 6σ管理法与零缺陷

作为一种统计评估法,6σ管理法的核心是追求零缺陷(Zero-Bug)生产,防范产品责任风险,降低成本,提高生产率和市场占有率,提高顾客满意度和忠诚度。

零缺陷的概念是由被誉为"全球质量管理大师""零缺陷之父"和"伟大的管理思想家"的菲利浦·克劳士比(Philip B. Crosby)在20世纪60年代初提出的,并由此在美国推行零缺陷运动。

后来,零缺陷的思想传至日本,在日本制造业中得到了全面推广,使日本制造业的产品质量得到迅速提高,并且领先于世界水平,继而进一步扩大到工商业所有领域。

6σ管理既着眼于产品、服务质量,又关注过程的改进。

前面说过,"σ"作为一个希腊的字母在统计学上用来表示标准偏差值,描述总体中的个体离均值的偏离程度,测量出的σ表征着诸如单位缺陷、百万缺陷或错误的概率性,σ值越大,缺陷、错误就越少。所以,6σ是一个目标,这个质量水平意味的是所有的过程和结果中99.99966%是无缺陷的。也就是说,做100万件事情,其中只有3.4件是有缺陷的,这几乎趋近到人类能够达到的最为完美的境界。

6σ管理关注过程,特别是企业为市场、顾客提供价值的核心过程。因为过程能力用σ来度量,σ越大,过程的波动越小,过程以最低的成本损失、最短的时间周期、满足顾客要求的能力就越强。6σ理论认为,大多数企业在3σ到4σ间运转,也就是说,每百万次操作失误在6210～66 800,这些缺陷要求经营者以销售额在15%～30%的资金进行事后的弥补或修正,而如果做到6σ,事后弥补的资金将降低到约为销售额的5%。

6σ是帮助企业集中于开发和提供近乎完美产品与服务的一个高度规范化的过程,并测量一个指定的过程偏离完美有多远。6σ的中心思想是如果能"测量"一个过程有多少个缺陷,便能系统地分析出怎样消除它们和尽可能地接近"零缺陷"。

- 第一个重要概念是"流程"。举一个例子,有一个人去银行开账户,从进银行开始到结束办理开户叫一个"流程"。在这个流程里面还套着一个"流程",即银行职员会协助这个人填写开户账单,然后他把这个单据拿给主管去审核,这是银行的一个标准程序。去银行开户的人是一线员工的"顾客",这叫"外在的顾客"。同时,一线员工要把资料给主管审核,所以主管也是一定意义上的"顾客",这叫"内在的顾客"。
- 第二个重要概念是"规格"。还是举这个例子,客户去银行开账户,时间很宝贵。开账户需要多长时间就是客户的"规格"。客户要求在15分钟内办完,15分钟就是这个客户的规格。而如果银行的一线职员要用17到18分钟才能做完,那么这就叫"缺陷"。假如职员要在一张单上的5个地方打字,有一个地方打错了,这就叫一个"缺陷",而整张纸叫一个单元。
- 最后一个重要的概念是"机会",指的是缺陷的机会。如果一张单据上有5个地方要打,那么这个单元的缺陷机会为5。

7.2.3 6σ 管理的特征

1. 以顾客为关注焦点

6σ 以顾客为中心，关注顾客的需求。其出发点是研究客户最需要的是什么、最关心的是什么。

比如改进一辆货车，可以让动力增大一倍，载重量增大一倍，这在技术上完全是可行的，但这是不是顾客最需要的呢？因为这样做使得成本增加，油耗增加，顾客不一定想要，什么是顾客最需要的呢？这就需要去调查和分析。假如顾客买一辆汽车要考虑 30 个因素，我们就需要去分析这 30 个要素中哪一个最重要，通过一种计算找到最佳组合。因此，6σ 是根据顾客的需求来确定管理项目，将重点放在顾客最关心、对组织影响最大的方面。

2. 通过提高顾客满意度和降低资源成本来促使组织的业绩提升

6σ 项目瞄准的目标有两个，一是提高顾客满意度，即通过提高顾客满意度来占领市场、开拓市场，从而提高组织的效益；二是降低资源成本，即通过降低资源成本，尤其是不良质量成本损失(Cost of Poor Quality，COPQ)来增加组织的收入。所以，实施 6σ 管理方法能给一个组织带来业绩的显著提升，这也是它受到业界青睐的主要原因。

3. 注重数据和事实，使管理成为基于数字的科学

6σ 管理方法是一种重视数据，依据数字、数据进行决策的管理方法，强调“用数据说话”“依据数据进行决策”“改进一个过程所需要的所有信息都包含在数据中”。另外，它定义“机会”与“缺陷”，计算每个机会中的缺陷数(Defect Per Opportunity，DPO)和每百万机会中的缺陷数(Defects Per Million Opportunity，DPMO)，不仅可以测量和评价产品质量，还可以把一些难以测量和评价的工作质量与过程质量变得像产品质量一样可测量和用数据加以评价，从而有助于获得改进机会，达到消除或减少工作差错以及产品缺陷的目的。

所以，6σ 管理广泛采用各种统计技术工具，使管理成为一种可测量、数字化的科学。

4. 以项目为驱动

6σ 管理方法的实施以项目为基本单元，并通过一个个项目的实施来实现。通常，项目是以黑带为负责人牵头组织项目团队，通过项目成功完成来实现产品或流程的突破性改进。

5. 实现对产品和流程的突破性质量改进

6σ 项目的显著特点是项目的改进都是突破性的。通过这种改进能使产品质量得到显著提高或者使流程得到改造，从而使组织获得显著的经济利益。实现突破性改进是 6σ 的一大特点，也是组织业绩提升的源泉。

6. 有预见地积极管理

这里的“积极”指主动地在事情发生之前进行管理，而不是被动地处理那些令人忙乱的危机，有预见地积极管理意味着我们应当关注那些常被忽略的业务运作，并养成习惯。6σ

需要确定远大的目标,并且经常加以检视,然后确定清晰的工作优先次序,同时注重预防问题而不是疲于处理已发生的危机。6σ需要经常质疑做事的目的,而不是不加分析地维持现状。6σ管理包括一系列工具和实践经验,用动态的、即时反应的、有预见的、积极的管理方式取代那些被动的习惯,促使企业在当今追求近乎完美的质量水平且不容出错的竞争环境下能够快速向前发展。

7. 无边界合作

"无边界(Boundaryless)"是GE成功的秘籍之一,GE的韦尔奇致力于消除部门及上下级间的障碍,促进组织内部横向和纵向的合作。

无边界改善了过去仅仅是由于彼此间的隔阂和企业内部部门间的竞争而损失大量金钱的状况,这种做法改进了企业内部的合作,使企业获得了许多受益机会。6σ扩展了这样的合作机会,在6σ管理中无边界合作需要确切地理解最终用户和流程中工作流向的真正需求。更重要的是,需要用各种有关顾客和流程的只是使各方受益,由于6σ管理是建立在广泛沟通基础上的,因此6σ管理法能够营造出一种真正支持团队合作的管理结构和环境。"黑带"是项目改进团队的负责人,而黑带项目往往是跨部门的,要想获得成功,就必须由黑带率领他的团队打破部门之间的障碍,通过无边界合作完成6σ项目。

8. 追求完美并容忍失误

作为一个以追求卓越作为目标的管理方法,6σ为企业提供了一个近乎完美的努力方向。没有不执行新方法贯彻新理念就能实施6σ管理的企业,这样做只会带来风险。在推行6σ的过程中可能会遇到挫折和失败,企业应以积极应对挑战的心态面对挑战和失败。

9. 强调骨干队伍的建设

6σ管理方法比较强调骨干队伍的建设,其中的倡导者、黑带大师、黑带、绿带是整个6σ队伍的骨干。同时需要对不同层次的骨干建立严格的资格认证制度,如黑带必须在规定的时间内完成规定的培训,然后主持完成一项增产节约幅度较大的改进项目。

10. 遵循DMAIC的改进方法

6σ有一套全面系统的发现、分析、解决问题的方法和步骤,即DMAIC改进方法。

DMAIC的具体意义如下:D(Define)为项目定义阶段、M(Measure)为数据收集阶段、A(Analysis)为数据分析阶段、I(Improve)为项目改善阶段、C(Control)为项目控制阶段。在本书后面会对该方法进行详细说明。

7.2.4 6σ管理的优点

实施6σ管理的好处显而易见,这些好处主要表现在以下方面。

1. 提升企业管理的能力

韦尔奇在GE公司的2000年报中指出,"6σ管理所创造的高品质已经奇迹般地降低了GE公司在过去复杂管理流程中的浪费,简化了管理流程,降低了材料成本,6σ管理的实施已经成为介绍和承诺高品质创新产品的必要战略和标志之一。”

6σ 管理以数据和事实为驱动器。过去，企业对管理的理解和对管理理论的认识更多地停留在口头上和书面上，而 6σ 把这一切都转化为实际有效的行动。6σ 管理法成为追求完美无瑕的管理方式的同义语。

同样，6σ 管理给予了 Motorola 公司更多的动力去追求当时看上去几乎不可能实现的目标。在 20 世纪 80 年代早期，Motorola 公司的品质目标为每 5 年改进 10 倍，实施 6σ 管理后改为每两年改进 10 倍，创造了 4 年改进 100 倍的奇迹。国外成功经验的统计显示，如果企业全力实施 6σ 革新，每年可提高一个 σ 水平，直到达到 4.7σ，而无须大的资本投入，在此期间利润率的提高十分显著。当达到 4.8σ 以后再进行提高。

2. 节约企业运营成本

对于企业而言，所有的不良品要么被废弃，要么需要重新返工，要么在客户现场进行维修和调换，这些都需要花费企业成本。美国统计资料表明，一个执行 3σ 管理标准的公司直接与质量问题有关的成本占其销售收入的 10%～15%。从实施 6σ 管理的 1987—1997 年的 10 年间，Motorola 公司由于实施 6σ 管理节省下来的成本累计已达 140 亿美元。6σ 管理的实施使霍尼韦尔国际（Honeywell International）这一多元化高科技和制造企业仅 1999 年一年就节约成本 6 亿美元。

3. 增加顾客价值

实施 6σ 管理可以使企业从了解并满足顾客需求到实现最大利润之间的各个环节实现良性循环。公司首先了解并掌握顾客的需求，然后通过 6σ 管理原则减少随意性并降低差错率，从而提高顾客满意程度。GE 的医疗设备部门在导入 6σ 管理之后创造了一种新的技术，带来了医疗检测技术的革命。以往病人需要 3 分钟做一次全身检查，现在只需要 1 分钟。因此，医院提高了设备的利用率、降低了检查成本，于是出现了令公司、医院、病人 3 方面都满意的结果。

4. 改进服务水平

由于 6σ 管理不仅可以用来改善产品品质，而且可以用来改善服务流程，因此大大提高了对顾客服务的水平。

GE 照明部门的一个 6σ 管理小组成功地改善了与其最大客户沃尔玛公司的支付关系，使得票据错误和双方争执减少了 98%，这样既加快了支付速度，又融洽了双方互惠互利的合作关系。

5. 形成积极向上的企业文化

在传统管理方式下，人们经常感到不知所措，不知道自己的目标，工作处于一种被动状态，而通过实施 6σ 管理，每个人都知道自己应该做成什么样，应该怎么做，整个企业洋溢着热情和效率。同时员工十分重视质量以及顾客的要求，并力求做到最好。员工通过参加培训掌握标准化、规范化的问题解决方法，工作效率获得明显提高。在强大的管理支持下，员工能够专心致力于工作，减少并消除工作中消防救火式的活动。

7.2.5 DPMO与6σ的关系

6σ管理的核心特征是顾客与组织的双赢以及经营风险的降低：

- 6个西格玛＝3.4失误/百万机会，意味着卓越的管理、强大的竞争力和忠诚的客户。
- 5个西格玛＝230失误/百万机会，意味着优秀的管理、很强的竞争力和比较忠诚的客户。
- 4个西格玛＝6210失误/百万机会，意味着较好的管理和运营能力，满意的客户。
- 3个西格玛＝66 800失误/百万机会，意味着平平常常的管理，缺乏竞争力。
- 2个西格玛＝308 000失误/百万机会，意味着企业资源每天都有1/3的浪费。
- 1个西格玛＝690 000失误/百万机会，意味着每天有2/3的事情做错的企业无法生存。

调查表明，传统的质量活动对财务业绩的影响并不如想象中那么明显，马可姆·波里奇奖(Malcolm Baldrige Award)的得主并不比其他一些公司业绩好。有些质量改进方面做得好的公司，其关键的财务指标并不一定能获得改进，这使得许多公司的高层们开始怀疑他们推进质量活动的动力。

目前的经营环境要求改进对质量的理解，需要一个更明确的定义。该定义能使企业的质量活动同时为顾客、员工、所有者和整个公司创造价值和经济利益。6σ正是这样一种质量实践，注重质量的经济性，当投资改进有缺陷的过程，原先质量低下时的高成本下降，上升的顾客满意度又挽回部分原来失望的顾客。同样，又会促进顾客对其产品的购买，从而带来收入的增加。

因此，6σ管理的核心特征是顾客与组织的双赢以及经营风险的降低。

如上所述，DPMO(每百万次采样数的缺陷率)是指100万个机会里面出现缺陷的机会是多少。有一个计算公式：DPMO＝(总的缺陷数/机会)×一百万分之一百万。如果DPMO是百万分之三点四，即达到99.99966%的合格率，那么这就叫6σ。DPMO与西格玛的对应关系如表7-1所示。

表7-1 DPMO与西格玛的对应关系

σ值	正品率(%) 1−(失误次数/百万次操作)	DPMO值	以印刷错误为例	以钟表误差为例
1	30.9	690 000	一本书平均每页170个错字	每世纪31.75年
2	69.2	30 8000	一本书平均每页25个错字	每世纪4.5年
3	93.3	66 800	一本书平均每页1.5个错字	每世纪3.5个月
4	99.4	6210	一本书平均每30页一个错字	每世纪2.5天
5	99.98	230	一套百科全书只有一个错字	每世纪30分钟
6	99.9997	3.4	一个小型图书馆的藏书中只有一个错字	每世纪6秒钟

在引入了西格玛这个概念以后，不同的企业、工厂、流程、服务之间都可以进行量化的比较。

7.2.6 人员组织结构

6σ管理需要一套合理、高效的人员组织结构来保证改进活动得以顺利实现。

过去之所以有80%的全面质量管理(Total Quality Management,TQM)实施者失败,最大的原因就是缺少这样一个人员组织结构。6σ管理的人员组织结构如图7-11所示。

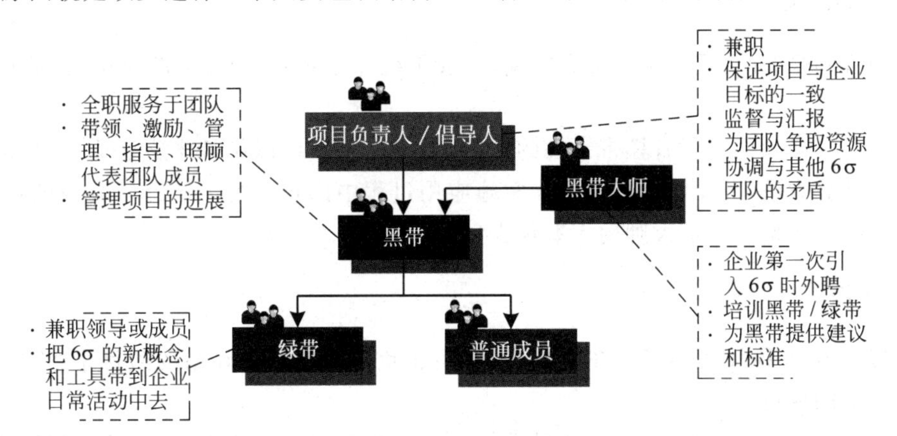

图7-11 六西格玛管理的人员组织结构图

1. 6σ管理委员会

6σ管理委员会是企业实施6σ管理的最高领导机构。

该委员会的主要成员由公司领导层成员担任,其主要职责是设立6σ管理初始阶段的各种职位,确定具体的改进项目及改进次序并分配资源,定期评估各项目的进展情况,并对其进行指导,最后当各项目小组遇到困难或障碍时帮助他们排忧解难等。成功的6σ管理有共同的特点,即获得企业领导者的全力支持。6σ管理的成功在于从上到下坚定不移地贯彻。

企业领导者必须深入了解6σ管理对于企业的利益以及实施项目所要达到的目标,从而对变革充满信心,并在企业内倡导一种旨在不断改进的变革氛围。

2. 执行负责人

6σ管理的执行负责人由一位副总裁以上的高层领导担任。

这是很重要的职位,需要有较强的综合协调能力的人来担任。其具体职责是为项目设定目标、方向和范围,协调项目所需的资源,然后处理各项目小组之间的重叠和纠纷并加强项目小组之间的沟通。

3. 黑带

黑带(Black Belt)的概念来自军事术语,指那些具有精湛技艺和本领的人。

黑带是6σ变革的中坚力量,对黑带的认证通常由外部咨询公司配合公司内部有关部门来完成。黑带由企业内部选拔出来,并全面实施6σ管理,在接受培训取得认证之后被授予黑带称号,同时担任项目小组负责人,领导项目小组实施流程变革,然后负责培训绿带。

黑带的候选人应该具备大学数学和定量分析方面的知识,需要具有较为丰富的工作经验,必须完成160小时的理论培训,由黑带大师一对一地进行项目训练和指导。经过培训的黑带应能够熟练地操作计算机,至少掌握一项先进的统计学软件。那些成功实施6σ管理的公司大约只有1%的员工被培训为黑带。

4. 黑带大师

黑带大师是6σ管理专家的最高级别,一般是统计方面的专家,负责在6σ管理中提供技术指导。

黑带大师必须熟悉所有黑带掌握的知识,深刻理解那些以统计学方法为基础的管理理论和数学计算方法,并能够确保黑带在实施应用过程中的正确性。统计学方面的培训必须由黑带大师来主持。黑带大师的人数很少,只有黑带的1/10。

5. 绿带

绿带(Green Belt)是兼职性的,经过培训后将负责一些难度较小的项目小组,或成为其他项目小组的成员。

绿带培训一般要结合6σ具体项目进行5天左右的课堂专业学习,包括项目管理、质量管理工具、质量控制工具、解决问题的方法和信息数据分析等。一般情况下由黑带负责确定绿带的培训内容,并在培训之中和之后给予协助和监督。

7.2.7 6σ与其他管理工具的比较

1. 全面质量管理与6σ管理

全面质量管理是一种以组织全员参与为基础的质量管理形式,6σ管理与全面质量管理相比具有超前性:

- 6σ管理强调对关键业务流程的突破性改进,而不是一时一点的局部改进。
- 6σ管理的开展依赖于企业高层领导的重视,依靠企业领导人和决策者的自觉行动。
- 6σ管理是一个具有挑战性的目标,这个在每百万次机会中仅出现3.4个缺陷的目标是人类通过努力可以达到的最完美的质量目标,在6σ目标的实现过程中企业能够获得丰厚的回报。
- 6σ管理强调顾客驱动,是一种由顾客驱动的管理哲学,强调以顾客为中心,确立以顾客为中心的经营方针,目的在于长期获取顾客的满意并使公司持续发展,毕竟只有顾客买单的先进技术才能推动企业的发展壮大。
- 6σ管理充分体现了跨部门的团队协作,通常把部门间的相互支持放在首位,在Motorola和GE,这种跨部门的相互协作甚至扩大到供应商和分销商。
- 6σ管理关注产生结果的关键因素。有输入才会有输出,任何流程所产生的结果都是输入和因素共同作用的结果。影响结果的因素有很多,但通常只有20%是关键因素,6σ管理密切关注关键因素,也就是抓住问题的本质。

6σ管理突破了全面质量管理的不足,强调从上而下的全员参与,人人有责,不留死角。从某种意义上来说,6σ管理是全面质量管理的继承和发展。

2. 企业流程再造与 6σ 管理

企业流程再造(Business Process Reengineering,BPR)强调以业务流程为改造对象和中心、以关心顾客的需求和满意为目标。

美国的一些大公司,如 IBM、柯达(Kodak)、通用汽车(GM)、福特汽车(Ford)、施乐(Xerox)和 AT&T 等,纷纷推行 BPR,试图发展壮大自己。

作为两种流程改进的方法,企业流程再造和 6σ 管理各有利弊和局限性。企业流程再造主要利用最佳的管理实践对企业进行快速的改进,是推倒重来的方式。因此,企业流程再造比较难于被组织心甘情愿地全面接受,适合于那些比较年轻的、管理还没有定型的企业。另一方面,6σ 管理是流程持续改进的方法。6σ 管理由企业内部人员推动完成,需要的时间比较长,但这样的改造比较彻底。企业内部员工有机会成为流程改进方面的专家,因而有持续改进的力量。

对于两种方法的比较可通过表 7-2 进一步了解。

表 7-2 企业流程再造与 6σ 管理的比较

BRP 方法	6σ 管理方法
忽略分析	重视分析
推倒流程,重新再来	持续改进流程
缺乏衡量标准	完全量化
改进依赖于外部咨询师的建议	改进企业内部人员来推动完成
员工参与少	全员参与
实施时间短,奏效快	实施时间较长
适用于未定性的年轻企业	适用于定义了核心业务流程的企业

在实际项目中,6σ 管理和企业流程再造经常结合起来使用。企业流程再造的强项在于快速,但企业流程再造的推倒重来势必会影响机构的重组。如果企业的核心业务流程已经定型,采用 6σ 管理方法更为合适一些。

7.3 质量功能展开设计

质量功能展开(Quality Function Deployment,QFD)作为一种顾客驱动的产品系统设计方法与工具,代表了从传统设计方式(即“设计→试验→调整”的方法)向现代设计方式(主动、预防)的转变,该方法是系统工程思想在产品设计和开发过程中的具体运用。

质量功能展开于 20 世纪 70 年代初,起源于日本,并被三菱重工(Mitsubishi Heavy Industries)神户造船厂成功地应用于船舶设计与制造中。丰田公司(Toyota Motor Corporation)于 70 年代后期使用这个方法,取得了巨大的经济效益,新产品开发启动成本下降了 61%,产品开发周期缩短了 1/3,而质量也得到了改进。

在 80 年代中期,质量功能展开被介绍到欧美,迅速引起了学术界和企业界的研究和应用。由于质量功能展开在提高产品质量、缩短产品开发周期、降低产品成本、增加顾客满意度方面的效果显著,使得产品在市场上的竞争力增强。所以,质量功能展开的应用范围和领域不断扩大,已被制造企业广泛接受。一些世界著名的公司,如日本的丰田(Toyota),美国的福特(Ford)、通用汽车(GM)、惠普(HP)、施乐(Xerox)、国际数字设备、克莱斯勒(Chrysler)、麦道公司(McDonnell-Douglas)等相继采用了质量功能展开方法。质量功能展开不仅应用于制造业,还应用于计算机软件业以及企业的战略规划等领域中。

质量功能展开是把顾客对产品的需求进行多层次的演绎分析,转化为产品的设计要求、零部件特性、工艺要求、生产要求的质量工具,用来指导产品的稳健性设计和质量保证。该方法体现了以市场为导向,以顾客需求为产品开发的唯一依据的指导思想。在 6σ 设计方法体系中,质量功能展开技术占有举足轻重的地位,是开展 6σ 设计的先导步骤,通过对顾客需求的逐层展开来确定产品研制的关键质量特性(Critical-To-Qualities)和关键质量过程(Critical-To-Processes,CTPs),从而为 6σ 设计的具体实施确定了重点并明确了方向。

7.3.1 质量功能展开的概念

按照美国供应商协会(American Supplier Institute,ASI)的定义,质量功能展开(Quality Function Deployment,QFD)是指在制造过程中用系统配置需求和特征关系的方法将顾客需求转变成"质量特性",并展开质量设计,最终得到满足质量要求的产品。

质量功能展开从顾客需求出发,确定各个功能部件的质量,然后将分解到每个零部件和加工过程的质量进行展开,通过分解关系网络组成制造过程的整体质量。

所以,质量功能展开是一种用于倾听顾客声音的系统化方法,采用系统化的、规范化的方法调查和分析顾客需求,并将其转换成产品特征、零部件特征、工艺特征、质量与生产计划等技术需求信息,使所设计和制造的产品能真正满足顾客需求。该方法是一种主动预防式的现代设计方法,将注意力集中于规划和问题的预防上,而不仅仅集中在问题的解决上。其基本思想是在产品设计/开发全过程中所有活动都是由顾客需求所驱动,把顾客需求和愿望体现到产品设计中,从而使产品具有满足顾客满意的稳健性能。

7.3.2 质量功能展开的分解模型

质量功能展开提出后在学术界和企业界都取得了显著的研究和发展,应用的模型也很多,目前有 3 种普遍接受的模式,即日本的综合 QFD 模式、ASI 模式和 GOAL/QPC(质量、生产力和竞争力)模式,其中 ASI 模式最为典型。

下面讨论 ASI 模式,质量屋(House Of Quality,HOQ)是实现这一模型的最好工具。如图 7-12 所示,ASI 分解模型将顾客需求的分解分为 4 个阶段,即产品规划、零部件规划、工艺规划和生产规划。每个分解阶段都产生一个质量屋,上一层的输出恰好是下一层的输入,形成瀑布式的分解过程。

在第一阶段(即产品规划阶段)通过产品规划质量屋将顾客需求转换为技术特性,然后从顾客的角度和技术的角度对市场上的同类产品进行评估,在分析质量屋的各部分信息的基础上确定各个产品总体特征的技术性能指标。为了确定技术特性权重,首先要确定顾客需求的权重,并进行顾客竞争性评价,其次要量化关系矩阵中联系的紧密程度,然后根据客户要求的权重和关系矩阵中联系紧密程度的量化值采用线性加权和法(Linear weighted sum method)确定技术要求的权重。

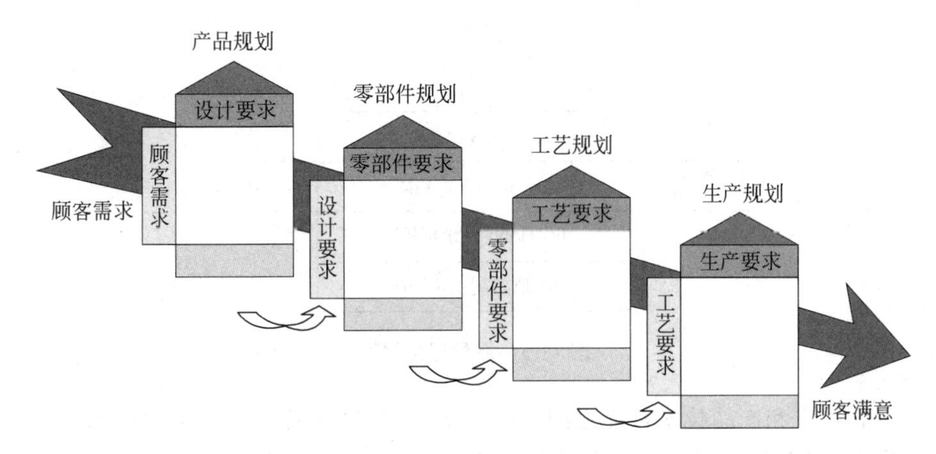

图 7-12 QFD 分解模型

在第一阶段采用用户竞争性评价的目的是调整顾客需求的权重，进行技术竞争性评价是为了调整技术要求的权重。用户/技术竞争性评价的目的在于设计出比竞争对手更具竞争力优势的产品。技术要求的目标值可以用田口方法和实验设计相结合的相关矩阵的权衡分析，加以确定。

在第二阶段，重要的技术特性被进一步展开为零部件要求，运用同样的分析方法可以确定出零部件要求的权重，然后将第二阶段质量屋输出权重大的零部件要求作为第三阶段质量屋的输入。重复进行下去，直到把重要的顾客需求展开到生产计划中可操作的生产要求为止。

在上述过程中，质量功能展开的目的是将重要的顾客需求逐步展开为技术要求、零部件要求、工艺要求、生产要求，并确定出影响顾客需求的关键质量特性和关键工艺参数，为制定产品规划、工艺规划、生产计划以及产品和工艺的持续质量改进提供可靠的决策信息。

由此看来，质量功能展开实际上是一种集成的 4 阶段过程，每一个阶段和下一个阶段之间的数据交换就是矩阵数据之间的交换。第一个矩阵的 How 转换为第二个矩阵的 What，第一个技术矩阵转换为第二个矩阵的计划矩阵，通过这样转换顾客需求及产品开发信息从一个矩阵转移到另一个矩阵。把产品开发过程中的顾客需求、产品及零部件要求、工艺要求、生产要求联系在一起，反映了产品从开发、设计到制造的全过程。

7.3.3 质量屋的构成

质量功能展开的核心组成部分为质量屋，其中产品规划质量屋构成如图 7-13 所示，下面分别对图中的(1)～(7)进行说明：

(1) 顾客需求及其权重，是质量屋的“什么”(What)，是质量屋最基本的输入，并通过市场调查获得。其中的顾客需求由顾客确定产品或服务的特性，然后获得需求重要度(权重)值。最后，顾客对各项需求进行定量评分，以表明各项需求对顾客的重要程度。

(2) 产品技术特性，是质量屋的“如何”(How)，也是那些为了满足输入的顾客需求而必须予以保证、实施的技术特性，是顾客需求赖以实现的手段和措施。

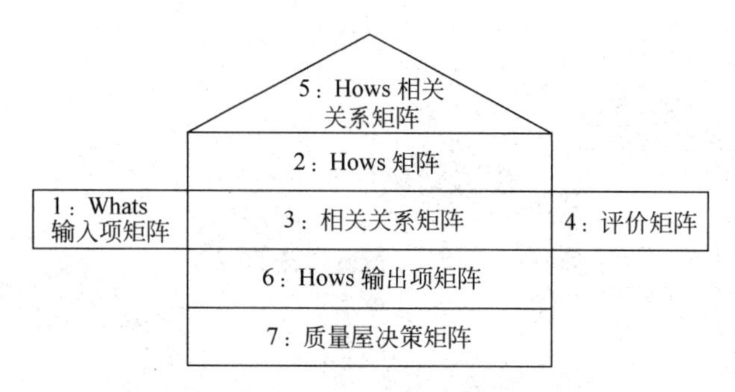

图 7-13　质量屋结构图

(3) 顾客需求和产品技术特征之间的关系矩阵，反映了从顾客需求到技术特征的映射关系，表明了产品各技术特征和顾客需求的相关程度。

(4) 市场竞争性评估，从顾客的角度对本公司和竞争者产品在满足他们需求方面的评估包括市场竞争性评估，以及对应顾客需求进行的评估，并用来判断市场的竞争力。此外还有企业产品评估，顾客对企业当前的产品或服务满意的程度，对改进后产品的评价，以及企业产品改进后希望达到的顾客满意的程度。

(5) 产品技术特征之间的相关矩阵，表明了改善产品某一技术特征的性能对其他技术特征所产生的影响。

(6) 技术竞争性评估，从技术的角度对市场上的同类产品进行的评估。

(7) 质量屋的决策部分，包括技术特征的重要度和技术实施难度评估、技术特征目标值决策以及配置决策等。

7.3.4　质量功能展开的特点

质量功能展开的特点如下：

(1) 质量功能展开的整个过程是以满足顾客需求为出发，各阶段的质量屋输入和输出为市场顾客需求驱动的，以此来保证最大限度地满足顾客需求。

(2) 质量功能展开技术在计算机技术和信息技术的支持下有机地继承和延伸传统设计技术方法，是传统的理论方法在一个新的层次上应用和发展，同时还可以和其他先进设计技术方法融合应用。

(3) 质量屋是建立质量功能展开系统的基础工具，是质量功能展开方法的精髓。

(4) 在质量功能展开系统化过程中的各个阶段都要将市场顾客需求转化为管理者和产品设计者能明确理解的各种信息，并减少产品设计过程的盲目性。从工程设计角度看，这种有目标、有计划的开发生产模式可以降低设计费用、缩短开发周期，并且大大提高产品的质量和竞争能力。

7.4　DFSS 流程及主要设计工具

从统计上说，6σ 强调理解过程输入变量和过程输出变量的关系。

一旦过程的输入对输出的影响和作用得到充分的理解，该过程就可以采用稳健思想和优化技术来设计，使输出尽量靠近目标值，而不是以公差范围来衡量，同时使变异达到最小。这与田口玄一的损失函数目标相一致。所以，为了有效地追求改进，落脚点必须放在过程的输入上。从整体业务改进方面来讲，6σ 解决了管理人员所面临的两难问题，即一方面通过快速的业务改进项目来达到短期的财务目标的问题，另一方面要在关键人才和核心流程方面为未来的发展积蓄能力的问题。

7.4.1 DMAIC 与 DFSS 简介

实施 6σ 管理模式提升企业竞争力的主要途径有两个，一个是对现有流程进行改进的 DAMIC 流程，另一个是对新过程和新产品进行设计的 DFSS(Design For Six Sigma)。6σ 管理不仅仅是理念，同时也是一套业绩突破的方法，将理念变为行动，将目标变为现实，对需要改进的流程进行区分，找到高潜力的改进机会，优先对其实施改进。如果不确定优先次序，企业从多方面出手可能分散精力，影响 6σ 管理的实施效果。

对于 DMAIC 模式，业务流程改进遵循 5 步循环改进法。

- 定义(Define)：主要明确问题、目标、流程，需要回答以下问题，即应该重点关注哪些问题或机会？应该达到什么结果？何时达到这一结果？正在调查的是什么流程？它主要服务和影响哪些顾客？
- 评估(Measure)：主要是分析问题的焦点是什么，借助关键数据缩小问题的范围，找到导致问题产生的关键原因，明确问题的核心所在。
- 分析(Analyze)：通过采用逻辑分析法、观察法、访谈法等方法对已评估出来的导致问题产生的原因进行进一步分析，确认是否存在因果关系。
- 改进(Improve)：拟定几个可供选择的改进方案，通过讨论并多方面征求意见从中挑选出最理想的改进方案付诸实施。实施 6σ 改进可以是对原有流程进行局部改进。在原有流程问题较多或惰性较大的情况下也可以重新进行流程再设计，推出新的业务流程。
- 控制(Control)：根据改进方案中预先确定的控制标准，在改进过程中及时解决出现的各种问题，使改进过程不偏离预先确定的轨道，发生较大的失误。

如图 7-14 所示，6σ 提供了系统地、持续地改进产品和过程质量的流程 DMAIC，其中 CTQs 是关键质量特性(Critical-To-Qualities)的缩写，对于推动企业应用现代质量管理方法起到了非常重要的作用。该方法将已有的质量管理方法集成地应用于质量改进。目前，许多企业在推广 6σ 时把重点放在 DMAIC 流程上。

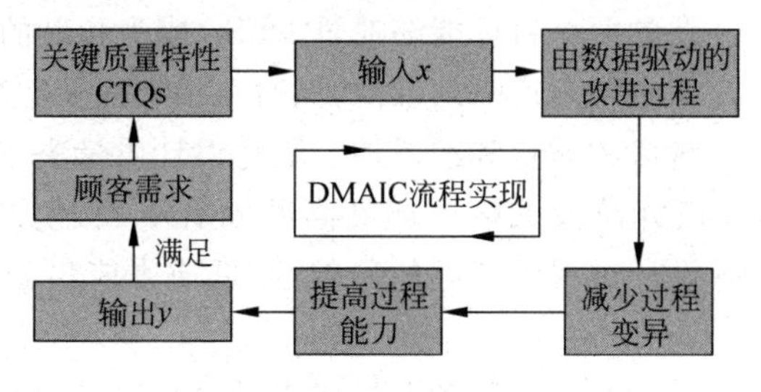

图 7-14　DMAIC 流程图

下面看一下DFSS(Design For Six Sigma)。

DFSS是独立于传统六西格玛DMAIC的又一个方法论,以顾客需求为导向,以质量功能展开为纽带,深入分析和展开顾客需求,综合应用系统设计、参数设计、容差设计、实验设计以及普氏矩阵、失效模式与影响分析(Failure Mode and Effects Analysis,FMEA)等设计分析技术,大跨度地提高产品的固有质量,从而更好地满足顾客的需求。DFSS从一开始的设计阶段就强调产品质量,在开发过程中努力消除产品的潜在缺陷,提高产品抵御各种干扰的能力,减少质量波动,从而实现6σ的质量目标,这样就减小了那种设计完成之后再通过"试错法"来试图提高质量,达到目标而带来的大量的成本和时间的浪费。通过这种方式获得的稳固的、内在的质量是其他任何方法所无法达到的。虽然有些大企业已经引入了6σ管理方法,但很少将重点放在产品和流程的前期设计阶段。

传统的设计开发流程不重视对顾客需求的深入分析,不能在设计阶段并行地考虑其下游阶段的制造、装配和服务等过程,而且设计上缺乏系统方法的指导和创新机制,导致产品质量低和稳健性差。因此有必要对DFSS的设计过程及其设计思想做进一步的分析探讨,以求给予必要的补充,同时为在实践中有效应用DFSS提供一些借鉴。

7.4.2 DFSS的重要性及其内涵

从产品形成的角度来看,质量包括设计质量、生产质量和服务质量。

设计质量具有先天性的影响,离开设计质量往往不能比较两种产品的高低。设计是当今质量的生命源泉,任何产品的设计阶段都将对其整个生命周期起到决定性的作用。一个良好的软件设计会因其后继过程的不可控而水平降低,但劣质的软件设计从不会因生产和其他过程的弥补而达到卓越质量。

图7-15 约瑟夫·朱兰(Joseph M. Juran)

质量管理大师约瑟夫·朱兰(Joseph M. Juran,如图7-15所示)说过,在制造阶段所产生的任何缺陷在产品设计阶段都可以直接控制。所以,质量保证的措施首先要集中在设计过程上,目的在于一开始就避免存在某些缺陷。如果设计能力不足,所有的改进与控制都无从谈起。研究表明,因为设计所引起的质量问题至少是80%,即至少80%的质量问题源于劣质的设计,由此可见设计质量之重要。

另外,最重要的成本源自产品设计的改变,而非制造方法或系统的改变,所以在产品设计和开发过程中设法降低成本具有决定性的意义。高质量和低成本这对看起来似乎矛盾不能同时存在的两个目标能够通过DFSS成为和谐的一体,即通过设计过程本身决定产品的性能,同时在很大程度上决定其制造和服务支持阶段的质量和经济性。既然设计质量决定了产品的固有质量,那么就有必要开展DFSS,在设计阶段就赋予产品高的固有质量,使产品真正实现6σ质量。从量化角度来看,在DFSS设计过程中产品的稳健性、低成本应该是所追求的设计质量,即稳健、优化的质量。

简单地说,这就是一个减少交付时间和开发成本、增加有效性和更好地满足顾客的设计产品、服务或过程的一个严格的方法。DFSS是从设计源头出发，基于并行质量工程的思想面向6σ进行设计，主动采用系统的解决问题的方法，把关键顾客需求融入到产品设计过程中，实现无缺陷的产品和过程设计。其综合应用现代设计和质量工程的理念与方法，确保开发速度和产品质量，降低产品生命周期成本，为企业解决产品和过程设计问题提供了有效的实践方法。

DFSS具有如此重要的作用和意义关键在于以下几个方面的思想。

(1) 基于预防性思想：DFSS把预防当作一个具有战略意义的问题来看待，通过DFSS从反应式设计质量达到预测式的设计质量。在DFSS中，团队不仅要预测和预防缺陷，还必须能够预测和满足外在的与潜在的顾客需求，即针对卡诺模型(KANO)进行设计。当前，质量界已普遍认识到产品设计中的预防是最有效的预防，设计中的浪费是最大的浪费。质量必须从源头就设计到产品之中，并建立预测和预防控制的思想与方法才能达到卓越的质量，从而真正缩小产品设计与实际生产、交货间的差距。DFSS就是在产品和流程设计一开始就寻找缺陷，将一切可能的问题消灭在萌芽状态，努力创造一个新的、更好的产品和过程流程。

(2) 基于并行质量工程的思想：由于传统的设计方法导致产品质量低和稳健性差，因此DFSS有必要采用DFX(Design for X)的设计方法，在设计中把并行过程的各种质量要素聚集在一起，在设计之初就考虑产品的稳健性、可制造性、可维修性、可靠性等，这些充分体现了并行工程的思想。如果过程设计得好，就会大大降低设计的复杂性和加工精度。另外，质量工程最基本和最重要的目标是使得设计参数/过程变量对变异来源不敏感，强调在设计阶段更好地理解产品/过程(而非一般意义上)的优化。由此，这就需要在设计方法和质量工程之间有一个平衡，那么DFSS就成为这两者之间建立工程模型的通道，同时，DFSS为实现质量工程的目标也提供了卓有成效的途径。DFSS的目标是交付优秀的新产品和新过程，这里的优秀是指产品和过程具有稳健性和可靠性，而6σ中的过程能力指数或DPMO指标就表明了这一目标。所以，在降低产品的制造成本和劣质成本的同时，DFSS的稳健设计还使产品具有了很高的抗干扰能力。

(3) 以顾客为关注焦点：从统计意义上讲，DFSS的本意是要减少产品/过程的质量波动，其隐含的前提是设计目标值必须与顾客的要求完全一致，并且质量特性的规格必须是顾客能接受的。如果忽略了顾客的需求，所确定的设计目标值和规格并不能使顾客满意，DFSS也就毫无意义。因此，设计的出发点、归宿都必须以顾客满意为最高准则。

7.4.3 DFSS与DMAIC的区别

区分DMAIC和DFSS的方法是通过确定6σ行为发生在产品生命周期的什么阶段以及其着重点。

DAMIC侧重于主动找出问题的起因和源头，从根本上解决问题，强调对现有流程的改进，但该方法并不注重产品或流程的初始设计，即针对产品和流程的缺陷采取纠正措施，通过不断改进，使流程趋于“完美”。但是，通过DMAIC对流程的改进是有限的，即使发挥DMAIC方法的最大潜力，产品的质量也不会超过设计的固有质量。相应地，DMAIC重视的是改进，对新产品几乎毫无用处，因为新产品需要改进的缺陷还没有出现。

DFSS不是DMAIC流程的延伸，也不是一种完全不同的方法，而是6σ业务改进方法的另一种实现形式,是在设计阶段而非质量控制阶段乃至生产阶段来预防缺陷。

要想突破“5σ墙”,实施DFSS是一个重要途径,因为只有在开发过程中努力消除产品的潜在缺陷才能提高产品抵御各种干扰的能力,减少质量波动。实现6σ的质量目标DFSS是在设计阶段就强调质量,而不是等设计完成之后再通过“试错法(Try and error)”来试图提高质量,达到目标,这样就节省了大量的成本、时间,通过该方式得出的稳固的、内在的质量是其他任何体系无法达到的。所以,DFSS比6σ改进具有更重要的意义和更大的效益。

7.4.4 DFSS流程及主要设计工具

DFSS的具体流程很多,但目前还没有统一的模式。

虽然对流程的表述不同,但本质相差无几。从设计和顾客角度来看,上述流程或是DMAIC流程的发展和延伸,或是从设计和优化角度给予强调,并在实施6σ设计过程中运用了共同的设计及质量工具。当前,提出的DFSS流程有以下几种。

- DMADV:定义(Define)、测量(Measure)、分析(Analyze)、设计(Design)和验证(Verify)。
- DMADOV:定义(Define)、测量(Measure)、分析(Analyze)、设计(Design)、优化(Optimize)和验证(Verify)。
- DMADIC:定义(Define)、测量(Measure)、分析(Analyze)、设计(Design)、实现(Implement)和控制(Control)。
- DMCDOV:定义(Define)、测量(Measure)、特征化(Characterize)、设计(Design)、优化(Optimize)和验证(Verify)。
- DCOV:定义(Define)、特征化(Characterize)、优化(Optimize)和验证(Verify)。
- DMEDI:定义(Define)、测量(Measure)、调查(Explore)、开发(Develop)和实现(Implement)。
- DCCDI:定义(Define)、识别顾客需求(Customer)、概念设计(Concept)、产品和过程设计(Design)与实现(Implement)。
- IDDOV:识别(Identify)、定义(Define)、开发(Develop)、优化(Optimize)和验证(Verify),该方法由质量管理专家苏比尔·乔杜里(Subir Chowdhury)先生提出。
- IDEAS:识别(Identify)、设计(Design)、评价(Evaluate)、保证(Assure)和扩大规模(Scale-up)。
- IDOV:识别(Identify)、设计(Design)、优化(Optimize)和验证(Validate)。
- I2DOV:创新性设计(Invention and Innovation)、开发(Develop)、优化(Optimize)和验证(Verify)。
- CDOV:概念开发(Concept development)、设计开发(Design development)、优化(Optimize)和验证(Verify certification)。
- RCI:定义和开发需求(Define and Develop Requirements)、概念设计(Define and Develop Concepts)和改进(Define and Develop Improvements)。

图7-16详细描述了6σ的设计流程,旨在使读者更清晰地了解DFSS的设计流程,下面分别对图中的流程和工具进行讲解。

通过前面列出的模式可以发现,这些内容或者是DMAIC流程的发展和延伸,或者是从

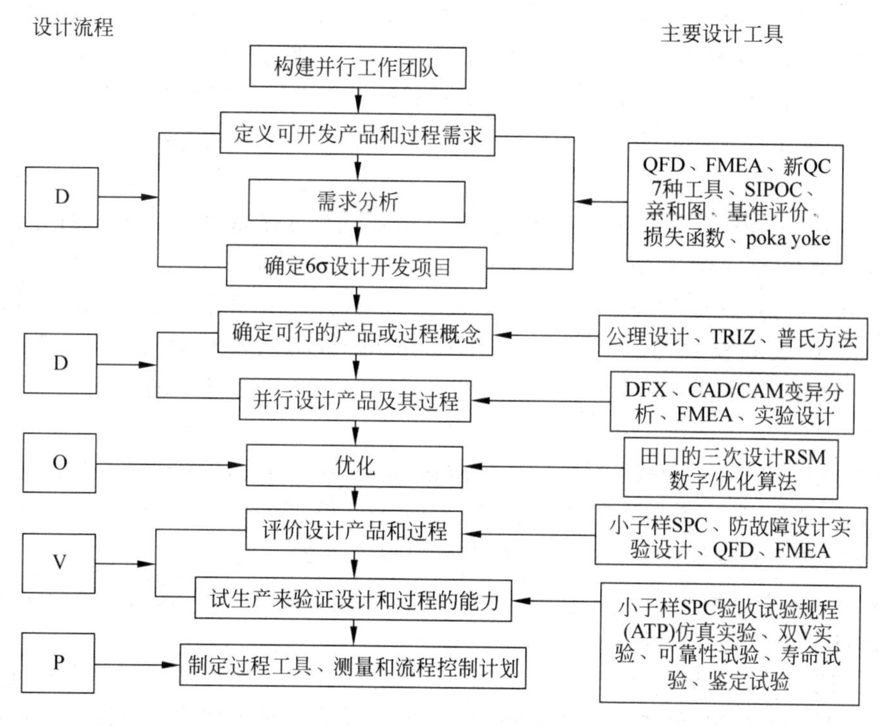

图 7-16 六西格玛设计流程及主要设计工具

设计和优化角度给予强调，但基本上都始于需求开发阶段终于验证阶段。根据这些模式总结得到 DFSS 的设计路线为 DDOVP，即定义和开发需求(Define and Develop Requirements)、并行产品和过程设计(Concurrent Design)、优化(Optimize)、评价和验证(Evaluate and Validate)、开发控制计划(Develop Control Plan)，简记为定义(Define)、设计(Design)、优化(Optimize)、验证(Validate)和计划(Plan)。该设计路线注重的是顾客需求和设计优化的重要性，更适于在产品开发阶段应用。然而，建立和保持一个高度有效的并行工程团队是实现 DFSS 的前提。完成一个 6σ 设计流程会用到许许多多 6σ 改进工具、设计工具及方法，下面对这些设计模式加以详细阐述。

(1) 计划(Plan)阶段：DFSS 第一步的目的是定义和开发产品的顾客需求，并论证和确定要开展的 DFSS 项目，为以后的工作提供有力而清晰的方向。在产品开发过程中，产品创新的核心在于概念设计，而需求设计又是概念设计的先导。分析顾客需求并将关键顾客需求融入到产品设计中是产品生命周期最前端的过程，所以这一阶段是最重要的，这个阶段一个小小的错误都有可能造成严重的后果。

在该阶段的主要工具有质量功能展开(Quality Function Deployment，QFD)、新 QC (Quality Control)7 种工具、SIPOC(Supplier、Input、Process、Output、Customer，戴明提出来的组织系统模型，它是一门用于流程管理和改进的技术，用作过程管理和改进的常用技术)、亲和图(又称 KJ 法，即把大量收集到的事实、意见或构思等语言资料按其相互亲和性归纳整理，使问题明确起来，求得统一认识和协调工作，以利于问题解决的一种方法)、基准评价、损失函数、失效模式与影响分析(Failure Mode and Effects Analysis，FMEA)以及防故障设计等。

(2) 识别(Identify)阶段：基于顾客需求选择最好的产品和服务概念，识别顾客需求，确定关键质量特性、技术需求及质量目标并进行产品的概念设计。通过质量功能展开(Quality Function Deployment，QFD)深入分析将顾客需求逐层展开为设计要求，采用系统设计的方法，通过创造性的思维和自顶向下的设计形成一个可以实现顾客需求的方案，开发创新技术满足功能需求，实施风险分析、工程分析明确地表述概念设计，预测质量的 σ 水平。

(3) 设计(Design)阶段：建立完整的产品和服务以及过程知识库，运用公理化设计将顾客需求的关键质量特性(Critical-To-Qualities，CTQs)转化为功能要求的关键质量过程(Cristal-To-Processes，CTPs)，评价备择设计方案，确定最适合的设计方案，采用系统设计、质量功能展开、失效模式与影响分析、DFX(Design for X)、参数设计、容差设计、CAD/CAM、小子样统计过程控制(Statistical Process Control，SPC)等方法进行全尺寸样品的设计和试制。

(4) 优化(Optimize)阶段：目标是达到质量、成本和交付时间的平衡。首先，设计应该是稳健的，在 DFSS 中这是最重要的特征。DMAIC 模型着重于对现有流程的改进，而 DFSS 着重于预防和稳健性。其应用的技术有田口玄一的三次设计、实验设计(Design Of Experiments，DOE)、响应曲面法(Response Surface Method，RSM)、调优运算(Evolutionary Operation，EVOP)、数字算法优化等。

(5) 验证(Verify)阶段：评价设计产品和过程并验证设计是否满足顾客需求，通过对实时处理进行控制和调整，使得软件工程师能够识别并预防失效。同时，通过潜在的失效模式和功能变异性的减少来改进产品和过程，通过建立、测试并固定原型进行试生产来验证设计和过程的能力与产品的可靠性。其应用小子样 SPC、FMEA、信噪比和 DFSS 记分卡、DOE、QFD、FMEA 等方法进行设计质量的评估。在验证阶段，通过小子样 SPC 和验收试验规程(Acceptance Test Procedure，ATP)等方法进行制造质量的验证，通过仿真试验、可靠性试验、寿命试验、鉴定试验等方法进行 DFSS 产品的验证和确认，以及通过平均故障时间(Mean Time Between Failure，MTBF)和信噪比等统计指标及 DFSS 记分卡等考查产品的质量可靠性水平，并通过顾客试用来验证 DFSS 是否达到了我们希望的目标。最后，根据评价结果制定过程工具以及测量和流程控制计划，给出设计验证计划和报告，并维持流程的绩效水平以满足客户需求，从而不断促进流程的改进。当然，最优化的方案还应当通过技术状态控制的方法固化下来，以保证设计的产品在后继加工过程中完全符合顾客的需求。

7.4.5 DFSS 的集成框架

DFSS 是一种严格的设计方法，但并不是一种方法论，尽管理论界和企业界提出了许多流程，然而实施 6σ 设计的软件企业还是希望能寻找到适合自己的 6σ 设计路线及设计模式，基于 6σ 设计的流程，设计方法及设计工具如图 7-17 所示。

下面将常用的设计工具及方法融合到 6σ 设计的流程框架中，将流程、路线与设计工具、方法相整合，来看另外一个基于 PIDOV 流程的 6σ 设计集成框架。

(1) 计划(Plan)阶段：创建团队，制定项目章程，确定项目计划，创建商业案例，并论证 DFSS 项目；应用质量功能展开(Quality Function Deployment，QFD)、新 QC(Quality Control)7 种工具、风险分析等方法寻找市场机会，识别顾客需求，并论证和确定要开展 6σ 设计的项目。

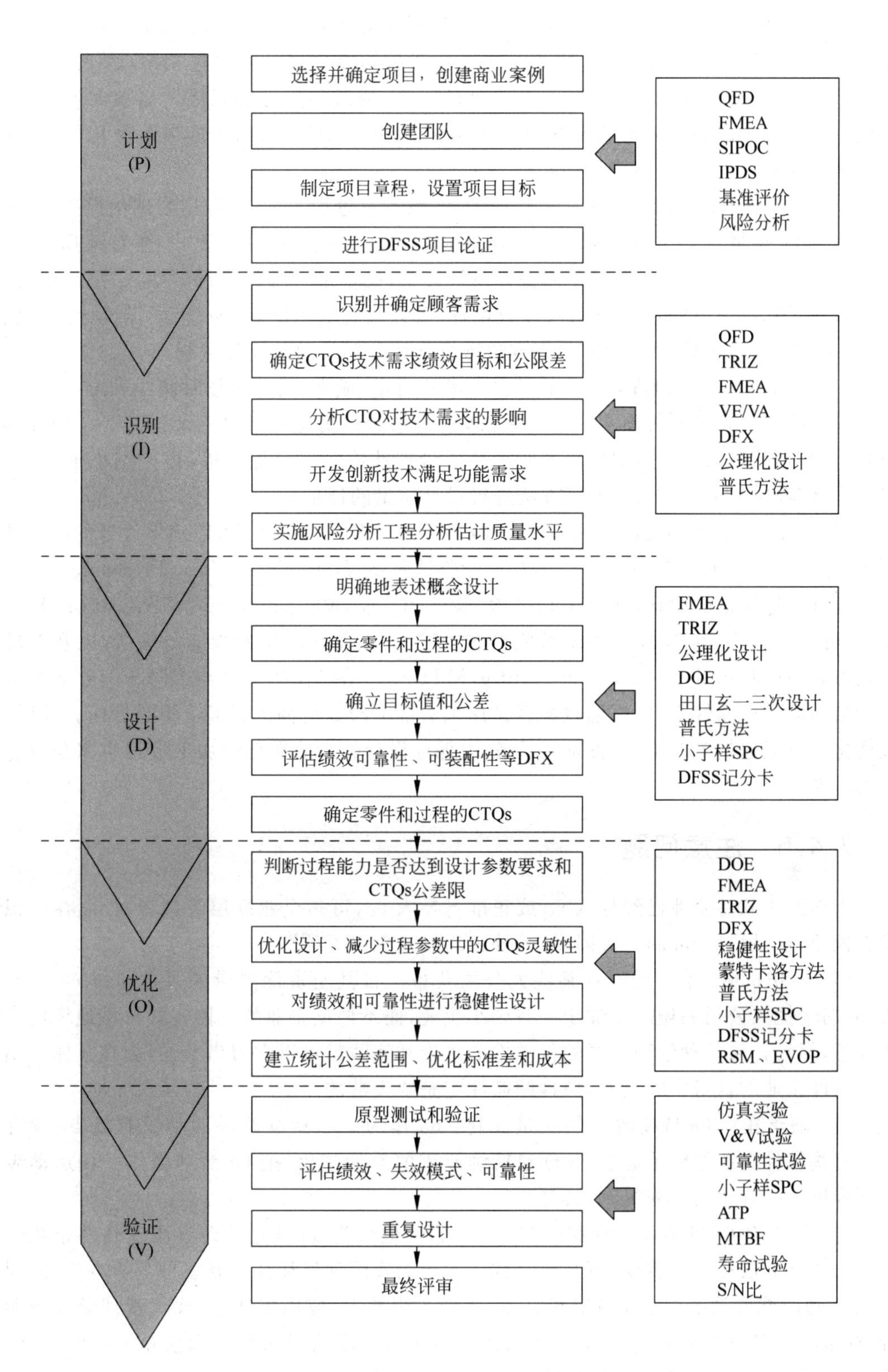

图 7-17 集成的六西格玛设计框架

(2) 识别(Identify)阶段：基于顾客需求选择最好的产品/服务概念，识别顾客需求，确定关键质量特性、技术需求及质量目标并进行产品的概念设计。通过 QFD 深入分析将顾客需求逐层展开为设计要求，采用系统设计的方法，通过创造性的思维和自顶向下的设计，形成一个可以实现顾客需求的方案，开发创新技术满足功能需求，实施风险分析、工程分析明确地表述概念设计，预测质量的西格玛水平。

(3) 设计(Design)阶段：建立完整的产品/服务及过程知识库，运用公理化设计，将顾客需求的关键质量特性(Critical-To-Qualities，CTQs)转化为功能要求的关键质量过程(Cristal-To-Processes，CTPs)，评估备择设计方案，确定最适合的设计方案，采用系统设计、QFD、FMEA、DFX(Design for X)、参数设计、容差设计、CAD/CAM、小子样统计过程控制(Statistical Process Control，SPC)等方法进行全尺寸样品的设计和试制。

(4) 优化(Optimize)阶段：目的是在产品的质量、成本、投放市场时间中寻求平衡，使用先进的统计工具和模型去预测质量水平，即通过稳健性实验设计(Design Of Experiments，DOE)、参数设计、容差设计、DFX 等使产品质量特性稳定在目标附近，再使用小子样 SPC、FMEA、信噪比和 DFSS 记分卡等方法进行设计质量的评估。

(5) 验证(Verify)阶段：验证产品或服务满足顾客需求的程度，以确保设计的产品满足顾客的关键质量特性。通过小子样 SPC 和验收试验规程(Acceptance Test Procedure，ATP)等方法进行制造质量的验证，通过仿真试验、验证和检验(Validation and Verification，V&V)试验、可靠性试验、寿命试验、鉴定试验等方法进行 6σ 设计产品的验证与确认，以及通过平均故障时间(Mean Time Between Failure，MTBF)和信噪比的统计与 DFSS 记分卡等来考察产品的质量可靠性水平，并通过顾客试用来验证 DFSS 是否达到了希望的目标。最后，将最优化的方案通过 SPC 的方法固化下来，以保证设计的产品在后续加工过程中完全符合顾客的需求。

7.4.6 注意问题

当前不少软件企业已经导入 6σ 或正准备导入 6σ，可是企业高层管理者对 6σ 在认识上尚有偏差，这是推广 6σ 的一大障碍，另外还需要避免以下问题。

(1) 模仿机械：有些曾经在某些大公司获得黑带甚至资深黑带的人往往以 6σ 专家自居，倾向于把大公司的做法强加于一些中小企业，而不根据企业的具体实际机械地模仿。需要注意，尽管任何一种管理模式的科学性的理论和实践是可以学习借鉴的，但在具体应用上要从软件企业的自身实际出发，照抄照搬注定是要失败的。

(2) 缺乏建立 6σ 持续改进的质量文化：6σ 作为一项持续改进活动只有始点，没有终点。有些软件企业忽略了通过 6σ 创建持续改进的质量文化，把 6σ 活动当作一场运动轰轰烈烈推进了一阵子便又恢复到从前的老样子。

(3) 没有对 6σ 的专业培训和咨询：有人错误地认为 6σ 就是统计方法在软件企业中的应用。统计方法尽管很重要，可是要完成企业中的实际项目往往需要多种分析方法和工具。6σ 咨询师应能够系统地运用计算机技术、工业工程技术、应用统计学、现代管理学等帮助黑带/绿带学员解决企业的实际问题，生搬硬套 SPC、DOE、方差分析等做法是可笑的，导致的结果是统计方法的误用。

(4) 基础管理相对薄弱：6σ 的管理模式适用于所有类型的软件企业，但是如果软件企业基础管理薄弱，基础数据不完善，甚至是空白，建议这样的软件企业还是要抓好基础，操之过急地推广 6σ 可能难以达到预期结果。

(5) 缺乏科学合理的项目实施规划：有些软件企业推行 6σ 认为只要选派几个人参加 6σ 学习班，拿到 6σ 黑带/绿带证书就可以了。其实，离开企业 6σ 项目实施，任何公司的 6σ 黑带/绿带证书都是废纸一张。

7.4.7 发展方向

根据上述 DFSS 的设计流程、设计工具、设计框架模式的研究，DFSS 作为质量管理的一种核心技术远远超出了其原来范畴，该方法正发展成为具有方法论意义的现代管理与设计理论。

在该理论框架的基础上，许多质量工具与设计方法的综合集成变成有力的支持工具。当前有许多专家学者对 DFSS 进行了研究，并在企业中应用，取得了相当的研究成果。但是，学术界对 DFSS 还缺乏更广泛的深入研究，企业界还没有充分认识到 DFSS 的作用、潜力。为了推动 DFSS 理论研究与实践，并根据当前 DFSS 理论与方法研究进展现状，下面指出 DFSS 的重点研究方向，希望对关注此领域的软件工程师有所帮助。

(1) 支持 DFSS 的软件工具平台的开发：基于 DFSS 的流程管理模式和并行设计技术路线，将所有的工具融合在 DFSS 的框架之中，然后把流程与工具整合起来，开发一套基于 B/S 的 6σ 设计管理软件系统，有助于企业从质量形成的角度对各种过程进行跟踪和协调，满足网络化制造模式下的过程和数据管理，实现多元化和全过程的持续质量改进。

(2) 6σ 设计的管理问题：要实现 DFSS，需要建立以持续改进和不断满足客户需求为核心的管理理念和体系，并涉及组织管理以及项目管理等；需要分析 6σ 管理实践，研究 6σ 管理与 DFSS 管理之间的相关性和差异性，找出 DFSS 具有创新性的组织管理和项目管理特点，提出 DFSS 改进的原则，建立一个提升领导力的可操作框架。然后，基于信息技术和并行工程的思想，采用参与式管理建立客户完全满意团队，通过分析客户、供应商和竞争者的关系探讨供应商早期参与的方式，以及如何设计工作流信息系统，搭建异地平台。在 6σ 项目管理工具和技术研究的基础上需要研究多变异风险管理技术，提升管理层对变异的理解。并且建立业务改进模型，利用它将客户需求与业务战略和核心业务流程结合起来，帮助客户和供应商改进业务流程。

(3) 将顾客需求转换为可量化的设计特性和关键过程：研究如何将海量的具有模糊和不确定性甚至冲突的客户之声(Voice Of Customer，VOC)转化为准确的客户之声，并提炼出关键顾客需求，准确地识别、量化顾客需求和期望，针对需求和期望进行设计。同时研究如何将普适性方法(如 QFD 和 FMEA)、创新性设计方法(如 TRIZ，俄语 теории решения изобретательских задач，发明问题解决理论)和公理化设计理论(Axiomatic Design，AD)、模糊逻辑为主的不确定信息处理方法结合来实现这一转换过程，并开发适用于各个转换过程的支撑技术，对于 DFSS 的概念设计有着重要价值。

(4) 概念设计中的解耦合设计：DFSS 的目的主要是解决源头质量问题，使产品的结构和参数从设计开始就真正满足顾客需求和功能需求。但是，在进行概念设计时设计者会经常遇到产品的功能及参数之间产生冲突或耦合。冲突或耦合的设计会导致低满意度、高成本、长交付期。所以，利用 AD、QFD、TRIZ、公差设计等方法进行解耦合设计，减少设计方案搜索的随机性以及设计的重复,也是 DFSS 方法发展的热点。

(5) 稳健性设计技术的深入研究:作为持续质量改进活动中的重要支撑技术,稳健性设计优化等统计实验设计方法是实现 DFSS 的必经之路。所以,在 6σ 的稳健性设计中以下内容还需讨论:一是目前尚未建立起完整的稳健性评价指标体系,另一个是多响应的稳健设计问题。对传统 RSM 的研究表明,在多响应问题上仅仅针对其最优性的讨论是不够的,最优点不一定是稳健点,因此必须结合稳健性的方法来讨论多响应的稳健优化设计问题。最后一个是针对小批量、多品种生产过程的"逆稳健性设计"问题,即根据顾客需求确定产品质量特性,并通过合适的参数设计与容差设计将该质量特性调整于稳健域中。

在质量管理的新起跑线下既没有终点,也没有终极答案。

7.5 小结

全面质量管理指在全面社会的推动下企业中的所有部门、所有组织、所有人员都以产品质量为核心,把专业技术、管理技术、数理统计技术集合在一起,建立起一套科学、严密、高效的质量保证体系,控制生产过程中影响质量的因素,以优质的工作、最经济的办法提供满足用户需要的产品的全部活动。

在此基础上介绍了 6σ 管理和零缺陷,并介绍了 6σ 设计流程和主要设计工具。6σ 管理法是一种统计评估法,核心是追求零缺陷生产,防范产品责任风险,降低成本,提高生产率和市场占有率,提高顾客满意度和忠诚度。6σ 管理既着眼于产品、服务质量,又关注过程的改进。同时将 6σ 管理和 BRP 以及全面质量管理进行了比较,随后介绍了 DMAIC 管理、DFSS 管理、QFD 的概念、分解模型、质量屋,等等。

思考题

1. 谈谈软件全面质量管理的思想体系。
2. 谈谈 6σ 在软件设计和编程活动中的一些具体实践。
3. 如何将 DMAIC 和 DFSS 用于软件开发流程的改进之中?
4. 如何衡量一个软件包用户手册的有效性? 考虑可能应用的度量和采用该度量的规程。
5. 采用项目策划软件工具(例如 MS Project)针对可用性、可靠性、可恢复性方面起草质量规格书。

第8章 高质量编程

天下难事,必做于易,天下大事,必做于细。

——老子

软件质量控制贯穿软件的整个生命周期,这样对编码的质量控制就显得十分重要。

编码质量体现在编程技术、代码风格、代码审查等方面,高质量的代码能够确保最大的客户满意度和最低的维护成本,对后期的扩展也有极大的帮助。

本章正文共分4节,8.1节介绍代码风格,8.2节介绍函数设计规则,8.3节介绍提高程序质量的技术,8.4节介绍代码审查。

8.1 代码风格

人们研究软件模型与方法、软件开发环境与工具,探讨软件体系结构,其根本目的是希望从总体上解决软件质量问题。现在,人们已把提高软件质量放在优于提高软件功能和性能的地位。1994年夏,微软公司、IBM公司、苹果公司等计算机厂商邀请了在英国的一些世界著名的计算机科学家探讨21世纪计算机软件的发展方向、战略,与会专家一致认为,21世纪计算机软件发展的大方向将是质量的提高优于性能和功能的改进。因此,专家普遍认为高质量软件的开发技术将是打开21世纪高技术市场的钥匙。

在大型程序设计中,特别是在控制与生命财产相关事件的程序中,如航空航天、金融、保险等应用程序中,对软件质量往往有更高的要求,这类高风险软件开发不允许程序中有任何潜在错误。这里列出8种主要编程语言,如图8-1所示。

虽然在很多情况下,尤其对于大型程序,程序正确性证明(Correctness Proof)很难,而且也无法彻底地测试程序,但是通过精心的设计和专业化的编程是可以避免其中由于程序员的个人失误而造成的错误。例如导致程序陷入死循环的错误条件、危及相邻代码或数据的数组越界、数据类型意外地溢出等。

很多类似错误其实是由程序员的不良编程习惯引起的,因此养成良好的程序设计风格对保证程序的质量至关重要。代码风格(Coding Style)是一种习惯,一旦养成良好的代码风格将会使人终身受益。代码风格包括程序的版式、标识符命名、函数接口定义、文档等内容,如图8-2所示。

统一编程风格的意义很大,是优秀、职业化的开发团队所必需的素质。

- 增加开发过程代码的强壮性、可读性、易维护性。

图 8-1　10 种主要编程语言

图 8-2　代码风格是一种习惯

- 减少有经验和无经验开发人员编程所需的脑力工作，为软件的良好维护性打下好的基础。通过人为以及自动的方式对最终软件应用质量标准，使新的开发人员快速适应项目氛围。
- 支持项目资源的复用：允许开发人员从一个项目区域移动到另一个，而不需要重新适应新的子项目团队的氛围。

8.1.1 程序的书写格式

1. 版本的声明格式

每个 C++/C 程序通常分为两个文件，一个文件用于保存程序的声明(Declaration)，称为头文件，另一个文件用于保存程序的实现(Implementation)，称为定义(Definition)文件。

头文件如同描述一个故事一样，主要描述谁、什么内容、什么时间、如何做、怎么做等内容。在头文件和C程序文件中都必须包含版权和版本的声明。版权和版本的声明位于头文件和定义文件的开头，主要内容如下：

(1) 版权信息。

(2) 文件名称、标识符、摘要。

(3) 当前版本号、作者/修改者、完成日期。

(4) 版本历史信息。

【范例 1】

```
//
//Copyright @2016,北京侏罗纪公司××部
//All rights reserved.
//
//文件名称: filename.h
//文件标识: 见配置管理计划书
//摘    要: 简要描述本文件的内容
//
//当前版本: 2.1
//作    者: 输入作者名字
//完成日期: 2016 年 3 月 20 日
//
//取代版本: 2.0
//原作者  : 输入原作者名字
//完成日期: 2016 年 2 月 10 日
//
```

2. 头文件的书写格式

用户可以通过头文件来调用库功能。在很多场合源代码不便(或不准)向用户公布，只要向用户提供头文件和二进制的库即可。用户只需要按照头文件中的接口声明来调用库功能，而不必关心接口是怎么实现的，编译器会从库中提取相应的代码。头文件能加强类型安全检查。如果某个接口被实现或被使用时其方式与头文件中的声明不一致，编译器就会指出错误，这一简单的规则能大大减轻程序员调试、改错的负担。

头文件必须包含下列内容：

(1) 头文件开头处的版权和版本声明。

(2) 预处理块。

(3) 函数和类结构声明等。

正确地使用预处理块：为了防止头文件被重复引用，应当用 ifndef-define-endif 结构产生预处理块。

正确地引用头文件的格式：用＃include < filename. h >格式来引用标准库的头文件(编译器将从标准库目录开始搜索)，用＃include "filename. h"格式来引用非标准库的头文件(编译器将从用户的工作目录开始搜索)。

在头文件中只存放“声明”，而不存放“定义”。在 C++语法中，类的成员函数可以在声明的同时被定义，并且自动成为内联函数。这虽然会带来书写上的方便，但却造成了风格不一致，弊大于利。建议将成员函数的定义与声明分开，不论该函数体有多么小。

【范例 2】

```
//版权和版本声明见范例 1
#ifndef GRAPHICS_H                  //防止 graphics.h 被重复引用
#define GRAPHICS_H

#include <math.h>                   //引用标准库的头文件
    …
#include "myheader.h"               //引用非标准库的头文件
    …
void Function1(…);                  //全局函数声明
    …
class Box                           //类结构声明
{
    …
};
#endif
```

定义文件的书写格式必须包含以下 3 部分内容：

(1) 定义文件开头处的版权和版本声明；

(2) 对一些头文件的引用；

(3) 程序的实现体(包括数据和代码)。

【范例 3】

假设定义文件的名称为 graphics. cpp，定义文件的典型结构为：

```
//版权和版本声明见范例 1,此处省略
#include "graphics.h"                   //引用头文件
    …

//全局函数的实现体
void Function1(…)
{
    …
}

//类成员函数的实现体
```

```
void Draw( … )
{
    …
}
```

3. 空行的使用

空行起着分隔程序段落的作用,空行得体将使程序的布局更加清晰。空行不会浪费内存,虽然打印含有空行的程序时会多消耗一些纸张,但是值得,所以用户不要舍不得用空行。

在每个类声明之后、每个函数定义结束之后都要加两个空行。

在一个函数体内,逻辑上密切相关的语句之间不加空行,其他地方应加空行分隔。

【范例 4】

示例　函数之间的空行

```
//空行
//空行
void function1( … )
{
    …
}
//空行
//空行
void function2( … )
{
    …
}
//空行
//空行
void function3( … )
{
    …
}
```

示例　函数内部的空行

```
//空行
while(condition)
{
    statement1;
    //空行
    if(condition)
    {
        statement2;
    }
    else
    {
        statement3;
    }
//空行
    statement4;
}
```

- 关键字之后要留空格。例如 const、virtual、inline、case 等关键字之后至少要留一个空格,否则无法辨析关键字。
- if、for、while 等关键字之后应留一个空格再跟左括号'(',以突出关键字。

函数名之后不要留空格,紧跟左括号'(',以与关键字区别。

- '('向后紧跟,')'',''; '向前紧跟,紧跟处不留空格。
- ','之后要留空格,如 function(x,y,z)。如果';'不是一行的结束符号,其后要留空格,如 for (initialization; condition; update)。
- 赋值操作符、比较操作符、算术操作符、逻辑操作符、位域操作符,如"="" +="">=""<=""+""*""%""&&""||""<<""^"等二元操作符的前后应当加空格。
- 一元操作符如"!""~""++""=""&"(地址运算符)等前后不加空格。
- 像"[]""."" ->"这类操作符前后不加空格。

- 对于表达式比较长的 for 语句和 if 语句，为了紧凑起见，可以适当地去掉一些空格，如 for (i=0; i<10; i++)和 if ((a<=b) && (c<=d))。

【范例 5】

示例代码行内的空格

void func1(int x, int y, int z);	//良好的风格
void func1(int x,int y,int z);	//不良的风格
if (year >= 2000)	//良好的风格
if(year>=2000)	//不良的风格
if ((a>=b)&&(c<=d))	//良好的风格
if(a>=b&&c<=d)	//不良的风格
for (i = 0; i<10; i++)	//良好的风格
for(i=0; i<10; i++)	//不良的风格
for (I = 0; I<10; i++)	//过多的空格
x = a < b ? a : b;	//良好的风格
x=a<b?a:b;	//不好的风格
int *x = &y;	//良好的风格
int * x = & y;	//不良的风格
array[5] = 0;	//不要写成 array [5] = 0;
a.function();	//不要写成 a . function();
b->function();	//不要写成 b -> function();

8.1.2 Windows 程序命名规则

匈牙利命名法是一种编程时的命名规范。

基本原则是变量名=属性+类型+对象描述，其中每一对象的名称都要求有明确的含义，可以取对象名字全称或名字的一部分。命名要基于容易记忆、容易理解的原则，保证名字的连贯性也是非常重要的。举例来说，表单的名称为 form，那么在匈牙利命名法中可以简写为 frm，则当表单变量名称为 Switchboard 时，变量全称应该为 frmSwitchboard。这样，可以很容易地从变量名看出 Switchboard 是一个表单，同样，如果此变量类型为标签，那么就应命名成 lblSwitchboard。

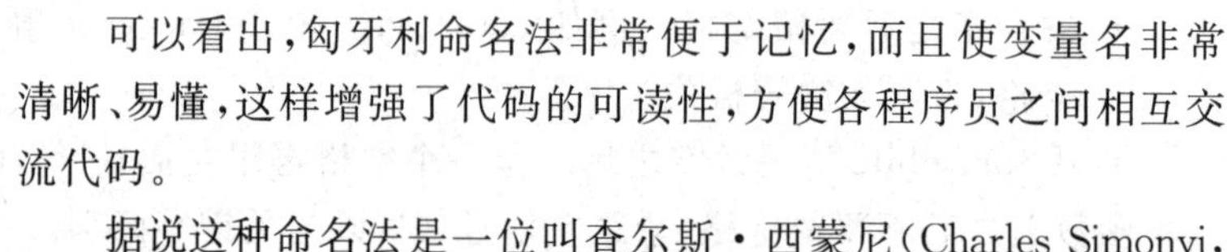

可以看出，匈牙利命名法非常便于记忆，而且使变量名非常清晰、易懂，这样增强了代码的可读性，方便各程序员之间相互交流代码。

图 8-3 查尔斯·西蒙尼

据说这种命名法是一位叫查尔斯·西蒙尼(Charles Simonyi，如图 8-3 所示)的匈牙利程序员发明的，后来他在微软公司待了几年，于是这种命名法就通过微软的各种产品和文档资料向世界传播开了。现在，大部分程序员不管自己使用什么软件进行开发，或多或少都使用了这种命名法。

在 Windows 下开发程序应该尽量使用匈牙利命名法，用小写字母的前缀表示变量的类型，前缀的下一个字母用大写。采用这种方法的最大优点是变量的数据类型一目了然，不容易出现调用错误。表 8-1 是一些约定俗成的类型前缀。

表 8-1　常用的数据类型前缀

前缀	类　型	例　子
b	BOOL	bIsParent
by、byte	BYTE	byFlag、byteFlag
ch	char	chText
fn	函数变量	fnCallback
h	HANDLE(句柄)	hWnd
i	int	iValue
n	int	nValue
u	unsigned int	uFlag
dw	DWORD	dwData
p	指针	pBuffer
sz、str	字符串	szBuffer
lpstr、lpsz	LPSTR	lpstrMessage
w	WORD	wData
x,y	坐标	xPos,yPos
m_	类成员变量	m_bFlag、m_nVal
g_	全局变量	g_bFlag、g_nMsg

控件的命名也可以参照变量的命名方法,如表 8-2 所示。

表 8-2　常用的控件名前缀

前　缀	控件类型	前　缀	控件类型
frm、wnd	窗口	grd	Grid、网格
cmd、btn	按钮	scr	滚动条
cmb、combo	下拉式列表框	lst	列表框
txt	文本输入框	frame	框架
lbl	标签		

对于多个单词组成的变量名,每个单词的首字母应该大写,例如 dwUserInputValue。

类名和数据结构定义用大写字母开头的单词组合而成,类名前加前缀'C'(大写);数据结构前不加前缀,直接以大写字母开始;类的名称使用名词或名词短语。例如:

```
class CNode{};                              //类名
class CLeafNode{};                          //类名
struct Node{};                              //数据结构名称
```

变量和参数用小写字母开头的单词组合而成,即第一个单词全部小写,后续单词首字母大写。

函数名用大写字母开头的单词组合而成。

常量全部用大写的字母,用下画线分割单词。

变量和参数以小写字母前缀来表示变量的数据类型,变量或参数名的其余部分则描述变量或参数的功能,可以由一个或多个英语单词的缩写或全称组成,单词首字母必须大写。数据结构变量可以没有小写字母前缀。只有函数体中用到的局部循环变量可以采用简单的(如 i、uc 等)形式外,其余类型变量都必须遵循变量命名规则。

静态(static)变量加前缀"s_"。例如:

```
void Init(…)
{
  static int s_nInitValue;                        //静态变量
      …
}
```

全局变量名称前加前缀"g_"。例如:

```
int g_nHowManyPeople;                             //全局变量
int g_nHowMuchMoney;                              //全局变量
```

类的数据成员加前缀 m_(表示 member),这样可以避免数据成员与成员函数的参数同名。例如:

```
void Object::SetValue(int width, int height)
{
  m_width = width;
  m_height = height;
}
```

8.1.3 共性规则

标识符的命名要清晰、明了,有明确含义,同时使用完整的单词或大家基本可以理解的缩写,避免使人产生误解。在命名中若使用特殊约定或缩写,则要有注释说明。

【提示 1】 较短的单词可通过去掉“元音”形成缩写;较长的单词可取单词的头几个字母形成缩写;一些单词有大家公认的缩写。

示例:以下单词的缩写能够被大家基本认可。

temp 可缩写为 tmp;

flag 可缩写为 flg;

statistic 可缩写为 stat;

increment 可缩写为 inc;

message 可缩写为 msg。

【提示 2】 应该在源文件的开始处对文件中所使用的缩写或约定(特别是特殊的缩写)进行必要的注释说明。

标识符最好采用英文单词或其组合,这样便于记忆和阅读,可望文知义,不必进行“解码”,另外不能使用汉语拼音来命名。程序中的英文单词一般不会太复杂,用词应当准确。例如,不要把 CurrentValue 写成 NowValue。

标识符的长度应当符合“min-length && max-information”原则,在保证准确表达其意义的情况下越短越好。一般禁止使用单字符命名变量,但 i、j、k 等单字符变量做局部循环变量是允许的。

注意永远不要声明以一个或多个下画线('_')开头的名称。

命名规则尽量与所采用的操作系统或开发工具的风格保持一致。Windows 下的源代码通常采用“大小写”混排的方式,如 AddChild,UNIX/Linux 应用程序的标识符通常采用“小写加下画线”的方式,如 add_child,不要把这两类风格混在一起用。但是,当 UNIX/Linux 的源代码是从 Windows 下移植而来时,允许移植部分保留 Windows 风格。

在程序中不要出现仅靠大小写区分的相似的标识符。例如:

```
int x, X;                    //变量 x 与 X 容易混淆
void foo(int x);             //函数 foo 与 FOO 容易混淆
void FOO(float x);
```

在程序中不要出现标识符完全相同的局部变量和全局变量,尽管两者的作用域不同而不会发生语法错误,但会使人误解。

变量的名字应当使用“名词”或者“形容词+名词”。例如:

```
float value;
float oldValue;
float newValue;
```

全局函数的名字应当使用“动词”或者“动词+名词”(动宾词组)。类的成员函数应当只使用“动词”,被省略掉的名词就是对象本身。例如:

```
DrawBox();                   //全局函数
box->Draw();                 //类的成员函数
```

用正确的反义词组命名具有互斥意义的变量或相反动作的函数等。例如:

```
int minValue;
int maxValue;
int SetValue(…);
int GetValue(…);
```

下面是一些在软件中常用的反义词组。

```
add / remove               begin / end           create / destroy
insert / delete            first / last          get / release
increment / decrement      put / get
add / delete               lock / unlock         open / close
min / max                  old / new             start / stop
next / previous            source / target       show / hide
send / receive             source / destination
cut / paste                up / down
```

【建议】 尽量避免名字中出现数字编号,如 Value1、Value2 等,除非逻辑上的确需要编号。这是为了防止程序员偷懒,不肯为命名动脑筋而导致产生无意义的名字(因为用数字编号最省事)。

在命名规则中没有规定到的地方可使用个人命名风格,个人命名风格必须自始至终保持一致,不可来回变化。

8.1.4 表达式和基本语句

1. 表达式与复合表达式

如“a = b = c = 0”这样的表达式称为复合表达式。允许复合表达式存在的理由是书写简洁；可以提高编译效率，但要防止滥用复合表达式。

不要编写太复杂的复合表达式，例如：

```
i = a >= b && c < d && c + f <= g + h;          //复合表达式过于复杂
```

不要有多用途的复合表达式，例如：

```
d = (a = b + c) + r;
```

该表达式既求 a 值又求 d 值，应该拆分为两个独立的语句：

```
a = b + c;
d = a + r;
```

不要把程序中的复合表达式与“真正的数学表达式”混淆。例如：

```
if (a < b < c)                     //a < b < c 是数学表达式而不是程序表达式
```

并不表示

```
if ((a<b) && (b<c))
```

而是成了令人费解的

```
if ( (a<b)<c )
```

已删除的对象指针要赋予空指针值，设置已删除对象的指针为空指针可避免灾难的发生：重复删除非空指针是有害的，但重复删除空指针是无害的。即使是在函数返回前，在删除操作后也总要赋一个空指针，因为以后可能添加新的代码。

不要使用难懂的、技巧性很高的语句，除非很有必要。高技巧语句不等于高效率的程序，实际上程序的效率关键在于算法。

【示例】 以下表达式考虑不周可能出问题，也较难理解。

```
* stat_poi ++ += 1;
* ++ stat_poi += 1;
```

应分别改为如下：

```
* stat_poi += 1;
stat_poi++;                //这两个语句的功能相当于" * stat_poi ++ += 1; "
```

和

```
++ stat_poi;
* stat_poi += 1;           //这两个语句的功能相当于" * ++ stat_poi += 1; "
```

2. if 语句

不可将布尔变量直接与 TRUE、FALSE 或者 1、0 进行比较。

根据布尔类型的语义，零值为“假”（记为 FALSE），任何非零值都是“真”（记为TRUE）。TRUE 的值究竟是什么并没有统一的标准。例如 Visual C++将 TRUE 定义为1，而 Visual Basic 则将 TRUE 定义为−1。

假设布尔变量的名字为 flag，它与零值比较的标准 if 语句如下：

```
if (flag)                    //表示 flag 为真
if (!flag)                   //表示 flag 为假
```

其他的用法都属于不良风格，例如：

```
if (flag == TRUE)
if (flag == 1 )
if (flag == FALSE)
if (flag == 0)
//应该采用 if(flag == TRUE)来表示，赋值用 flag = TRUE
//因为不同操作系统的 TRUE 和 FALSE 不一样，如 Windows 里 TRUE 是 1，而有些系统 TRUE 是 0
```

应当将整型变量用"=="或"!="直接与 0 比较。

假设整型变量的名字为 value，它与零值比较的标准 if 语句如下：

```
if (value == 0)
if (value != 0)
```

不可模仿布尔变量的风格而写成：

```
if (value)                   //会让人误解 value 是布尔变量
if (!value)
```

不可将浮点变量用"=="或"!="与任何数字比较。

千万要注意，无论是 float 还是 double 类型的变量都有精度限制，所以一定要避免将浮点变量用"=="或"!="与数字比较，应该设法转化成">="或"<="形式。

假设浮点变量的名字为 x，E 是允许的误差（即精度），应当将

```
if (x == 0.0)                //隐含错误的比较
```

转化为

```
if ((x>= -E) && (x<=E))
```

应当将指针变量用"=="或"!="与 NULL 比较。

指针变量的零值是"空"（记为 NULL）。尽管 NULL 的值与 0 相同，但是两者的意义不同。假设指针变量的名字为 p，它与零值比较的标准 if 语句如下：

```
if (p == NULL)               //p 与 NULL 显式比较，强调 p 是指针变量
if (p != NULL)
```

不要写成

```
if (p == 0)                  //容易让人误解 p 是整型变量
if (p != 0)
```

或者

```
if (p)                    //容易让人误解 p 是布尔变量
    if (!p)
```

当判断条件比较简单时,可以将 if-else-return 的组合适当简练。例如:

```
if (condition)
return x;
return y;
```

改写成更加简练的

```
return (condition ? x : y);
```

3. 循环语句的效率

在 C++/C 循环语句中,for 语句的使用频率最高,while 语句其次,do 语句很少用。这里重点论述循环体的效率,提高循环体效率的基本办法是降低循环体的复杂性。

【建议】 在多重循环中,如果有可能,应当将最长的循环放在最内层,将最短的循环放在最外层,以减少 CPU 跨切循环层的次数。

【范例 6】

低效率:长循环在最外层	高效率:长循环在最内层

for(row = 0; row < 100; row++)
{
    for(col = 0; col < 5; col++)
    {
        sum = sum + a[row][col];
    }
}
	for (col = 0; col < 5; col++)
	{
	    for (row = 0; row < 100; row++)
	    {
	        sum = sum + a[row][col];
	    }
	}

关于循环中条件变量的命名,从提高可读性角度来说,建议明确规定不要用 *i*、*j* 等单字母变量,而是使用如上的 row、col 等能表示意义的变量名。

【建议】 如果循环体内存在逻辑判断,并且循环次数很大,宜将逻辑判断移到循环体的外面。例如下面代码:

效率低但程序简洁	效率高但程序不简洁

for (i = 0; i < N; I++)
{
if (condition)
        DoSomething();
else
        DoOtherthing();
}
	if (condition)
	{
	    for (i = 0; i < N; i++)
	        DoSomething();
	    }
	    else
	    {
	        for (i = 0; i < N; i++)
	        DoOtherthing();
	}

前者比后者多执行了 $N-1$ 次逻辑判断，并且由于前者总要进行逻辑判断，打断了循环"流水线"作业，使得编译器不能对循环进行优化处理，降低了效率。如果 N 非常大，最好采用后者的写法，可以提高效率。如果 N 非常小，两者的效率差别并不明显，采用前者的写法比较好，因为程序更加简洁。

禁止在 for 循环体内修改循环变量，以防止 for 循环失去控制。

【建议】 for 语句的循环控制变量的取值采用"半开半闭区间"写法。例如：

示例　循环变量属于半开半闭区间	示例　循环变量属于闭区间

`for (x = 0; x < N; x++)`
`{`
`    …`
`}`
	`for (x = 0; x <= N - 1; x++)`
	`{`
	`    …`
	`}`

前者的写法更加直观，尽管两者的功能是相同的。

4. C++类中的常量

有时，我们希望某些常量只在类中有效。由于 #define 定义的宏常量是全局的，不能达到目的，于是我们想当然地觉得应该用 const 修饰数据成员来实现。const 数据成员的确是存在的，但其含义却不是我们所期望的。const 数据成员只在某个对象生命周期内是常量，对于整个类而言却是可变的，因为类可以创建多个对象，不同的对象其 const 数据成员的值可以不同。

另外，不能在类声明中初始化 const 数据成员。以下用法是错误的，因为类的对象未被创建时编译器不知道 SIZE 的值是什么。

```
class A
{       …
    const int SIZE = 100;           //错误,企图在类声明中初始化 const 数据成员
    int array[SIZE];                //错误,未知的 SIZE
};
```

const 数据成员的初始化只能在类构造函数的初始化表中进行，例如：

```
class A
{
        …
    A(int size);                    //构造函数
    const int SIZE;
};
A::A(int size) : SIZE(size)         //构造函数的初始化表
{
        …
}
A a(100);                           //对象 a 的 SIZE 值为 100
A b(200);                           //对象 b 的 SIZE 值为 200
```

那么怎样才能建立在整个类中都恒定的常量呢？别指望 const 数据成员了，应该用类中的枚举常量来实现。例如：

```
class A
{
        …
enum { SIZE1 = 100,SIZE2 = 200};    //枚举常量
int array2[SIZE2];
};
```

枚举常量不会占用对象的存储空间,它们在编译时被全部求值。枚举常量的缺点是它的隐含数据类型是整数,其最大值有限,且不能表示浮点数(如 PI=3.141 59)。

8.2 函数设计规则

函数是 C++/C 程序的基本功能单元,其重要性不言而喻。函数设计的细微缺点很容易导致该函数被错用,所以仅使函数的功能正确是不够的。本节重点规定函数的接口设计和内部实现的一些规则。

函数接口的两个要素是参数和返回值。在 C++语言中,函数的参数和返回值的传递方式有 3 种,即值传递(pass by value)、指针传递(pass by pointer)、引用传递(pass by reference)。

8.2.1 函数外部特性的注释规则

函数外部特性的注释必须在函数体上部采用中文说明,标准格式如下:

```
//输入参数:
//参数 1:  (指出参数的物理意义、量纲、取值范围等信息)
//…
//参数 N:
//…
//函数返回:
//…  (指出返回值的物理意义、量纲、取值范围等信息)
//功能描述:
//…
//注意事项:
//…
```

(1) 函数中逻辑比较复杂的代码段必须用中文对每一个子功能代码段进行详细注释。

(2) 若输入参数的英文名称无法准确地反映该参数的物理特性,必须用中文详细说明该参数的含义。

(3) 输入参数中各比特具有特定含义的,必须对每个比特(或比特组合)进行说明。

(4) 输入参数必须满足一定范围,否则可能导致本函数产生非法操作的,必须在"注意事项"中表明。

(5) 调用本函数时需要满足某些特定条件的(前置条件),必须将所有条件在"注意事项"中详细说明。

(6) 函数实现功能较复杂的函数,必须对功能进行详细描述。

(7) 公用代码库中的函数必须说明对公用代码库的影响和要求,例如可重用性等。

(8) 使用的全局变量,特别是修改全局变量时,必须进行说明。

8.2.2　参数规则

参数要书写完整,不要贪图省事只写参数的类型而省略参数名字。如果函数没有要参数,则用 void 填充。例如:

```
void SetValue(int width,int height);          //良好的风格
void SetValue(int,int);                       //不良的风格
float GetValue(void);                         //良好的风格
float GetValue();                             //不良的风格
```

参数命名要恰当、顺序要合理。例如编写字符串复制函数 StringCopy,它有两个参数,如果把参数名字取为 str1 和 str2,那么很难搞清楚究竟是把 str1 复制到 str2 中,还是刚好倒过来。可以把参数名字取得更有意义,例如叫 strSource 和 strDestination。这样,从名字上就可以看出应该把 strSource 复制到 strDestination。还有一个问题,这两个参数哪一个该在前哪一个该在后? 参数的顺序要遵循程序员的习惯。一般将目的参数放在前面,源参数放在后面。如果将函数声明为:

```
void StringCopy(char * strSource,char * strDestination);
```

别人在使用时可能会不假思索地写成如下形式:

```
StringCopy(str,"Hello World");                //参数顺序颠倒
```

如果参数是指针,且仅做输入用,则应在类型前加 const,以防止该指针在函数体内被意外修改。例如:

```
void StringCopy(char * strDestination,const char * strSource);
```

【建议】 对仅作为输入的参数尽量使用 const 修饰符。

如果输入参数以值传递的方式传递对象,则宜改用"const &"方式来传递,这样可以省去临时对象的构造和析构过程,从而提高效率。

参数默认值只能出现在函数的声明中,不能出现在定义体中。例如:

```
void Foo(int x = 0,int y = 0);                //正确,默认值出现在函数的声明中
void Foo(int x = 0,int y = 0)                 //错误,默认值出现在函数的定义体中
{
}
```

如果函数有多个参数,参数只能从后向前依次默认,否则将导致函数调用语句怪模怪样。例如:

```
void Foo(int x,int y = 0,int z = 0);          //正确
void Foo(int x = 0,int y,int z = 0);          //错误
```

函数调用规则:当输入参数与函数声明的参数类型不一致时必须显式地进行强制转换。例如,一个函数声明为

```
UCHAR   Get1stDtmfChar(int nBId,UCHAR ucBCh);
```

当使用两个 int 型参数 nCurrentBId 和 nCurrentBCh 调用上述函数时必须写成

```
Get1stDtmfChar(nCurrentBId,(UCHAR)nCurrentBCh);
```

【注意】 (C++代码)简单类型转换可以采用该方法。

【建议】 应避免函数有太多的参数,参数个数尽量控制在 5 个以内。如果参数太多,在使用时容易将参数类型或顺序搞错。

另外,尽量不要使用类型和数目不确定的参数。C 标准库函数 printf 是采用不确定参数的典型代表,其原型为:

```
int printf(const chat * format[,argument]…);
```

这种风格的函数在编译时丧失了严格的类型安全检查。

【建议】 非调度函数应减少或防止控制参数,尽量只使用数据参数。该规则可降低代码的控制耦合。

避免重载以指针和整型数为实参的函数。

例如有以下两个重载操作 void f(char * p)和 void f(int i),如果以下调用可能会导致混淆:

```
f(NULL); f(0);                                //此重载解析为 f(int),而不是 f(char * )
```

8.2.3 返回值的规则

不要省略返回值的类型。在 C 语言中,凡不加类型说明的函数一律自动按整型处理。

这样做不会有什么好处,却容易被误解为 void 类型。C++语言有很严格的类型安全检查,不允许上述情况发生。由于 C++程序可以调用 C 函数,为了避免混乱,规定任何 C++/C 函数都必须有类型。如果函数没有返回值,那么应声明为 void 类型。

函数名字与返回值类型在语义上不可冲突,违反这条规则的典型代表是 C 标准库函数 getchar。按照 getchar 名字的意思,将变量 *c* 声明为 char 类型是很自然的事情。但不幸的是,getchar 的确不是 char 类型,而是 int 类型,其原型如下:

```
int getchar(void);
```

由于 *c* 是 char 类型,取值范围是[-128,127],如果宏 EOF 的值在 char 的取值范围之外,那么 if 语句将总是失败,这种"危险"人们一般不会料到,导致本例错误的责任并不在用户,而是函数 getchar 误导了使用者。

不要将正常值和错误标志混在一起返回,正常值用输出参数获得,而错误标志用 return 语句返回。

【建议】 有时候函数原本不需要返回值,但为了增加灵活性,如支持链式表达,可以附加返回值。例如字符串复制函数 strcpy 的原型:

```
char * strcpy(char * strDest,const char * strSrc);
```

strcpy 函数将 strSrc 复制到输出参数 strDest 中,同时函数的返回值又是 strDest。这样做并非多此一举,可以获得如下灵活性:

```
char str[20];
int length = strlen( strcpy(str,"Hello World") );
```

【建议】 如果函数的返回值是一个对象,有些场合用"引用传递"替换"值传递",可以提高效率。有些场合只能用"值传递",不能用"引用传递",否则会出错。

在函数体的"出口处"对 return 语句的正确性和效率进行检查。如果函数有返回值,那么函数的"出口处"是 return 语句。注意事项如下:

(1) return 语句不可返回指向"栈内存"的"指针"或者"引用",因为该内存在函数体结束时被自动销毁。例如:

```
char * Func(void)
{
    char str【某部门】 = "hello world";          //str 的内存位于栈上
    …
    return str;                                 //将导致错误
}
```

(2) 要搞清楚返回的究竟是"值""指针"还是"引用"。

如果函数返回值是一个对象,要考虑 return 语句的效率。

•**【建议】** 函数要尽量只有一个返回点。

不能返回引用和指针到局部对象。

【说明】 离开函数作用域时会销毁局部对象;使用销毁了的对象会造成灾难。

不可返回由 new 初始化,之后又解除引用的指针。

【说明】 由于支持链式表达式,造成返回对象不能删除,导致内存泄露。

8.2.4 函数内部的实现规则

如果设计函数对输入参数有范围限制,并且被其他模块或程序调用,需要与调用函数者约定是否进行输入参数检查。如果没有途径与调用者进行沟通(例如语音卡驱动程序的 API 函数),必须检查输入参数的合法性。

【提示】 在同一项目组应明确规定对接口函数参数的合法性检查应由函数的调用者负责还是由接口函数本身负责,默认由函数调用者负责。

对于模块间接口函数的参数的合法性检查这一问题往往有两个极端现象,即要么是调用者和被调用者对参数均不做合法性检查,结果就遗漏了合法性检查这一必要的处理过程,造成问题隐患;要么就是调用者和被调用者均对参数进行合法性检查,这种情况虽不会造成问题,但产生了冗余代码,降低了效率。

【说明】 执行检查有两点重要的理由:首先,派生类对象的赋值涉及调用每一个基类(在继承层次结构中位于此类的上方)的赋值操作符跳过这些操作符就可以节省很多运行时间。其次,在复制 rvalue 对象前赋值涉及解构 lvalue 对象。在自赋值时,rvalue 对象在赋值前就已销毁了,因此赋值的结果是不确定的。

函数体内的局部变量的声明与应用应遵循标准 C 的语法,即需要用到的所有局部变量在函数定义的开始部分统一进行声明,不能在首次引用的代码行中同时进行声明和定义。例如,下列代码是不允许的:

```
void Func1()
{
  int a;
  a = 0;
  for(int i = 0; i < 10; i++)
  a++;
}
```

必须改写为：

```
void Func1()
{
  int a, i;
  a = 0;
  for(i = 0; i < 10; i++)
  a++;
}
```

8.3 提高程序质量的技术

8.3.1 内存管理规则

比尔·盖茨(Bill Gates,如图 8-4 所示)在 1981 年曾经说过,“640KB 内存对于任何人来说都足够了。”程序员们经常编写内存管理程序,往往提心吊胆。同时,由于个人编程的习惯性缺陷,导致同类问题重复出现,如果不想这样,唯一的解决办法就是发现所有潜伏的“地雷”,并且排除它们。

图 8-4 比尔·盖茨及其预言

1. 内存分配方式

按照内存分配的位置不同,内存分配方式有以下 3 种。

(1) 从静态存储区域分配：内存在程序编译的时候就已经分配好,这块内存在程序的整个运行期间都存在。例如全局变量、static 变量。

(2) 在栈上创建：在执行函数时,函数内局部变量的存储单元都可以在栈上创建,函数执行结束时,这些存储单元自动被释放。栈内存分配运算内置于处理器的指令集中,效率很高,但是分配的内存容量有限。

(3) 从堆上分配：也称动态内存分配。程序在运行的时候用 malloc 或 new 申请任意多的内存,程序员自己负责在何时用 free 或 delete 释放内存。动态内存的生命周期由程序员决定,使用非常灵活,但问题也最多。

2. 常见的错误情况

(1) 内存分配未成功,却使用了它。

编程新手常犯这种错误,因为没有意识到内存分配会不成功。常用的解决办法是在使用内存之前检查指针是否为 NULL。如果指针 p 是函数的参数,那么在函数的入口处用 assert(p!=NULL)进行检查。如果是用 malloc 或 new 来申请内存,应该用 if(p==NULL)或 if(p!=NULL)进行防错处理。

(2) 内存分配虽然成功,但是尚未初始化就引用它。

犯这种错误主要有两个原因,一是没有初始化的观念;二是误以为内存的默认初值全为零,导致引用初值错误(例如数组)。内存的默认初值究竟是什么并没有统一的标准,尽管有些时候为零值。所以,无论用何种方式创建数组都不要忘了赋初值,即便是赋零值也不可省略,不要嫌麻烦。

(3) 内存分配成功并且已经初始化,但操作越过了内存的边界。

例如在使用数组时经常发生下标"多 1"或者"少 1"的操作,特别是在 for 循环语句中,循环次数很容易搞错,导致数组操作越界。

(4) 忘记了释放内存,造成内存泄露。

含有这种错误的函数每被调用一次就丢失一块内存。刚开始时系统的内存充足,看不到错误。终有一次程序突然死掉,系统出现提示——内存耗尽。

动态内存的申请与释放必须配对,程序中 malloc 与 free 的使用次数一定要相同,否则肯定有错误(new/delete 同理)。

(5) 释放了内存却继续使用它。

- 程序中的对象调用关系过于复杂,实在难以搞清楚某个对象究竟是否已经释放了内存,此时应该重新设计数据结构,从根本上解决对象管理的混乱局面。
- 函数的 return 语句写错了,注意不要返回指向"栈内存"的"指针"或者"引用",因为该内存在函数体结束时被自动销毁。
- 使用 free 或 delete 释放内存后没有将指针设置为 NULL,导致产生"野指针"(指向一个已删除的对象或未申请访问受限内存区域的指针)。

在用 malloc 或 new 申请内存之后应该立即检查指针值是否为 NULL,防止使用指针值为 NULL 的内存。

3. 注意事项

- 不要忘记为数组和动态内存赋初值,防止将未初始化的内存作为右值使用。
- 避免数组或指针的下标越界,特别要当心发生"多 1"或者"少 1"操作。
- 动态内存的申请与释放必须配对,防止内存泄露。
- 在用 free 或 delete 释放内存之后应立即将指针设置为 NULL,防止产生"野指针"(野指针指向一个已删除的对象或未申请访问受限内存区域的指针。与空指针不同,野指针无法通过简单地判断是否为 NULL 避免,而只能通过养成良好的编程习惯来尽力减少。对野指针进行操作很容易造成程序错误)。
- malloc 返回值的类型是 void *,所以在调用 malloc 时要显式地进行类型转换,将

void ＊转换成所需要的指针类型。

- 在用 delete 释放对象数组时注意不要丢了符号。
- 检查程序中内存申请/释放操作的成对性,防止内存泄露。

4. 指针与数组的区别

在 C++ 程序中,指针和数组在不少地方可以相互替换使用,让人产生一种错觉,以为两者是等价的。数组要么在静态存储区被创建(如全局数组),要么在栈上被创建。数组名对应着(而不是指向)一块内存,其地址与容量在生命周期内保持不变,只有数组的内容可以改变。

指针可以随时指向任意类型的内存块,它的特征是“可变”,所以常用指针来操作动态内存。指针远比数组灵活,但也更危险。

下面以字符串为例比较指针与数组的特性。

在示例 1 中,字符数组 *a* 的容量是 6 个字符,其内容为 hello\0。*a* 的内容可以改变,如 a[0]= 'X'。指针 *p* 指向常量字符串"world"(位于静态存储区,内容为 world\0),常量字符串的内容是不可以被修改的。从语法上看,编译器并不觉得语句 p[0]= 'X'有什么不妥,但是该语句企图修改常量字符串的内容而导致运行错误。

示例　修改数组和指针的内容

```
char a[] = "hello";
a[0] = 'X';
cout << a << endl;
char *p = "world";              //注意 p 指向常量字符串
p[0] = 'X';                     //编译器不能发现该错误
cout << p << endl;
```

5. 内存中指针参数的传递

如果函数的参数是一个指针,不要指望用该指针去申请动态内存。在下面的示例中,Test 函数的语句 GetMemory(str,100)并没有使 str 获得期望的内存,str 依旧是 NULL,为什么?

示例　试图用指针参数申请动态内存

```
void GetMemory(char *p, int num)
{
  p = (char *)malloc(sizeof(char) * num);
}
void Test(void)
{
  char *str = NULL;
  GetMemory(str,100);           //str 仍然为 NULL
  strcpy(str,"hello");          //运行错误
}
```

问题出在函数 GetMemory 中。编译器总是要为函数的每个参数制作临时副本，指针参数 p 的副本是 $\_p$，编译器使 $\_p = p$。如果函数体内的程序修改了 $\_p$ 的内容，就导致参数 p 的内容做相应的修改。这就是指针可以用作输出参数的原因。在本例中，$\_p$ 申请了新的内存，只是把 $\_p$ 所指的内存地址改变了，但是 p 丝毫未变。所以，函数 GetMemory 并不能输出任何东西。事实上，每执行一次 GetMemory 就会泄露一块内存，因为没有用 free 释放内存。

如果非要用指针参数去申请内存，那么应该改用“指向指针的指针”，见下面的示例。

示例　用指向指针的指针申请动态内存

```
void GetMemory2(char ** p,int num)
{
    * p = (char * )malloc(sizeof(char) * num);
}
```

```
void Test2(void)
{
    char * str = NULL;
    GetMemory2(&str,100);           //注意参数是 &str,而不是 str
    strcpy(str,"hello");
    cout << str << endl;
    free(str);
}
```

8.3.2　面向对象的设计规则

面向对象(Object Oriented,OO)是当今计算机界关心的重点，是 20 世纪 90 年代软件开发方法的主流。

面向对象的概念和应用已超越了程序设计和软件开发，扩展到很宽的范围，如数据库系统、交互式界面、应用结构、应用平台、分布式系统、网络管理结构、CAD 技术、人工智能等领域。面向对象程序设计中的概念主要包括对象、类、数据抽象、继承、动态绑定、数据封装、多态性、消息传递，通过这些概念面向对象的思想得到了具体的体现。

面向对象设计方法以对象为基础，利用特定的软件工具直接完成从对象客体的描述到软件结构之间的转换，这是面向对象设计方法最主要的特点和成就。面向对象设计方法的应用解决了传统结构化开发方法中客观世界描述工具与软件结构的不一致性问题，缩短了开发周期，解决了从分析和设计到软件模块结构之间多次转换映射的繁杂过程，是一种很有发展前途的系统开发方法。

比较面向对象程序设计和面向过程程序设计，还可以得到面向对象程序设计的其他优点：

- 数据抽象的概念，可以在保持外部接口不变的情况下改变内部实现，从而减少甚至避免对外界的干扰；
- 通过继承大幅减少冗余的代码，并可以方便地扩展现有代码，提高编码效率，也减少

了出错概率,降低了软件维护的难度;

- 结合面向对象分析、面向对象设计,允许将问题域中的对象直接映射到程序中,减少了软件开发过程中中间环节的转换过程;
- 通过对对象的辨别、划分可以将软件系统分割为若干相对独立的部分,在一定程度上更便于控制软件复杂度;
- 以对象为中心的设计可以帮助开发人员从静态(属性)和动态(方法)两个方面把握问题,从而更好地实现系统;
- 通过对象的聚合、联合可以在保证封装与抽象的原则下实现对象在内在结构以及外在功能上的扩充,从而实现对象由低到高的升级。

1. 开-闭原则

开-闭原则(Open-Closed Principle)是面向对象的可复用设计(Object Oriented Design 或 OOD)的基石。其他设计原则(里氏代换原则、依赖倒转原则、合成/聚合复用原则、迪米特法则、接口隔离原则)是实现开-闭原则的手段和工具。

1) 开-闭原则的定义及优点

一个软件实体应当对扩展开放、对修改关闭,即在设计一个模块的时候应当使这个模块可以在不被修改的前提下被扩展。

满足开-闭原则的系统的优点如下。

(1) 通过扩展已有的软件系统可以提供新的行为,以满足对软件的新需求,使变化中的软件系统有一定的适应性和灵活性。

(2) 已有的软件模块(特别是最重要的抽象层模块)不能再修改,这就使变化中的软件系统有了一定的稳定性和延续性。

(3) 这样的系统同时满足了可复用性与可维护性。

2) 实现开-闭原则

在面向对象设计中不允许更改的是系统的抽象层,允许扩展的是系统的实现层。换而言之,定义一个一劳永逸的抽象设计层允许尽可能多的行为在实现层被实现。

解决问题的关键在于抽象化,抽象化是面向对象设计的第一个核心本质。对一个事物抽象化实际上是在概括归纳总结它的本质。抽象让我们抓住最最重要的东西,从更高一层去思考。这降低了思考的复杂度,我们不用同时考虑那么多的东西。换而言之,我们封装了事物的本质,看不到任何细节。

在面向对象编程中,通过抽象类及接口规定了具体类的特征作为抽象层,相对稳定,不需更改,从而满足"对修改关闭";而从抽象类导出的具体类可以改变系统的行为,从而满足"对扩展开放"。在对实体进行扩展时不必改动软件的源代码或者二进制代码,关键在于抽象。

3) 对可变性的封装原则

开-闭原则也就是"对可变性的封装原则"。即找到一个系统的可变因素,将之封装起来。换而言之,在设计中什么可能会发生变化,应使之成为抽象层而封装,而不是什么会导致设计改变才封装。

2. 里氏代换原则

1）里氏代换原则的定义

如果对每一个类型为 T_1 的对象 O_1 都有类型为 T_2 的对象 O_2，使得以 T_1 定义的所有程序 P 在所有的对象 O_1 都代换为 O_2 时程序 P 的行为没有变化，那么类型 T_2 是类型 T_1 的子类型。

一个软件实体如果使用的是一个基类，那么一定适用于其子类，而且它觉察不出基类对象和子类对象的区别。也就是说，在软件里面把基类都替换成它的子类，程序的行为没有变化。反过来的替换不成立，如果一个软件实体使用的是一个子类，那么它不一定适用于基类。任何基类可以出现的地方子类一定可以出现。

2）里氏代换原则与开-闭原则的关系

实现开-闭原则的关键步骤是抽象化。基类与子类之间的继承关系就是抽象化的体现。因此，里氏代换原则是对实现抽象化的具体步骤的规范。违反里氏代换原则意味着违反了开-闭原则，反之未必。

3. 依赖倒转原则

依赖倒转原则（Dependence Inversion Principle，DIP）就是要依赖于抽象，不要依赖于实现，要针对接口编程，不要针对实现编程。也就是说，应当使用接口和抽象类进行变量类型声明、参数类型声明、方法返还类型说明以及数据类型的转换等，而不要用具体类进行变量的类型声明、参数类型声明、方法返还类型说明以及数据类型的转换等。要保证做到这一点，一个具体类应当只实现接口和抽象类中声明过的方法，而不要给出多余的方法。

传统的过程性系统的设计办法倾向于使高层次的模块依赖于低层次的模块，抽象层次依赖于具体层次。倒转原则就是把这个错误的依赖关系倒转过来。面向对象设计的重要原则是创建抽象化，并且从抽象化导出具体化，具体化给出不同的实现。继承关系就是一种从抽象化到具体化的导出。

抽象层包含的应该是应用系统的商务逻辑和宏观的、对整个系统来说重要的战略性决定，是必然性的体现。具体层次含有的是一些次要的与实现有关的算法和逻辑，以及战术性的决定，带有相当大的偶然性选择。具体层次的代码是经常变动的，不能避免出现错误。

从复用的角度来说，高层次的模块是应当复用的，而且是复用的重点，因为它含有一个应用系统最重要的宏观商务逻辑，是较为稳定的。在传统的过程性设计中，复用则侧重于具体层次模块的复用。依赖倒转原则是对传统的过程性设计方法的“倒转”，是高层次模块复用及其可维护性的有效规范。

1）接口实例

```
/**
Interface IManeuverable provides the specification for a maneuverable vehicle
*/
```

```
public interface IManeuverable{
    public void left();
    public void right();
    public void forward();
    public void reverse();
    public void climb();
    public void dive();
    public void setspeed(double speed);
    public double getspeed();
}
public class car implements IManeuverable{
}
public class Board implements IManeuverable{
}
public class Submarine implements IManeuverable{
}
```

该方法是指其他的一些类可以进行交通工具的驾驶,而不必关心其实际上是汽车、轮船、潜艇或是其他任何实现了 IManeuverabre 的对象。

2) 关系

开-闭原则与依赖倒转原则是目标和手段的关系。如果说开-闭原则是目标,依赖倒转原则则是到达开-闭原则的手段。如果要达到最好的开-闭原则,就要尽量遵守依赖倒转原则,依赖倒转原则是对"抽象化"的最好规范。

里氏代换原则是依赖倒转原则的基础,依赖倒转原则是里氏代换原则的重要补充。

- 零耦合(Nil Coupling)关系:两个类没有耦合关系。
- 具体耦合(Concrete Coupling)关系:发生在两个具体的(可实例化的)类之间,由一个类对另一个具体类的直接引用造成。
- 抽象耦合(Abstract Coupling)关系:发生在一个具体类和一个抽象类(或接口)之间,使两个必须发生关系的类之间存有最大的灵活性。

我们应该尽可能地避免实现继承,原因如下:

(1) 失去灵活性,使用具体类会给底层的修改带来麻烦。

(2) 耦合问题,耦合是指两个实体相互依赖于对方的一个量度。

程序员每天都在有意识地或者无意识地做出影响耦合的决定,例如类耦合、API 耦合、应用程序耦合等。在一个用扩展的继承实现系统中,派生类非常紧密地与基类耦合,而且这种紧密的连接可能是被不期望的。例如 B extends A,当 B 不全用 A 中的 methods 时,B 调用的方法可能会产生错误。我们必须客观地评价耦合度,系统之间不可能总是松耦合的,那样肯定什么也做不了。

3) 决定耦合程度的依据

简单地说,就是根据需求的稳定性来决定耦合的程度。对于稳定性高的需求、不容易发生变化的需求,我们完全可以把各类设计成紧耦合(虽然是讨论类之间的耦合度,但其实功能块、模块、包之间的耦合度也是一样的),因为这样可以提高效率,而且我们还可以使用一些更好的技术来提高效率或简化代码,例如 C# 中的内部类技术。

但是,如果需求极有可能变化,我们就需要充分考虑类之间的耦合问题,可以想出各种各样的办法来降低耦合程度,归纳起来不外乎增加抽象的层次来隔离不同的类,这个抽象层次可以是抽象的类、具体的类,也可以是接口或是一组类。我们可以用一句话来概括降低耦合度的思想,即“针对接口编程,而不是针对实现编程”。

在进行编码的时候,我们会留下一些指纹,例如 public 的多少、代码的格式等。我们可以通过耦合度量评估重新构建代码的风险。因为重新构建实际上是维护编码的一种形式,在维护中遇到的那些麻烦事在重新构建时同样会遇到。在重新构建之后最常见的随机 Bug 大部分是不当耦合造成的,不稳定因素越大,它的耦合度也就越大。

某类的不稳定因素 = 依赖的类个数 / 被依赖的类个数

依赖的类个数 = 在编译此类时被编译的其他类的个数总和

4) 怎样将大系统拆分成小系统

解决这个问题的一个思路是将许多类集合成一个更高层次的单位,形成一个高内聚、低耦合的类的集合,这是我们在设计过程中应该着重考虑的问题。

耦合的目标是维护依赖的单向性,有时我们也需要使用坏的耦合。在这种情况下应当小心记录下原因,以帮助日后使用该代码的用户了解使用耦合的真正原因。

5) 怎样做到依赖倒转

抽象方式耦合是依赖倒转原则的关键。抽象耦合关系总要涉及具体类从抽象类继承,并且需要保证在任何引用到基类的地方都可以改换成其子类,因此里氏代换原则是依赖倒转原则的基础。

在抽象层次上的耦合虽然有灵活性,但也带来了额外的复杂性,如果一个具体类发生变化的可能性非常小,那么抽象耦合能发挥的好处便十分有限,这时用具体耦合反而会更好。

所有结构良好的面向对象构架都具有清晰的层次定义,每个层次通过一个定义良好的、受控的接口向外提供一组内聚的服务。

依赖于抽象,建议不依赖于具体类,即程序中所有的依赖关系都应该终止于抽象类或者接口,应尽量做到以下几点:

(1) 任何变量都不应该持有一个指向具体类的指针或者引用。

(2) 任何类都不应该从具体类派生。

(3) 任何方法都不应该覆写它的任何基类中的已经实现的方法。

6) 依赖倒转原则的优缺点

依赖倒转原则虽然很强大,但却最不容易实现。因为依赖倒转的缘故,对象的创建很可能要使用对象工厂,以避免对具体类的直接引用,此原则的使用可能还会导致产生大量的类,对不熟悉面向对象技术的工程师来说,维护这样的系统需要较好地理解面向对象设计。

依赖倒转原则假定所有的具体类都是会变化的,这也不总是正确。有一些具体类可能是相当稳定,不会变化的,使用这个具体类实例的应用完全可以依赖于这个具体类型,而不必为此创建一个抽象类型。

4. 合成/聚合复用原则

1) 概念

在一个新的对象里面使用一些已有的对象,使之成为新对象的一部分,新的对象通过向这些对象的委派达到复用这些对象的目的。首先应使用合成/聚合,合成/聚合使系统灵活,其次才考虑继承,达到复用的目的。在使用继承时要严格遵循里氏代换原则。有效地使用继承有助于用户对问题的理解,降低复杂度,而滥用继承会增加系统构建、维护时的难度及系统的复杂度。

如果两个类是"Has-a"关系应使用合成、聚合,如果是"Is-a"关系可使用继承。"Is-A"是严格的分类学意义上的定义,意思是一个类是另一个类的"一种"。而"Has-A"则不同,它表示某一个角色具有某一项责任。

2) 合成和聚合

合成(Composition)和聚合(Aggregation)都是关联(Association)的特殊种类。聚合表示整体和部分的关系,表示"拥有"。如奔驰 S360 汽车与奔驰 S360 引擎、奔驰 S360 轮胎的关系是聚合关系,离开了奔驰 S360 汽车,S360 引擎、S360 轮胎就失去了存在的意义。在设计中聚合不应该频繁出现,否则会增大设计的耦合度。

合成则是一种更强的"拥有",部分和整体的生命周期一样。合成的新的对象完全支配其组成部分,包括它们的创建和湮灭等。一个合成关系的成分对象是不能与另一个合成关系共享的。换句话说,合成是值的聚合(Aggregation by Value),而一般说的聚合是引用的聚合(Aggregation by Reference)。明白了合成和聚合的关系,再来理解合成/聚合原则应该就清楚了,要避免在系统设计中出现一个类的继承层次超过 3 层,否则需要考虑重构代码或者重新设计结构。当然,最好的办法是考虑使用合成/聚合原则。

3) 合成/聚合的优缺点

优点:

(1) 新对象存取成分对象的唯一方法是通过成分对象的接口。

(2) 这种复用是黑箱复用,因为成分对象的内部细节是新对象所看不见的。

(3) 这种复用支持包装。

(4) 这种复用所需的依赖较少。

(5) 每一个新的类可以将焦点集中在一个任务上。

(6) 这种复用可以在运行时间内动态进行,新对象可以动态地引用与成分对象类型相同的对象。

(7) 作为复用手段,可以应用到几乎任何环境中。

缺点:系统中会有较多的对象需要管理。

4) 继承来进行复用的优缺点

优点:新的实现较为容易,因为超类的大部分功能可以通过继承的关系自动进入子类,修改和扩展继承而来的实现较为容易。

缺点:继承复用破坏包装,因为继承将超类的实现细节暴露给子类,由于超类的内部细节常常是对子类透明的,所以这种复用是透明的复用,又称"白箱"复用。

如果超类发生改变,那么子类的实现也不得不发生改变。从超类继承而来的实现是静态的，不可能在运行时间内发生改变，没有足够的灵活性，继承只能在有限的环境中使用。

5. 迪米特法则

一个软件实体应当尽可能少地与其他实体发生相互作用。这样，当一个模块修改时就会尽量少地影响其他的模块，扩展会相对容易。这是对软件实体之间通信的限制，它要求限制软件实体之间通信的宽度和深度。

1）狭义的迪米特法则

如果两个类不必彼此直接通信，那么这两个类就不应当发生直接的相互作用。如果其中的一个类需要调用另一个类的某一个方法，可以通过第三者转发这个调用。"朋友"条件包括以下内容：

（1）当前对象本身(this)。

（2）以参量形式传入到当前对象方法中的对象。

（3）当前对象的实例变量直接引用的对象。

（4）当前对象的实例变量如果是一个聚集，那么聚集中的元素也都是"朋友"。

（5）当前对象所创建的对象。

任何一个对象如果满足上面的条件之一，就是当前对象的"朋友"，否则就是"陌生人"。其缺点是会在系统里造出大量的小方法散落在系统的各个角落，需要与依赖倒转原则互补使用。

2）狭义的迪米特法则的缺点

在系统里造出大量的小方法，这些方法仅仅是传递间接的调用，与系统的商务逻辑无关。遵循类之间的迪米特法则会是一个系统的局部设计简化，因为每一个局部都不会和远距离的对象有直接的关联。但是，这也会造成系统的不同模块之间的通信效率降低，也会使系统的不同模块之间不容易协调。外观模式和中介者模式实际上就是迪米特法则的具体应用。

3）广义的迪米特法则

迪米特法则的主要用意是控制信息的过载。在将迪米特法则运用到系统设计中时要注意下面几点：

（1）在类的划分上应当创建有弱耦合的类。

（2）在类的结构设计上，每一个类都应当尽量降低成员的访问权限。

（3）在类的设计上，只要有可能，一个类应当设计成不变类。

（4）在对其他类的引用上，一个对象对其对象的引用应当降到最低。

4）广义迪米特法则在类的设计上的体现

（1）优先考虑将一个类设置成不变类。

（2）尽量降低一个类的访问权限。

（3）谨慎使用 Serializable。

（4）尽量降低成员的访问权限。

迪米特法则又叫最少知识原则(Least Knowledge Principle，LKP)，就是说一个对象应当对其他对象有尽可能少的了解。

6. 接口隔离原则

接口隔离原则是使用多个专门的接口比使用单一的总接口要好。也就是说,一个类对另外一个类的依赖性应当建立在最小的接口上。

这里的"接口"往往有两种不同的含义：一种是指一个类型所具有的方法特征的集合,仅仅是一种逻辑上的抽象；另外一种是指某种语言具体的"接口"定义,有严格的定义和结构,例如C#语言里面的Interface结构。对于这两种不同的含义,ISP的表达方式以及含义都有所不同。当我们把"接口"理解成一个类所提供的所有方法的特征集合的时候,这就是一种逻辑上的概念。接口的划分直接带来类型的划分。在这里可以把接口理解成角色,一个接口只是代表一个角色,每个角色都有它特定的一个接口,这里的这个原则可以叫"角色隔离原则"。

如果把"接口"理解成狭义的特定语言的接口,那么ISP表达的意思是说对不同的客户端同一个角色提供宽窄不同的接口,也就是定制服务、个性化服务,就是仅仅提供客户端需要的行为,客户端不需要的行为则隐藏起来,应当为客户端提供尽可能小的单独的接口,而不要提供大的总接口。遵循迪米特法则和接口隔离原则会使一个软件系统在功能扩展时修改的压力不会传到其他的对象那里。

不应该强迫用户依赖于他们不用的方法,包括利用委托分离接口、利用多继承分离接口。

7. 基本的设计模式

面向对象设计模式最初出现于20世纪70年代末80年代初。Erich Gamma、Richard Helm、Ralph Johnson和John Vlissides4人(后以"四人帮(Gang of Four,GoF)"著称)提出了23种设计模式,如图8-5所示。现在设计模式已被广泛应用于各种领域的软件设计、软件体系结构框架和软件构造中。

图8-5 设计模式和GoF

设计模式描述了设计中不断重复遇到的问题以及该问题的解决方案的核心,是使用解决方案,而不是做重复劳动。

一个模式一般由4个基本要素组成。

• 模式名称：命名模式可以帮助思考,便于交流设计思想及设计结果。

- 问题：解释了设计问题和问题存在的前因后果。
- 解决方案：描述了设计的组成成分、它们之间的相互关系及各自的职责和协作方式。
- 效果：描述了模式应用的效果及使用模式应权衡的问题。

下面运用统一的格式的 10 个要点来描述设计模式，这有助于学习、比较和使用设计模式。

(1) 模式名和分类：描述模式的本质。

(2) 意图：设计模式的基本原理和意图。

(3) 别名：模式的其他名称。

(4) 适用性：在什么情况下可以使用该设计模式。

(5) 结构：对设计模式中的类进行图形描述(包括交互)。

(6) 参与者：设计模式中的类和对象以及它们各自的职责。

(7) 实现：实现模式时需要知道的技术要点以及应避免的缺陷。

(8) 代码示例：实现模式的代码片段。

(9) 已知应用：实际系统中发现的模式的例子。

(10) 相关模式：与这个模式紧密相关的模式有哪些？应与其他哪些模式一起使用？

23 种经典设计模式的组织对设计模式进行分类，便于对一组相关模式进行引用，有助于学习模式，并对发现新模式具有指导作用。

23 种经典设计模式的名称如表 8-3 所示。

表 8-3　23 种经典设计模式的名称

		目　的		
		创　建　型	结　构　型	行　为　型
范围	类	Factory Method	Adapter(类)	Interpretel Template Method
	对象	Abstract Factory Builder Prototype Singleton	Adapter(对象) Bridge Composite Decorator Facade Flyweight Proxy	Chain of Responsibility Command Iterator Mediator Memento Observer State Strategy Visitor

- Abstract Factory：提供一个创建一系列相关或相互依赖对象的接口，而无须指定它们具体的类。
- Adapter：将一个类的接口转换成客户希望的另外一个接口，使得原本由于接口不兼容而不能一起工作的那些类可以一起工作。
- Bridge：将抽象部分与它的实现部分分离，使它们都可以独立变化。
- Builder：将一个复杂对象的构建与它的表示分离，使得同样的构建过程可以创建不同的表示。

- Chain of Responsibility：为解除请求的发送者和接收者之间的耦合而使多个对象都有机会处理这个请求，将这些对象连成一条链，并沿着这条链传递该请求，直到有一个对象处理它。
- Command：将一个请求封装为一个对象，从而可用不同的请求对客户进行参数化，对请求排队或记录请求日志，以及支持可取消的操作。
- Composite：将对象组合成树形结构以表示"部分-整体"的层次结构，使得客户对单个对象和复合对象的使用具有一致性。
- Decorator：动态地给一个对象添加一些额外的职责，就扩展功能而言，比生成子类的方式更为灵活。
- Facade：为子系统中的一组接口提供一个一致的界面，定义了一个高层接口，这个接口使得这一子系统更加容易使用。
- Factory Method：定义一个用于创建对象的接口，让子类决定将哪一个类实例化，使一个类的实例化延迟到其子类。
- Flyweight：运用共享技术有效地支持大量细粒度的对象。
- Interpreter：给定一个语言，定义它的文法的一种表示，并定义一个解释器，该解释器使用该表示来解释语言中的句子。
- Literator：提供一种方法，顺序访问一个聚合对象中的各个元素，而又无须暴露该对象的内部表示。
- Mediator：用一个中介对象来封装一系列的对象交互，中介者使各对象不需要显式地相互引用，从而使其耦合松散，而且可以独立地改变它们之间的交互。
- Memento：在不破坏封装性的前提下捕获一个对象的内部状态，并在该对象之外保存这个状态，这样以后就可以将该对象恢复到保存的状态。
- Observer：定义对象间的一种一对多的依赖关系，以便当一个对象的状态发生改变时所有依赖于它的对象都得到通知并自动刷新。
- Prototype：用原型实例指定创建对象的种类，并且通过复制这个原型来创建新的对象。
- Proxy：为其他对象提供一个代理，以控制对这个对象的访问。
- Singleton：保证一个类仅有一个实例，并提供一个访问它的全局访问点。
- State：允许一个对象在其内部状态改变时改变它的行为，对象看起来似乎修改了它所属的类。
- Strategy：定义一系列的算法，把它们一个个封装起来，并且使它们可相互替换。本模式使得算法的变化可独立于使用它的客户。
- Template Method：定义一个操作中的算法的骨架，而将一些步骤延迟到子类中，使得子类可以不改变一个算法的结构即可重定义该算法的某些特定步骤。
- Visitor：表示一个作用于某对象结构中的各元素的操作，在不改变各元素的类的前提下定义作用于这些元素的新操作。

用户可以根据模式的"相关模式"部分所描述的引用(即按模式的引用关系、组织模式)来组织设计模式，如图8-6所示。

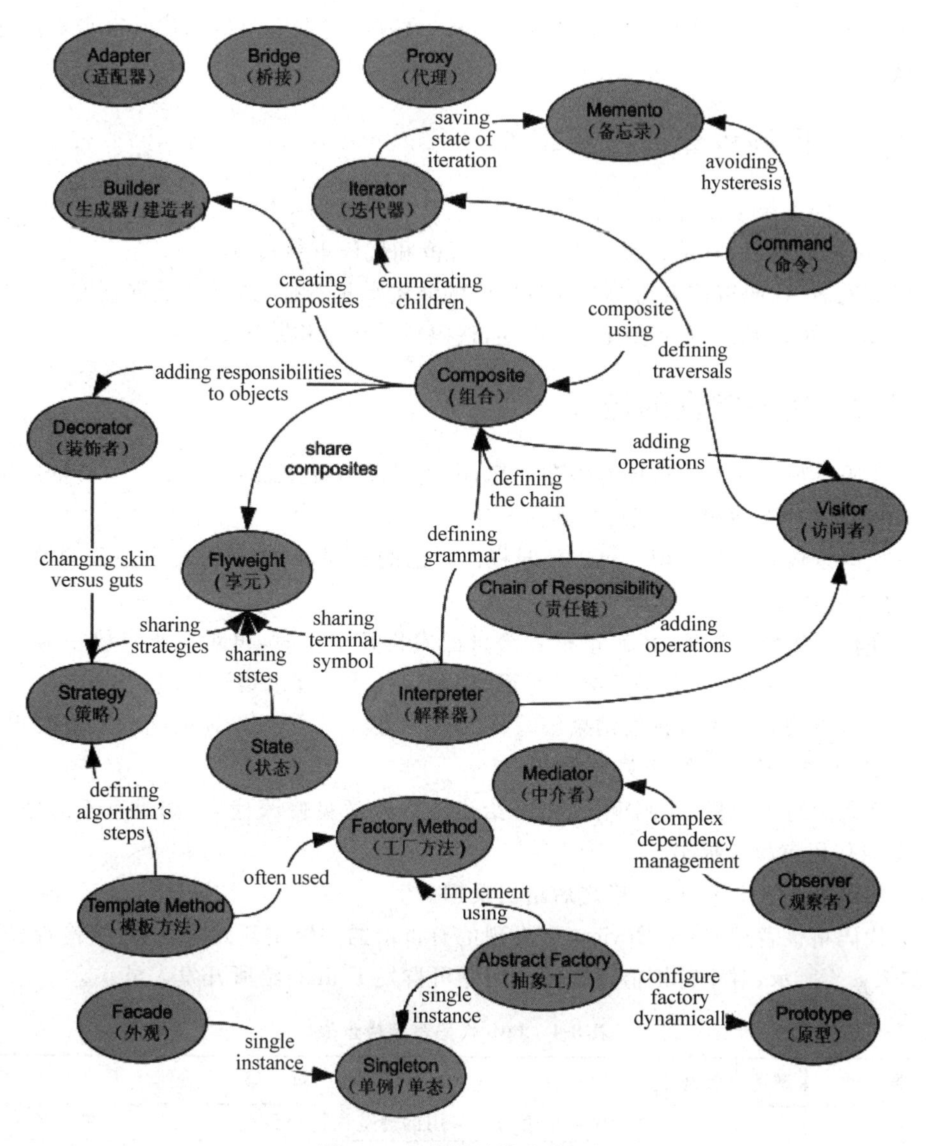

图 8-6 经典设计模式的组织

8.4 代码审查

代码审查(Code Review)是提高代码质量的一种重要方法，特别是由资深开发和质量工程师牵头组织的代码审查会议。

代码审查必须依靠具有软件系统开发经验的技术人员集体审查。代码审查是消灭 Bug 的最重要的方法之一，这些审查在大多数时候都特别奏效。由于代码审查本身所针对的对象就是俯瞰整个代码在测试过程中的问题和 Bug。并且，代码审查对消除一些特别细节的错误大有裨益，尤其是对那些能够在阅读代码的时候容易发现的错误，这些错误往往不容易通过机器上的测试识别出来。

在实际工作中,这个重要的环节往往被忽视,没有经过静态分析和代码审查直接进入了单元测试。

8.4.1 代码审查的主要工作

代码审查的主要工作是发现代码中的Bug,从代码的易维护性、可扩展性角度考察代码的质量,提出修改建议,看是否符合Java开发规范和代码审核检查表。

代码编写者、代码审核者需要共同对代码的质量承担责任,这样才能保证Code Review不是走过场,其中代码编写者承担主要责任,代码审核者承担次要责任。

8.4.2 代码审查的流程

(1) 代码编写者和代码审核者坐在一起,由代码编写者按照UC(Use Case)依次讲解自己负责的代码和相关逻辑,从表现层到持久层。

(2) 代码审核者在此过程中可以随时提出自己的疑问,同时积极发现隐藏的Bug,将这些Bug记录在案。

(3) 在代码讲解完毕后,代码审核者给自己安排几个小时,再对代码审核一遍,代码需要一行一行静下心看,同时代码又要看全面,以确保代码整体上设计优良。

(4) 代码审核者根据审核的结果编写"代码审核报告",记录发现的问题及修改建议,然后把"代码审核报告"发送给相关人员。

(5) 代码编写者根据"代码审核报告"给出的修改意见修改代码,如果有不清楚的地方可以积极向代码审核者提出。

(6) 代码编写者bug fix完毕之后给出反馈。

(7) 代码审核者把Code Review中发现的有价值的问题更新到"代码审核检查表"的文档中,如表8-4所示,对于特别值得提醒的问题可群发E-mail给所开发人员。

表8-4 Java代码审查检查表

重要性	激活	级别	检查项
重要		20	命名规则是否与所采用的规范保持一致
重要		50	has、can、is前缀的函数是否返回布尔型
重要		10	注释是否较清晰且必要
重要	Y	50	函数是否已经有文档注释(功能、输入、返回及其他可选)
声明、空白、缩进			
		20	每行是否只声明了一个变量(特别是那些可能出错的类型)
重要		40	变量是否已经在定义的同时初始化
语句、功能分布、规模			
		20	if、if-else、if-else if-else、do-while、switch-case语句的格式是否符合规范
重要		40	单个函数是否执行了单个功能并与其命名相符
	Y	20	操作符++和--操作符的应用是否符合规范
规模			
重要	Y	40	常数变量是否声明为final

续表

重 要 性	激活	级别	检 查 项
重要		70	对数组的访问是否为安全的(合法的 index 取值为[0,MAX_SIZE-1])
重要		20	是否确认没有同名变量局部重复定义问题
重要	Y	20	所有判断是否都使用了(常量==变量)的形式
重要		80	是否每个 if-else if-else 语句都有最后一个 else 以确保处理了全集
重要		80	是否每个 switch-case 语句都有最后一个 default 以确保处理了全集
重要		40	标记的书写是否完整,字符串的拼写是否正确
重要		40	对浮点数值的相等判断是否恰当(严禁使用==直接判断)
可靠性(函数)			
重要	Y	60	入口对象是否都被进行了判断不为空
重要	Y	60	入口数据的合法范围是否都被进行了判断(尤其是数组)
重要	Y	20	是否对有异常抛出的方法都执行了 try-catch 保护
重要	Y	80	是否函数的所有分支都有返回值
重要		60	是否确保函数返回 CORBA 对象的任何一个属性都不能为 null
重要		60	是否对方法返回值对象做了 null 检查,该返回值在定义时是否被初始化
重要		60	是否对同步对象的遍历访问做了代码同步
重要		80	是否确认在对 Map 对象使用迭代遍历过程中没有做增减元素操作
		20	原子操作代码异常中断,使用的相关外部变量是否恢复先前状态
重要		100	函数对错误的处理是恰当的吗
可维护性			
重要		100	实现代码中是否消除了直接常量(用于计数起点的简单常数例外)
		20	是否有冗余判断语句(例如: if (b) return true; else return false;)

8.4.3 Java 代码审查的常见错误

1. 多次复制字符串

测试所不能发现的一个错误,生成不可变(immutable)对象的多个副本。不可变对象是不可改变的,因此不需要复制它。最常用的不可变对象是 String。

如果必须改变一个 String 对象的内容,应该使用 StringBuffer。下面的代码会正常工作:

```
String s = new String("Text here");
```

但是这段代码性能差,而且没有必要这么复杂。用户还可以用以下方式来重写上面的代码:

```
String temp = "Text here";
String s = new String (temp);
```

但是这段代码包含额外的 String,并非完全必要。更好的代码如下:

```
String s = "Text here";
```

2. 没有复制返回的对象

封装(encapsulation)是面向对象编程的重要概念。但是,Java 为不小心打破封装提供了方便,允许返回私有数据的引用(reference)。下面的代码揭示了这一点:

```
import java.awt.Dimension;
public class Example
{
    private Dimension d = new Dimension (0,0);
    public Example (){ }
    public synchronized void setValues (int height, int width) throws
    IllegalArgumentException
    {
        if (height < 0 || width < 0)
        throw new IllegalArgumentException();
        d.height = height;
        d.width = width;
    }

    public synchronized Dimension getValues()
    {
        //糟糕! 破坏封装
        return d;
    }
}
```

Example 类保证了它所存储的 height 和 width 值永远为非负数,试图使用 setValues()方法来设置负值会触发异常。由于 getValues()返回 d 的引用,而不是 d 的副本,可以编写如下破坏性代码:

```
Example ex = new Example();
Dimension d = ex.getValues();
d.height = -5;
d.width = -10;
```

现在,Example 对象拥有负值了。如果 getValues()的调用者永远也不设置返回的 Dimension 对象的 width 和 height 值,那么仅凭测试不可能检测到这类错误。

随着时间的推移,客户代码可能会改变返回的 Dimension 对象的值,这个时候追寻错误的根源是件枯燥且费时的事情,尤其是在多线程环境中。

更好的方式是让 getValues()返回副本:

```
public synchronized Dimension getValues()
{
    return new Dimension (d.x,d.y);
}
```

现在,Example 对象的内部状态就安全了。调用者可以根据需要改变它所得到的复制的状态,但是要修改 Example 对象的内部状态必须通过 setValues()才可以。

3. 自编代码来复制数组

Java 允许复制数组，但是开发者通常会错误地编写如下代码，问题在于如下循环用 3 行做的事情如果采用 Object 的 clone 方法用一行就可以完成：

```
public class Example
{
    private int[] copy;
    /*** Save a copy of 'data'. 'data' cannot be null. */
    public void saveCopy (int[] data)
    {
        copy = new int[data.length];
        for (int i = 0; i < copy.length; ++i)
        copy[i] = data[i];
    }
}
```

这段代码是正确的，但却不必要那么复杂。saveCopy()的一个更好的实现是：

```
void saveCopy (int[] data)
{
    try{
    copy = (int[])data.clone();
    }catch (CloneNotSupportedException e){
    //不能在这里
    }
}
```

如果经常复制数组，编写如下的一个工具方法会是个好主意：

```
static int[] cloneArray (int[] data)
{
    try{
    return(int[])data.clone();
    }catch(CloneNotSupportedException e){
    }
}
```

这样 saveCopy 看起来就更简洁了：

```
void saveCopy (int[] data){
copy = cloneArray (data);
}
```

4. 检查 new 操作的结果是否为 null

Java 编程新手有时候会检查 new 操作的结果是否为 null，可能的检查代码如下：

```
Integer i = new Integer (400);
if (i == null)
throw new NullPointerException();
```

检查当然没什么错误,但却不必要,if 和 throw 这两行代码完全是浪费,它们的唯一功用是让整个程序更臃肿、运行更慢。

C/C++程序员在开始写 Java 程序的时候经常会这么做,这是由于检查 C 中 malloc()的返回结果是必要的,不这样做可能产生错误。检查 C++中 new 操作的结果可能是一个好的编程行为,这依赖于是否能有异常(许多编译器允许异常被禁止,在这种情况下 new 操作失败就会返回 null)。在 Java 中,new 操作不允许返回 null,如果真的返回 null,很可能是虚拟机崩溃了,这时候即便检查返回结果也无济于事。

5. 在 catch 块中做清除工作

一段在 catch 块中做清除工作的代码如下:

```
OutputStream os = null;
try{
    os = new OutputStream ();
    //关于 os 的一些操作
    os.close();
    }catch (Exception e){
    if (os != null)
    os.close();
}
```

尽管这段代码在几个方面都是有问题的,但是在测试中很容易漏掉这个错误。下面列出了这段代码所存在的 3 个问题:

(1) 语句 os.close()在两处出现,多此一举,而且会带来维护方面的麻烦。

(2) 上面的代码仅仅处理了 Exception,而没有涉及 Error。但是当 try 块运行出现了 Error 时流也应该被关闭。

(3) close()可能会抛出异常。

上面代码的一个更优版本为:

```
OutputStream os = null;
try{
    os = new OutputStream ();
    //关于 os 的一些操作
    }finally{
    if (os != null)
    os.close();
}
```

这个版本消除了上面所提到的两个问题,代码不再重复,Error 也可以被正确处理了。但是没有好的方法来处理第 3 个问题,也许最好的方法是把 close()语句单独放在一个 try/catch 块中。

6. 增加不必要的 catch 块

一些开发者听到 try/catch 块这个名字,就会想当然地以为所有的 try 块必须要有与之匹配的 catch 块。

C++程序员尤其会这样想，因为在 C++中不存在 finally 块的概念，而且 try 块存在的唯一理由只不过是为了与 catch 块相配对。

增加不必要的 catch 块的代码如下，捕获到的异常又立即被抛出：

```
try{
    //漂亮的代码在这里
    }catch(Exception e){
    throw e;
    }finally{
    //清理代码在这里
}
```

不必要的 catch 块被删除后，上面的代码就缩短为：

```
try{
    //漂亮代码在这里
    }finally{
    //清理代码在这里
}
```

8.5 小结

在大型程序设计中，特别是在控制与生命财产相关事件的程序中，如航空航天、金融、保险等应用程序中，对软件质量往往有更高的要求，这类高风险软件开发不允许程序中有任何潜在错误。

本章围绕如何产生高质量的代码从而减轻后续测试压力和降低修改的成本介绍了与代码风格相关的程序的版式、Windows 的命名规则，并列出了一些共性规则。在编程方面着重阐述了内存管理的技巧和面向对象编程的规则以及设计模式的应用，在代码审查方面介绍了 Java 编程中的注意事项。

思考题

1. 与面向过程编程相比面对对象编程有哪些优点？体现在哪些方面？
2. Java 代码审查包括哪些内容？
3. Windows 程序的命名规程有哪些？
4. 如何理解设计模式中的单例模式和工产模式？

第9章 软件测试

软件测试就是为了发现缺陷而运行程序的过程。

——梅耶(Glenford Myers)

软件测试是软件质量保证的关键阶段,是对软件设计和编码的最终审查。

人们在软件开发的每个阶段使用了许多方法来保证软件质量的分析、设计、实现,包括每个阶段的复查。但是,由于软件的特殊性,在工作中还是会存在错误。软件产品本身无形态,是复杂、知识高度密集的逻辑产品,没有一种软件方法可以保证在软件的设计和实现过程中没有错误。在当前软件开发过程中有30%～40%的精力花费在测试上。

广义的软件测试包含验证、确认。验证就是要用数据证明是否在正确地制造产品,强调的是过程的正确性；确认就是要用数据证明是否制造了正确的产品,强调结果的正确性。所以,广义的软件测试是指软件生命周期内所有的检查、评审和确认活动。

狭义的软件测试指检查代码和文档的质量问题,努力发现问题,进行客观质量评价,测试的对象包括源程序/目标代码、各开发阶段的文档。

本章正文共分5节,9.1节介绍软件测试的目的和原则,9.2节介绍软件测试的种类,9.3节介绍软件测试与软件开发,9.4节介绍软件测试的现状,9.5节介绍测试工具的选择。

9.1 目的和原则

软件测试就是在软件投入运行前对软件的需求分析、设计、实现编码进行最终审查。从表面上看,软件工程的其他阶段都是建设性的,而软件测试是摧毁性的。但是,软件测试的最终目的是建立高可靠性的软件系统的一部分。软件测试就是为了发现缺陷而运行程序的过程。

9.1.1 软件测试的目的

软件测试作为保证软件质量、提高软件可靠性的重要手段,在软件开发中起着不可替代的作用,其关键与核心是测试数据生成。软件测试的实质是根据软件开发各阶段的规格说明和程序的内部结构精心选取一批测试数据,形成测试用例,并用这些测试用例去驱动被测程序,观察程序的执行结果,验证所得结果与预期结果是否一致,然后做相应的调整。

美国著名软件工程专家梅耶(Glenford Myers)将软件测试的目的归纳如下：

(1) 测试是程序的执行过程,目的在于发现错误；

（2）一个好的测试用例在于能发现至今未发现的错误；

（3）一个成功的测试是发现了至今未发现的错误的测试。

因此，测试阶段的基本任务是根据软件开发各个阶段的文档资料和程序的内部结构精心设计一组测试用例，能够系统地揭示不同类型的错误，并且耗费的时间和工作量最小。但是，测试一般不可能发现程序中的所有错误，测试只能证明程序中存在错误，并不能证明程序中不存在错误。

9.1.2 软件测试的原则

在通常情况下，需要遵循的软件测试原则如下：

（1）在整个开发过程中要尽早地和不断地进行软件测试。

由于用户需求的复杂性和不确定性、软件的复杂性和抽象性、软件开发各阶段工作的多样性，加上软件开发各种人员的配合差异性等因素，使得开发的每个环节都可能产生错误。所以，不应把软件测试仅仅看作是软件开发的一个独立阶段，而应当贯穿到软件开发的各个阶段中。

（2）在开始测试时不应默认程序中不存在错误。

在测试前应确认程序中含有错误，测试的目的就是要找出其中尽可能多的错误。

（3）在设计测试用例时要给出测试的预期结果。

这条原则以心理学为基础，如果事先无法肯定预期的测试结果，出于受“眼睛会看见，事先想看见的东西”现象的影响，往往会把看起来似是而非的东西当成是正确的结果。解决这个问题的基本方法是事先给出程序预期的输出结果，并以此为标准，详细检查所有的输出，抓住症状揭示错误。因此，一个测试用例必须包括两部分，即对程序输入数据的描述和由这些输入数据应产生的输出结果的精确描述。

（4）测试工作应避免由系统开发人员或开发机构本身来承担。

从心理学角度讲，让一个人否定自己所做的工作是一件非常沮丧的事情。另外，如果程序中包含了由于程序员对程序功能的误解而产生的错误，当程序员测试自己的程序时，往往还会带着同样的误解而使错误难以发现。软件测试工作最好由另一个独立的机构（即不是设计系统或编写程序的机构和个人）来承担。

（5）对合理的和不合理的输入数据都要进行测试。

为了提高程序的可靠性，不仅要考虑合理的输入数据，同时也应考虑不合理的输入数据。合理的输入数据可以用来验证程序的正确性，而不合理的输入数据是指异常的、临界的、可能引起问题异变的输入数据。但在测试程序时人们很容易将注意力集中在合理的和预期的输入情况上，而忽视不合理和非预期的情况。

事实上，软件在投入运行后用户往往会不遵循合理的输入要求而进行了一些非法的输入，如果系统不能对此意外输入做出正确反应，系统将很容易产生故障，甚至造成系统的瘫痪。因此，在测试时必须重点测试系统处理非法输入和命令的能力，而且用不合理的输入数据进行测试往往比用合理的输入数据进行测试能发现更多的错误。

（6）重点测试错误群集的程序区段。

统计结果表明，一段程序中已发现的错误数越多，则其中存在错误的概率越大。Pareto原则表明，测试发现的错误中的80%集中在20%的模块中，作为错误群集现象，这种现象已被许多程序的测试实践所证实。因此，为了提高测试的效率，在进行深入测试时应对错误群集的程序区段进行重点测试。

(7) 除检查程序功能是否完备外还要检查程序功能是否有多余。

这条原则意味着在进行程序测试时必须对那些人们不需要的副作用进行检查。

(8) 用穷举测试是不可能的。

完全测试是不可能的，测试也无法找出软件潜在的所有缺陷，可以通过设计测试用例尽量覆盖所有的条件，应当了解测试是需要终止的。

(9) 长期完整地保留所有的测试用例和测试文件，直则该软件产品被废弃为止。

设计测试用例是一件耗费很大的工作，必须作为文档保存。因为测试不是一次完成的，在测试出错误并修改后需要继续测试。同时，在以后进行产品维护时也十分需要这些测试文件进行后续测试。

测试文件包括测试数据集、预期的结果、程序执行的记录，等等。

9.2 软件测试的种类

9.2.1 软件测试过程概述

由于软件错误的复杂性，在软件工程范围内要综合应用测试技术，根据定义域中的取值，通过执行和观察将预期的行为和实际的行为做比较，以确认测试的结果，因此，软件测试是一个综合测试的过程。

构成软件测试的 5 个要素是质量、人员、技术、资源和流程。

在进行软件测试时需要以下 3 类信息。

- 软件配置：指需求说明书、设计说明书和源程序等。
- 测试配置：指测试方案、测试用例和测试驱动程序等。
- 测试工具：指计算机辅助测试的有关工具。

目前，不同的团体或公司所采用的测试过程的名称是千差万别的，如构件测试、代码测试、开发人员测试、线程测试、单元测试、系统集成测试、验证测试、互操作测试、用户验收测试、客户验收测试等。总体来看，各个团体和公司根据各自的特点和习惯对测试过程做何称谓并不重要，重要的是要定义一个测试过程的范围和这个测试过程打算完成的任务，然后制订一个标准和计划，确保任务的实现。

在通常情况下，综合测试分为 4 个步骤，即单元测试(Unit Testing)、集成测试(Integrated Testing)、系统测试(System Testing)和验收测试(Acceptance Testing)。另外，在所有测试过程中始终贯穿着回归测试(Regression Testing)。软件测试过程如图 9-1 所示。

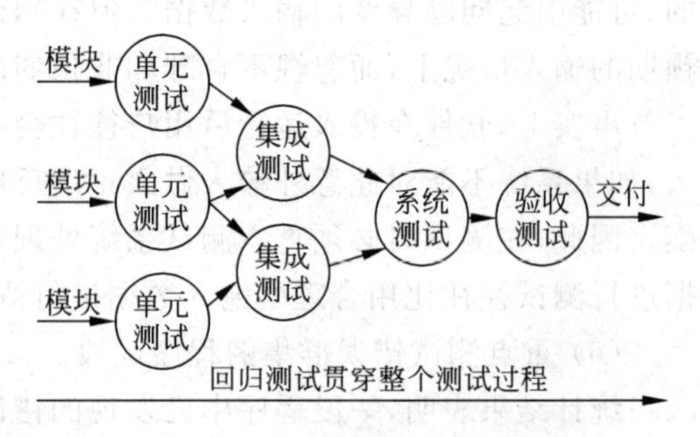

图 9-1 软件测试过程

软件经过测试后要根据预期的结果对测试的结果进行评估，对于出现的错误要报告，修改相应文档。修改后的程序往往要经过再次测试，直到满意为止。在分析结果的同时要对软件的可靠性进行评价，如果总是出现需要修改设计的严重错误，软件的质量和可靠性就值得怀疑，同时也需要进一步测试；如果软件功能能正确完成，出现的错误易修改，可以断定软件的质量和可靠性可以接受或者所做的测试还不足以发现严重错误；如果测试发现不了错误，要考虑错误仍然潜伏在软件中，应考虑重新制定测试方案，设计测试用例。

测试的种类如图 9-2 所示。

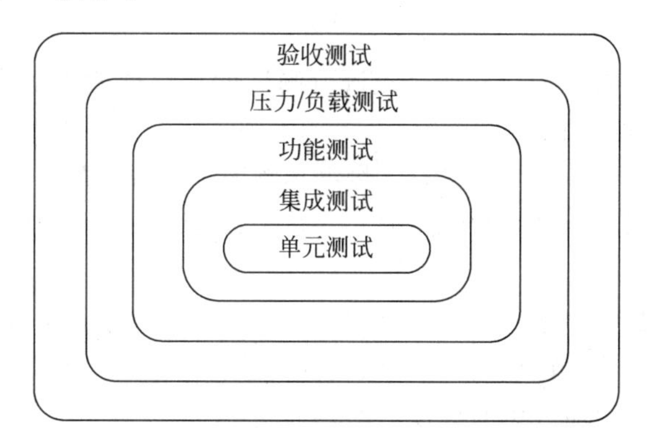

图 9-2　测试的种类

9.2.2　单元测试

1. 定义

单元测试(Unit Testing)指对软件中的最小可测试单元或基本组成单元进行检查和验证。

如何定义单元一直是人们讨论的焦点。传统的认识是将单元定义为一个具体的函数(Function)或一个类的方法(Method)，但是这样存在很多问题。

例如，有的函数结构非常简单或代码段很短，若将其作为一个单元来测试，将导致工作量太大，且可能存在严重的缺陷，从而降低测试效率。若将一个类的方法作为单元来测试，将破坏面向对象软件的封装性，无法有效利用继承的优势，且会无视类状态这一面向对象软件的独有特性，从而导致测试的漏洞。因此，单元测试中选取的单元应具有明确的功能定义、性能定义以及连接其他部分的接口定义等，且应可以清晰地与其他单元区分开来。在某种意义上而言，单元的概念已经扩展为组件(Component)。

一般应遵循以下单元选取原则：

(1) 对于 C 语言这类面向过程的开发语言来说，单元常指一个函数或子过程。在特殊情况下，若几个函数之间具有强耦合性，导致函数关系非常密切，应将这几个函数共同作为一个单元来测试。

(2) 对于 C++、Java 语言或 C# 等面向对象的开发语言来说，单元一般指一个类。然而，某些基础类可能非常庞大，涉及大量属性和方法，甚至需要几个开发人员来编码完成，若将该类作为一个单元来测试，并不合适，此时的测试将上升到集成测试的层面。

(3) 在图形化软件中，单元常指一个窗体或一个菜单。

总之，单元可以认为是人为规定的最小的被测功能模块。而单元测试则是一小段代码，用于检验被测代码的一个很小的、很明确的功能是否正确。通常,单元测试用于判断某个特定条件(或特定场景)下某个特定函数(或类/窗口)的行为,并最终证明该段代码的行为,与开发者所期望的行为是一致的。

2. 测试内容

单元测试的主要内容如下:

1) 接口测试

接口测试指对通过被测模块的数据流进行测试检查数据能否正确地输入和输出,主要对模块接口的以下方面进行测试:

(1) 输入的实参与形参在个数、属性、量纲和顺序上是否匹配;

(2) 被测模块调用其他模块时传递的实参在个数、属性、量纲和顺序上与被调用模块的形参是否匹配;

(3) 调用标准函数时传递的实参在个数、属性、量纲和顺序上是否正确;

(4) 是否存在与当前入口点无关的参数引用;

(5) 是否修改了只做输入用的只读形参;

(6) 全局变量在每个模块中的定义是否一致;

(7) 是否将某些约束条件作为形参来传递。

2) 局部数据结构测试

局部数据结构是最常见的缺陷来源,检查局部数据结构可以保证临时存储在模块内的数据在代码执行过程中是完整和正确的。检查局部数据结构应考虑以下方面:

(1) 是否存在不正确、不一致的数据类型说明;

(2) 是否存在未初始化或未赋值的变量;

(3) 变量是否存在初始化或默认值错误;

(4) 是否存在变量名拼写或书写错误;

(5) 是否存在不一致的数据类型;

(6) 是否出现上溢、下溢或地址异常。

除了检查局部数据外,用户还应注意全局数据对模块的影响。

3) 重要执行路径测试

应对模块中的重要执行路径进行测试。对重要执行路径和循环的测试是最常用、最有效的测试技术,以发现因错误的计算、错误的比较和不适当的控制流而导致的缺陷。

常见的错误计算如下:

(1) 操作符的优先次序是否被正确理解;

(2) 是否存在混合模式的计算;

(3) 是否存在被零除的风险;

(4) 运算精度不够;

(5) 变量的初值是否正确;

(6) 表达式的符号是否正确。

常见的比较和控制流错误如下:

(1) 是否存在不同数据类型变量之间的比较;

(2) 是否存在错误的逻辑运算符或优先次序；

(3) 是否存在因计算机表示的局限性导致浮点运算精度不够，致使期望值与实际值不相等的两值比较；

(4) 在关系表达式中是否存在错误的变量和比较符；

(5) 是否存在不可能的循环终止条件导致死循环；

(6) 是否存在迭代发散导致不能退出；

(7) 是否错误地修改了循环变量，导致循环次数多一次或少一次。

4) 错误处理测试

完善的设计应能预见各种出错条件，并设置适当的出错处理，以提高系统的容错能力，保证逻辑的正确性。错误处理测试主要测试程序处理错误的能力，检查是否存在以下问题：

(1) 输出的出错信息是否难以理解；

(2) 出错描述提供的信息是否不足，从而导致无法对发生的错误进行定位和确定出错原因；

(3) 显示的错误是否与实际遇到的缺陷不符合；

(4) 对错误条件的处理是否正确，即是否存在不当的异常处理；

(5) 在程序自定义的出错处理运行之前缺陷条件是否已经引起系统干预，即无法按照预先自定义的出错处理方式来处理。

5) 边界条件测试

程序最容易在边界上出错，应该注意对它们进行测试。

(1) 输入/输出数据的等价类边界；

(2) 选择条件和循环条件的边界；

(3) 复杂数据结构(如表)的边界。

3. 测试方法

在对模块进行测试时，每个模块在整个软件系统中不是孤立的，不能独立运行，而需要由其他模块来调用和驱动，模块的执行还依赖于被它调用的下级模块。因此，为了模拟模块与它周围模块的关系，需要设计者设计辅助测试模块。

辅助测试模块分以下两种。

- 驱动模块(Driver)：用来模拟被测模块的上级调用模块，功能要比真正的上级模块简单得多，仅仅是接受测试数据，并向被测模块传送测试数据，启动被测模块，回收并输出测试结果。
- 桩模块(Stub)：用来模拟被测模块在执行过程中所要调用的模块，接受被测模块输出的数据并完成它所指派的任务。

图 9-3(a)表示被测软件的结构，图 9-3(b)表示用驱动模块和桩模块建立的测试模块 B 的环境。

驱动模块和桩模块的编写会给软件开发带来额外开销，并且不必和最终的软件一起提交，因此应在保证测试质量的前提下尽量避免开发驱动模块和桩模块，以降低测试工作量。当需要模拟的单元比较简单的时候，如代码段很短、代码结构简单、不含有复杂的循环和逻辑判断、不涉及复杂的动态内存分配和释放等，则无须专门设计驱动模块或桩模块，可以直

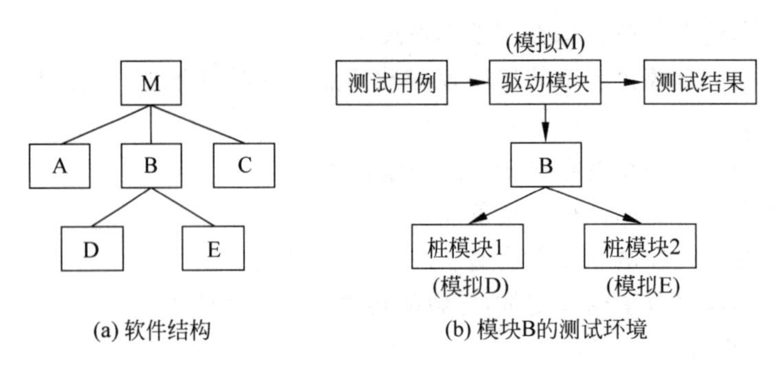

(a) 软件结构　　(b) 模块B的测试环境

图 9-3　单元测试的测试环境

接与被测模块放在一起执行测试。当被测单元较复杂时，最好利用驱动模块或桩模块构建测试环境运行程序。

在设计桩模块时，最好结合已有的测试用例来设计测试数据，使得桩模块在最重要的功能和数据上实现对原始模块的正确模拟；在设计驱动模块时应结合已有的测试用例，利用用例的测试数据来驱动被测单元，从而降低设计和编写测试驱动程序的工作量。

4. 测试技术

用于单元测试的主要技术如下：

1）静态测试

静态测试是指不运行被测程序本身，仅通过分析或检查源程序的语法、结构、过程、接口等来检查程序的正确性。对需求规格说明书、软件设计说明书、源程序做结构分析、流程图分析、符号执行来找错。静态测试通过程序静态特性的分析找出欠缺和可疑之处，例如不匹配的参数、不适当的循环嵌套和分支嵌套、不允许的递归、未使用过的变量、空指针的引用和可疑的计算等。静态测试的结果可用于进一步的查错，并为测试用例选取提供指导。

2）白盒测试

白盒测试也称结构测试或逻辑驱动测试，是按照程序内部的结构测试程序，通过测试来检测产品内部动作是否按照设计规格说明书的规定正常进行，检验程序中的每条通路是否都能按预定要求正确工作。白盒测试的原则如下：

(1) 每条语句至少执行一次；

(2) 每个判定的每个分支至少执行一次；

(3) 每个判定的每个条件应取到各种可能的值；

(4) 每个判定中各条件的每一种组合至少出现一次；

(5) 每一条可能的路径至少执行一次。

3）状态转换测试

被测单元可能具有多个不同的状态，在某些条件下状态会相互转换。状态转换测试就是要模拟使状态发生转换的各种用户操作场景，以及通过一些非正常手段来校验不允许发生的状态转换。

4）功能测试和非功能测试

功能测试就是对产品的各功能进行验证，根据产品特征、操作描述和用户方案测试一个产品的特性和可操作行为，以确定它们满足设计需求。

非功能测试指在必要时对单元的性能（如系统响应时间、外部接口响应时间、CPU 的使用、内存使用的相容性）等方面进行测试。

5. 测试人员

单元测试一般由开发设计人员完成，在开发组组长的监督下，由编写该单元的开发人员设计所需的测试用例和测试数据来测试该单元并修改缺陷。开发组组长负责保证使用合适的测试技术，在合理的质量控制和监督下执行充分的测试。

在单元测试中，开发组组长有时可以根据实际情况考虑邀请一个用户代表观察单元测试，尤其是当涉及处理系统的业务逻辑或用户接口操作方面时更应如此。这样，在单元测试阶段可以得到用户的一些非正式反馈意见，并在正式验收测试之前根据用户的期望完善系统。

9.2.3 集成测试

如果在软件开发过程中设计出来的模块内聚程度高，且一个模块只有一个功能，那么单元测试就简单易行。但实际上许多模块很难进行充分的单元测试，特别是模块间接口的全面测试，因此必须进行集成测试，如图 9-4 所示。

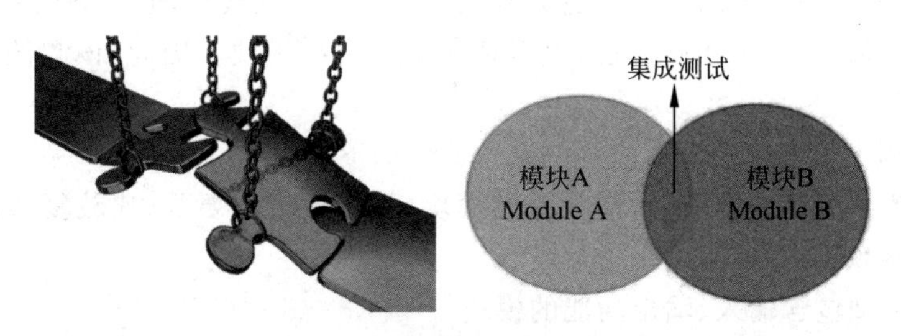

图 9-4 集成测试

1. 定义

集成测试是在单元测试的基础上将所有已通过单元测试的模块按照概要设计的要求组装为子系统或系统。

进行集成测试的目的是确保各单元模块组合在一起后能够按既定意图协作运行，并确保增量的行为正确。不经过单元测试的模块不应进行集成测试，否则将对集成测试的效果和效率带来巨大的影响。

2. 测试内容

集成测试的内容包括模块之间的接口以及集成后的功能，使用黑盒测试方法测试集成的功能，并对以前的集成进行回归测试。具体来说，集成测试包括以下内容：

（1）将各模块连接起来时穿越模块接口的数据是否会丢失；

（2）各子功能组合起来能否达到预期要求的父功能；

（3）模块的功能是否会对其他模块的功能产生不利影响；

（4）全局数据结构是否有问题，是否会被异常修改；

(5) 单个模块的误差累积起来是否会放大到不可接受的程度。

3. 测试方法

集成测试包括两种不同的测试方法,即非增量式集成和增量式集成。

1) 非增量式集成测试方法

这种测试的基本思路是首先将各模块独立地进行单元测试,然后把所有模块组装在一起进行测试,最终得到一个符合要求的软件系统。

这种方法容易出现混乱,因为测试时可能发现一大堆错误,为每个错误进行定位和纠正非常困难,并且在改正一个错误的同时又可能引入新的错误,新旧错误混杂,更难断定出错的原因和位置。

2) 增量式集成测试方法

与非增量式集成测试方法截然相反的方法是增量式集成测试方法,该测试的基本思路是首先将各模块独立地进行单元测试,然后将这些模块逐步组装成较大的系统,在组装过程中边组装边测试,以发现在组装时产生的错误,最终组装成一个符合要求的软件系统。

增量式集成测试可按不同的次序实施,有下面两种测试策略。

1) 自顶向下增量式集成测试

该测试方法是按照程序结构图,首先利用桩模块测试主模块,通过测试后用实际的模块替代桩模块进行测试,重复上述步骤,直至替代了所有桩模块。因此,该测试过程是按结构自顶向下的过程。

在测试过程中决定模块测试次序的基本原则如下:

(1) 尽早测试关键的模块,所谓关键的模块,是指比较重要的、比较复杂的可能出错或含有新算法的模块;

(2) 尽早测试包含输入、输出功能的模块。

2) 自底向上增量式集成测试

该测试方法按照程序结构图,首先利用驱动模块测试最底层模块,通过测试后用实际的模块替代驱动模块进行测试,重复上述步骤,直至替代了所有驱动模块。因此,该测试过程是按结构自底向上的过程。

在测试过程中,决定测试模块的基本原则是该模块的所有下级模块都已测试过了。

自顶向下增量式集成测试与自底向上增量式集成测试各有优缺点,表9-1对此做了归纳:

表9-1 两种测试方法的比较

测试方法	优 点	缺 点
自顶向下	(1) 如果程序错误趋向于发生在程序的顶端,有利于查出错误。 (2) 可以较早出现程序的轮廓。 (3) 加进输入/输出模块后较方便描述测试用例	(1) 桩模块较难设计。 (2) 模块介入,使结果较难观察
自底向上	(1) 如果程序错误趋向于发生在程序的底端,有利于查出错误。 (2) 容易产生测试条件和观察测试结果。 (3) 容易编写驱动模块	(1) 在加入最后一个模块之前程序不能作为一个整体存在。 (2) 必须给出驱动程序

4. 测试技术

集成测试主要是测试软件的结构问题，因为测试建立在模块的接口上，所以多为黑盒测试，适当辅以白盒测试。集成测试通常根据系统设计以及总体设计文档中表述的功能和数据需求进行。集成测试一般覆盖的区域包括以下几个：

(1) 从其他关联模块调用一个模块；

(2) 在关联模块间正确传输数据；

(3) 关联模块间的相互影响，即检查引入一个模块会不会对其他模块的功能及性能产生不利影响；

(4) 模块间接口的可靠性。

执行集成测试应遵循下面的方法：

(1) 确认组成一个完整系统的模块之间的关系；

(2) 评审模块之间的交互、通信需求，确认出模块间的接口；

(3) 使用上述信息产生一套测试用例；

(4) 采用增量式测试，依次将模块加入系统，并测试合并后的系统，一直重复该过程，直到所有模块被功能集成进来形成完整的系统为止。

此外，在测试过程中尤其要注意关键模块，关键模块一般具有下列一个或多个特征：

(1) 对应几条需求；

(2) 具有高层控制功能；

(3) 复杂，易出错；

(4) 有特殊的性能要求。

5. 测试人员

由于集成测试不是在真实环境下进行，而是在开发环境或一个独立的测试环境下进行，所以集成测试所需人员一般从开发组中选出，在开发组组长的监督下进行，开发组组长负责保证在合理的质量控制和监督下使用合适的测试技术执行充分的集成测试。

在集成测试过程中，测试过程由一个独立测试观察员来监控测试工作。独立测试观察员可以从部门的质量保证小组的成员中选出，或者从其他开发小组或项目的成员中选出。

在集成测试过程中应考虑邀请一个用户代表非正式地观看测试过程，集成测试提供了一个非常有价值的机会，向用户代表展现系统的面貌和运行状况，同时还能得到用户反馈意见，并在正式验收测试之前尽量满足用户的要求。

9.2.4 系统测试

1. 定义

系统测试是将已经过良好的集成测试的软件系统作为整个计算机系统的一部分与计算机硬件、外部设备、支持软件、数据以及人员等其他系统元素结合在一起，在实际使用(运行)环境下对计算机系统进行一系列的严格测试，从而发现软件中的潜在缺陷，保证系统交付给用户之后能够正常使用。

系统测试在整个测试过程中占有重要的地位,如图 9-5 所示。

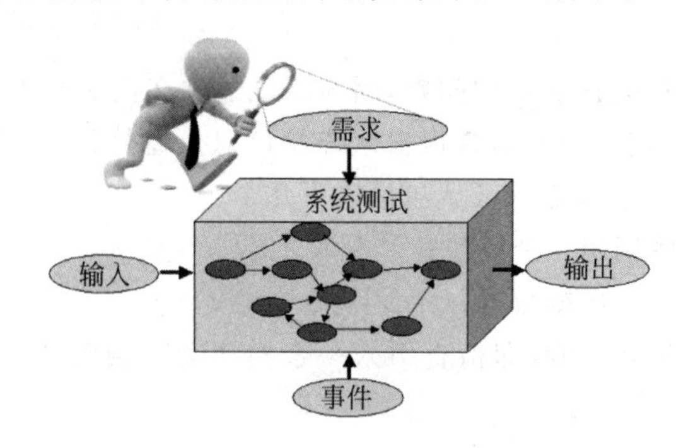

图 9-5　系统测试

系统测试的最终目的是保证开发人员交付给用户的软件产品能够满足用户的需求,系统测试的测试用例应在实际的用户使用环境下来执行,系统测试是涉及软件、硬件等多方面因素的过程。这是系统测试与集成测试、单元测试最大的不同之处。

2. 测试内容

系统测试由若干个不同的测试类型组成,每一种测试都有一个特定的目标,然而所有的测试都要充分地运行系统,验证系统各部分能否协调地工作并完成指定的功能。下面简单介绍几类常用的系统测试。

1) 功能测试

功能测试也称确认测试,主要根据软件需求规格说明书来检验被测系统是否满足用户的功能使用要求。功能测试是系统测试中最基本的测试。当然,也有人认为功能测试是在集成测试之后、系统测试之前的一个测试环节。这里将功能测试划归到系统测试的范畴。

值得注意的是,功能测试是为了暴露程序中的缺陷以及软件程序与软件需求规格说明书不一致的地方,而不是为了证明软件符合软件需求规格说明书。

2) 性能测试

很多程序都有其特殊的性能或效率目标要求,即在一定工作负荷和格局分配条件下的响应时间及处理速度等特性,例如传输的最长时间限制、传输的错误率、计算的精度、记录的精度、响应的时限、恢复时限等。

性能测试检测软件运行时的性能,为记录软件的运行性能,经常需要在系统中安装必要的测量仪表或为度量性能而设置的软件,即需要其他软/硬件的配套支持。目前已有许多性能测试支持工具。

3) 强度测试

强度测试检查系统能力的最高实际限度,即软件在一些超负荷情况下的运行情况。强度测试涉及时间因素,可用来测试那些负载不定的或交互式的、实时的以及过程控制等程序。例如,航空控制系统最多可以跟踪管辖区内的 200 架飞机,那么强度测试(模拟)检测 200 架飞机同时出现时系统会如何处理。实际上的还可能有第 201 架飞机进入管辖区,所以强度测试还要检测系统对这种意外情况的反映。

在强度测试中,有些是实际使用中可能遇到的情况,有些在实际使用中不可能发生,但这并不意味着强度测试没有用。如果不可能遇到的测试情况发现了软件故障，那就是说，在实际的低强度情况下类似的故障也可能发生。

4）可靠性测试

所有测试都以改善软件的最终可靠性为目的。但是，如果系统需求规格说明中有可靠性要求，就需要进行可靠性测试。通常使用几个指标来度量系统的可靠性：平均无故障时间是否超过规定的时限；因故障而停机的时间在一年中不应超过多少时间等。可靠性指标很难测试。比如，Bell 系统的 TSPS（Traffic Service Position System）变换系统要求每 40 年内因故障而停机的时间不能多于两小时。不知道有什么办法能在几个月甚至几年内来测试这样一个指标。然而，如果可靠性指标是指平均无故障时间，如平均无故障时间为 20 个小时，或运行出现的故障数目，在系统投入运行后不能出现多于 12 个软件故障，那么就可以用软件可靠性模型来评估这些指标。

5）恢复测试

操作系统、数据库管理系统以及远程处理程序等经常有系统恢复的目标，即在软件出现故障、硬件失效或数据出错时整个系统应如何恢复正常工作。恢复测试的主要目的是检查系统的容错能力，可以采取各种人工干预方式，例如将一些软件故障故意注入到操作系统中、制造通信线路上的干扰、引用数据库中无效的指针等，使软件出错而不能正常工作，进而检验系统的恢复能力。

如果系统本身能够自动地进行恢复，则应检查重新初始化、数据恢复和重新启动等机制是否正确。对于人工干预的恢复系统，还需要估计平均修复时间，确定其是否在可接受的范围内等。

6）安装测试

在安装软件系统时，用户可能会有很多种选择，比如分配并装入文件和程序库，设置适当的硬件配置，将程序和程序联系起来。因此，对安装过程进行测试也是系统测试的一个组成部分。安装测试的目的就是找出那些在安装过程中出现的错误，而不是软件故障。

7）安全性测试

安全性测试的目的在于检查系统对非法侵入的防范能力，验证安装在系统内的保护机构是否确实能够对系统进行保护，使之不受各种非常的干扰。安全性测试设法设计出一些测试用例，试图突破系统的安全保密措施。例如：

（1）想方设法截取或破译口令；

（2）编制专门软件破坏系统的保护机制；

（3）故意导致系统失败，企图趁恢复之机非法进入；

（4）试图通过浏览非保密数据推导出所需的信息等，以检验系统是否有安全保密的漏洞。

从理论上讲，只要有足够的时间和资源，没有不可进入的系统。因此，系统安全设计的准则是使非法入侵的代价超过被保护信息的价值，此时，非法入侵者已无利可图。

8）配置测试

操作系统、数据库管理系统以及信息交换系统等都是在许多硬件配置支持下工作的，如何保证软件在其设计和连接的硬件上正常工作是配置测试的工作目标。配置测试是用各种硬件和软件平台以及不同设置检查软件操作的过程，以保证测试的软件可以使用尽可能多的硬件组合。然而,在现实世界中,各种型号的CPU、打印机、显示器、网卡、调制解调器、扫描仪、数码相机、外围设备以及来自成千上万家公司的数百种计算机小产品都可以连到计算机上,并且每天都会有新的计算机设备问世,因此不可能每种情况都测试到。

如果没有时间和计划测试所有的配置,就需要把成千上万种可能的配置缩减到可以接受的范围,即测试的目标。要测试哪些配置并没有一个定式,但是在计划配置测试时采用的过程一般如下:

(1) 确定所需的硬件类型;

(2) 确定哪些硬件型号和驱动程序可以使用;

(3) 确定可能的硬件特性、模式和选项;

(4) 将硬件配置缩减到可以控制的范围内;

(5) 明确使用硬件配置的软件特性;

(6) 设计在每种配置中要执行的测试用例;

(7) 反复测试直到对结果满意为止。

在准备开始配置测试时就应考虑那些与软件关系最为密切的配置。例如,对图像要求很高的计算机游戏应多加注意视频和声音部分;传真或通信软件则应测试多种调制解调器和网络配置。

9) 可用性测试

随着计算机的普及,用户的要求越来越高。可用性测试检测用户对所使用软件是否满意,具体体现为操作是否方便、用户界面是否友好、用户找到他们想要的东西是否容易、浏览菜单是否方便等。如果开发的软件难以理解、不易使用、运行缓慢或者用户指责软件不正确,就是可用性测试的失败。可用性测试的目的是让软件适合于用户的实际工作风格,而不是强迫用户的工作风格适应软件。

由于用户花费在软件界面上的时间非常多,所以许多软件公司花费大量的时间和费用来探索软件用户界面的最佳设计方式。优秀的用户界面包括下面7个要素。如果用户界面不符合这些要素,那么软件就有缺陷。

- 符合标准和规范;
- 直观性;
- 一致性;
- 灵活性;
- 舒适性;
- 正确性;
- 实用性。

10) 兼容性测试

随着用户对各厂商各类型程序之间共享数据能力的要求加强,检查软件是否能够与其他软件正确合作变得越来越重要。软件兼容性测试检测软件之间能否正确地交互和共享信息,其目标是保证软件按照用户期望的方式进行交互,它是用其他软件检查软件操作的过程。

如果要对新软件进行兼容性测试,就需要回答以下几个问题:

(1) 软件要求与哪种操作系统、Web浏览器和应用软件保持兼容,如果要测试的软件是一个平台，那么设计要求什么样的应用程序能在它上面运行；

(2) 应该遵守哪种定义软件之间交互的标准或者规范；

(3) 软件使用何种数据与其他平台和软件进行交互和共享信息。

11) 网站测试

网站测试涉及许多领域，包括配置测试、兼容性测试、可用性测试、文档测试等。当然，黑盒测试、白盒测试、静态和动态测试可能都要用上。一般来说，网站测试包括以下几方面内容：

- 文字测试；
- 链接测试；
- 图形测试；
- 表单测试；
- 动态内容测试；
- 数据库测试；
- 服务器性能和加载测试；
- 安全性测试。

3. 测试技术

系统测试完全采用黑盒测试技术，因为这时已经不需要考虑组件模块的实现细节，而主要是根据需求分析时确定的标准检验软件是否满足功能、行为、性能和系统协调性等方面的要求。

4. 测试人员

系统测试由独立的测试小组在测试组组长的监督下进行，测试组组长负责保证在合理的质量控制和监督下使用合适的测试技术执行充分的系统测试。在测试过程中，由一个独立测试观察员来监控测试工作。系统测试过程也应考虑邀请一个用户代表非正式地观看测试过程，同时得到用户的反馈意见，并在正式验收测试之前尽量满足用户的要求。

9.2.5 验收测试

1. 定义

验收测试是一种有效性测试或合格性测试，是以用户为主，软件开发人员、实施人员和质量保证人员共同参与的测试。验收测试让软件用户决定是否接收产品，是一项确定产品是否能够满足合同或用户所规定需求的测试，如图 9-6 所示。

图 9-6 验收测试

验收测试可以类比为建筑的使用者对建筑进行的检测。

首先，这个建筑是满足规定的工程质量的，这由建筑的质检人员来保证。使用者关注的重点是住在这个建筑中的感受，包括建筑的外观是否美观、各个房间的大小是否合适、窗户的位置是否合适、是否能够满足家庭的需要等。这里建筑的使用者执行的就是验收测试。验收测试是将最终产品与最终用户的当前需求进行比较的过程，是软件开发结束后软件产品向用户交付之前进行的最后一次质量检验活动，解决开发的软件产品是否符合预期的各项要求、用户是否接受等问题。验收测试不只检验软件某方面的质量，还要进行全面的质量检验并决定软件是否合格。因此，验收测试是一项严格的、正规的测试活动，并且应该在生产环境中而不是开发环境中进行。

2. 测试内容

验收测试的主要内容如下：

- 明确规定验收测试通过的标准；
- 确定验收测试方法；
- 确定验收测试的组织和可利用的资源；
- 确定测试结果的分析方法；
- 制订验收测试计划，并进行评审；
- 设计验收测试的测试用例；
- 审查验收测试的准备工作；
- 执行验收测试；
- 分析测试结果，决定是否通过验收。

3. 测试技术

验收测试完全采用黑盒测试技术，主要是用户代表通过执行其平常使用系统时的典型任务来测试软件系统，根据业务需求分析检验软件是否满足功能、行为、性能和系统协调性等方面的要求。验收测试也应该由用户代表进行软件系统文档的测试，如用户操作指南、用户帮助机制(包括文本、在线帮助)。

验收测试既可以是非正式的测试，也可以是有计划、有系统的测试。有时，验收测试可能长达数周甚至数月，不断暴露错误，导致开发期延长；另外，一个软件产品可能拥有众多用户，不可能由所有的用户进行验收测试。此时多采用称为α、β测试的过程，以发现那些似乎只有最终用户才能发现的问题。

1) α测试

α测试是在软件开发公司内模拟软件系统的运行环境下的一种验收测试，即软件开发公司组织内部人员模拟各类用户行为对即将面市的软件产品(称为α版本)进行测试，试图发现并修改错误。当然，α测试仍然需要用户的参与。α测试的关键在于尽可能逼真地模拟实际运行环境和用户对软件产品的操作，并尽最大努力涵盖所有可能的用户操作方式。经过α测试调整的软件产品称为β版本。

2) β测试

β测试紧随α测试之后，该测试是指软件开发公司组织各方面的典型用户在日常工作中实际使用β版本，并要求用户报告异常情况，提出批评意见，然后软件开发公司再对β版本进行改错和完善。

所以，一些软件开发公司把α测试看成是对一个早期的、不稳定的软件版本所进行的验收测试，而把β测试看成是对一个晚期的、更加稳定的软件版本所进行的验收测试。

4. 测试人员

验收测试一般在测试组的协助下由用户代表执行。测试组组长负责保证在合理的质量控制和监督下使用合适的测试技术执行充分的验收测试。测试人员在验收测试工作中将协助用户代表执行测试，并和测试观察员一起向用户解释测试用例的结果。

9.2.6 回归测试

1. 定义

回归测试指修改了旧代码后重新进行测试以确认修改没有引入新的错误或导致其他代码产生错误，如图 9-7 所示。自动回归测试将大幅降低系统测试、维护升级等阶段的成本。

回归："当你修复一个缺陷时，却带来了更多的缺陷。"

图 9-7 回归测试

回归测试作为软件生命周期的一个组成部分，在整个软件测试过程中占有很大的工作量比重，软件开发的各个阶段都会进行多次回归测试。在渐进和快速迭代开发中，新版本的连续发布使回归测试进行得更加频繁，在极端编程方法中更是要求每天都进行若干次回归测试。因此，通过选择正确的回归测试策略来改进回归测试的效率和有效性是非常有意义的。

2. 测试策略

对于一个软件开发项目来说，项目的测试组在实施测试的过程中会将所开发的测试用例保存到"测试用例库"中，并对其进行维护和管理。在得到一个软件的基线版本时，用于基线版本测试的所有测试用例就形成了基线测试用例库。在需要进行回归测试的时候，可以根据所选择的回归测试策略从基线测试用例库中提取合适的测试用例组成回归测试包，通过运行回归测试包来实现回归测试。保存在基线测试用例库中的测试用例可能是自动测试脚本，也有可能是测试用例的手工实现过程。

回归测试需要时间、经费和人力来计划、实施和管理。为了在给定的预算和进度下尽可能有效率和有效力地进行回归测试，需要对测试用例库进行维护，并依据一定的策略，选择相应的回归测试包。

1）测试用例库的维护

为了最大限度地满足客户的需要和适应应用的要求，软件在其生命周期中会频繁地被修改和不断推出新的版本，修改后的或者新版本的软件会添加一些新的功能，或者在软件功能上产生某些变化。随着软件的改变,软件的功能和应用接口以及软件的实现发生了演变,测试用例库中的一些测试用例可能会失去针对性和有效性,而另一些测试用例可能会变得过时,还有一些测试用例将完全不能运行。

为了保证测试用例库中测试用例的有效性,必须对测试用例库进行维护。同时,被修改的或新增添的软件功能仅仅靠重新运行以前的测试用例并不足以揭示其中的问题,有必要追加新的测试用例来测试这些新的功能或特征。因此,测试用例库的维护工作还应包括开发新测试用例,这些新的测试用例用来测试软件的新特征或者覆盖现有测试用例无法覆盖的软件功能或特征。

测试用例的维护是一个不间断的过程,通常可以将软件开发的基线作为基准,维护的主要内容包括下述几个方面。

(1) 删除过时的测试用例:因为需求的改变等原因,可能会使一个基线测试用例不再适合被测试系统,这些测试用例就会过时。所以,在软件的每次修改后都应进行相应的过时测试用例的删除。

(2) 改进不受控制的测试用例:随着软件项目的进展,测试用例库中的用例会不断增加,其中会出现一些对输入或运行状态十分敏感的测试用例。这些测试不容易重复,且结果难以控制,会影响回归测试的效率,需要进行改进,使其达到可重复和可控制的要求。

(3) 删除冗余的测试用例:如果存在两个或者更多个测试用例,针对一组相同的输入和输出进行测试,那么这些测试用例是冗余的。冗余测试用例的存在降低了回归测试的效率,所以需要定期地整理测试用例库,并将冗余的用例删除掉。

(4) 增添新的测试用例:如果某个程序段、构件或关键的接口在现有的测试中没有被测试,那么应该开发新测试用例重新对其进行测试,并将新开发的测试用例合并到基线测试包中。

通过对测试用例库的维护不仅改善了测试用例的可用性,而且也提高了测试库的可信性,同时还可以将一个基线测试用例库的效率和效用保持在较高的级别上。

2) 回归测试包的选择

在软件生命周期中,即使一个得到良好维护的测试用例库也可能变得相当大,这使每次回归测试都重新运行完整的测试包变得不切实际。一个完全的回归测试包括每个基线测试用例,时间和成本约束可能阻碍运行这样一个测试,有时测试组不得不选择一个缩减的回归测试包来完成回归测试。

回归测试的价值在于一个能够检测到回归错误的受控实验。当测试组选择缩减的回归测试时有可能删除了将揭示回归错误的测试用例,消除了发现回归错误的机会。然而,如果采用了代码相依性分析等安全的缩减技术,就可以决定哪些测试用例可以被删除而不会让回归测试的意图遭到破坏。

选择回归测试策略应该兼顾效率和有效性两个方面。常用的选择回归测试的方式如下。

(1) 再测试全部用例:选择基线测试用例库中的全部测试用例组成回归测试包,这是一种比较安全的方法,再测试全部用例具有最低的遗漏回归错误的风险,但测试成本最高。

(2) 基于风险选择测试:可以基于一定的风险标准从基线测试用例库中选择回归测试包,优先运行最重要的、关键的和可疑的测试,而跳过那些非关键的、优先级别低的或者高稳定的测试用例。

(3) 基于操作剖面选择测试：如果基线测试用例库的测试用例是基于软件操作剖面开发的，测试用例的分布情况反映了系统的实际使用情况。回归测试所使用的测试用例个数可以由测试预算确定，回归测试可以优先选择那些针对最重要或最频繁使用功能的测试用例，释放和缓解最高级别的风险，有助于尽早发现那些对可靠性有最大影响的故障。这种方法可以在一个给定的预算下最有效地提高系统可靠性，但实施起来有一定的难度。

(4) 再测试修改的部分：当测试者对修改的局部化有足够的信心时可以通过相依性分析识别软件的修改情况并分析修改的影响，将回归测试局限于被改变的模块和它的接口上。通常，一个回归错误一定涉及一个新的、修改的或删除的代码段。在允许的条件下，回归测试尽可能覆盖受到影响的部分。

3. 测试过程

有了测试用例库的维护方法和回归测试包的选择策略，回归测试可遵循下述基本过程进行：

(1) 识别出软件中被修改的部分；

(2) 从原基线测试用例库 T 中排除所有不再适用的测试用例，确定那些对新的软件版本依然有效的测试用例，其结果是建立一个新的基线测试用例库 T_0；

(3) 依据一定的策略从 T_0 中选择测试用例，测试被修改的软件；

(4) 如果有必要，生成新的测试用例集 T_1，用于测试 T_0 无法充分测试的软件部分；

(5) 用 T_1 测试修改后的软件。

回归测试是重复性较多的活动，容易使测试者感到疲劳和厌倦，降低测试效率，在实际工作中可以采用一些策略减轻这些问题。例如，安排新的测试者完成手工回归测试、分配更有经验的测试者开发新的测试用例等。

4. 测试技术

回归测试一般采用黑盒测试技术来测试软件的高级需求，而无须考虑软件的实现细节，也可能采用一些非功能测试来检查系统的增强或扩展是否影响了系统的性能特性，以及与其他系统间的互操作性和兼容性问题。由于测试的目的是确保对被测试软件系统进行的修改和扩充不对软件系统的功能和可靠性产生影响，所以在回归测试中还要认真对可能影响软件的那部分修改和扩充进行黑盒测试。

错误猜测在回归测试中是很重要的。错误猜测看起来像是通过直觉发现软件中的错误或缺陷，实际上错误猜测主要来自于经验。测试者通过使用一系列技术来确定测试所要达到的范围和程度，主要如下：

(1) 有关软件设计方法和实现技术；

(2) 有关前期测试阶段结果的知识；

(3) 测试类似或相关系统的经验，了解在以前的这些系统中曾在哪些地方出现缺陷；

(4) 典型的产生错误的知识，如被零除错误；

(5) 通用的测试经验规则。

5. 测试人员

因为回归测试贯穿于整个软件开发周期,在单元测试、集成测试、系统测试、验收测试等阶段都要进行不同程度的回归测试,所以几乎所有的软件开发人员都或多或少地参与了回归测试。但总体上由开发组组长负责,确保在合理的质量控制和监督下使用合适的测试技术执行充分的回归测试。测试人员在回归测试中将设计并实现测试新的扩展或增强部分所需的新测试用例,并使用正规的设计技术创建或修改已有的测试数据。

在回归测试过程中,由一个独立测试观察员来监控测试工作。在回归测试完成时,开发组组长负责整理并归档大量的回归测试结果,包括测试结果记录、回归测试日志和简短的回归测试总结报告。

9.2.7 敏捷测试

1. 敏捷开发

敏捷开发的最大特点是高度迭代,有周期性,并且能够及时、持续地响应客户的频繁反馈。敏捷测试即不断修正质量指标,正确建立测试策略,确认客户的有效需求得以圆满实现和确保整个生产的过程安全地、及时地发布最终产品。敏捷测试人员因此需要在活动中关注产品需求、产品设计,解读源代码;在独立完成各项测试计划、测试执行工作的同时,敏捷测试人员需要参与几乎所有的团队讨论、团队决策。

敏捷测试(Agile testing)是测试的一种,原有测试定义中通过执行被测系统发现问题,通过测试这种活动对被测系统提供度量等概念还是适用的,如图 9-8 所示。

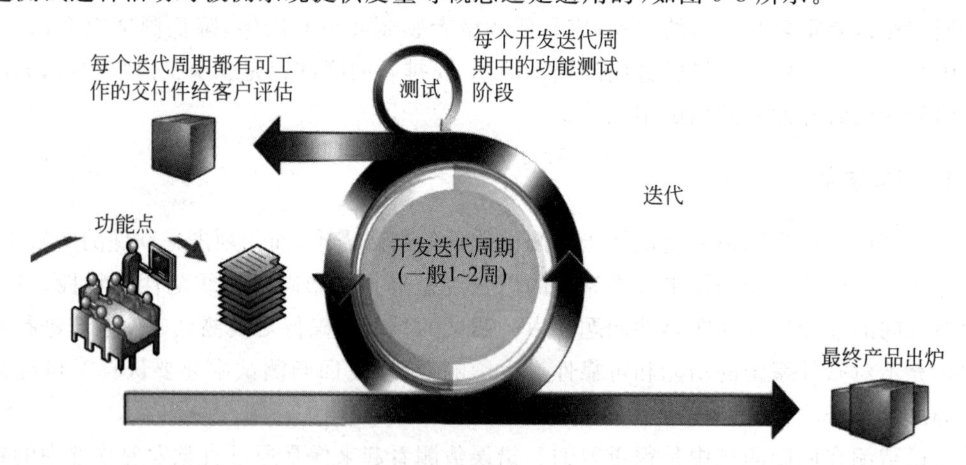

图 9-8 敏捷测试过程

敏捷测试是遵循敏捷宣言的一种测试实践。

(1) 强调从客户的角度(即从使用系统的用户角度)来测试系统。

(2) 重点关注持续迭代地测试新开发的功能,而不再强调传统测试过程中严格的测试阶段。

(3) 建议尽早开始测试,一旦系统的某个层面可测,比如提供了模块功能,就要开始模块层面的单元测试。同时,随着测试的深入,持续进行回归测试以保证之前测试过的内容的正确性。

一名优秀的敏捷测试人员需要在有限的时间内完成更多的测试准备和执行，并富有极强的责任心和领导力。更重要的是，优秀的测试人员需要能够扩展开来做更多的与测试或许无关但与团队共同目标直接相关的工作。他（她）将帮助团队的其他成员解决困难、帮助实现其预期目标，发扬高度协作精神，以帮助团队最终获取成功。需要指出的是，团队的高度协作既需要团队成员的勇敢，更需要团队成员的主动配合和帮助。对于测试人员如此，对于开发、设计人员和其他成员也是如此。

敏捷测试与普通测试的区别如下：

（1）项目相当于开发与测试并行，项目整体时间较快。

（2）模块提交较快，测试时较有压迫感。

（3）工作任务划分清晰，工作效率较高。

（4）项目规划要合理，否则测试时会出现复测的现象，加大工作量。

（5）发现问题需跟紧，项目中的人员都比较忙，问题很容易被遗忘。

（6）耗时或较难解决的对项目影响不大的问题一般会遗留到下个阶段解决。

（7）发现 Bug 能够很快解决，对相关的模块的测试影响比较小。

（8）版本更换比较勤，影响到测试的速度。

（9）要多与开发沟通。

（10）要注意版本的更新情况。

（11）测试人员几乎要参加整个项目组的所有会议。

2. 测试驱动开发

测试驱动开发（Test-driven development，TDD）是一种软件开发过程中的应用方法，由极限编程中倡导，以其倡导先写测试程序，然后编码实现其功能得名。测试驱动开发始于20世纪90年代，如图9-9所示。测试驱动开发的目的是取得快速反馈并使用“illustrate the main line”方法来构建程序。

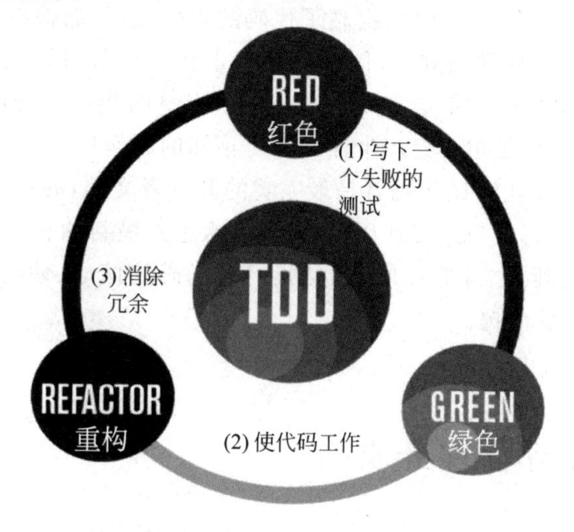

图 9-9 测试驱动开发

测试驱动开发戴两顶帽子思考的开发方式如下：先戴上实现功能的帽子，在测试的辅助下快速实现其功能；再戴上重构的帽子，在测试的保护下通过去除冗余的代码提高代码质量。测试驱动着整个开发过程，首先驱动代码的设计和功能的实现，其后驱动代码的再设计和重构。

测试驱动开发的基本思想就是在开发功能代码之前先编写测试代码，然后只编写使测试通过的功能代码，从而以测试来驱动整个开发过程的进行。这有助于编写简洁可用和高质量的代码，有很高的灵活性和健壮性，能快速响应变化，并加速开发过程。

测试驱动开发的基本过程如下：

(1) 快速新增一个测试。

(2) 运行所有的测试(有时候只需要运行一个或一部分)，发现新增的测试不能通过。

(3) 做一些小小的改动，尽快地让测试程序可运行，为此可以在程序中使用一些不合情理的方法。

(4) 运行所有的测试，并且全部通过。

(5) 重构代码，以消除重复设计、优化设计结构。

简单来说，就是不可运行/可运行重构，这正是测试驱动开发的口号。测试驱动开发不是一种测试技术，而是一种分析技术、设计技术，更是一种组织所有开发活动的技术。相对于传统的结构化开发过程方法，它具有以下优势：

(1) TDD根据客户需求编写测试用例，对功能的过程和接口都进行了设计，而且这种从使用者角度对代码进行的设计通常更符合后期开发的需求。因为关注用户反馈，可以及时响应需求变更，同时因为从使用者角度出发的简单设计也可以更快地适应变化。

(2) 出于易测试和测试独立性的要求将促使实现松耦合的设计，并更多地依赖于接口而非具体的类，提高系统的可扩展性和抗变性。而且，TDD明显地缩短了设计决策的反馈循环，使几秒或几分钟之内就能获得反馈。

(3) 将测试工作提到编码之前，并频繁地运行所有测试，可以尽量地避免和尽早地发现错误，极大地降低了后续测试及修复的成本，提高了代码的质量。在测试的保护下不断重构代码，以消除重复设计、优化设计结构，提高了代码的重用性，从而提高了软件产品的质量。

(4) TDD提供了持续的回归测试，使我们拥有重构的勇气，因为代码的改动导致系统的其他部分产生任何异常，测试都会立刻通知我们。完整的测试会帮助我们持续地跟踪整个系统的状态，因此就不需要担心会产生什么不可预知的副作用。

(5) TDD所产生的单元测试代码就是最完美的开发者文档，展示了所有的API该如何使用以及是如何运作的，而且与工作代码保持同步，永远是最新的。

(6) TDD可以减轻压力、降低忧虑、提高我们对代码的信心、使我们拥有重构的勇气，这些都是快乐工作的重要前提。

(7) 快速地提高了开发效率。

9.3 软件测试与软件开发

在传统的软件工程中，软件测试被认为是软件工程过程的一个明确、独立的测试阶段，是软件投入运行前对软件各阶段产品的最终检查。软件开发的目的是开发出实现用户需求的高质量、高性能的软件产品；软件测试以检查软件产品内容和功能特性为核心，是软件质量保证的关键步骤，也是成功实现软件开发目标的重要保障。

软件危机的频频出现以及人们对软件本质的进一步认识使得软件测试的地位得到了前所未有的提高。软件测试已经不仅仅局限于软件开发中的一个阶段，已经开始贯穿于整个软件开发过程，人们已经开始认识到软件测试开始的时间越早、执行得越频繁，软件的开发成本就会下降得越多。

9.3.1 整个软件开发生命周期

自20世纪70年代中期以来逐渐形成了软件开发生命周期的概念，这对于软件产品的质量保证以及组织好软件开发工具有着重要的意义。首先，由于能够把整个开发工作明确地划分为若干个开发步骤，就能把复杂的问题按阶段分别加以解决，使得对于问题的认识和分析、解决的方案与采用的方法以及如何具体实现在各个阶段都有着明确的目标。其次，把软件开发划分成阶段就对中间产品提供了检验的依据。各阶段完成的软件文档成为检验软件质量的主要对象。很显然，表现在程序中的错误并不一定是编码引起的，很可能是详细设计、概要设计阶段甚至是需求分析阶段的问题引起的。

因此，在针对源程序测试时所发现问题的根源可能在开发时期的各个阶段，解决错误、纠正错误也必须追溯到前期的工作。正因为如此，测试工作应该着眼于整个软件开发生命周期，特别是着眼于编码以前各开发阶段的工作来保证软件的质量。测试应该从软件开发生命周期的第一个阶段开始，并贯穿于整个软件开发生命周期。

软件不仅仅是程序代码，还包括数据和文档，所以软件测试不仅仅是程序测试。软件的开发有其自己的生命周期，在整个软件生命周期中软件都有各自的相对于各个生命周期的阶段性的输出结果，其中也包括需求分析、概要设计、详细设计规格说明以及源程序，而所有这些输出结果都应成为被测试的对象。鉴于此，人们提出了生命周期测试的概念。

9.3.2 生命周期测试与V模型

在软件生命周期中，测试过程贯穿于软件开发生命周期的每个阶段。

1. 需求分析

在软件开发阶段，与问题定义和需求分析同时进行的验证行为是极其重要的，必须对需求进行彻底的分析，并在初始测试时得到预期的回答。进行这些测试有助于明确系统需求，而且这些测试将组成最终测试单元的核心。

2. 设计

这一阶段要阐明一般测试策略，如测试方法和测试评价标准，并创建测试计划。另外，重大测试事件的日程安排也应该在这一阶段构建，同时还要建立质量保证和测试文档的框架。

在详细的设计阶段要确认相应的测试工具，产生测试规程，同时还要构建功能测试所需的测试用例。除此之外，设计过程本身也需要经过分析和检查以排除错误。验证系统的结构属性和子系统间的交互行为可以用模拟的方式,开发人员可以用设计走查的方式验证系统结构流程和逻辑性,再由测试人员完成对设计的审查。对于设计中的遗漏情况、不完善的逻辑结构、模块接口不匹配、数据结构不一致、错误的 I/O 设想和用户接口不恰当等都是需要考虑的内容。详细设计必须是对初始设计和需求的统一、完整、连贯的设计。

3. 编码

真正的测试开始于开发构建阶段,很多测试工具和技术应用于这个阶段。代码走查和代码审查都是有效的人工技术。静态分析技术通过分析程序特征来排除错误。对于大型程序,需要用自动化工具来完成这些分析。动态分析通过实际执行代码来完成,使用不同技术来确定测试的覆盖范围。

4. 测试

在测试过程中,严格控制和管理测试信息是最重要的。测试单元、测试结果、测试报告都要分类存入数据库中。对于小型系统,需要自动化工具来做一些工作,如记账。该阶段还需要辅助工具,如测试向导、测试数据生成助手、测试覆盖工具等。

5. 安装

这个阶段的测试必须确保投入生产的程序是正确的版本,确保数据被正确地更改和增加,确保所有参与的部门明确他们的新任务并能正确完成这些任务。

6. 维护

软件开发生命周期有 50%以上的费用都用在系统维护上。系统启动以后,无论是纠正系统错误还是扩充原系统都需要对系统进行更改。系统在每一次更改之后都需要重新测试。

总之,测试应该从生命周期的第一个阶段开始,并贯穿于整个软件开发生命周期,并且越早测试越好。软件开发生命周期中的测试内容如表 9-2 所示。

表 9-2　软件开发生命周期中的测试内容

开发阶段	验 证 活 动
需求分析	确定测试步骤 确定需求是否恰当 生成功能测试用例 确定设计是否符合需求
设计	确定设计信息是否足够 准备结构和功能的测试用例 确定设计的一致性
编码	为单元测试产生结构和功能测试的测试用例 进行足够的单元测试
测试	着重在功能上测试应用系统
安装	把测试过的系统投入生产
维护	修改缺陷并重新测试

另外，软件开发过程的 V 模型也对软件测试和软件开发的关系做出了诠释，如图 9-10 所示。

从该图中可以清楚地看到软件测试和软件开发是同时开始的。项目开发一启动，软件开发的工作也就启动了。

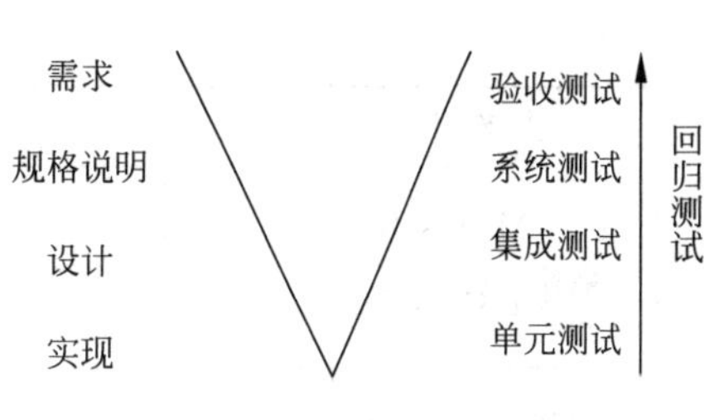

图 9-10 V 模型

9.3.3 软件测试 IDE 产品

软件测试工具生产厂商及其主要 IDE 产品信息如表 9-3 所示。

表 9-3 软件测试工具生产厂商及其主要 IDE 产品信息

生产厂商	工具名称	测试功能简述
Mercury Interactive Corporation	WinRunner	功能测试
	LoadRunner	性能测试
	QuickTest Pro	功能测试
	Astra LoadTest	性能测试
	TestDirector	测试管理
IBM Rational	Rational Root	功能测试、性能测试
	Rational XDE Tester	功能测试
	Rational TestManager	测试管理
	Rational PurifyPlus	白盒测试
Compuware Corporation	QARun	功能测试
	QALoad	性能测试
	QADirector	测试管理
	DevPartner Studio Professional	白盒测试
Seque Software	SilkTest	功能测试
	Silk	性能测试
	SilkCentral Test Issue Manager	测试管理
Empirix	e-Tester	功能测试
	e-Load	性能测试
	e-Monitor	测试管理
Parasoft	Jtest	Java 白盒测试
	C++test	C/C++白盒测试
	.NETtest	.NET 白盒测试
RadView	WebLoad	性能测试
	WebFT	性能测试

续表

生产厂商	工具名称	测试功能简述
Microsoft Microsoft	WebApplication Stress Tool	性能测试
Quest Software QUEST SOFTWARE	Benchmark Factory	性能测试
Minq Software	Pure	功能测试、性能测试、测试监控
Seapine Software Seapine Software™	QA Wizard	功能测试
	TestTrack Pro	缺陷管理

9.4 软件测试的现状

9.4.1 软件测试的过去、现在和未来

软件测试是伴随着软件的产生而产生的。

在早期的软件开发过程中，软件规模都很小、复杂程度低，软件开发的过程混乱无序、相当随意，测试的含义比较狭窄，开发人员将测试等同于“调试”，目的是纠正软件中已经知道的故障，经常由开发人员自己完成这部分的工作。另外，对测试的投入极少，测试介入也晚，经常是等到形成代码、产品已经基本完成时才进行测试。

进入20世纪90年代，软件行业开始迅猛发展，软件的规模变得非常大，在一些大型软件开发过程中测试活动需要花费大量的时间和成本，而当时测试的手段几乎完全是手工测试，测试的效率非常低；并且随着软件复杂度的提高出现了很多通过手工方式无法完成测试的情况，尽管在一些大型软件的开发过程中人们尝试编写了一些小程序来辅助测试，但还是不能满足大多数软件项目的统一需要。于是，很多测试实践者开始尝试开发商业的测试工具来支持测试，辅助测试人员完成某一类型或某一领域内的测试工作，而测试工具逐渐盛行起来。测试工具的发展大大提高了软件测试的自动化程度，让测试人员从烦琐和重复的测试活动中解脱出来，专心从事有意义的测试设计等活动。

自21世纪以来，软件测试已成为软件开发的一个有机组成部分，而且在整个软件开发的系统工程中占据着相当大的比重。以美国的软件开发和生产的平均资金投入为例，通常是“需求分析”和“规划确定”各占3%，“设计”占5%，“编程”占7%，“测试”占15%，“投产和维护”占67%。测试在软件开发中的地位不言而喻。

软件测试已经受到越来越高的重视，各类商业化软件测试机构层出不穷，软件测试的理论也将不断发展。现在，软件测试大多数还只是停留在找Bug的阶段，如果真要做好产品，要在Bug还没有出现以前就将其杜绝，这才是软件测试的未来。

9.4.2 产业现状

我国的软件测试技术研究起步于“六五”期间，主要是随着软件工程的研究逐步发展起来的。由于其起步较晚，与国际先进水平相比差距较大。随着我国软件产业的蓬勃发展以及对软件质量的重视，软件测试也越来越被软件企业所重视，软件测试正在逐步成为一个新兴的产业。从目前来看，可以主要从4个方面来分析我国测试行业的现状。

1. 软件测试的重要性和规范性不断提高

国家各部委、各行业正在通过测试来规范软件行业的健康发展，通过测试把不符合行业标准的软件挡在门外，对行业信息化的健康发展起到了很好的促进作用。在信息产业部关于计算机系统集成资质以及信息系统工程监理资质的认证中，软件测试能力已经被定为评价公司技术能力的一项重要指标。

2001年信息产业部发布的部长5号令实行了软件产品登记制度，规定凡是在我国境内销售的产品必须到信息产业部备案登记，而且要经过登记测试。同年起，国家质检总局和信息产业部每年都通过测试对软件产品进行质量监督抽查。2003年，国家人事部和信息产业部关于职业资格认证第一次在我国有了“软件评测师”的称号，这是国家对于软件测试职业的高度重视与认可。

2. 从手工向自动化测试方式的转变

传统的项目测试还是以手工为主，测试人员根据需求规格说明书的要求与测试对象进行“人机对话”。大量的手工增加了项目人力成本和沟通成本，低效率、高差错率，随着软件业的不断发展及软件规模的扩大，客户对软件的质量要求越来越高，针对企业的网络应用环境需要支持大量用户和复杂的软/硬件应用环境，这样测试的工作量也越来越大，自动化测试及管理已经成为项目测试的一大趋势。

自动化测试通过测试工具和其他手段按照测试工程师的预定计划对软件产品进行自动测试，能够完成许多手工无法完成或者难以实现的测试工作，更好地利用资源将烦琐的任务赋予自动化方式，从而提高准确性和测试人员的积极性。正确、合理地实施自动化测试能够快速、全民地对软件进行测试，从而提高软件质量、节省经费、缩短产品发布周期。

3. 测试人员需求逐步增大，素质不断提高

随着IT业的迅猛发展，软件外包服务已成为继互联网和网络游戏后的第5次全球浪潮。由于外包对软件质量要求很高，国内软件企业要想在国际市场上立足就必须重视软件质量，而作为软件质量的把关者，软件测试工程师日渐走俏。

目前在国内120万软件从业人员中真正能担当软件测试职位的不超过5万，而目前高等教育中专业的软件测试教育近于空白，独立开设软件测试课程的高校非常少，这就形成了测试人才紧缺、需求不断增大的现象。

据分析，目前国内软件测试的人才需求缺口超过20万人，因此软件企业开始加强和重视测试人员的选拔、培养和知识培训。一方面，对测试人员的素质和要求逐步提高，测试人员不仅应掌握相关计算机知识背景、软件工程基本知识，熟悉项目编程语言、熟悉项目技术

架构及需求内容,而且要求工作有责任感、独立分析能力及团队精神等方面;另一方面,软件企业为测试人员提供进一步的知识培训机会,以应对各种项目的复杂情况。

4. 测试服务体系初步形成

随着用户对软件质量的要求越来越高,信息系统验收不再走过场,而要通过第三方测试机构的严格测试来判定。"以测代评"正在成为我国科技项目择优支持的一项重要举措,比如国家"863"计划对数据库管理系统、操作系统、办公软件等项目的经费支持都是通过第三方测试机构科学客观的测试结果来决定。

随着第三方测试机构的蓬勃发展,在全国各地新成立的软件测试机构达10多家,测试服务体系已经基本确立起来。

近年来,我国的软件测试产业已经有了长足的进步,但是与欧美发达国家还有很大的差距,一是软件测试的地位还不高,在很多公司还是一种可有可无的东西,大多只停留在软件单元测试、集成测试和功能测试上;二是软件测试从业人员的数量和实际需求有不小差距,国内软件企业中开发人员与测试人员的数量一般为8∶1～5∶1,国外一般为2∶1或1∶1,而最近有资料显示微软已把此比例调整为1∶2。另外,国内缺乏完全商业化的操作机构,一般只是政府部门的下属机构在做一些产品的验收测试工作。总之,我国的软件测试产业化还有待开发和深掘。

9.5 测试工具的选择

在大多数软件发布之前都要经过多次重复的代码测试。测试某项特性不仅要检查前面测试中发现的软件故障是否得到真正修复,还要检查修复过程是否引入了新的软件故障等,这意味着需要不止一次地执行测试。如果一个小型软件项目有数千个测试用例要执行,那么在时间有限的情况下手工进行多次测试执行是不可能的。

软件测试自动化可以省去许多繁杂的工作,节省软件测试时间,提供比手工测试更好、更快的测试执行方式。因此,使用测试自动化和测试工具会对整个软件开发工作的质量、成本和周期带来非常显著的效果。

测试自动化希望通过自动化测试工具或其他手段按照测试工程师的预定计划自动地进行测试,目的是减轻手工测试的劳动量,从而达到提高软件质量的目的。测试自动化的目的在于发现老的软件故障,而手工测试的目的在于发现新的软件故障。

自动化测试通常要比手工测试经济得多,其开销只是手工测试的一小部分。自动化测试的方法越好,长期使用获得的收益就越大。

要实现高效的自动测试必须选择好的测试软件,这些测试软件由经验丰富的测试人员精心设计,在此基础上再应用自动化技术实现自动测试,这样可以获得建立及维护的合理开销。

测试自动化和测试工具不仅可以提高测试任务执行的效率,还有助于以下方面。

(1) 对新版本进行回归测试:对于产品型的软件,新版本的大部分功能及界面都和上一个版本相似或者完全相同,这部分功能特别适合于自动化测试。回归测试是测试自动化的强项,能够很好地测试新版本是否引入了新的故障,老的故障是否修改过来。

(2) 执行更多、更频繁的测试：对于多次重复、机械性的动作，比如要向系统输入大量的相似数据来测试压力和报表，人工测试非常耗时和烦琐，测试工具的一个显而易见的好处是可以在较少的时间内运行更多的测试。

(3) 执行一些手工测试困难或不可能做的测试：例如，对于100个用户的联机系统，用手工进行压力测试、并发操作的测试几乎是不可能的，但自动测试工具可以模拟来自100个用户的输入。

(4) 更好地利用资源：理想的自动化测试能够按计划完全自动地运行，可以充分利用资源在周末和晚上执行自动测试，避免了开发和测试之间的等待。将烦琐的任务自动化，如重复输入相同的测试输入，可以提高准确性和测试人员的积极性，将测试人员解脱出来投入更多精力设计更好的测试用例。

(5) 测试具有一致性和可重复性：由于每次自动测试工具运行的脚本都相同，所以每次执行的测试具有一致性，这在手工测试中是很难保证的。利用自动化测试的一致性可以很容易地发现被测软件的任何改变。有些测试可能在不同的硬件配置下执行，使用不同的操作系统或不同的数据库，此时要求跨平台质量的一致性，这在手工测试情况下更不可能做到。

(6) 测试的复用性：自动测试重用的次数比手工重复相同测试的次数要多得多。

(7) 增加软件信任度：一旦得知，软件通过强有力的自动测试后发布时对其的信任度也高。

(8) 可以更快地将软件推向市场：一旦一系列测试已经被自动化，则可以比手工测试更快地重复执行，因此缩短了测试时间。

总之，测试自动化和测试工具能够通过较少的开销获得更彻底的测试，提高软件产品的质量。

随着软件测试的重要性逐步显现，选择和使用测试工具的好处人尽皆知。目前，有各种各样的计算机辅助软件测试工具可用于测试过程的许多方面。但它们的应用范围和质量相差很大，提供辅助的程度也各不相同。一般而言，测试工具可以分为白盒测试工具、黑盒测试工具、测试设计和开发工具、测试执行和评估工具、测试管理工具等几大类。

9.5.1 白盒测试工具

白盒测试工具一般是针对被测源程序进行的测试，测试中发现的故障可以定位到代码级，根据测试工具的原理不同又可以分为静态测试工具和动态测试工具。

1. 静态测试工具

静态测试工具是在不执行程序的情况下分析软件的特性。静态分析主要集中在需求文档、设计文档以及程序结构上，可以进行类型分析、接口分析、输入/输出规格说明分析等。

常用的静态分析工具有McCabe & Associates公司开发的McCabe Visual Quality ToolSet分析工具、ViewLog公司开发的LogiScope分析工具、Software Research公司开发的TestWork/Advisor分析工具以及Software Emancipation公司开发的Discover分析工具等。

2. 动态测试工具

动态测试工具与静态测试工具不同，动态测试工具直接执行被测程序以提供测试支持。它所支持的测试范围十分广泛，包括功能确认与接口测试、覆盖率分析、性能分析、内存分析等。

动态测试工具的代表有 Compureware 公司开发的 DevPartner 软件、Rational 公司研制的 Purify 系列。

9.5.2 黑盒测试工具

黑盒测试是在已知软件产品应具有的功能的条件下，在完全不考虑被测程序内部结构和内部特性的情况下，通过测试来检测每个功能是否都能按照需求规格说明的规定正常工作。黑盒测试工具的代表有 Rational 公司的 TeamTest、Compureware 公司的 QACenter。

常用的黑盒测试工具如下：

1. 功能测试工具

功能测试工具用于检测被测程序能否达到预期的功能要求并正常运行。

2. 性能测试工具

性能测试工具有助于确定软件和系统的性能。有些工具还可用于自动多用户客户/服务器加载测试和性能测量，用来生成、控制并分析客户/服务器应用的性能，即性能测试又分为客户端的测试和服务器端的测试。

客户端的测试主要关注应用的业务逻辑、用户界面和功能测试等，服务器端的测试主要关注服务器的性能、衡量系统的响应时间、事务处理速度和其他时间敏感等。

9.5.3 测试设计和开发工具

测试设计是说明测试被测软件特征或特征组合的方法，确定并选择相关测试用例的过程。测试开发是将测试设计转换成具体的测试用例的过程。像制订测试计划一样，对最重要、最费脑筋的测试设计过程来说，工具起不了多大的作用，但如捕获/回放之类的测试执行和评估类工具是有助于测试开发的，也是实施计划和设计合理测试用例的最有效的手段。

测试设计和开发需要的工具类型如下：

- 测试数据生成器；
- 基于需求的测试设计工具。

测试数据生成工具非常有用，可以为被测程序自动生成测试数据，减轻人们在生成大量测试数据时所付出的劳动，同时还可避免测试人员对一部分测试数据的偏见。

9.5.4 测试执行和评估工具

测试执行和评估是执行测试用例并对测试结果进行评估的过程，包括选择用于执行的测试用例、设置测试环境、运行所选择的测试、记录测试执行过程、分析潜在的软件故障并测量测试工作的有效性。评估类工具对执行测试用例和评估测试结果这一过程起辅助作用。

测试执行和评估类工具如下：

- 捕获/回放工具；
- 覆盖分析工具；
- 存储器测试工具。

捕获/回放工具可以捕获用户的操作，包括击键、鼠标活动，并显示输出。这些被捕获的测试包括已被测试人员确认的输出，需要时工具可以自动回放以前捕获的测试，并通过与以前存储的结果进行比较对结果进行确认。因此，当故障修复或为增强软件功能而进行修改时，测试人员不需要通过手工反复不断地重新执行测试。

利用存储器测试工具可以在故障发生之前将其确认。详细的诊断信息可以跟踪并消除故障。存储器测试工具大多是语言专用和平台专用的，有些可用于最常见的环境。这方面最好的工具是非侵入式的，且使用方便、价格合理。

9.5.5 测试管理工具

测试管理工具是指帮助完成制订测试计划、跟踪测试运行结果等的工具。一个小型软件项目可能有数千个测试用例要执行，使用捕获/回放工具可以建立测试并使其自动执行，但仍需要测试管理工具对成千上万个杂乱无章的测试用例进行管理。

测试管理工具用于对测试进行管理。一般而言，测试管理工具对测试计划、测试用例、测试实施进行管理，还包括缺陷跟踪管理工具等。测试管理工具的代表有 Rational 公司的 Test Manager、Compureware 公司的 TrackRecord 等。

9.5.6 功能和成本

面对如此众多的测试工具，对工具的选择就成了一个比较重要的问题。在考虑选用工具的时候建议用户从以下几个方面来权衡和选择。

1. 功能

功能当然是用户最关注的内容，选择一个测试工具首先就是看它提供的功能，但这并不是说测试工具提供的功能越多越好，适用才是根本，为不需要的功能花费金钱实在是不明智的行为。事实上，目前市场上同类软件测试工具的基本功能大同小异，只不过侧重点有所不同而已。

例如，同为白盒测试工具的 Logiscope 和 PRQA 软件，提供的基本功能大致相同，只是在编码规则、编码规则的定制、采用的代码质量标准方面有所不同。除了基本的功能之外，在选择测试工具时用户也可以参考下面的功能需求。

(1) 报表功能：测试工具生成的结果最终由人来进行解释，查看最终报告的人不一定对测试熟悉，因此测试工具能否生成结果报表，以什么形式提供报表是需要考虑的因素之一。

(2) 测试工具的集成能力：测试工具的引入是一个伴随测试过程改进而进行的长期过程，因此测试工具的集成能力也是必须考虑的因素，这里的集成包括下面两个方面的含义。

- 测试工具能否和开发工具进行良好的集成。
- 测试工具能否和其他测试工具进行良好的集成。

(3) 和操作系统及开发工具的兼容性：测试工具是否可以跨平台，是否适用于公司目前使用的开发工具，这些问题也是选择一个测试工具时应该考虑的问题。

2. 成本

在选择工具时应该进行成本/收益分析。工具销售商往往热衷于介绍他们的工具能做什么，如何能解决具体问题。我们所关心的是成本有多高。产品价格是最基本的成本，此外还有附加成本，包括挑选、安装、运输、培训、维护、支持以及改组过程等，重要的是确定实际成本，即总成本，甚至生命周期成本。

与需要更换测试过程相比，支持已有测试过程的工具在人力和财力方面实施起来相对比较容易。市面上有几百种测试工具，开发公司在规模、已建立的客户库、产品成熟度、管理深度以及对测试和工具的理解方面差别很大。为高效率地实施工程项目，在选择测试工具之前最好考虑下面的问题：

(1) 工具怎样介入并支持测试过程。

(2) 知道怎样计划并设计测试。

总之，使用工具可以使测试更容易、更有效、更高产，但工具不能代替思考、计划和设计，应尽量避免将昂贵的测试工具束之高阁。

9.6 小结

随着人们对软件质量的重视程度越来越高，软件测试在软件开发中的地位越来越重要。软件测试是目前用来检验软件能否完成预期功能的唯一有效的方法，其总目标是充分利用有限的人力和物力资源高效率、高质量地进行测试。

软件测试就是在软件投入运行前对软件的需求分析、设计、实现编码进行最终审查。从表面上看，软件工程的其他阶段都是建设性的，而软件测试是摧毁性的。但是，软件测试的最终目的是建立一个高可靠性的软件系统的一部分。

思考题

1. 什么是软件可靠性？
2. 简述软件测试过程。
3. 简述软件测试与软件开发的关系。
4. 简述软件测试自动化的意义。

第10章 黑盒测试

设计测试用例的唯一规则：覆盖所有特征，但并不创建太多的测试用例。

——Tsuneo Yamaura

黑盒测试法把程序看作一个黑盒子，完全不考虑程序的内部结构和处理过程。

黑盒测试是在程序接口进行的测试，只检查程序功能是否能按照规格说明书的规定正常使用，程序是否能适当地接收输入数据，并产生正确的输出信息，在程序运行过程中能否保持外部信息的完整性。从理论上讲，黑盒测试只有采用穷举输入测试把所有可能的输入都作为测试情况考虑才能查出程序中所有的错误。实际上，测试情况有无穷多个，人们不仅要测试所有正常的输入，而且还要对那些不合法但可能的输入进行测试。因此，要进行有针对性的测试，通过指定测试案例指导测试的实施，保证软件测试有组织、按步骤、有计划地进行。

黑盒测试注重于测试软件的功能性需求，使软件工程师派生出执行程序所有功能需求的输入条件。黑盒测试并不是白盒测试的替代品，而是用于辅助白盒测试，发现其他类型的错误。黑盒测试试图发现的错误包括功能错误或遗漏、界面错误、数据结构或外部数据库访问错误、性能错误、初始化和终止错误。

本章正文共分6节，10.1节介绍等价类划分法，10.2节介绍边界值分析法，10.3节介绍因果图法，10.4节介绍功能图法，10.5节介绍黑盒测试方法的比较与选择，10.6节介绍黑盒测试工具。

10.1 等价类划分法

假设有这样一个C++语言程序，功能是计算两个1～100整数的乘积，其源代码如下。

```
#include <iostream>
using namespace std;
int main()
{
   int a;
   int b;
   int c;
   cout <<"请输入两个 1～100 的整数: "<< endl;
   cin >> a >> b;
```

```
    if((a>=1&&a<=100)&&(b>=1&&b<=100))
    {
      c=a*b;
      cout<<"两个数的乘积为"<<c<<endl;
    }
    return 0;
}
```

我们知道,在黑盒测试的时候一般是不看源代码的,只能根据需求来设计测试用例,如采用穷举的思想可以设计表10-1所示的用例表。

乘数1由1到100,共计100个取值,所以它们的组合为10 000种可能,这只是在测试的正常范围的取值,如果考虑不合法的取值,可以看出穷举测试是不可行的。由于穷举测试工作量太大,以至于无法实际完成,促使我们在大量的可能数据中选取其中的一部分作为测试用例。例如在不了解等价分配技术的前提下做计算器程序的乘法测试时测试了1×1、1×2、1×3和1×4之后还有必要测试1×5和1×6吗?能否放心地认为它们是正确的?可以感觉,1×5和1×6与前面的1×1、1×2都是很类似的简单乘法。于是,我们引入等价类的思想。

表10-1 乘法器测试用例

用例编号	乘数1	乘数2	乘积
1	1	1	1
2	1	2	2
3	1	3	3
4	1	4	5
…	…	…	…

等价类划分法是一种黑盒测试的技术,不考虑程序的内部结构,把所有可能的输入数据(即程序的输入域)划分成若干部分(子集),然后从每一个子集中选取少数具有代表性的数据作为测试用例。该方法是一种重要的、常用的黑盒测试用例设计方法,如图10-1所示。

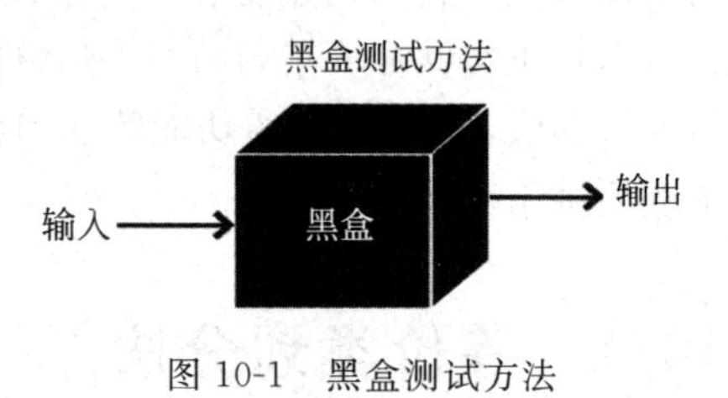

图10-1 黑盒测试方法

10.1.1 划分等价类

等价类指某个输入域的子集合。

在该子集合中,各个输入数据对于揭露程序中的错误都是等效的,并合理地假定测试某等价类的代表值就等于对这一类其他值的测试。

因此,可以把全部输入数据合理地划分为若干等价类,在每一个等价类中取一个数据作为测试的输入条件就可以用少量代表性的测试数据取得较好的测试结果。等价类划分可以有两种不同的情况。

(1) 有效等价类:指对于程序的规格说明来说是合理的、有意义的输入数据构成的集合，可检验程序是否实现了规格说明中所规定的功能和性能。

（2）无效等价类：与有效等价类的定义相反，即不符合需求规格说明书。

在设计测试用例时要考虑这两种等价类，因为软件不仅要能接收合理的数据，也要能经受意外的考验，这样的测试才能确保软件具有更高的可靠性。

10.1.2　方法

下面给出6条确定等价类的原则。

（1）在输入条件规定了取值范围或值的个数的情况下可以确立一个有效等价类和两个无效等价类。

（2）在输入条件规定了输入值的集合或者规定了“必须如何”的条件的情况下可以确立一个有效等价类和一个无效等价类。

（3）在输入条件是一个布尔量的情况下可以确定一个有效等价类和一个无效等价类。

（4）在规定了输入数据的一组值（假定 n 个）并且程序要对每一个输入值分别处理的情况下可以确立 n 个有效等价类和一个无效等价类。

（5）在规定了输入数据必须遵守的规则的情况下可以确立一个有效等价类（符合规则）和若干个无效等价类（从不同角度违反规则）。

（6）在确知已划分的等价类中各元素在程序处理中的方式不同的情况下应将该等价类进一步划分为更小的等价类。

在确立了等价类之后建立等价类表，列出所有划分出的等价类，如表10-2所示。

表10-2　等价类表示例

输入条件	有效等价类	无效等价类	输入条件	有效等价类	无效等价类
…	…	…	…	…	…

这个程序怎么划分等价类呢？可以根据输入的要求将输入区间划分为3个等价类，如图10-2所示。

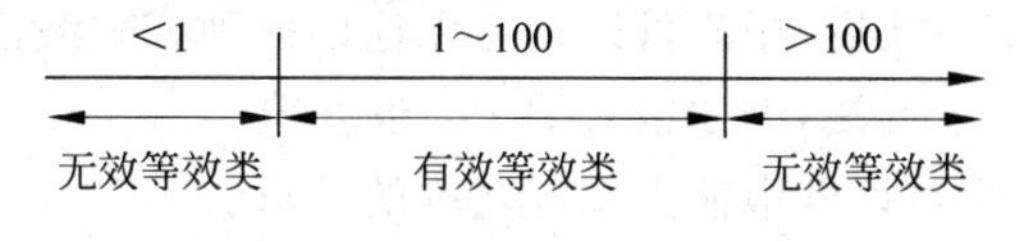

图10-2　乘法器等价类

10.1.3　设计测试用例

在确立了等价类后可以建立等价类表，列出所有划分出的等价类。

先根据输入条件确定有效等价类和无效等价类，然后从划分出的等价类中按以下3个原则设计测试用例。

（1）每一个等价类规定一个唯一的编号。

（2）设计一个新的测试用例，使其尽可能多地覆盖尚未被覆盖的有效等价类，然后重复这一步，直到所有的有效等价类都被覆盖为止。

（3）设计一个新的测试用例，使其仅覆盖一个尚未被覆盖的无效等价类，然后重复这一步,直到所有的无效等价类都被覆盖为止。

这里已经将输入域分成了一个有效等价类(1～100)和两个无效等价类(< 1,> 100),下面制作表 10-3 所示的测试用例。

表 10-3 乘法器测试用例(等价类划分)

用例编号	所属等价类	乘数 1	乘数 2	乘 积
1	2	3	20	60
2	1	−10	2	提示"请输入 1～100 的整数"
3	3	200	3	提示"请输入 1～100 的整数"

刚才输入的数据都是整数,如果是输入小数,甚至字母怎么办?这说明刚才的等价类的划分还不是很完善,因为只是考虑了输入数据的范围,没有考虑输入数据的类型,最终用户的输入是什么类型都有可能。另外还要考虑输入为非数值类型的情况,在非数值类型的输入中又要细分为字母、特殊字符、空格、空白几种情况。

在两数相乘用例中,测试 28×13 和 28×99999999 似乎有点不同。这是一种直觉,一个是普通乘法,另一个有些特殊,必须处理溢出情况。其软件操作可能不同,所以这两个用例属于不同的等价区间。

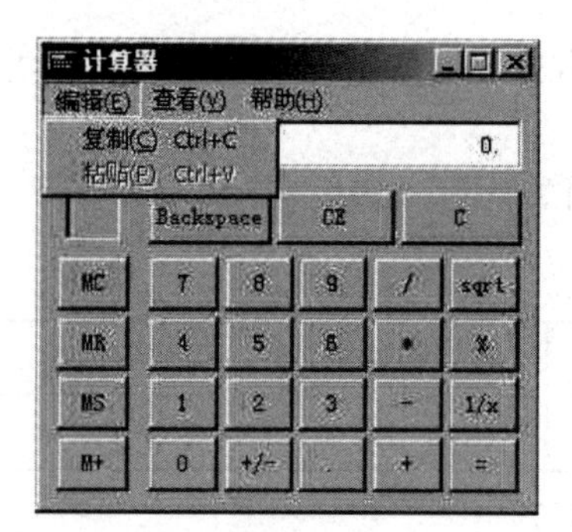

图 10-3 复制的多种方法

如果用户有编程经验,可能会想到更多可能导致软件操作不同的"特殊"数值。图 10-3 所示为复制的多种方法,给出了选中"编辑"菜单后显示"复制"和"粘贴"命令的计算器程序。每一项功能(即复制和粘贴)有 5 种执行方式。要想复制,可以选择"复制"命令,或输入 C,或按 Ctrl+C、Ctrl+Shift+C 组合键。任何一种输入途径都会把当前数值复制到剪贴板中,一一执行同样的输出操作,产生同样的结果。

如果要测试"复制"命令,可以把这 5 种输入途径划分减为 3 个,选择"复制"命令,或输入 C,或按 Ctrl+C 组合键。在对软件质量有了信心之后,用户可以知道无论以何种方式激活复制功能都工作正常,甚至可以进一步缩减为一个方法,例如按 Ctrl+C 组合键。

再看一个例子,看看为对话框中输入文件名称的情形。

Windows 中的文件名可以包含除了"、""/""：""•""?""<>"和"\"之外的任意字符。文件名的长度是 1～255 个字符。如果为文件名创建测试用例,等价区间有合法字符、非法字符、合法长度的名称、过长名称和过短名称。

【例题】 根据下面给出的规格说明,利用等价类划分的方法给出足够的测试用例。"一个程序读入 3 个整数,把这 3 个数值看作一个三角形的 3 条边的长度值。这个程序要打印出信息,说明这个三角形是不等边的、是等腰的还是等边的"。

设三角形的 3 条边分别为 A、B、C。如果它们能够构成三角形的 3 条边,必须满足 A>0、B>0、C>0,且 A+B>C、B+C>A、A+C>B。

如果是等腰的,还要判断 A=B,或 B=C,或 A=C。

如果是等边的,则需判断是否 A=B,且 B=C,且 A=C。

列出等价类表，如表 10-4 所示。

表 10-4　三角形（等价类划分）

输入条件	有效等价类	无效等价类
是否三角形的 3 条边	(A>0)，(1) (B>0)，(2) (C>0)，(3) (A+B>C)，(4) (B+C>A)，(5) (A+C>B)　(6)	(A≤0)，(7) (B≤0)，(8) (C≤0)，(9) (A+B≤C)，(10) (B+C≤A)，(11) (A+C≤B)　(12)
是否等腰三角形	(A=B)，(13) (B=C)，(14) (C=A)，(15)	(A≠B)and(B≠C)and(C≠A)，(16)
是否等边三角形	(A=B)and(B=C)and(C=A)，(17)	(A≠B)，(18) (B≠C)，(19) (C≠A)，(20)

设计测试用例：输入顺序是【A,B,C】，如表 10-5 所示。

表 10-5　三角形测试用例（等价类划分）

用例编号	【A,B,C】	覆盖等价类	输　出
1	【3,4,5】	(1),(2),(3),(4),(5),(6)	一般三角形
2	【0,1,2】	(7)	不能构成三角形
3	【1,0,2】	(8)	
4	【1,2,0】	(9)	
5	【1,2,3】	(10)	
6	【1,3,2】	(11)	
7	【3,1,2】	(12)	
8	【3,3,4】	(1),(2),(3),(4),(5),(6),(13)	等腰三角形
9	【3,4,4】	(1),(2),(3),(4),(5),(6),(14)	
10	【3,4,3】	(1),(2),(3),(4),(5),(6),(15)	
11	【3,4,5】	(1),(2),(3),(4),(5),(6),(16)	非等腰三角形
12	【3,3,3】	(1),(2),(3),(4),(5),(6),(17)	等边三角形
13	【3,4,4】	(1),(2),(3),(4),(5),(6),(14),(18)	非等边三角形
14	【3,4,3】	(1),(2),(3),(4),(5),(6),(15),(19)	
15	【3,3,4】	(1),(2),(3),(4),(5),(6),(13),(20)	

等价分配的目标是把可能的测试用例组合缩减到仍然足以满足软件测试需求为止。因为选择了不完全测试就要冒一定的风险，所以用户必须仔细地选择分类。

在理论上，如果等价类里面的一个数值能够发现缺陷，那么该等价类里面的其他数值也能够发现该缺陷。但是，在实际测试过程中，由于测试人员的能力和经验所限，导致等价类的划分就是错误的，因此也得不到正确的结果。

10.2 边界值分析法

边界值分析方法是对等价类划分方法的补充。

"错误隐含在角落"(errors hide in the corner),大量的测试实践经验表明,边界值是最容易出现问题的地方,也是测试的重点。例如,在做三角形计算时要输入三角形的3个边长A、B和C。这3个数值应当满足A>0、B>0、C>0、A+B>C、A+C>B、B+C>A才能构成三角形。但如果把6个不等式中的任何一个大于号">"错写成大于等于号"≥",那就不能构成三角形。问题恰恰出现在容易被疏忽的边界附近。

10.2.1 边界条件

可以想象,如果一个人在悬崖峭壁边能够自信地安全行走,那么在平地就不在话下了。如果软件在能力达到极限时能够运行,那么在正常情况下一般也就不会有什么问题。

边界条件是特殊情况,因为编程从根本上说不怀疑边界有问题。程序在处理大量中间数值时都是对的,但是可能在边界处出现错误。下面的一段源代码说明了在一个常见的程序中是如何产生边界条件问题的。下面是C++的一段使用冒泡法对数组进行排序的程序代码。

```
#include <iostream>
#include <iomanip>
using namespace std;
void Swap(int &a,int &b)
{
  int temp;
  temp = a;
  a = b;
  b = temp;
}
void BubbleSort(int A[],int n)
{
  int i,j,k;
  bool flag = false;
  for(i = 0; i<n; i++)                          //外层循环控制: 排序趟数(n-1)
  {
    cout <<"第"<< i + 1 <<"次排序结果为: ";
    for(j = 0; j<n-i-1; j++)                    //内层循环控制: 当前趟排序次数(n-i)
    {
      if(A[j]> A[j + 1])
      Swap(A[j],A[j + 1]);
    }
  }
}
int main()
{
  int a[9] = {9,8,7,6,5,4,3,2,1};
```

```
    BubbleSort(a,9);
    for(int i=0; i<9; i++)
    cout << setw(2)<< a[i];
    cout << endl;
    return 0;
}
```

冒泡排序的基本概念是依次比较相邻的两个数，将大数放在前面、小数放在后面。即首先比较第1个和第2个数，将大数放前、小数放后。然后比较第2个数和第3个数，将大数放前、小数放后，如此继续，直到比较最后两个数，将大数放前、小数放后，此时第一趟结束，在最后的数必定是所有数中的最小数。重复以上过程，仍然从第一对数开始比较(因为可能由于第2个数和第3个数的交换使得第1个数不再大于第2个数)，将大数放前、小数放后，一直比较到最小数前的一对相邻数，将大数放前、小数放后，第二趟结束，在倒数第二个数中得到一个新的最小数。

如此下去，直到最终完成排序。

有编程经验的程序员会发现，在冒泡排序方法中最容易出错的地方就是内外层循环次数的确定。最小循环次数和最大循环次数是两个边界值。另外还需要注意，$a[9]$的值是多少？是1还是0？我们知道在C++中含有9个元素的数组的最大下标为8，$a[9]$显然已经超出了数组的范围，但可以使用$a[9]$。例如，上面在“return 0”；语句之前添加“int b=a[9]”程序并不会报错，但b的结果却是不确定的值。诸如此类的问题很常见，在复杂的大型软件中可能导致极其严重的软件缺陷。

10.2.2 次边界条件

上面讨论的普通边界条件最容易找到，在产品说明书中有定义，或者在使用软件的过程中确定。有些边界在软件内部，最终用户几乎看不到，但是软件测试仍有必要检查，这样的边界条件称为次边界条件或者内部边界条件。

寻找这样的边界不要求软件测试员具有程序员那样阅读源代码的能力，但是要求大体了解软件的工作方式。

常见的次边界条件是ASCII字符表，表10-6是部分ASCII值表。

表10-6 部分ASCII值表

字符	ASCII值	字符	ASCII值	字符	ASCII值	字符	ASCII值
Null	0	B	66	2	50	a	97
Space	32	Y	89	9	57	b	98
/	47	Z	90	:	58	y	121
0	48	[	91	@	64	z	122
1	49	′	96	A	65	{	123

注意，表10-6不是结构良好的连续表。0～9的后面ASCII值是48～57。斜杠字符(/)在数字0的前面，而冒号字符“:”在数字9的后面。大写字母A～Z对应65～90，小写字母对应97～122。这些情况都代表次边界条件。

如果测试进行文本输入或文本转换的软件，在定义数据区间包含哪些值时参考一下

ASCII 表是相当明智的。例如,如果测试的文本框只接受用户输入字符 A～Z 和 a～z,就应该在非法区间中包含 ASCII 表中这些字符前后的值@、[、和{。

10.2.3 其他边界条件

另一种很明显的软件缺陷来源是当软件要求输入时(比如在文本框中)不是没有输入正确的信息,而是根本没有输入任何内容,只按了 Enter 键。这种情况在产品说明书中经常被忽视,程序员也可能经常遗忘,但是在实际使用中却时有发生。程序员总会习惯性地认为用户要么输入信息,不管是看起来合法的或非法的信息,要么按 Cancel 键放弃输入,如果没有对空值进行好的处理,恐怕程序员自己都不知道程序会引向何方。

正确的软件通常应该将输入内容默认为合法边界内的最小值,或者合法区间内的某个合理值,否则返回错误提示信息。这些值通常在软件中进行特殊处理,所以不要把它们与合法情况和非法情况混在一起,而要建立单独的等价区间。

10.2.4 边界值的选择方法

边界值分析是一种补充等价划分的测试用例设计技术,不是选择等价类的任意元素,而是选择等价类边界的测试用例。实践证明,为检验边界附近的处理专门设计测试用例常常取得良好的测试效果。边界值分析法不仅重视输入条件边界,而且也适用于输出域测试用例。

对边界值设计测试用例应遵循以下几条原则:

(1) 如果输入条件规定了值的范围,则应取刚达到这个范围的边界的值,以及刚刚超过这个范围边界的值作为测试输入数据。

(2) 如果输入条件规定了值的个数,则用最大个数、最小个数、比最小个数少 1、比最大个数多 1 的数作为测试数据。

(3) 根据规格说明的每个输出条件使用前面的原则(1)。

(4) 根据规格说明的每个输出条件应用前面的原则(2)。

(5) 如果程序的规格说明给出的输入域或输出域是有序集合,则应选取集合的第一个元素和最后一个元素作为测试用例。

(6) 如果程序中使用了一个内部数据结构,则应当选择这个内部数据结构边界上的值作为测试用例。

(7) 分析规格说明,找出其他可能的边界条件。

其实,边界值和等价类的联系是很紧密的,想一想边界值是怎么产生的,不就是我们在划分等价类的过程中产生的吗?边界的地方最容易出错,在从等价类中选取测试数据的时候也经常选取边界值。

10.3 因果图法

前面的等价类划分法和边界值分析法都是着重考虑输入条件,并没有考虑到输入情况的各种组合,也没考虑到各个输入情况之间的相互制约关系。

如果在测试时必须考虑输入条件的各种组合，可能的组合数将是天文数字。因此必须考虑描述多种条件的组合相应地产生多个动作的形式来考虑设计测试用例，这就需要利用因果图。在软件工程中，有些程序的功能可以用判定表的形式来表示，并根据输入条件的组合情况规定相应的操作。很自然的，应该为判定表中的每一列设计一个测试用例，以便保证测试程序在输入条件的某种组合下操作是正确的。

10.3.1 因果图设计方法

因果图(Cause-effect diagram)法是从用自然语言书写的程序规格说明的描述中找出原因(输入条件)和结果(输出或程序状态的改变)，通过因果图转换为判定表，如图 10-4 所示。

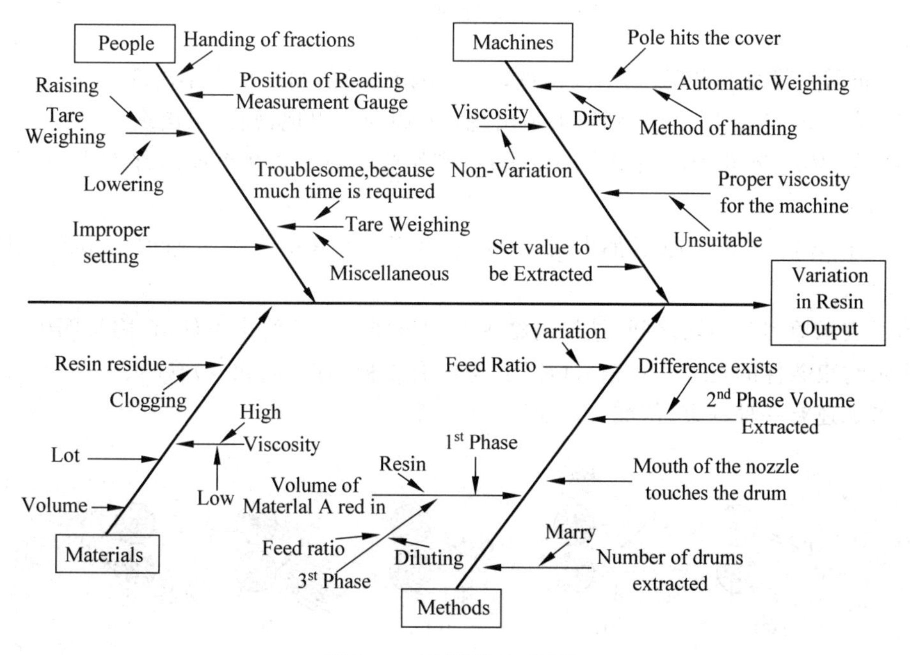

图 10-4 因果图(鱼骨图)

利用因果图导出测试用例需要经过以下几个步骤。

(1) 分析程序规格说明的描述中哪些是原因，哪些是结果。原因常常是输入条件或输入条件的等价类，而结果是输出条件。

(2) 分析程序规格说明的描述中语义的内容，并将其表示成连接各个原因与各个结果的“因果图”。

(3) 标明约束条件：由于语法或环境的限制，有些原因和结果的组合情况是不可能出现的。为表明这些特定的情况，在因果图上使用若干个标准的符号标明约束条件。

(4) 把因果图转换成判定表。

(5) 为判定表中每一列表示的情况设计测试用例。

因果图生成的测试用例(局部，组合关系下的)包括了所有输入数据的取 True 与取 False 的情况，构成的测试用例数目达到最少，且测试用例数目随输入数据数目的增加而增加。事实上,在较为复杂的问题中,这个方法常常是十分有效的,能有力地帮助我们确定测试用例。当然,如果哪个开发项目在设计阶段就采用了判定表,也就不必再画因果图了,而是可以直接利用判定表设计测试用例。

通常,在因果图中用 C_i 表示原因、用 E_i 表示结果,其基本符号如图 10-5 所示。各节点表示状态可取"0"或"1"值,"0"表示某状态不出现,"1"表示某状态出现。

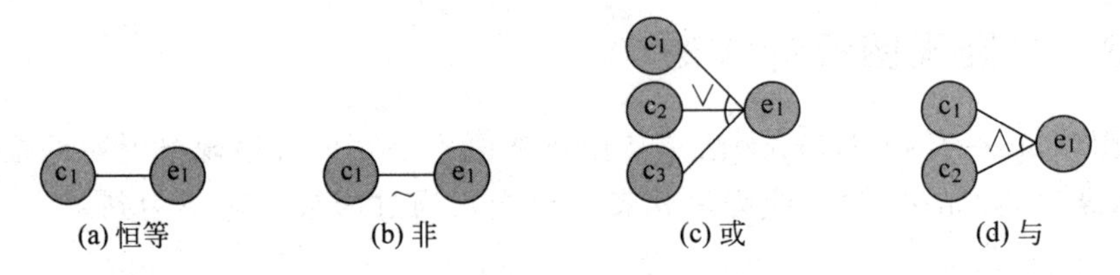

图 10-5 因果图的基本图形符号

(1) 恒等:若原因出现,则结果出现;若原因不出现,则结果也不出现。

(2) 非(~):若原因出现,则结果不出现;若原因不出现,则结果出现。

(3) 或(∨):若几个原因中有一个出现,则结果出现;若几个原因都不出现,则结果不出现。

(4) 与(∧):若几个原因都出现,结果才出现;若其中有一个原因不出现,则结果不出现。

为了表示原因与原因之间、结果与结果之间可能存在的约束条件,在因果图中可以附加一些表示约束条件的符号。从输入(原因)考虑有 4 种约束,例如(a)、(b)、(c)、(d)。从输出(结果)考虑还有一种约束,例如(e),如图 10-6 所示。

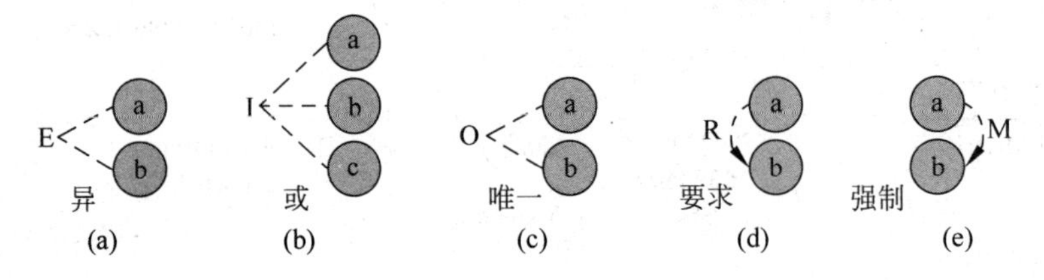

图 10-6 因果图的约束符号

(1) E(互斥):表示 a、b 两个原因不会同时成立,两个中最多有一个可能成立。

(2) I(包含):表示 a、b、c 这 3 个原因中至少有一个必须成立。

(3) O(唯一):表示 a 和 b 当中必须有一个当且仅有一个成立。

(4) R(要求):表示当 a 出现时 b 必须也出现。当 a 出现时不可能 b 不出现。

(5) M(屏蔽):表示当 a 是 1 时 b 必须是 0,而当 a 为 0 时 b 的值不定。

10.3.2 因果图测试用例

例如有一个处理单价为 1 元 5 角钱的盒装饮料的自动售货机软件。若投入 1 元 5 角硬币,按下"可乐""雪碧"或"红茶"按钮,相应的饮料就送出来。若投入的是两元硬币,在送出饮料的同时退还 5 角硬币。

分析这一段说明,我们可以列出原因和结果,如表 10-7 所示。

表 10-7　状态表

原因	c_1：投入 1 元 5 角硬币； c_2：投入两元硬币； c_3：按“可乐”按钮； c_4：按“雪碧”按钮； c_5：按“红茶”按钮
中间状态	11：已投币； 12：已按钮
结果	a_1：退还 5 角硬币； a_2：送出“可乐”饮料； a_3：送出“雪碧”饮料； a_4：送出“红茶”饮料

根据原因和结果可以设计这样一个因果图，如图 10-7 所示。

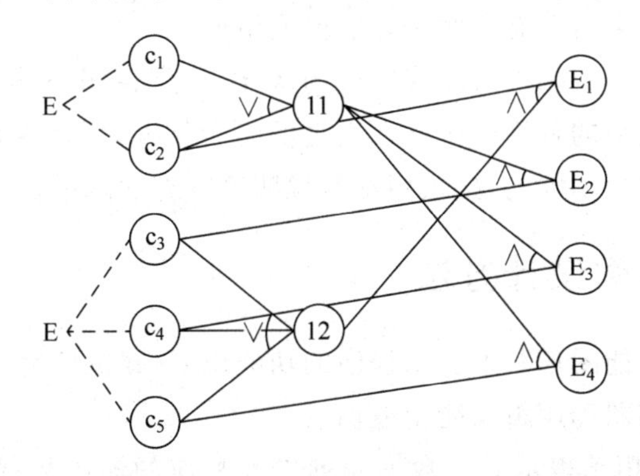

图 10-7　因果图

转换为决策表，如表 10-8 所示，每一列可作为确定测试用例的依据。

表 10-8　决策表

		1	2	3	4	5	6	7	8	9	10	11
输入	投入 1 元 5 角硬币	1	1	1	1	0	0	0	0	0	0	0
	投入两元硬币	0	0	0	0	1	1	1	1	0	0	0
	按“可乐”按钮	1	0	0	0	1	0	0	0	1	0	0
	按“雪碧”按钮	0	1	0	0	0	1	0	0	0	1	0
	按“红茶”按钮	0	0	1	0	0	0	1	0	0	0	1
中间结点	已投币	1	1	1	1	1	1	1	1	0	0	0
	已按钮	1	1	1	0	1	1	1	0	1	1	1
输出	退还 5 角硬币	0	0	0	0	1	1	1	0	0	0	0
	送出“可乐”饮料	1	0	0	0	1	0	0	0	0	0	0
	送出“雪碧”饮料	0	1	0	0	0	1	0	0	0	0	0
	送出“红茶”饮料	0	0	1	0	0	0	1	0	0	0	0

通过决策表可以设计相关的测试用例,如表 10-9 所示。

表 10-9　乘法器测试用例(等价类划分)

用例编号	测 试 用 例	预 期 输 出
1	投入 1 元 5 角,按"可乐"按钮	送出"可乐"饮料
2	投入 1 元 5 角,按"雪碧" 按钮	送出"雪碧"饮料
3	投入 1 元 5 角,按"红茶" 按钮	送出"红茶"饮料
4	投入两元,按"可乐"按钮	找 5 角,送出"可乐"
5	投入两元,按"雪碧"按钮	找 5 角,送出"雪碧"
6	投入两元,按"红茶"按钮	找 5 角,送出"红茶"

10.4　功能图法

程序的功能说明通常由动态说明和静态说明组成。

动态说明描述了输入数据的次序或转移的次序,静态说明描述了输入条件与输出条件之间的对应关系。较复杂的程序由于存在大量的组合情况,因此仅用静态说明组成的规格说明对于测试来说往往是不够的,必须用动态说明来补充功能说明。

10.4.1　功能图设计方法

功能图方法是用功能图形象地表示程序的功能说明,并机械地生成功能图的测试用例。功能图模型由状态迁移图和逻辑功能模型构成。

(1) 状态迁移图: 用于表示输入数据序列以及相应的输出数据。在状态迁移图中,由输入数据和当前状态,决定输出数据和后续状态。

(2) 逻辑功能模型: 用于表示在状态中输入条件和输出条件之间的对应关系。逻辑功能模型只适合于描述静态说明,输出数据仅由输入数据决定。测试用例则是由测试中经过的一系列状态和在每个状态中必须依靠输入/输出数据满足的一对条件组成。

功能图方法实际上是一种黑盒、白盒混合用例设计方法。

在功能图方法中要用到逻辑覆盖和路径测试的概念和方法,属白盒测试方法中的内容。逻辑覆盖是以程序内部的逻辑结构为基础的测试用例设计方法,该方法要求测试人员对程序的逻辑结构有清楚的了解。由于覆盖测试的目标不同,逻辑覆盖可分为语句覆盖、判定覆盖、判定-条件覆盖、条件组合覆盖、路径覆盖。

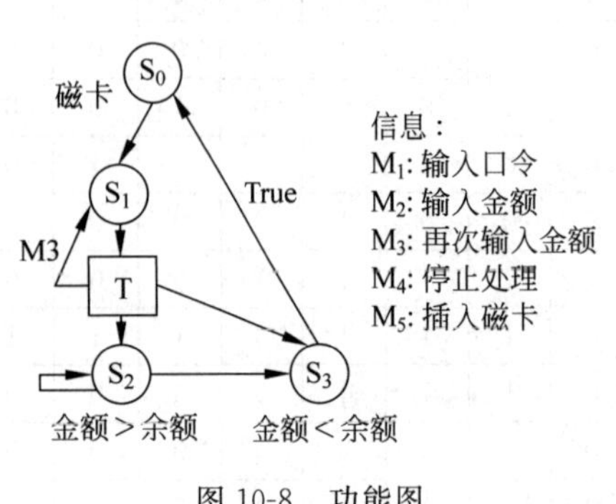

图 10-8　功能图

逻辑覆盖和路径是功能或系统水平上的,以区别于白盒测试中的程序内部,如图 10-8 和表 10-10 所示。

表 10-10 判定表

输入	口令＝记录	Y	N	N
	错输入＝3 次	N	Y	N
输出	M_2	—		
	M_3			—
	M_4		—	
	消去卡		—	
状态	S_1			—
	S_2	—		
	S_3		—	

10.4.2 功能图法生成测试用例

功能图由状态迁移图和布尔函数组成。状态迁移图用状态、迁移来描述一个状态，指出数据输入的位置（或时间），而迁移则指明状态的改变，同时要依靠判定表和因果图表示的逻辑功能。

那么采用什么样的方法生成测试用例？从功能图生成测试用例，得到的测试用例数是可接受的。问题的关键是如何从状态迁移图中选取测试用例。若用节点代替状态，用弧线代替迁移，状态迁移图就可转化成一个程序的控制流程图形式。问题就转化为程序的路径测试问题了（白盒测试范畴概念）。

测试用例生成规则是为了把状态迁移（测试路径）的测试用例与逻辑模型的测试用例组合起来，从功能图生成实用的测试用例。在一个结构化的状态迁移中定义了 3 种形式的循环，即顺序、选择和重复。但分辨一个状态迁移中的所有循环是有困难的。

从功能图生成测试用例的过程如下。

（1）生成局部测试用例：在每个状态中，从因果图生成局部测试用例。局部测试库由原因值（输入数据）组合与对应的结果值（输出数据或状态）构成。

（2）测试路径的生成：利用上面的规则生成从初始状态到最后状态的测试路径。

（3）测试用例的合成：合成测试路径与功能图中每个状态的局部测试用例，结果是从初始状态到最后状态的一个状态序列，以及每个状态中输入数据与对应输出数据的组合。

（4）测试用例的合成算法：采用条件构造树。

10.5 比较与选择

测试用例的设计方法不是单独存在的，具体到每个测试项目都会用到多种方法，每种类型的软件有各自的特点，每种测试用例设计的方法也有各自的特点，针对不同软件，如何利用这些黑盒方法是非常重要的，在实际测试中往往是综合使用各种方法才能有效地提高测试效率和测试覆盖度，这就需要用户认真掌握这些方法的原理，积累更多的测试经验，以有效地提高测试水平。

以下是各种测试方法选择的综合策略，可供用户在实际应用过程中参考。

(1) 首先进行等价类划分，包括输入条件和输出条件的等价划分，将无限测试变成有限测试，这是减少工作量和提高测试效率最有效的方法。

(2) 在任何情况下都必须使用边界值分析方法，经验表明，用这种方法设计出的测试用例发现程序错误的能力最强。

(3) 可以用错误推测法追加一些测试用例，这需要依靠测试工程师的智慧和经验。

(4) 对照程序逻辑检查已设计出的测试用例的逻辑覆盖程度，如果没有达到要求的覆盖标准，应当再补充足够的测试用例。

(5) 如果程序的功能说明中含有输入条件的组合情况，则一开始就可选用因果图法和判定表驱动法。

(6) 对于参数配置类的软件要用正交试验法，选择较少的组合方式达到最佳效果。

(7) 功能图法也是很好的测试用例设计方法，可以通过不同时期条件的有效性设计不同的测试数据。

(8) 对于业务流清晰的系统可以利用场景法贯穿整个测试案例过程，在案例中综合使用各种测试方法。

10.6 黑盒测试工具

软件功能测试是典型的黑盒测试，主要检查实际软件的功能是否符合用户的需求。那么，如何高效地完成功能测试?

选择一款合适的功能测试工具并培训一支高素质的工具使用队伍无疑是至关重要的。目前，用于功能测试的工具软件有很多，针对不同架构软件的工具也不断推陈出新，主要的专业开发软件测试工具有 Mercury Interactive 公司的 WinRunner、Rational 公司的 Robot、Compuware 公司的 QARun。其基本原理都是通过录制和回放来实现自动化的功能测试，只是在具体实现形式上有所差别。开源的功能测试工具如下：

- Selenium(http://seleniumhq.org/)；
- AutoIT(http://www.autoitscript.com/)；
- AutoHotKey(http://ahkbbs.cn/Help/)；
- MaxQ(http://maxq.tigris.org/)；
- Twist(http://studios.thoughtworks.com/twist)；
- Canoo WebTest(http://webtest.canoo.com/)。

其中，Selenium 是一个用于 Web 应用程序测试的工具，如图 10-9 所示。Selenium 测试直接运行在浏览器中，就像真正的用户在操作一样，支持的浏览器有 IE、Mozilla Firefox、Safari、Google Chrome、Opera 等。这个工具的主要功能是测试与浏览器的兼容性，测试应用程序看是否能够很好地工作在不同浏览器和操作系统上。测试系统功能创建回归测试检验软件功能和用户需求，支持自动录制动作和自动生成.Net、Java、Perl 等不同语言的测试脚本。

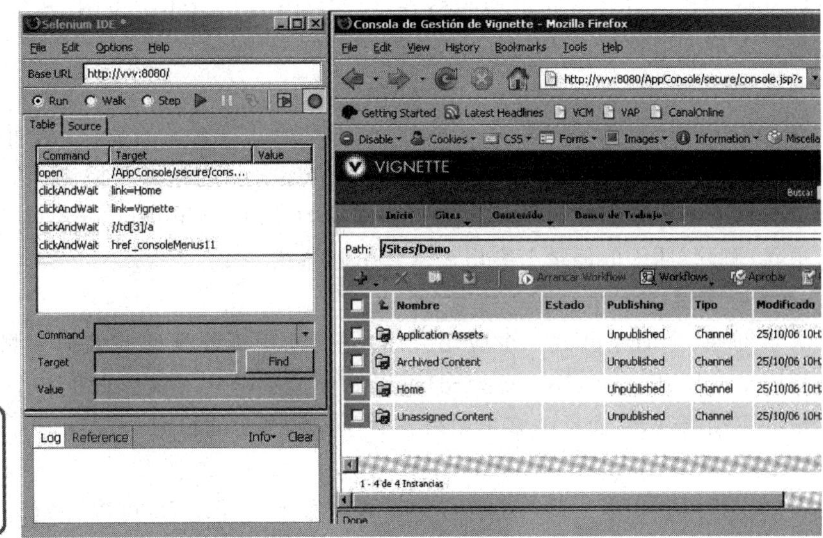

图 10-9　Selenium 的运行界面

10.6.1　WinRunner 的使用

1. 简介

WinRunner 是一种企业级的功能测试工具，用于检测应用程序是否正常运行及是否能够达到预期的功能。通过自动录制、检测和回放用户的应用操作，WinRunner 能够有效地帮助测试人员对复杂的企业级应用进行测试，提高测试人员的工作效率和质量，确保跨平台的、复杂的企业级应用无故障发布及长期稳定运行。

企业级应用包括 ERP 系统、Web 应用系统、CRM 系统等。这些系统在发布之前以及升级之后都要经过测试，确保所有功能都能正常运行，没有任何错误。如何有效地测试不断升级更新且不同环境的应用系统是每个公司都会面临的问题。

如果时间或资源有限，这个问题更加棘手。人工测试的工作量太大，还要额外的时间来培训新的测试人员，等等。为了确保那些复杂的企业级应用在不同环境下都能正常、可靠地运行，需要一个能简单操作的测试工具来自动完成应用程序的功能性测试。

WinRunner 的特点如下。

1）轻松创建测试

用 WinRunner 创建一个测试只需单击鼠标和键盘完成一个标准的业务操作流程，WinRunner 自动记录操作并生成所需的脚本代码。这样，即使计算机技术知识有限的业务用户也能轻松创建完整的测试，还可以直接修改测试脚本以满足各种复杂测试的需求。WinRunner 提供了两种测试创建方式，以满足测试团队中业务用户和专业技术人员的不同需求。

2）插入检查点

在记录一个测试的过程中可以插入检查点，检查在某个时刻/状态下应用程序是否运行正常。在插入检查点后，WinRunner 会收集一套数据指标，在测试运行时对其一一验证。

WinRunner 提供了几种不同类型的检查点,包括文本的、GUI、位图、数据库。例如用一个位图检查点可以检查公司的图标是否出现于指定位置。

3) 检验数据

除了创建并运行测试以外,WinRunner 还能验证数据库的数值,从而确保业务交易的准确性。例如,在创建测试时可以设定哪些数据库表和记录需要检测;在测试运行时测试程序就会自动核对数据库内的实际数值和预期的数值。WinRunner 会自动显示检测结果,在有更新/删除/插入的记录上突出显示以引起注意。

4) 增强测试

为了彻底、全面地测试一个应用程序,需要使用不同类型的数据来测试。WinRunner 的数据驱动向导(Data Driver Wizard)可以简单地单击几下鼠标就把一个业务流程测试转化为数据驱动测试,从而反映多个用户各自独特且真实的行为。

5) 运行测试

在创建好测试脚本并插入检查点和必要的添加功能之后,可以开始运行测试。在运行测试时,WinRunner 会自动操作应用程序,就像一个真实的用户根据业务流程执行着每一步的操作。在测试运行过程中,如有网络消息窗口出现或其他意外事件出现,WinRunner 也会根据预先的设定排除这些干扰。

6) 分析结果

在测试运行结束后,WinRunner 通过交互式的报告工具来提供详细的、易读的报告。在报告中会列出测试中发现的错误内容、位置、检查点和其他重要事件。测试结果还可以通过 Mercury Interactive 的测试管理工具——TestDirector 来查阅。

7) 维护测试

随着时间的推移,开发人员会对应用程序做进一步的修改,并需要增加另外的测试。使用 WinRunner 不必对程序的每一次改动都重新创建测试。WinRunner 可以创建在整个应用程序生命周期内都可以重复使用的测试,从而大大地节省了时间和资源。

在每次记录测试时,WinRunner 会自动创建一个 GUI Map 文件,以保存应用对象。这些对象分层次组织,既可以总览所有的对象,也可以查询某个对象的详细信息。一般而言,对应用程序的任何改动都会影响到成百上千个测试。通过修改一个 GUI Map 文件而非无数个测试,WinRunner 可以方便地实现测试重用。

8) 利于应用程序为无线应用做准备

随着无线设备种类和数量的增加,应用程序测试计划需要同时满足传统的基于浏览器的用户和无线浏览设备,如移动电话、传呼机、个人数字助理(PDA)。

无线应用协议是一种公开的、全球性的网络协议,用来支持标准数据格式化和无线设备信号的传输。使用 WinRunner,测试人员可以利用微型浏览模拟器来记录业务流程操作,然后回放和检查这些业务流程功能的正确性。

WinRunner 是一种用于检验应用程序能否如期运行的企业级软件功能测试工具。通过自动捕获、检测和模拟用户交互操作,WinRunner 能识别出绝大多数软件功能缺陷,从而确保那些跨越了多个功能点和数据库的应用程序在发布时尽量不出现功能性故障。

WinRunner 的特点在于与传统的手工测试相比能快速、批量地完成功能点测试;能针对相同测试脚本执行相同的动作,从而消除人工测试所带来的理解上的误差;此外,还能重复执行相同动作,测试工作中最枯燥的部分可交由机器完成；支持程序风格的测试脚本,一个高素质的测试工程师能借助它完成流程极为复杂的测试,通过使用通配符、宏(Macro)、条件语句、循环语句等还能较好地完成测试脚本的重用；对于大多数编程语言和Windows技术提供了较好的集成、支持环境,这对基于Windows平台的应用程序实施功能测试而言带来了极大的便利。WinRunner启动时可以选择支持ActiveX control、PowerBuilder、Visual Basic或Web Test的插件,如图10-10～图10-12所示。其他插件需要单独向Mercury Interactive公司购买,建议不要同时载入所有的插件。

图10-10　WinRunner Add-in-Manager窗口

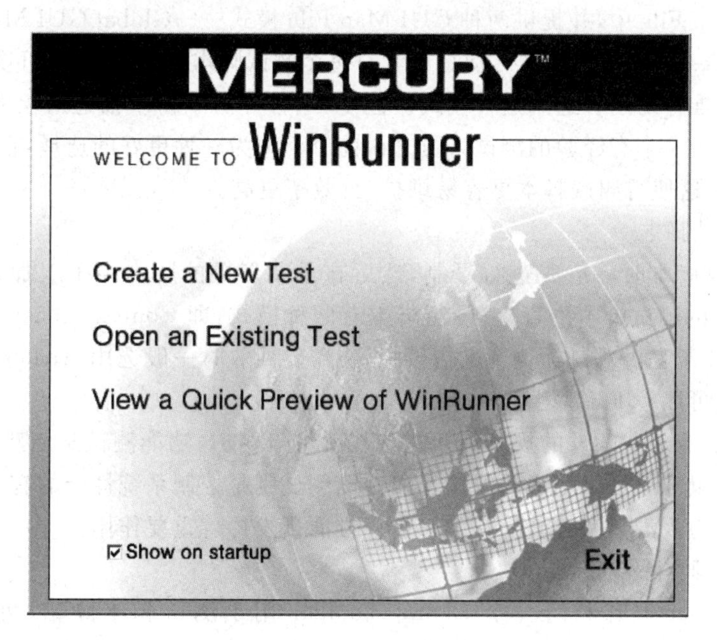

图10-11　WinRunner欢迎窗口

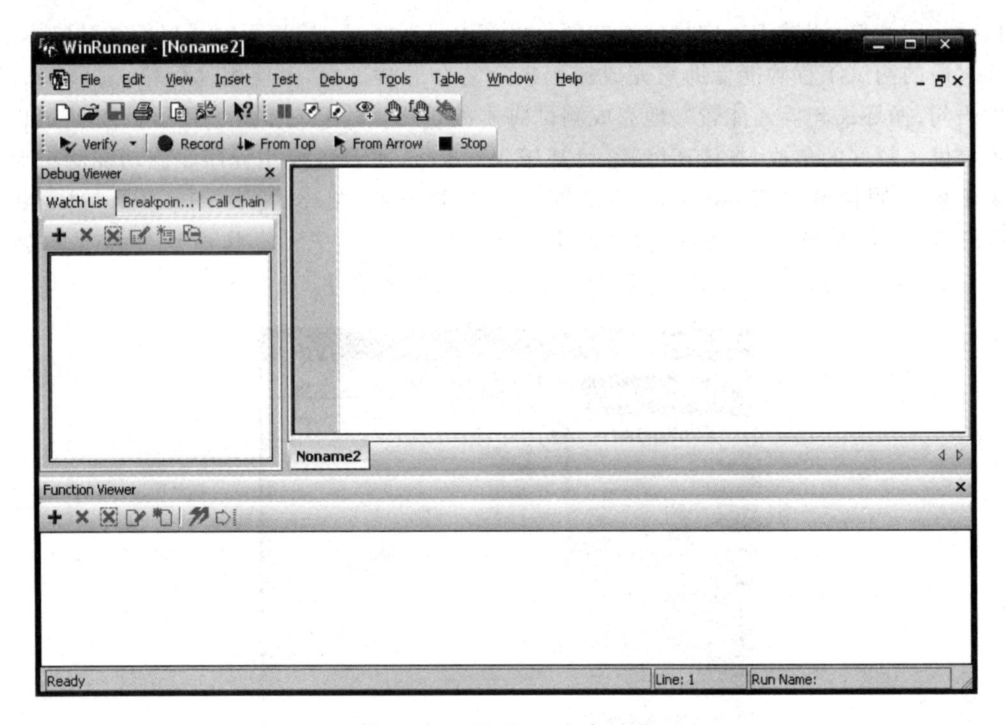

图 10-12 WinRunner 主界面

2. WinRunner 的工作流程

WinRunner 的工作流程大致可以分为以下 6 个步骤。

1) 识别应用程序的 GUI

在 WinRunner 中可以使用 GUI Spy 来识别各种 GUI 对象，识别后 WinRunner 会将其存储到 GUI Map File 中，并提供两种 GUI Map File 模式——Global GUI Map File 和 GUI Map File per Test。它们最大的区别是后者对每个测试脚本产生一个 GUI 文件，能自动建立、存储、加载，推荐初学者选用这种模式。但是，这种方法不易于描述对象的改变，其效率比较低，因此对于一个有经验的测试人员来说前者不失为一种更好的选择，它只产生一个共享的 GUI 文件，这使得测试脚本更容易维护，且效率更高。

2) 建立测试脚本

在建立测试脚本时一般先进行录制，然后在录制形成的脚本中手工加入需要的 TSL (与 C 语言类似的测试脚本语言)。录制脚本有两种模式，即 Context Sensitive 和 Analog，选择依据主要在于是否对鼠标轨迹进行模拟，在需要回放时一般选用 Analog。在录制过程中，这两种模式可以按 F2 键相互切换。

用户只要看看现代软件的规模和功能点数就可以明白，功能测试早已跨越了单靠手工敲敲键盘、点点鼠标就可以完成的阶段。而性能测试则是控制系统性能的有效手段，在软件的能力验证、能力规划、性能调优、缺陷修复等方面都发挥着重要作用。

3) 对测试脚本除错(Debug)

在 WinRunner 中有专门一个 Debug Toolbar 用于测试脚本除错，可以使用 step、pause、breakpoint 等来控制和跟踪测试脚本和查看各种变量值。

4）在新版应用程序中执行测试脚本

当应用程序有新版本发布时会对应用程序的各种功能(包括新增功能)进行测试,这时当然不可能再来重新录制和编写所有的测试脚本,可以使用已有的脚本批量运行这些测试脚本,测试旧的功能点是否正常工作,可以使用一个 call 命令来加载各测试脚本,还可在 call 命令中加各种 TSL 脚本来增加批量能力。

5）分析测试结果

分析测试结果在整个测试过程中最重要,通过分析可以发现应用程序的各种功能性缺陷。当运行完某个测试脚本后会产生一个测试报告,从这个测试报告中能发现应用程序的功能性缺陷,能看到实际结果和期望结果之间的差异,以及在测试过程中产生的各类对话框等。

6）回报缺陷(defect)

如果由于在测试中发现错误而造成测试运行失败,测试人员可以直接从测试结果(Test Results)窗口报告有关错误的信息。这些信息通过 E-mail 发送给测试经理(QA Manager),用来跟踪这个错误直到被修复。

3. WinRunner 流程

确信脚本已打开在 WinRunner 窗口中。在标准工具栏上选中脚本运行模式为 Verify,选择 Run From Top ,并接受默认选项,继续下一步。运行测试,单击 OK 按钮。如果有不匹配的 Bitmap 检测信息提示,单击 Continue 按钮查看结果,如图 10-13 所示。

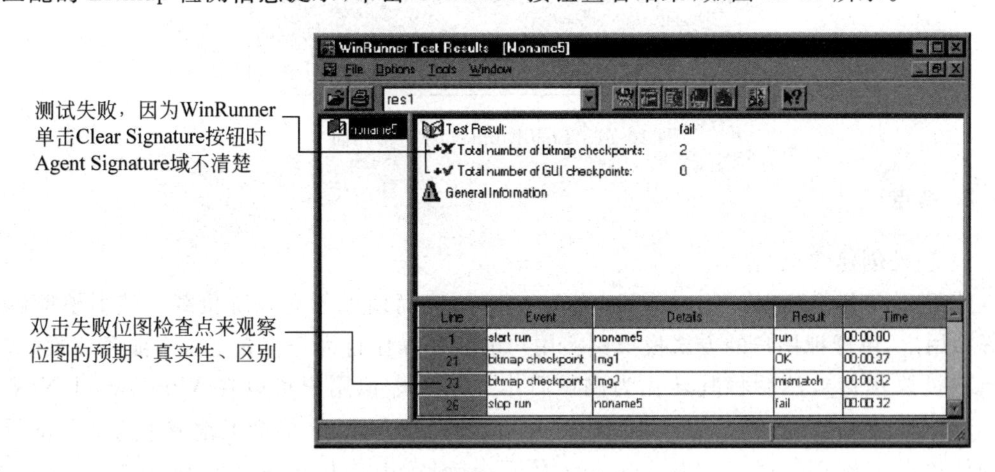

图 10-13 测试结果

10.6.2 LoadRunner 的使用

1. LoadRunner

Mercury Interactive 的 LoadRunner 是一种预测系统行为和性能的工业标准级负载测试工具,通过以模拟上千万用户实施并发负载及实时性能监测的方式来确认和查找问题,LoadRunner 能够对整个企业架构进行测试。通过使用 LoadRunner,企业能最大限度地缩短测试时间、优化性能和加速应用系统的发布周期。目前,企业的网络应用环境都必须支持大量用户，网络体系架构中含各类应用环境，且由不同供应商提供软件和硬件产品。难以预知的用户负载和越来越复杂的应用环境使公司时时担心会发生用户响应速度过慢、系统崩溃等问题。这些都不可避免地导致公司收益的损失。

LoadRunner能让企业保护自己的收入来源，无须购置额外硬件，而最大限度地利用现有的IT资源，并确保终端用户在应用系统的各个环节中对其测试应用的质量、可靠性和可扩展性都有良好的评价。LoadRunner是一种适用于各种体系架构的自动负载测试工具，能预测系统行为并优化系统性能。LoadRunner的测试对象是整个企业的系统，通过模拟实际用户的操作行为和实行实时性能监测来帮助更快地查找和发现问题。此外，LoadRunner能支持广泛的协议和技术，为特殊环境提供特殊的解决方案。

LoadRunner的安装界面如图10-14所示。

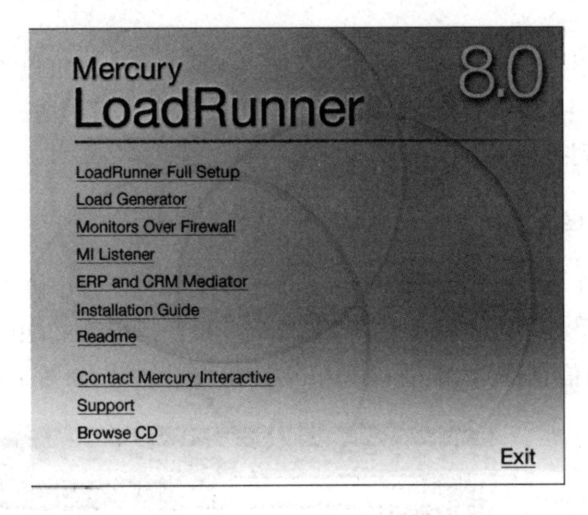

图10-14 LoadRunner的安装界面

2. 特点

1) 轻松创建虚拟用户

使用LoadRunner的Virtual User Generator能简便地创立系统负载。该引擎能够生成虚拟用户，以虚拟用户的方式模拟真实用户的业务操作行为。首先记录下业务流程(如下订单或机票预订)，然后将其转化为测试脚本。利用虚拟用户可以在Windows、UNIX或Linux机器上同时产生成千上万个用户访问，所以LoadRunner能极大地减少负载测试所需的硬件和人力资源。另外，LoadRunner的TurboLoad专利技术能提供很高的适应性。TurboLoad可以产生每天几十万名在线用户和数以百万计的点击数的负载。

在用Virtual User Generator建立测试脚本后可以对其进行参数化操作，这一操作能利用几套不同的实际发生数据来测试应用程序，从而反映出本系统的负载能力。这里以一个订单输入过程为例，参数化操作可将记录中的固定数据(如订单号和客户名称)由可变值来代替。在这些变量内，随意输入可能的订单号和客户名来匹配多个实际用户的操作行为。

LoadRunner通过Data Wizard来自动实现其测试数据的参数化。Data Wizard直接连接数据库服务器，从中可以获取所需的数据(如订单号和用户名)并直接将其输入到测试脚本。这样避免了人工处理数据的需要，Data Wizard节省了大量的时间。

为了进一步确定 Virtual User 能够模拟真实用户，可利用 LoadRunner 控制某些行为特性。例如，只需要单击一下鼠标就能轻易地控制交易的数量、交易频率、用户的思考时间和连接速度等。

2）创建真实的负载

Virtual Users 建立起后需要设定负载方案、业务流程组合和虚拟用户数量。用 LoadRunner 的 Controller 能很快地组织起多用户的测试方案。Controller 的 Rendezvous 功能提供一个互动的环境，在其中既能建立起持续且循环的负载，又能管理和驱动负载测试方案，而且可以利用它的日程计划服务来定义用户在什么时候访问系统以产生负载，这样就能将测试过程自动化。同样还可以用 Controller 来限定负载方案，在这个方案中，所有的用户同时执行一个动作，如登录到一个库存应用程序来模拟峰值负载的情况。另外，还能监测系统架构中各个组件的性能（包括服务器、数据库、网络设备等）来帮助客户决定系统的配置。

LoadRunner 通过 AutoLoad 技术提供更多的测试灵活性，可以根据目前的用户人数事先设定测试目标，优化测试流程。

LoadRunner 内含集成的实时监测器，在负载测试过程的任何时候都可以观察到应用系统的运行性能。这些性能监测器能实时显示交易性能数据（如响应时间）和其他系统组件（包括 Application Server、Web Server、网络设备和数据库等）的实时性能，这样就可以在测试过程中从客户和服务器双方面评估这些系统组件的运行性能，从而更快地发现问题。

再者，利用 LoadRunner 的 ContentCheck TM 可以判断负载下的应用程序功能正常与否。ContentCheck 在 Virtual Users 运行时检测应用程序的网络数据包内容，从中确定是否有错误内容传送出去。实时浏览器有助于从终端用户角度观察程序的性能状况。

3）分析结果，以精确定位问题所在

一旦测试完毕，LoadRunner 收集汇总所有的测试数据，并提供高级的分析和报告工具，以便迅速查找到性能问题并追溯缘由。使用 LoadRunner 的 Web 交易细节监测器可以了解将所有的图像、框架和文本下载到每一网页上所需的时间。

例如，这个交易细节分析机制能够分析是否因为一个大尺寸的图形文件或是第三方的数据组件造成应用系统运行速度减慢。另外，Web 交易细节监测器分解用于客户端、网络和服务器上端到端的反应时间，便于确认问题，定位查找真正出错的组件。例如，可以将网络延时进行分解，以判断 DNS 解析时间，连接服务器或 SSL 认证所花费的时间。通过使用 LoadRunner 的分析工具能很快地查找到出错的位置和原因，并做出相应的调整。

4）重复测试，保证系统发布的高性能

负载测试是一个重复过程。每次处理完一个出错情况都需要对应用程序在相同的方案下再进行一次负载测试，以此检验所做的修正是否改善了运行性能。

5）EJB（Enterprise Java Beans）的测试

LoadRunner 完全支持 EJB 的负载测试。通俗地讲，EJB 就是把编写的软件中那些需要执行制定的任务的类不放到客户端软件上，而是打成包放到一个服务器上，为基于 Java 的组件运行在应用服务器上提供广泛的应用服务，通过测试这些组件可以在应用程序开发的早期就确认并解决可能产生的问题。

利用 LoadRunner 可以很方便地了解系统的性能。Controller 允许重复执行与出错修改前相同的测试方案。它基于 HTML 的报告提供一个比较性能结果所需的基准，以此衡量在一段时间内有多大程度的改进并确保应用成功。

6）最大化投资回报

所有 Mercury Interactive 的产品和服务都是集成设计的，能完全相容地一起运作。由于具有相同的核心技术，来自 LoadRunner 和 ActiveTest™ 的测试脚本在 Mercury Interactive 的负载测试服务项目中可以被重复用于性能监测。借助 Mercury Interactive 的监测功能 Topaz™ 和 ActiveWatch™，测试脚本可重复使用从而平衡投资收益。更重要的是，它能为测试的前期部署和生产系统的监测提供一个完整的应用性能管理解决方案。

7）支持无线应用协议

随着无线设备数量和种类的增多，测试计划需要同时满足传统的基于浏览器的用户和无线互联网设备，如手机和 PDA。LoadRunner 支持两项最广泛使用的协议，即 WAP（Wireless Application Protocol）和 I-mode。此外，通过负载测试系统整体架构，LoadRunner 只需要通过记录一次脚本就可完全检测上述这些无线互联网系统。

8）支持 Media Stream 应用

LoadRunner 还能支持 Media Stream 应用。为了保证终端用户能够得到良好的操作体验和高质量 Media Stream，需要检测 Media Stream 应用程序。使用 LoadRunner 可以记录和重放任何流行的多媒体数据流格式来诊断系统的性能问题，查找缘由，分析数据的质量。

9）完整的企业应用环境的支持

LoadRunner 支持广泛的协议，可以测试各种 IT 基础架构。

3. LoadRunner 使用简介

（1）新建虚拟用户，如图 10-15 所示。

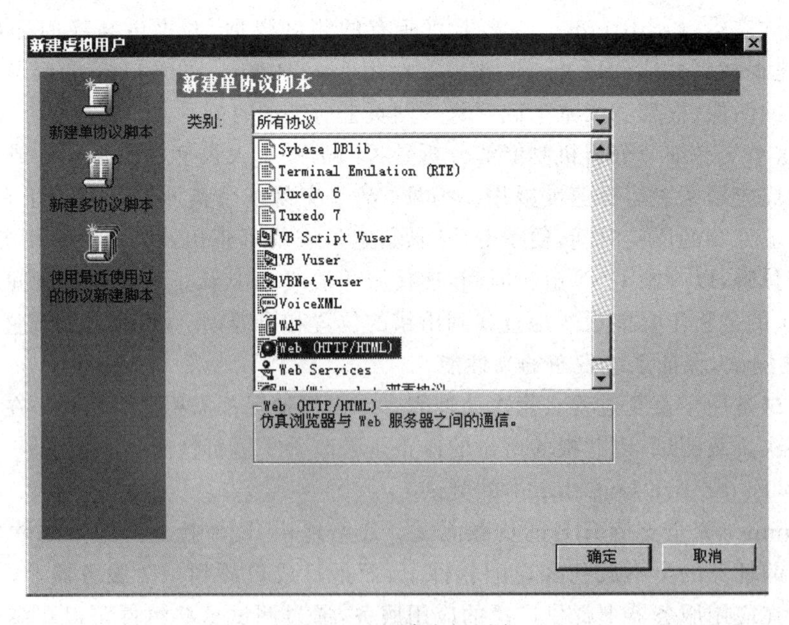

图 10-15 新建虚拟用户

（2）单击“确定”按钮后开始进行录制，此时会自动打开设置好的浏览器，进入待录制的 Web 应用程序，如图 10-16 所示。

图 10-16 录制

(3) 创建场景。打开 LoadRunner 控制器，如图 10-17 所示。

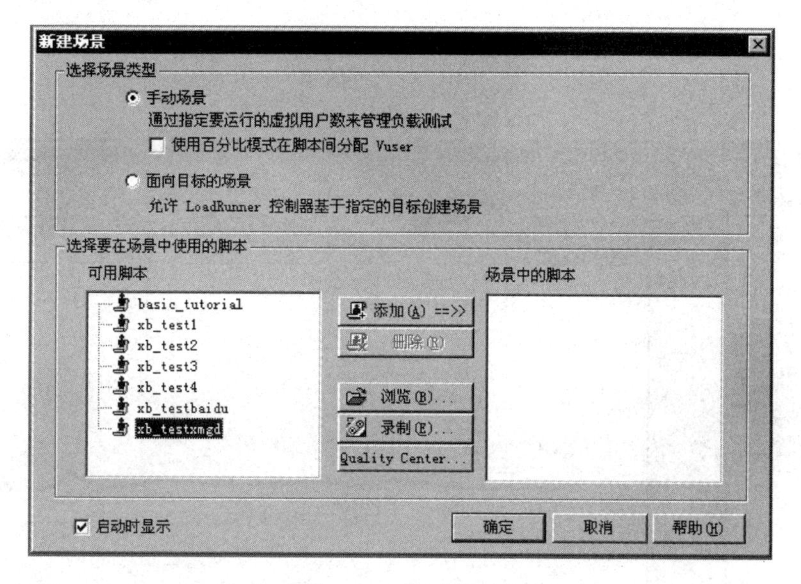

图 10-17 新建场景

(4) 场景设置完成之后就可以“开始场景”了，视图会自动切换到“运行”，如图 10-18 所示。

(5) 场景运行完成后“分析结果”，进入到 LoadRunner 的分析工具——Analysis 中，如图 10-19 所示。

10.6.3 QTP 的使用

QTP 是 QuickTest Professional 的简称，是 Mercury QuickTest 企业级自动化测试工具。使用 QTP 的目的是想用它来执行重复的手动测试，主要是用于回归测试和测试同一软件的新版本。因此在测试前要考虑好如何对应用程序进行测试，例如要测试哪些功能、操作步骤、输入数据和期望的输出数据等。

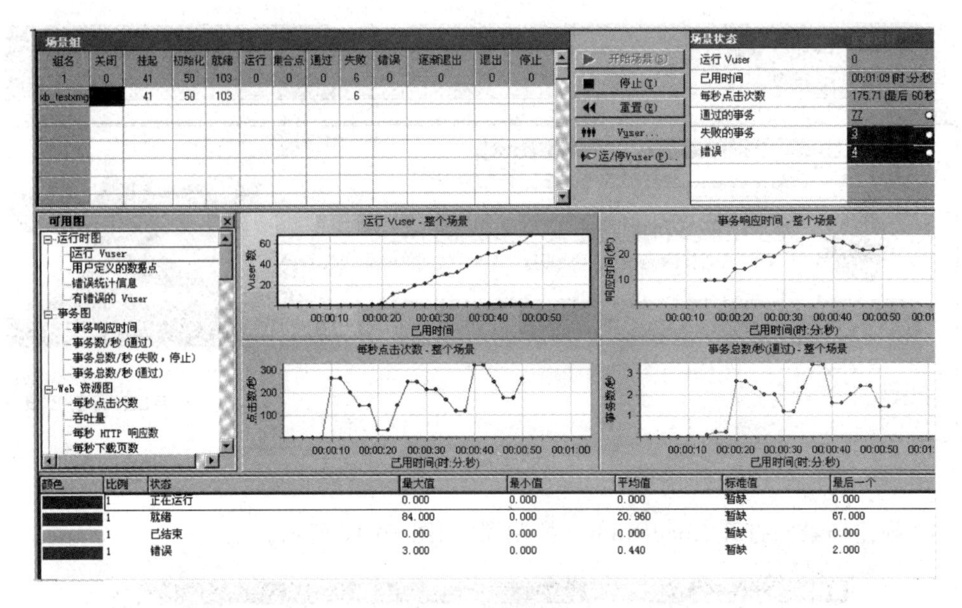

图 10-18 运行

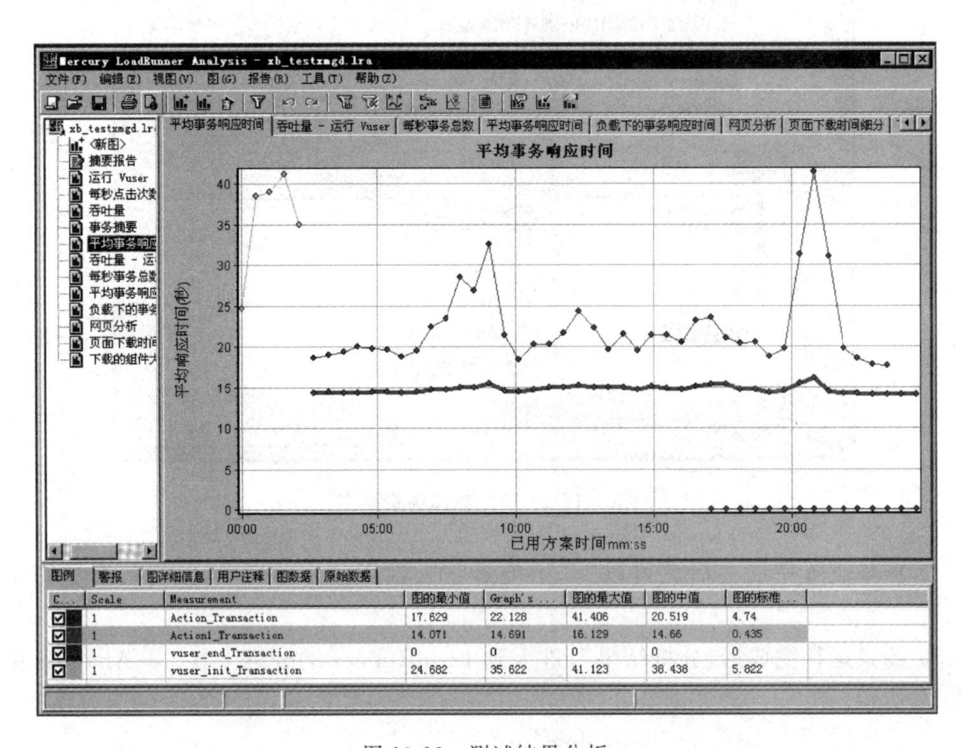

图 10-19 测试结果分析

QTP 是 HP 公司的产品，目前在国际上有关于 QTP 的认证考试，这是比较流行的一种自动化测试工具。QTP 具有以下特点：

- 基于 B/S 系统的自动化功能测试；
- 软件程序测试工具；

- 可以覆盖绝大多数的软件开发技术；
- 测试用例可重用。

1. QTP 的界面介绍

插件加载设置与管理如图 10-20 所示。

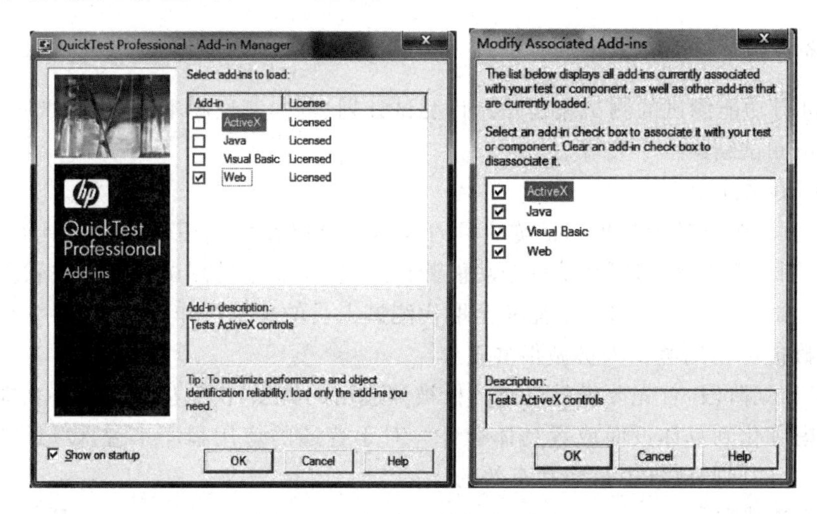

图 10-20 插件加载设置与管理

QTP 用户界面如图 10-21 所示。其中，Test Pane 包括 Keyword View 和 Expert View 两个视图。图中显示的是关键词视图，录制生成的脚本可以很直观地看到在此视图完成参数化的工作。Expert View 可以在此视图中直接修改生成的脚本，适合对 VB 脚本和 QTP 的函数比较熟悉的测试人员使用。

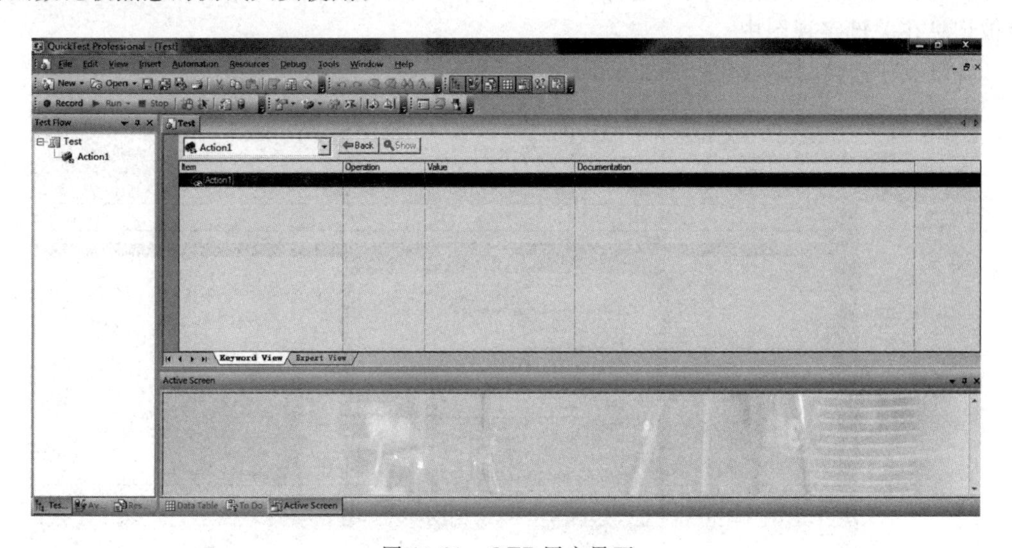

图 10-21 QTP 用户界面

Data Table 就是一个 Excel，用于提供自动化测试脚本所需的输入数据或者校验数据，指向测试脚本文件目录下的 Default. xls 文件，可以直接在 Excel 中编辑数据。

Active Screen 在录制脚本时生成,记录下 Web 页面,可以在此完成大量的修改脚本工作,例如添加检查点等。

QTP 默认支持 ActiveX、VB 和 Web 插件,此外还支持 Java、.NET、Delphi 等。如果用户安装了其他类型的插件,也将在列表中列出来。出于性能上的考虑,以及对象识别的稳定和可靠性,建议只加载需要的插件。

2. 主要步骤

QTP 进行功能测试的测试流程是制订测试计划、创建测试脚本、增强测试脚本功能、运行测试、分析测试结果 5 个步骤。

1) 制订测试计划

自动测试的测试计划是根据被测项目的具体需求以及所使用的测试工具而制订的,完全用于指导测试全工程。QTP 是一个功能测试工具,主要帮助测试人员完成软件的功能测试,与其他测试工具一样,QTP 不能完全取代测试人员的手工操作,但是在某个功能点上使用 QTP 的确能够帮助测试人员做很多工作。

在测试计划阶段,首先要做的就是分析被测应用的特点,决定应该对哪些功能点进行测试,可以考虑细化到具体页面或者具体控件。对于普通的应用程序来说,QTP 应用在某些界面变化不大的回归测试中是非常有效的。

2) 创建测试脚本

当测试人员浏览站点或在应用程序上操作的时候,QTP 的自动录制机制能够将测试人员的每一个操作步骤及被操作的对象记录下来,自动生成测试脚本语句。与其他自动测试工具录制脚本有所不同的是,QTP 除了以 VBScript 脚本语言的方式生成脚本语句以外,还将被操作的对象及相应的动作按照层次和顺序保存在一个基于表格的关键字视图中。比如,测试人员单击一个链接,然后选择一个 CheckBox 或者提交一个表单,这些操作流程都会被记录在关键字视图中。

QTP 录制测试脚本如图 10-22 所示。

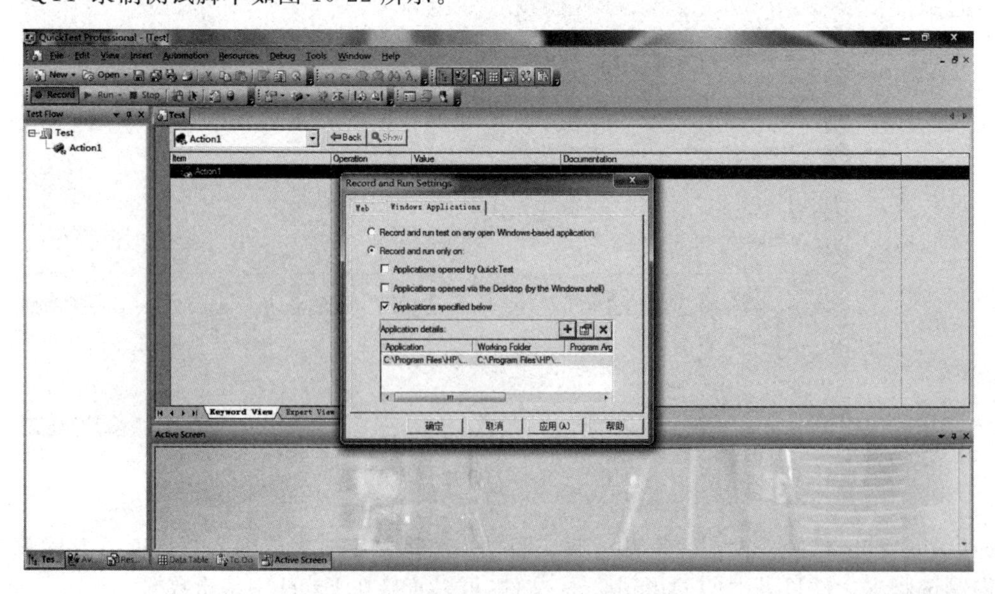

图 10-22 QTP 录制测试脚本

测试对象就是关于应用程序中实际对象(或控件)的一种存储表现形式。QTP 通过学习应用程序中对象的一些属性和值来创建测试对象,然后 QTP 会使用它学习到的这些对象信息来唯一地识别应用程序中的运行时对象。QTP 使用 Object Spy 查看测试对象,如图 10-23 所示。QTP 对象库如图 10-24 所示。对象库如图 10-25 所示。

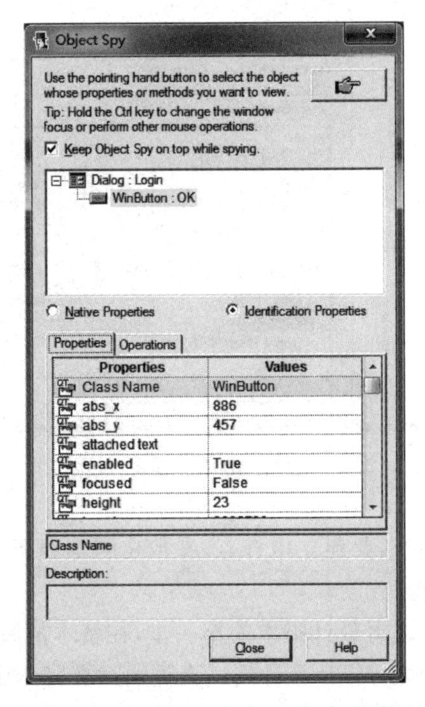

图 10-23 QTP 使用 Object Spy 查看测试对象

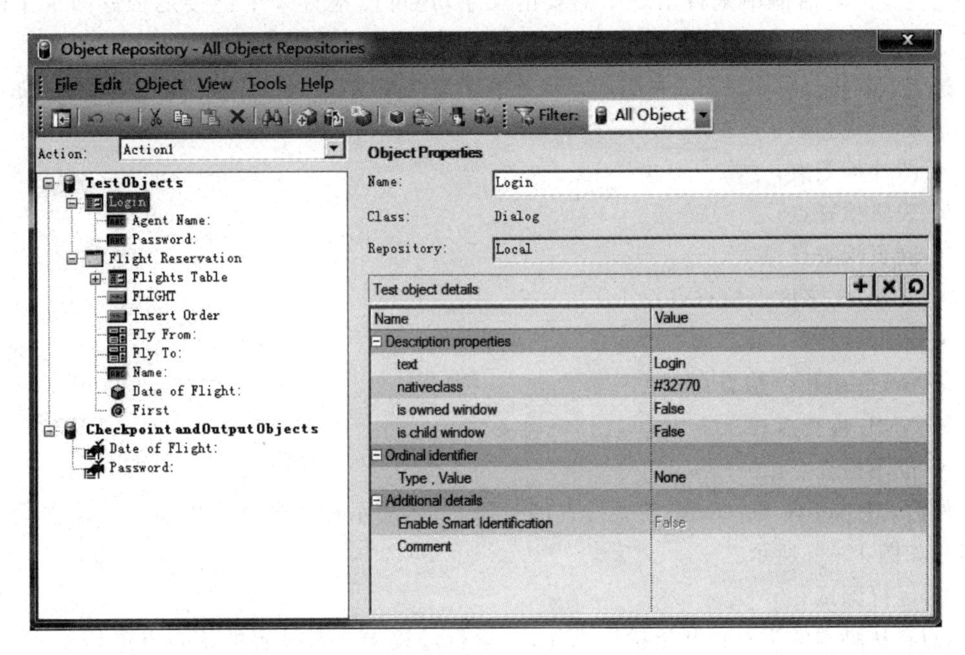

图 10-24 QTP 对象库

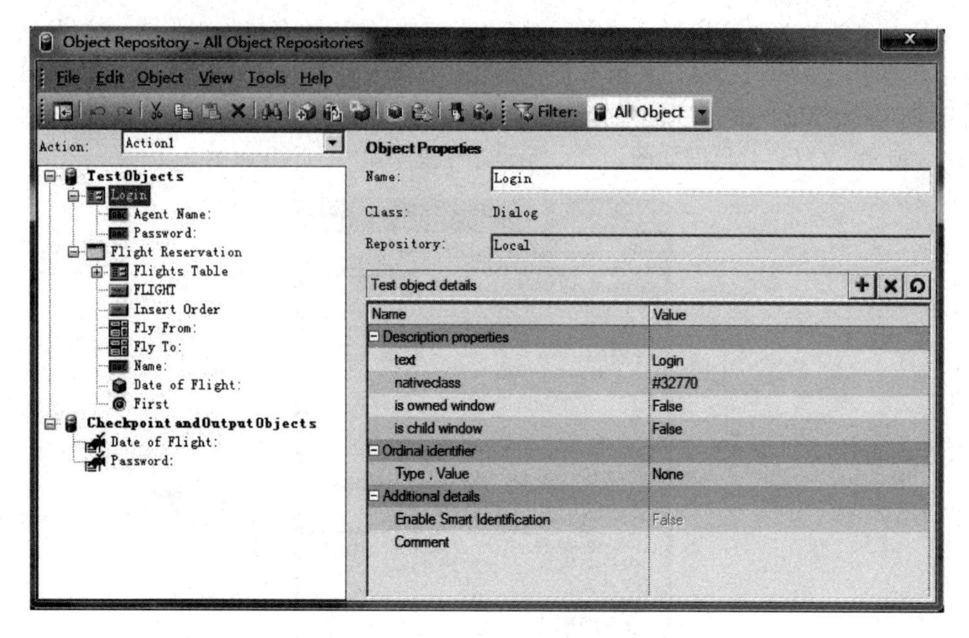

图 10-25 对象库

接下来需要加强测试脚本,要建立检查点、参数化脚本和建立输出值。

3) 增强测试脚本的功能

录制脚本只是实现创建或者设计脚本的第一步,在基本的脚本录制完毕后,测试人员可以根据需要增加一些扩展功能,QTP 允许测试人员通过在脚本中增加或更改测试步骤来修正或自定义测试流程,如增加多种类型的检查点功能,既可以让 QTP 检查一下在程序的某个特定位置或对话框中是否出现了需要的文字,还可以检查一个链接是否返回了正确的 URL 地址等,并可以通过参数化功能使用多组不同的数据驱动整个测试过程。

检查点是将指定属性的当前值与该属性的期望值相比较的验证点。检查点的类型如下:

- 标准检查点;
- 图片检查点;
- 表格检查点;
- 网页检查点;
- 文字/文字区域检查点;
- 数据库检查点;
- Accessibility 检查点;
- XML 检查点;
- 位图检查点。

然后,对 Active Screen 中需要检查的对象右击,显示插入选择点的类型。建立检查点的过程如图 10-26 所示。

4) 运行测试

QTP 从脚本的第一行开始执行语句,在运行过程中会对设置的检查点进行验证,用实际数据代替参数值,并给出相应的输出结构信息。在测试过程中,测试人员还可以调试自己

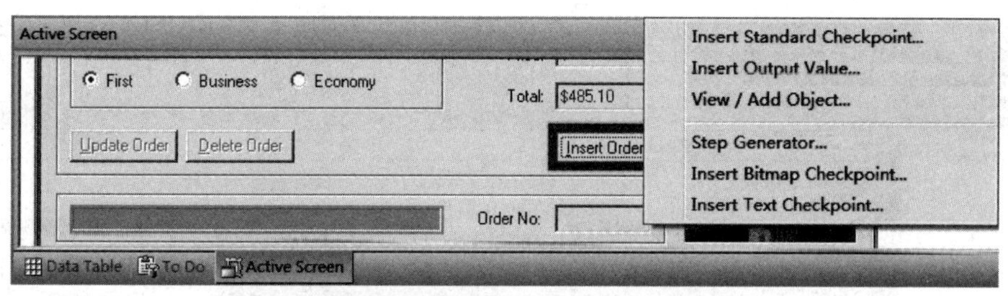

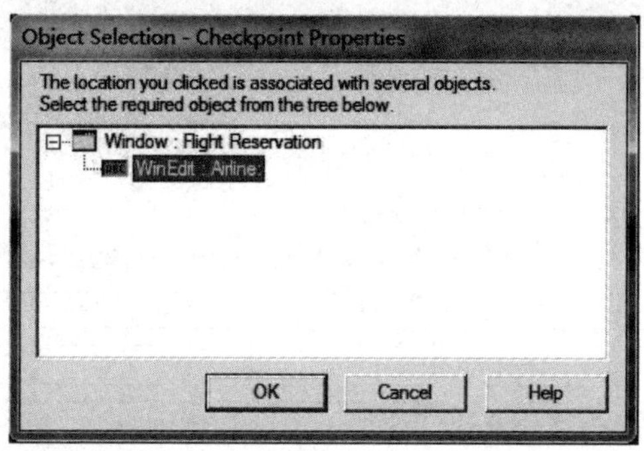

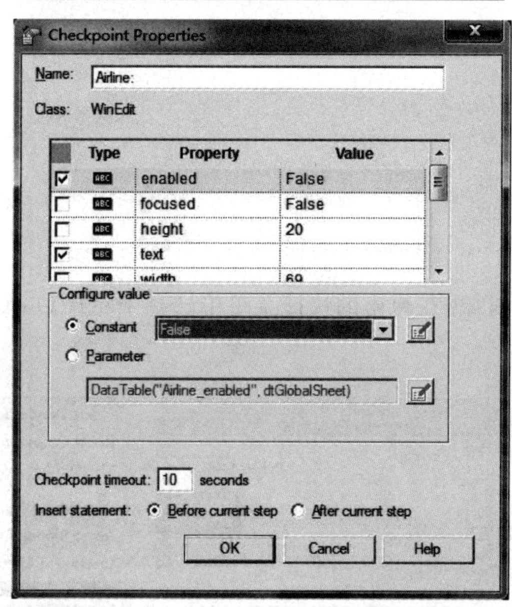

图 10-26 建立检查点

的脚本,直到脚本完全符合要求。

参数化是指通过将固定值替换为参数扩展基本测试或组件的范围,如图 10-27 所示。参数化类型如下:

- 测试或操作组件参数;
- 数据表参数;
- 环境变量参数;
- 随机数字参数。

然后需要建立输出值。输出值是检索测试或组件中的值,并将这些值作为输出值存储。

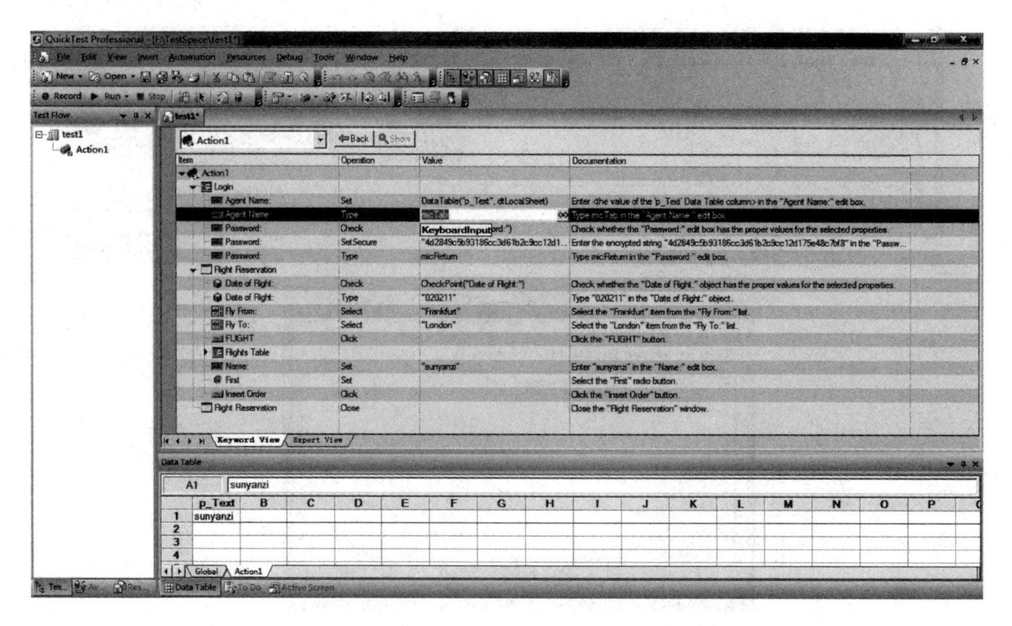

图 10-27 参数化脚本

输出值类型如下：

- 标准输出值；
- 文本和文本区输出值；
- 数据库输出值；
- XML 输出值。

右击要建立输出值的对象，在弹出的快捷菜单中选择 Insert Output Value 命令建立输出值，如图 10-28 所示。

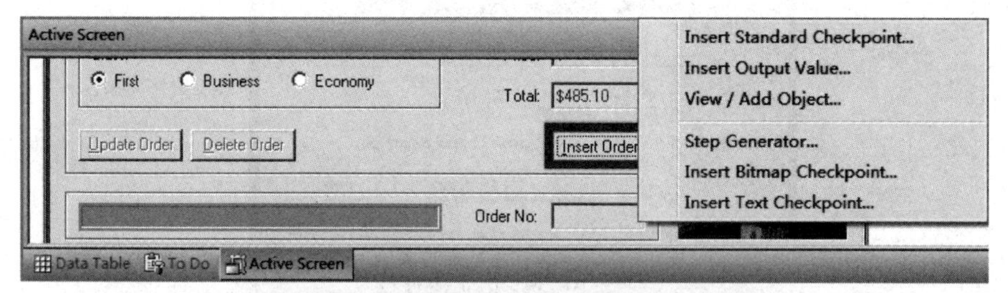

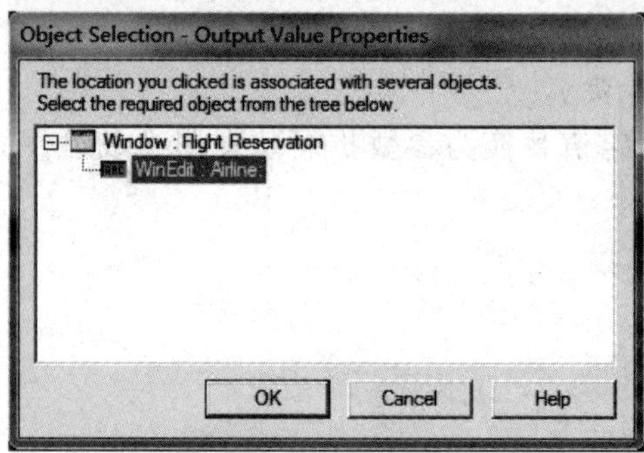

图 10-28 建立输出值

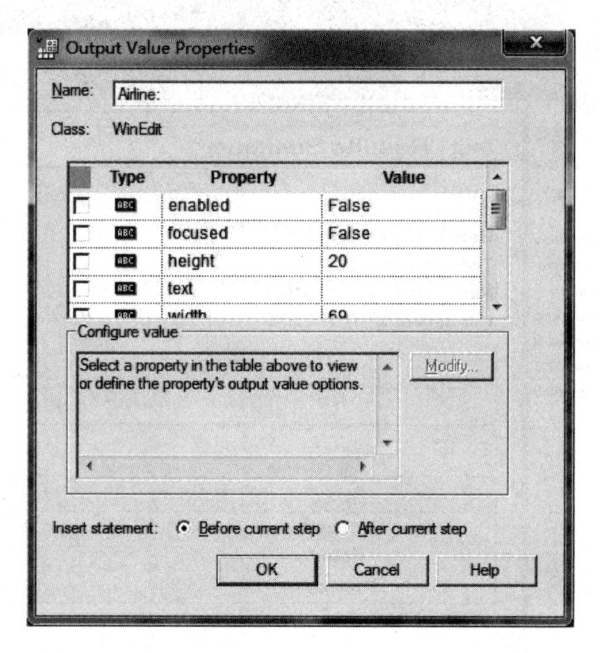

图 10-28　（续）

执行测试脚本，如图 10-29 所示。

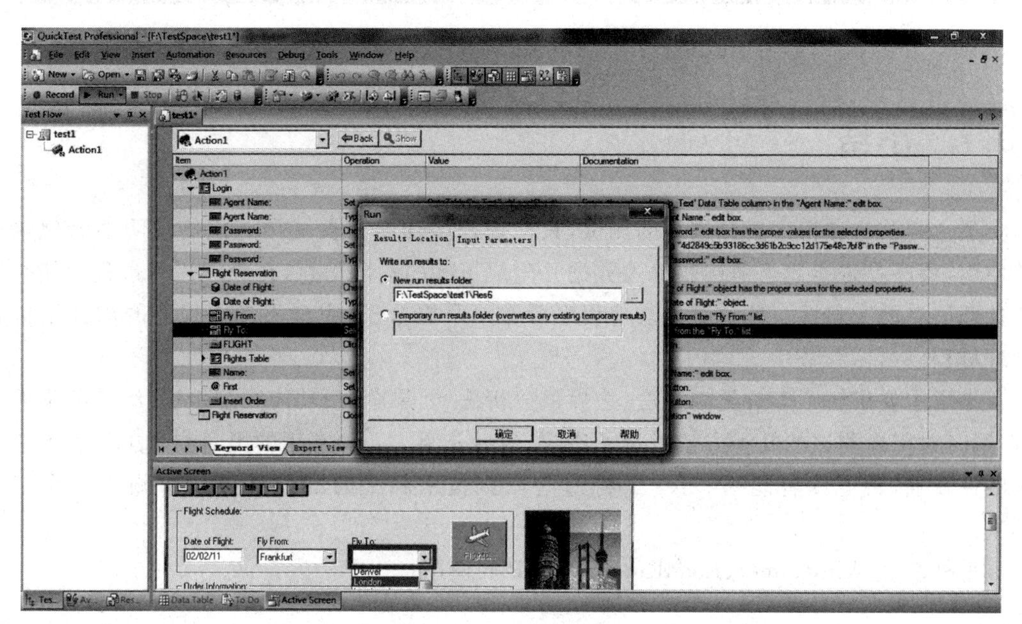

图 10-29　执行测试脚本

5）分析测试结果

运行结束后系统会自动生成一份详细、完整的测试结果报告，分析测试结果，如图 10-30 所示。

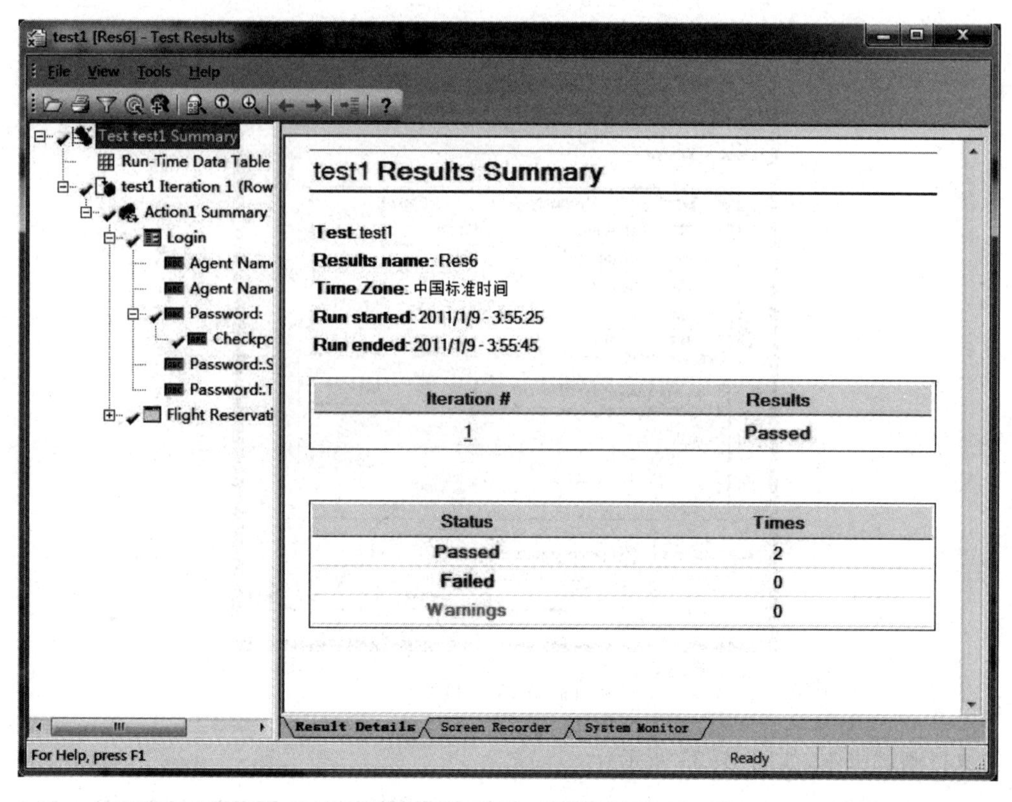

图 10-30　分析测试结果

10.7　小结

黑盒测试是在程序接口进行的测试,只检查程序功能是否能按照规格说明书的规定正常使用,程序是否能适当地接收输入数据并生成正确的输出信息,在程序运行过程中能否保持外部信息的完整性。黑盒测试法把程序看作一个黑盒子,完全不考虑程序的内部结构和处理过程。

本章主要讲解了等价类划分法、边界值分析法、因果图法、功能图分析法、综合的案例分析,同时对黑盒测试的几种方法进行了比较,最后介绍了几种常用的黑盒测试工具。本章的实践性较强,希望读者能举一反三,将这些测试技术和平时的软件开发与测试工作结合起来。

另外掌握 WinRunner、LoadRunner、QTP 的使用。

思考题

1. 写出下列输入需要测试的边界值:

(1) 一个文本框允许输入 1～1000 的实数。

(2) 一个文件的名字最多允许输入 255 个字符。

(3) 使用126的邮箱的边界值。

(4) 在2GB的U盘上保存文件。

2. 程序的规格说明要求：输入的第一个字符必须是“#”或“*”，第二个字符必须是一个数字，在此情况下进行文件的修改；如果第一个字符不是“#”或“*”，则给出信息N；如果第二个字符不是数字，则给出信息M。请绘制出因果图和判定表，并给出相应的测试用例。

3. 某程序实现以下功能：输入3个整数A、B、C，输出以它们为3条边的三角形的面积(1<A、B、C<20)。

4. 某软件的一个模块的需求规格说明书中描述如下。

(1) 年薪制员工：严重过失，扣年终风险金的4%；过失，扣年终风险金的2%。

(2) 非年薪制员工：严重过失，扣当月薪资的8%；过失，扣当月薪资的4%。

请绘制出因果图和判定表，并给出相应的测试用例。

5. 找一个常用的软件(如QQ、360杀毒软件)，测试它的安装过程，画出过程的流程图。

第11章 白盒测试

错误隐藏在角落里、集聚在边界处。

——Boris Beizer

作为测试人员常用的一种测试方法，白盒测试也称为玻璃盒测试，越来越受到测试工程师的重视。白盒测试法与黑盒测试法相反，前提是可以把程序看成装在一个透明的白盒子里，测试者完全知道程序的结构和处理算法。这种方法按照程序内部的逻辑测试程序，检测程序中的主要执行通路是否都能按预定要求正确工作。

白盒测试并不是简单地按照代码设计用例，而是需要根据不同的测试需求结合不同的测试对象使用适合的方法进行测试。因为对于不同复杂度的代码逻辑可以衍生出许多种执行路径，只有适当的测试方法才能从代码的"迷雾森林"中找到正确的方向。

白盒测试把测试对象看作一个透明的盒子，允许测试人员利用程序内部的逻辑结构及有关信息设计或选择测试用例，对程序的所有逻辑路径进行测试，通过在不同点检查程序的状态确定实际的状态是否与预期的状态一致，因此白盒测试又称为结构测试或逻辑驱动测试。

软件人员使用白盒测试方法主要想对程序模块进行以下检查：对程序模块的所有独立的执行路径至少测试一次；对所有的逻辑判定取"真"与取"假"的两种情况都至少测试一次；在循环的边界和运行界限内执行循环体；测试内部数据结构的有效性等。

本章正文共分7节，11.1节介绍白盒测试的目的，11.2节介绍控制流测试，11.3节介绍基本路径测试，11.4节介绍程序插装，11.5节介绍程序变异测试，11.6节介绍C++Test和白盒测试工具，11.7节介绍软件缺陷分析。

11.1 白盒测试的目的

通过检查软件内部的逻辑结构对软件中的逻辑路径进行覆盖测试，如图11-1所示。在程序的不同地方设立检查点检查程序的状态，以确定实际运行状态与预期状态是否一致。

用户在使用软件的过程中主要关心的是软件的功能，为什么在软件测试中要花费很多的时间和精力来做白盒测试呢？

其中原因在于软件自身的缺陷：逻辑错误和不正确假设与一条程序路径被运行的可能性成反比。在设计和实现主流之外的功能、条件和控制时，错误往往开始出现在工作中。日常处理往往被很好地了解，而一些异常情况的处理则难于发现。

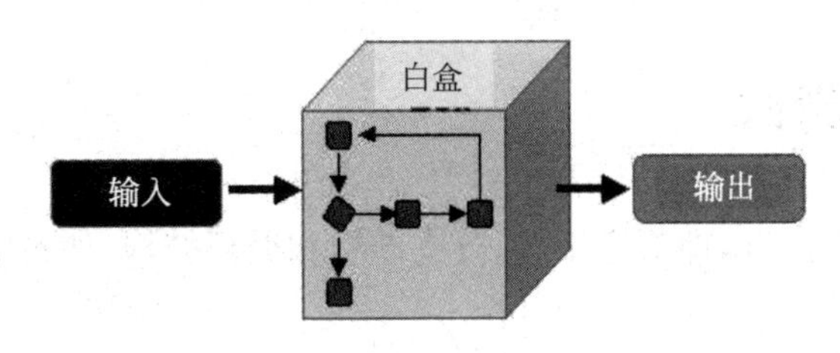

图 11-1 白盒测试

笔误是经常会出现的,把一个程序翻译为程序设计语言的代码后有可能产生某些笔误,虽然语法分析检查机制能发现很多错误,但还是有些错误只有在测试开始时才会被发现,笔误出现在每个逻辑路径上的概率是一样的。

白盒测试的特点是依据软件设计说明书进行测试、对程序内部细节的严密检验、针对特定条件设计测试用例、对软件的逻辑路径进行覆盖测试。

白盒测试的实施步骤如下。

(1) 测试计划阶段:根据需求说明书制定测试进度。

(2) 测试设计阶段:依据程序设计说明书按照一定规范化的方法进行软件结构划分和设计测试用例。

(3) 测试执行阶段:输入测试用例,得到测试结果。

(4) 测试总结阶段:对比测试的结果和代码的预期结果分析错误原因,找到并解决错误。

白盒测试的方法在总体上分为静态方法和动态方法两大类。

静态分析是一种不通过执行程序而进行测试的技术。静态分析的关键功能是检查软件的表示和描述是否一致、没有冲突或者没有歧义,描述的是纠正软件系统在描述、表示和规格上的错误,是任何进一步测试执行的前提。有些软件工程师认为静态分析的特点就是可以被自动执行,例如在一些特定工具的辅助下完成,像数据流分析器、语法分析器等。

语法分析器是一个基本的自动化静态分析工具,把程序和文档文件分解成独立的语句。当在内部检查时语句的一致性会被检查出来。当对两个文本在不同的语义级别上执行时,例如一个程序针对其规格文档可以使用静态分析技术对程序的完整性和正确性进行评价。

静态分析技术一个最重要的手工技术,是软件检视。在软件开发生命周期的多个阶段必须执行这个活动来改进软件的质量。在检视中,代码和工作的文档被使用预先定义好的检视规则进行检查。

动态分析的主要特点是当软件系统在模拟的或真实的环境中执行之前、之中、之后对软件系统行为的分析。静态分析技术不需要软件的执行,而从动态分析本身看更像是一个测试。动态分析包含了程序在受控的环境下使用特定的期望结果进行正式的运行,显示了一个系统在检查状态下是正确还是不正确。在动态分析技术中最重要的技术是路径测试和分支测试,在路径测试中使程序能够执行尽可能多的逻辑路径。分支测试需要程序中的每个分支至少被经过一次,分支测试中出现的问题可能会导致今后程序的缺陷。

11.2 控制流测试

程序的结构主要有 3 种,即顺序结构、分支结构和循环结构,如图 11-2 所示。

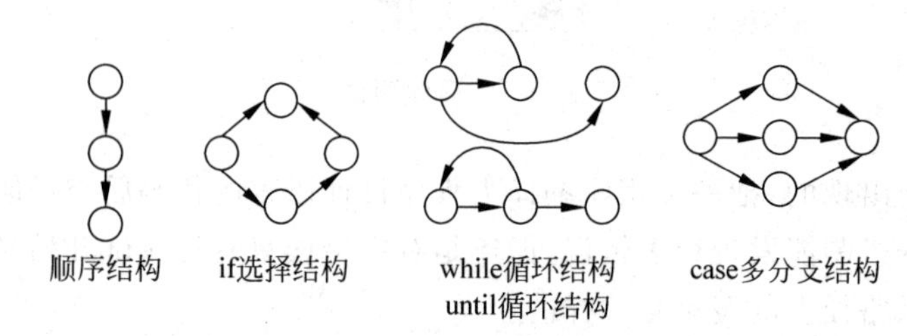

图 11-2 程序结构图

其中,顺序结构的测试比较简单,只需构造合适的测试用例使得程序的每条语句都执行一遍即可,分支结构和循环结构由于路径和循环次数比较多,测试起来比较复杂。逻辑驱动覆盖包括分支结构的测试和循环结构的测试,分支结构的测试又包括语句覆盖、分支覆盖、条件覆盖、分支-条件覆盖、条件组合覆盖及路径覆盖。

下面以 C++语言程序进行讲解,算法流程如图 11-3 所示。

```
#include"stdafx.h"
#include<iostream>
usingnamespacestd;
intmain(intargc,char*argv[])
{
  doublea,b,x;
  cin>>a>>b>>x;
  if((a>1)&&(b==0))
  x=x/a;
  if((a==2)||(x>1))
  x=x+1;
  cout<<x;
  return0;
}
```

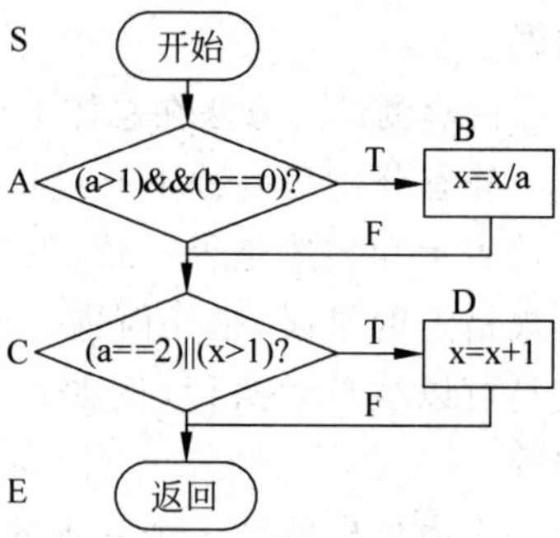

图 11-3 算法流程

为了方便说明,分别编号如下:

```
开始 - S
if((a>1)&&(b==0)) - A
x=x/a;       - B
if((a==2)||(x>1)) - C
x=x+1; - D
return0; - E
```

下面分别以各个方法进行覆盖。

11.2.1 语句覆盖

语句覆盖的含义是在测试时首先设计若干个测试用例,然后运行被测程序,使程序中的

每个可执行语句至少执行一次。所谓“若干个”,自然是越少越好,例如对上面的程序片段:

```
CASE1: (A = 2,B = 0,X = 2)可以做到语句覆盖。
CASE2: (A = 2,B = 1,X = 3)显然没有达到语句覆盖。
```

语句覆盖可以保证程序中的每个语句都得到执行,但发现不了判定中逻辑运算的错误,即并不是一种充分的检验方法。我们发现,对于 CASE1 用例同时满足了$((a>1)\&\&(b==0))$和$((a==2)\|(x>1))$两个条件,因此 $x=x/a$ 和 $x=x+1$ 都被执行了,需要说明“if((a>1)&&(b==0))”和“if((a==2)‖(x>1))”都只是判断条件而不是语句。在 C++语言中,判断语句个数很简单,只需要计算分号的个数就可以了,一个分号对应一条语句。例如,在第一个判定$((a>1)\&\&(b==0))$中把“&&”错误地写成了“‖”,这时仍使用 CASE1 的测试用例,则程序仍会按照流程图上的路径 SABCDE 执行。可以说,语句覆盖是最弱的逻辑覆盖准则。

语句覆盖的优点是很直观地从代码中得到测试用例,无须细分每条判定表达式;语句覆盖的缺点是对于隐藏的条件和可能到达的隐式分支是无法测试的,只在乎运行一次,而不考虑其他情况。

11.2.2 判定覆盖

按判定覆盖准则进行测试指设计若干测试用例,运行被测程序,使得程序中每个判断的取真分支和取假分支至少经历一次,即判断的真假值均曾被满足。

如仍以上述程序片段为例,若选用的两组测试用例是:

```
CASE1: (A = 2,B = 0,X = 3)
CASE3: (A = 1,B = 0,X = 1)
```

当然,还有另外的选择:

```
CASE4: (A = 3,B = 0,X = 3)
CASE5: (A = 2,B = 1,X = 1)
```

但是,如果将判定条件 $X>1$ 错写成 $X<1$,用 CASE5 却不影响结果,这说明只做到判定覆盖仍无法确定判断内部条件的错误。

分支覆盖测试的优点是分支覆盖拥有比语句覆盖更强的测试能力,比语句覆盖要多几乎一倍的测试路径。它无须细分每个判定就可以得到测试用例。

分支覆盖测试的缺点是往往大部分的判定语句是由多个逻辑条件组合而成,若仅仅判断其最终结果,而忽略每个条件的取值必然会遗漏部分的测试路径。

11.2.3 条件覆盖

条件覆盖指设计若干测试用例,执行被测试程序以后,要使每个判断中每个条件的可能取值至少满足一次。

在上述程序段中,第一个判断应考虑到表 11-1 中的 4 种情况。

表 11-1 第一个判断的 4 种情况

变量	表达式的值	类别
$a>1$	取真值	记为 T1
$a>1$	取假值	记为 t1
$b=0$	取真值	记为 T2
$b=0$	取假值	记为 t2

第二个判断应考虑到表 11-2 中的 4 种情况。

表 11-2 第二个判断的 4 种情况

变量	表达式的值	类别
$a=2$	取真值	记为 T3
$a=2$	取假值	记为 t3
$X>1$	取真值	记为 T4
$X>1$	取假值	记为 t4

这里给出测试用例 case6、case7、case8 执行该程序段所走的路径及覆盖改进，如表 11-3 所示。

表 11-3 3 个测试用例

测试用例	*a*	*b*	*x*	路径	覆盖条件
CASE6	2	0	3	SABCDE	T1T2T3T4
CASE7	1	0	1	SACE	t1T2t3T4
CASE8	2	1	1	SACDE	T1t2T3t4

接下来，是否做到条件覆盖也就必然实现判定覆盖呢？如表 11-4 所示。

表 11-4 条件覆盖测试用例

测试用例	*a*	*b*	*x*	路径	覆盖条件
CASE8	2	1	1	SACDE	T1t2T3t4
CASE9	1	0	3	SACDE	t1T2t3T4

上面的情况表明，覆盖条件测试用例不一定覆盖了分支，事实上只是覆盖了 4 个分支中的两个。为解决这一矛盾，需要对条件和分支两者都兼顾。

条件覆盖测试的优点是条件覆盖比分支覆盖增加了对符合判定情况的测试，增加了测试的路径。

条件覆盖测试的缺点是条件覆盖并不能保证判定覆盖，例如上面的测试就没有覆盖第一个判定条件($(a>1)\&\&(b==0)$)的取真判定情况。条件覆盖只能保证每个条件至少有一次为真，而不考虑所有的判定结果。

11.2.4 判定-条件覆盖

判定-条件覆盖要求设计足够的测试用例，使得判断中每个条件的所有可能至少出现一次，并且每个判断本身的判定结果也至少出现一次。

例中两个判断各包含两个条件，这4个条件在两个判断中可能有8种组合，如表11-5所示。

表11-5 4个条件的8种组合

赋值	类别	赋值	类别
① $a>1,b=0$	记为T1,T2	⑤ $a=2,x>1$	记为T3,T4
② $a>1,b!=0$	记为T1,t2	⑥ $a=2,x<=1$	记为T3,t4
③ $a<=1,b=0$	记为t1,T2	⑦ $a!=2,x>1$	记为t3,T4
④ $a<=1,b!=0$	记为t1,t2	⑧ $a!=2,x<=1$	记为t3,t4

这里设计了4个测试用例，如表11-6所示。

表11-6 判定-条件覆盖测试用例

测试用例	*a*	*b*	*x*	覆盖组合	路径	覆盖条件
CASE1	2	0	3	①⑤	SABCDE	T1T2T3T4
CASE8	2	1	1	②⑥	SACDE	T1t2T3t4
CASE9	1	0	3	③⑦	SACDE	t1T2t3T4
CASE10	1	1	1	④⑧	SACE	t1t2t3t4

下面总结一下判定-条件覆盖测试的优点和缺点。

判定-条件覆盖测试的优点是判定-条件覆盖满足判定覆盖准则和条件覆盖准则，弥补了两者的不足。

判定-条件覆盖测试的缺点是判定-条件覆盖准则未考虑条件的组合情况。

11.2.5 路径覆盖

按路径覆盖要求进行测试是指设计足够多的测试用例要求覆盖程序中所有可能的路径。通过上面的分析已经知道，该程序有4条不同的路径：

```
L1:SABCDE
L2:SACDE
L3:SACE
L4:SABCE
```

我们的任务是设计足够多的测试用例，使得程序中的这4条路径都被执行到。只需要将判定-条件覆盖测试用例和测试用例($a=3,b=0,x=3$)结合起来就可以构成覆盖所有的路径的测试用例。

这里总结一下路径覆盖测试的优点和缺点。

路径覆盖测试的优点是路径覆盖是经常要用到的测试覆盖方法，比普通的判定覆盖准则和条件覆盖准则的覆盖率都要高。

路径覆盖测试的缺点是路径覆盖不一定能保证条件的所有组合都覆盖，例如“$a<=1$，$b=0$”就没有被测试到。由于路径覆盖需要对所有可能的路径进行测试(包括循环、条件组合、分支选择等)，那么需要设计大量、复杂的测试用例，使得工作量呈指数级增长。而在有

些情况下一些执行路径是不可能被执行的，例如：

```
if(!A)B++;
if(!A)D--;
```

这两个语句实际上只包括了两条执行路径，即 A 为真或假时对 B 和 D 的处理，真或假不可能都存在，而路径覆盖测试则认为是包含了真与假的 4 条执行路径，这样不仅降低了测试效率，而且大量的测试结果的累积也为排错带来麻烦。

11.2.6 几种常用逻辑覆盖的比较

在测试时首先设计若干个测试用例，然后运行被测程序，使程序中的每个语句至少执行一次；语句覆盖的测试可能给人们一种心理上的满足，以为每个语句都经历过，似乎可以放心了；实际上，语句覆盖在测试被测试程序中除去对检查不可执行语句有一定的作用外，并没有排除被测程序包含错误的风险；必须看到，被测程序并非语句的无序堆积，语句之间的确存在着许多有机的联系。

- 判定覆盖(分支覆盖)：设计若干测试用例，运行被测程序，使得程序中每个判断的取真分支和取假分支至少经历一次，即判断的真假值均曾被满足；同样，只做到判定覆盖仍无法确定判断内部条件的错误。
- 条件覆盖：设计若干测试用例，执行被测程序以后，使每个判断中每个条件的可能取值至少满足一次；但覆盖了条件的测试用例不一定覆盖了分支。
- 判定-条件覆盖：判定-条件覆盖要求设计足够的测试用例，使得判断中每个条件的所有可能至少出现一次，并且每个判断本身的判定结果也至少出现一次；不过忽略了路径覆盖的问题，而路径能否全面覆盖在软件测试中是个重要问题，因为程序要取得正确的结果就必须消除遇到的各种障碍，沿着特定的路径顺利执行。如果程序中的每一条路径都得到考验，才能说程序受到了全面检验。
- 路径覆盖：设计足够多的测试用例，要求覆盖程序中所有可能的路径；在许多情况下路径数是个庞大的数字，要全部覆盖是无法实现的；即使都覆盖到了，仍然不能保证被测程序的正确性。

由此看出，各种结构测试方法都不能保证程序的正确性。测试的目的并非要证明程序的正确性，而是要尽可能找出程序中的错误。

11.2.7 循环测试

循环分为 4 种不同类型，即简单循环、嵌套循环、连锁循环和非结构循环，如图 11-4 所示。对于简单循环，测试应包括以下几种，其中的 n 表示循环允许的最大次数。

(1) 零次循环：从循环入口直接跳到循环出口。

(2) 一次循环：查找循环初始值方面的错误。

(3) 二次循环：检查在多次循环时才能暴露的错误。

(4) m 次循环：此时的 $m<n$，也是检查在多次循环时才能暴露的错误。

对于嵌套循环，不能将简单循环的测试方法简单地扩大到嵌套循环，因为可能的测试数目将随嵌套层次的增加呈几何倍数增长，这可能导致一个天文数字的测试数目。下面给出

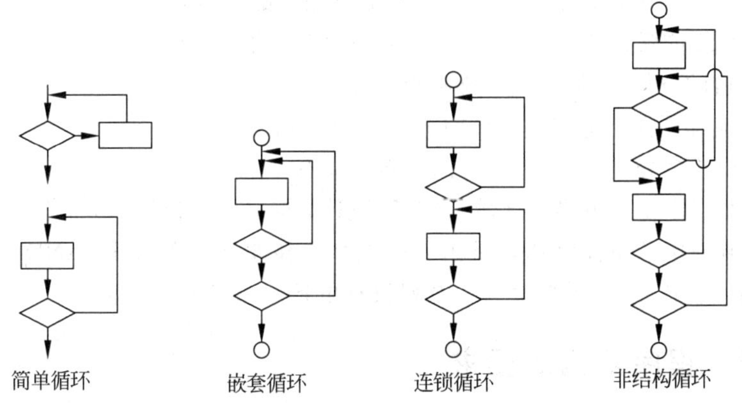

图 11-4　循环结构图

一种有助于减少测试数目的测试方法。

除最内层循环外，从最内层循环开始，置所有其他层的循环为最小值；对最内层循环做简单循环的全部测试。在测试时保持所有外层循环的循环变量为最小值。另外，对越界值和非法值做类似的测试。

逐步外推，对其外面一层循环进行测试。在测试时，保持所有外层循环的循环变量取最小值，所有其他嵌套内层循环的循环变量取"典型"值。反复进行，直到所有各层循环测试完毕。对全部各层循环同时取最小循环次数，或者同时取最大循环次数。对于后一种测试，由于测试量太大，需人为指定最大循环次数。

对于连锁循环，要区别两种情况。如果各个循环互相独立，则连锁循环可以用与简单循环相同的方法进行测试。例如有两个循环处于连锁状态，则前一个循环的循环变量的值就可以作为后一个循环的初值。但如果几个循环不是互相独立的，则需要使用测试嵌套循环的办法来处理。

对于非结构循环，应该使用结构化程序设计方法重新设计测试用例。

11.3　基本路径测试

基本路径测试法适用于模块的详细设计及源程序，它是在程序控制流图的基础上通过分析控制构造的环路复杂性导出基本可执行路径集合，从而设计测试用例的方法，设计出的测试用例要保证在测试中的程序的每个可执行语句至少执行一次。

11.3.1　程序的控制流图

程序流程图又称框图，也是人们最熟悉、最容易接受的程序控制结构的图形表示方式。在这种图上的框内常常标明了处理要求和条件。为了更加突出控制流的结构，需要对程序流程图做一些简化。

在控制流图中只有两种图形符号。

(1) 结点：以标有编号的圆圈表示。它代表了程序流程图中矩形框所表示的处理、菱形表示的两处或多处出口判断以及两到多条流线相交的汇合点。

(2) 控制流线或弧：以箭头表示。它与流程图中的流线是一致的，表明了程序执行的顺序。为了分析的方便，控制流线通常标有名字。

在将程序流程图简化成控制流图时应注意以下几点：

(1) 在选择或多分支结构中，分支的汇聚处应有一个汇聚结点。

(2) 边和结点圈定的范围叫区域，当对区域计数时，图形外的区域也应记为一个区域。

(3) 如果判断中的条件表达式是由一个或多个逻辑运算符(OR、AND、NAND、NOR)连接的复合条件表达式，则需要改为一系列只有单条件的嵌套的判断。

11.3.2 程序结构的要求

程序结构有 4 点基本要求，在写出的程序代码中不应包含：

(1) 转向并不存在的标号。

(2) 没有用的语句标号。

(3) 从程序入口进入后无法到达的语句。

(4) 不能到达退出程序的语句。

在编写程序代码时稍加注意，做到这几点也是比较容易的，需要进行检测，把以上 4 种问题从程序中找出来，目前对这 4 种情况的检测主要通过编译器和程序分析工具来实现。

11.3.3 举例

例如有一段程序代码：

```
1 if a or b
2 x
3 else
4 y
```

对应的逻辑图如图 11-5 所示。

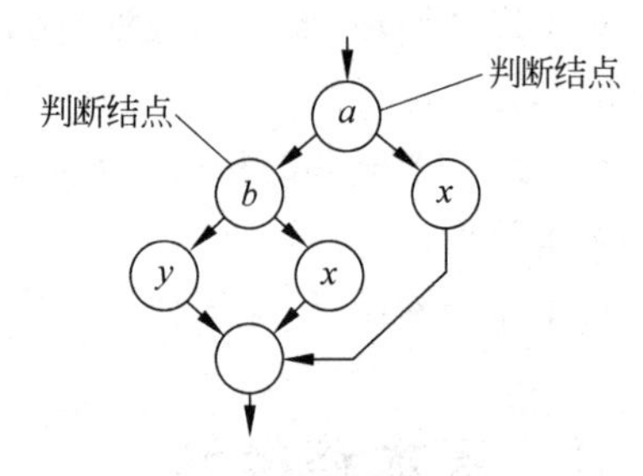

图 11-5 逻辑图

独立路径是至少沿一条新的边移动的路径。基本路径测试法的步骤如下：

第一步：画出控制流图

流程图用来描述程序控制结构，可将流程图映射到一个相应的流图(假设流程图的菱形决定框中不包含复合条件)。在流图中，每一个圆称为流图的结点，代表一个或多个语句；一个处理方框序列和一个菱形决策框可被映射为一个结点；流图中的箭头称为边或连接，代表控制流，类似于流程图中的箭头。一条边必须终止于一个结点，即使该结点并不代表任何语句(例如 if-else-then 结构)。由边和结点限定的范围称为区域，在计算区域时应包括图外部的范围。图 11-6 所示的程序流程图对应的控制流图如图 11-7 所示。

第二步：计算圈复杂度

圈复杂度是一种为程序逻辑复杂性提供定量测度的软件度量，将该度量用于计算程序的基本的独立路径数目，为确保所有语句至少执行一次的测试数量的上界。独立路径必须包含一条在定义之前不曾用到的边。

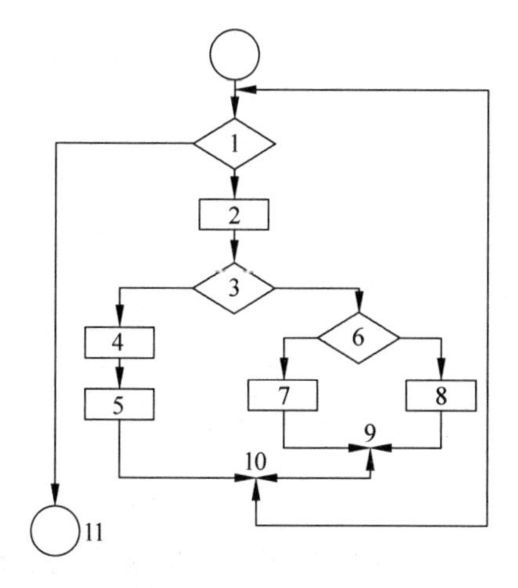

图 11-6 程序流程图

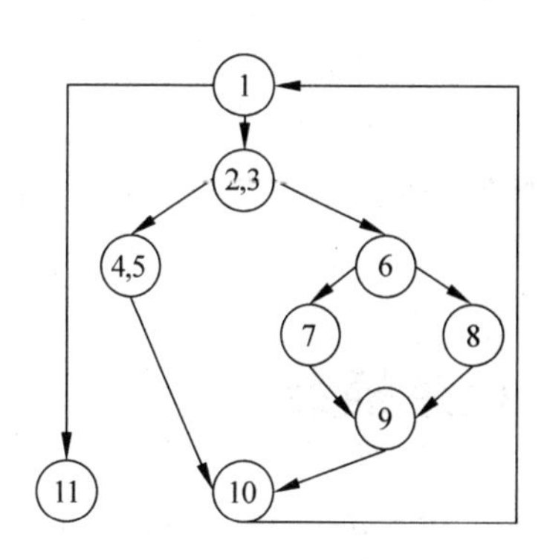

图 11-7 控制流图

通常有以下 3 种方法计算圈复杂度：

(1) 流图中区域的数量对应于环形的复杂性；

(2) 给定流图 G 的圈复杂度 $V(G)$，定义为 $V(G)=E-N+2$，E 是流图中边的数量，N 是流图中结点的数量；

(3) 给定流图 G 的圈复杂度 $V(G)$，定义为 $V(G)=P+1$，P 是流图 G 中判定结点的数量。

对应上面图中的圈复杂度，流图中有 4 个区域，计算如下：

$V(G)=10$ 条边-8 结点$+2=4$；

$V(G)=3$ 个判定结点$+1=4$。

第三步：导出测试用例

根据上面的计算方法可得出 4 个独立的路径。一条独立路径是指和其他的独立路径相比至少引入一个新处理语句或一个新判断的程序通路。$V(G)$ 值正好等于该程序的独立路径的条数。

- 路径 1：4-14
- 路径 2：4-6-7-14
- 路径 3：4-6-8-10-13-4-14
- 路径 4：4-6-8-11-13-4-14

根据上面的独立路径去设计输入数据，使程序分别执行到上面 4 条路径。

第四步：准备测试用例

为了确保基本路径集中的每一条路径的执行，根据判断结点给出的条件，选择适当的数据以保证某一条路径可以被测试到，满足上面例子基本路径集的测试用例如下。

路径 1：4-14

输入数据：iRecordNum=0，或者取 iRecordNum<0 的某一个值

预期结果：x=0

路径 2：4-6-7-14

输入数据：iRccordNum=1，iType=0

预期结果：x=2

路径 3：4-6-8-10-13-4-14

输入数据：iRecordNum=1,iType=1

预期结果：x=10

路径 4：4-6-8-11-13-4-14

输入数据：iRecordNum=1,iType=2

预期结果：x=20

11.4 程序插装

程序插装(Program Instrumentation)是一种基本的测试手段,在软件测试中有着广泛的应用。

在调试程序时经常采用在程序中设置断点或打印输出语句,在执行过程中了解程序的一些动态特性的方式。这种方式相当于在运行程序以后一方面检验测试的结果数据,另一方面借助插入语句给出的信息了解程序的动态执行情况。

如果想要了解一个程序在某次运行中所有可执行语句被覆盖(或称被经历)的情况或者每个语句的实际执行次数,可以在程序的特定部位插入记录动态特性的语句,把程序执行过程中发生的一些重要历史事件记录下来,例如记录程序执行过程中一些变量值的变化情况等。通过插入的语句获取程序执行中的动态信息,这一做法和在刚研制成的机器的特定部位安装记录仪表是一样的。在安装好以后开动机器试运行,除了可以从机器加工的成品检验得知机器的运行特性外,还可通过记录仪表了解其动态特性。这就相当于在运行程序以后一方面可检验测试的结果数据,另一方面还可借助插入语句给出的信息了解程序的执行特性。

正是由于这个原因,有时把插入的语句称为“探测器”,借以实现“探查”或“监控”的功能。

11.5 程序变异测试

变异测试(Mutation Testing)是一种在细节方面改进程序源代码的软件测试方法。

所谓的变异是基于良好定义的变异操作,这些操作或者是模拟典型应用错误(例如使用错误的操作符或者变量名字),或者是强制产生有效的测试(例如使得每个表达式都等于0)。其目的是帮助测试者发现有效的测试,或者定位测试数据的弱点,或者是在执行中很少使用的代码的弱点。变异测试是针对某类特定程序错误而进行的测试,也是一种比较成熟的排错性测试方法。

假设 P 在测试集 T 上是正确的,可以找到 P 的变异体的某一集合：M={M(P)|M(P)是 p 的变异体},若变异体 M 中每一元素在 T 上都存在错误,则可以认为源程序 P 的正确程度比较高,否则若 M 中某些元素在 T 上不存在错误,则可能存在以下 3 种情况：

(1) 这些变异体与源程序 P 在功能上是等价的。

(2) 现有的测试数据不足以找出源程序 P 与其变异体的差别。

(3) 源程序 P 可能含有错误,而某些变异体却可能是正确的。

变异测试方法的理论基础来源于两个基本假设：其一是程序员的能力假设，即假设被测试程序是由具有足够的程序设计能力的程序员编写，因此所编写的程序是接近正确的；其二是组合效应假设，假设简单的程序设计错误和复杂的程序设计错误之间具有组合效应，即一个测试数据如果能够发现简单的错误，那么也可以发现复杂的错误。正是这两个假设才确定了变异测试的基本特征，通过变异算子对程序做一个较小的语法变动来产生一个变异体。

11.6 C++Test 和白盒测试工具

白盒测试工具可以辅助测试人员对程序代码进行高效的分析与测试。白盒测试工具可以分为静态测试工具和动态测试工具，前者直接对代码进行分析，不需要运行代码，也不需要对代码编译链接，生成可执行文件。静态测试工具一般是对代码进行语法扫描，找出不符合编码规范的地方。其代表软件有 Telelogic 公司的 Logiscope 软件、PR 公司的 PRQA 软件。

动态测试工具一般采用"插桩"的方式向代码生成的可执行文件中插入一些检测代码，用来统计程序运行时的数据。动态测试工具的代表有 CompuWare 公司的 DevPartner 软件、Rational 公司的 Purify 系统软件。

11.6.1 C++Test 的使用

1. C++Test 介绍

C++Test 是 Parasoft 公司针对 C/C++的一款自动化测试工具，Parasoft 是全球领先的软件测试工具和整体解决方案的专业开发供应商以及自动错误预防理论的创始者，软件测试领域的领导者，成立于 1987 年，总部设在美国加州的蒙罗维亚市，前身是一家为美国国防部提供并行计算等专业服务的机构。

Parasoft C++Test 是经广泛证明的最佳实践集成解决方案，它能有效地提高开发团队的工作效率和软件质量。

C++Test 支持编码策略增强、静态分析、全面代码走查、单元与组件的测试，为用户提供一个实用的方法来确保其 C/C++代码按预期运行。

C++Test 能够在桌面的 IDE 环境或命令行的批处理下进行回归测试。

C++Test 和 Parasoft GRS 报告系统相集成，为用户提供基于 Web 且具备交互和向下钻取能力的报表以供用户查询，且允许团队跟踪项目状态并监控项目趋势。

2. C++Test 的单元测试功能

C++Test 是一个 C/C++单元级测试工具，自动测试 C/C++类、函数或部件，而不需要编写测试用例、测试驱动程序或桩调用代码。

C++Test 能够自动测试代码构造(白盒测试)、测试代码的功能性(黑盒测试)和维护代码的完整性(回归测试)。C++ Test 是一个易于使用的产品，能够适应任何开发生命周期。通过将 C++Test 集成到开发过程中能够有效地防止软件错误，提高代码的稳定性，并自动化地实现单元测试(这是极端编程过程的基础)。

3. C++Test 的主要特性

1) 在不需要执行程序的情况下识别运行时缺陷

Bug Detective 通过静态模拟程序执行路径可跨越多个函数和文件,从而找到运行时缺陷。查找到的缺陷包括使用未初始化的内存、空指针引用、除零、内存和资源泄露。这些通过常规静态分析所忽略的缺陷可高亮显示其执行路径。

对于未经健壮性测试的遗留代码或基于某些嵌入式系统的代码,Bug Detective 的这种在执行代码前就定位缺陷的能力对用户是非常有用的。

2) 自动化代码分析以增强兼容性

一套行之有效的编码策略能够降低整个程序中的错误,C++Test 通过建立一系列编码规范进而通过静态分析来检测兼容性并预防代码错误。对 C++Test 进行配置,用户可以对特定团队或组织进行编码标准策略增强,同时用户可以在内建和自定义规则中定义自己的规则集。使用图形化的 Rule Wizard 编辑器制订的自定义规则能将 API 使用标准化并预防单个错误发现后类似错误重复出现。

3) 优点

(1) 提高团队开发的效率,应用全面的最佳实践集合以缩短测试时间、降低测试难度、减少 QA 阶段遇到的错误,在现有开发资源下完成更多任务自动解决琐碎的编码问题,从而有更多的时间能分配到需要人来解决的问题上。

(2) 可靠的构件代码高效地构造,可持续执行和全面的回归测试套件,以检测版本更新是否破坏既有功能。

(3) 提供 C/C++代码质量完成状态的可视化报告,按需访问目标代码的评估,并跟踪其过程以提高质量和完成预期目标。

(4) 削减支持成本自动对广泛的潜在用户路径进行负面测试,以查找出只有在真正使用时才能发现的问题。

C++Test 提供了一种有效并且高效的方法执行白盒测试,完全自动执行所有的白盒测试过程,自动生成和执行精心设计的测试用例,自动标记任何运行失败,并以一种简单的图示化结构显示,然后自动保存这些测试用例,能够方便地用于以后的回归测试。

由于 C++Test 能够自动生成桩函数,或允许加入自己的桩函数,因此能够测试引用外部对象的类。换句话说,C++Test 能够运行任何一个或一组类,并自动生成和执行一组测试用例,它们被设计成能够发现尽可能多的错误。图 11-8 所示为测试界面。

C++Test 允许定制白盒测试用例的生成和在什么层次上(项目、文件、类或方法)执行测试。

11.6.2 白盒测试工具

JUnit 是一个开发源代码的 Java 测试框架,用于编写和运行可重复的测试,是用于单元测试框架体系 xUnit 的一个实例(用于 Java 语言),主要用于白盒测试、回归测试。JUnit 框架如图 11-9 所示,JUnit 的核心类和接口如表 11-7 所示,Eclipse 环境下的 JUnit 如图 11-10 所示。

```
main.c × newcunittest.c ×
Source  History
20  int clean_suite(void) {
21      return 0;
22  }
23
24  long factorial(int arg);
25
26  void testFactorial() {
27      int arg;
28      long result = factorial(arg);
29      if (1 /*check result*/) {
30          CU_ASSERT(0);
31      }
32  }
33
34  int main() {
35      CU_pSuite pSuite = NULL;
```

```
Test Results × Output
Test ×
0.00 %
No test passed, 1 test caused an error.(0.0 s)
  newcunittest Failed
    testFactorial caused an ERROR (0.0 s)

     CUnit - A unit testing framew
     http://cunit.sourceforge.net/

   1. tests/newcunittest.c:30  -

Run Summary:    Type  Total    Rar
              suites      1      1
               tests      1      1
             asserts      1      1

Elapsed time =    0.000 seconds
make[1]: Leaving directory `/home/
```

图 11-8　执行自动白盒测试

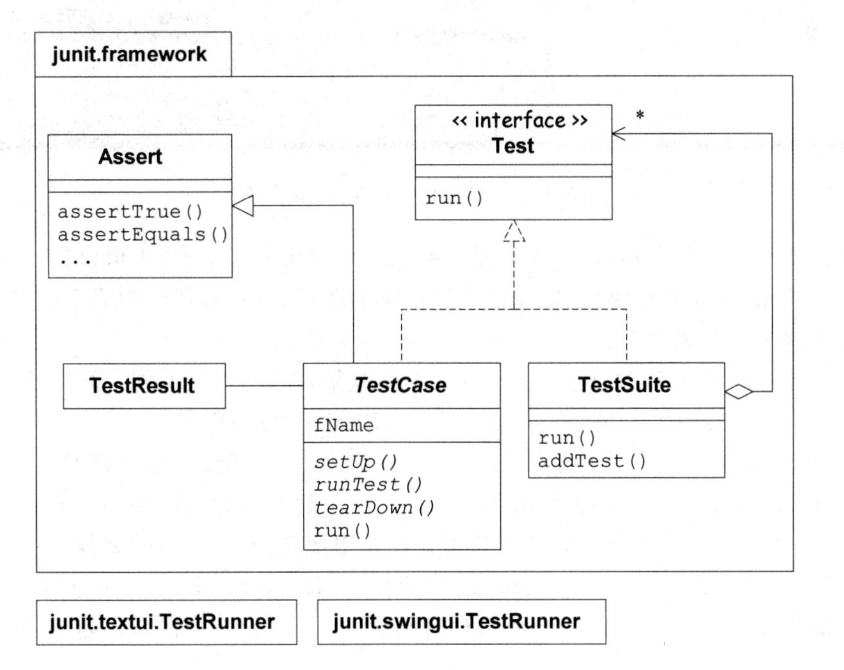

图 11-9　JUnit 框架

表 11-7 JUnit 的核心类和接口

类/接口	责　任
Assert	当条件成立时 Assert 方法保持沉默,若条件不成立就抛出异常
TestResult	TestResult 包含了测试中发生的所有错误或者失败
Test	可以运行 Test 并把结果传递给 TestResult
TestListenner	测试中若产生事件(开始、结束、错误、失败)会通知 TestListenner
TestCase	TestCase 定义了可以用于运行多项测试的环境(或者说固定设备)
TestSuite	TestSuite 运行一组 TestCase(它们可能包含其他 TestSuite),它是 Test 的组合
BaseTestRunner	TestRunner 是用来启动测试的用户界面,BaseTestRunner 是所有 TestRunner 的超类

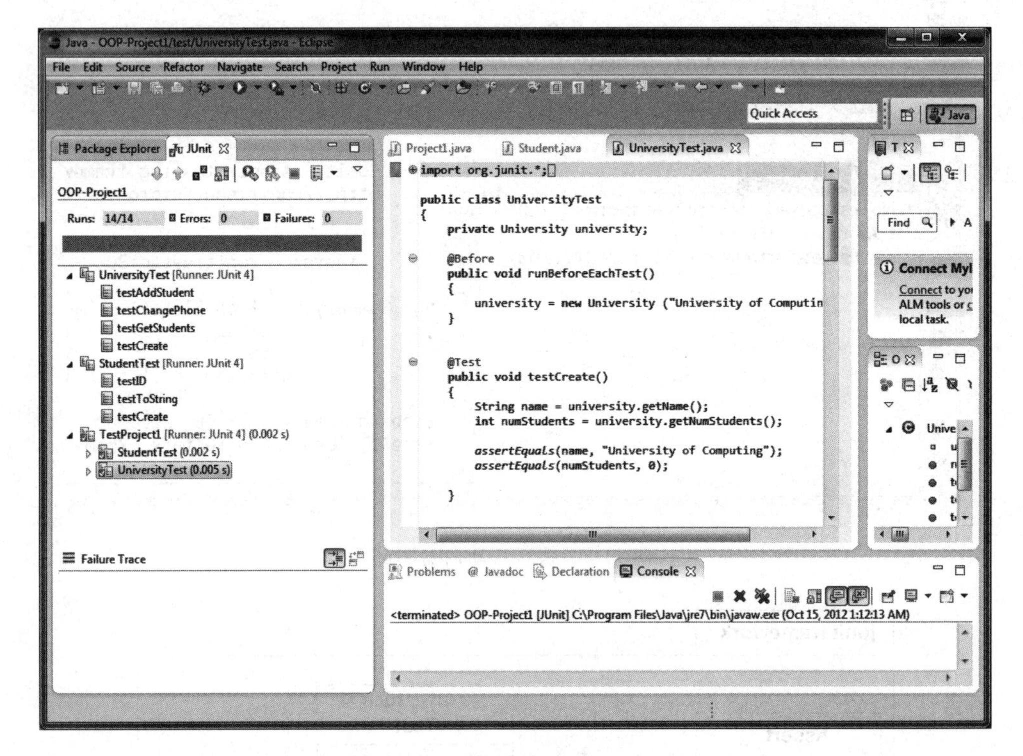

图 11-10 Eclipse 环境下的 JUnit

软件系统由许多单元构成,这些单元可能是一个对象或一个类,也可以是一个函数或者一个更大的单元(组件或模块)。要保证软件系统的质量,首先要保证构成系统单元的质量,也就是要开展单元测试活动。

目前最流行的单元测试工具是 xUnit 系列框架,根据语言不同,分为 JUnit(Java)、CppUnit(C++)、DUnit(Delphi)、NUnit(. NET)、PhpUnit(PHP)等。

JUnit 测试框架的第一个和最杰出的应用就是由《设计模式》的作者 Erich Gamma 和 XP(Extreme Programming)的创始人 Kent Beck 提供的开放源代码的 JUnit。

JUnit 在代码驱动单元测试框架家族里无疑是很成功的一例。在“最佳 Java 性能监视/测试工具”类别里多次获得“JavaWorld 编者精品奖(Editors' Choice Awards)”。JUnit 框架让我们继承 TestCase 类,用 Java 来编写自动执行、自动验证的测试。这些测试在 JUnit 中称为“测试用例”。

JUnit 提供一个机制能够把相关测试用例组合到一起，称之为“测试套件(test suite)”。JUnit 还提供了一个“运行器”来执行一个测试套件。如果有测试失败了，这个测试运行器就报告出来；如果没有失败，就会显示“OK”。

JUnit 的架构包括以下内容。

- TestCase：由开发者编写；
- TestSuite：一组 TestCase 的集合；
- TestRunner：运行 TestCase/TestSuite；
- TestResult：收集测试结果；
- TestListener：测试运行过程中的监听事件。

1. 特点

使用 JUnit 的好处如下：

(1) 可以使测试代码与产品代码分开。

(2) 针对某一个类的测试代码通过较少的改动便可以应用于另一个类的测试。

(3) 易于集成到测试人员的构建过程中，JUnit 和 Ant 的结合可以实施增量开发。

(4) JUnit 是公开源代码的，可以进行二次开发。

(5) 可以方便地对 JUnit 进行扩展。

JUnit 测试编写原则如下：

(1) 简化测试的编写，这种简化包括测试框架的学习和实际测试单元的编写。

(2) 使测试单元保持持久性。

(3) 可以利用既有的测试来编写相关的测试。

JUnit 的特征如下：

(1) 提供的 API 可以写出测试结果明确的可重用单元测试用例。

(2) 提供了 3 种方式来显示测试结果，而且还可以扩展。

(3) 提供了单元测试用例成批运行的功能。

(4) 超轻量级而且使用简单，没有商业性的欺骗和无用的向导。

(5) 整个框架设计良好，易扩展。

2. xUnit 单元测试框架

xUnit 系列是单元测试的一种模式，是一种测试思想与模型的集合，JUnit、CUnit、CppUnit、PhpUnit 等单元测试框架都是它的成员。这些单元测试框架的思想与使用方式基本一致，只是针对了不同的语言实现。

xUnit 是各种代码驱动测试框架的统称，如图 11-11 所示，这些框架可以测试软件的不同内容(单元)，例如函数和类。xUnit 框架的主要优点是提供了一个自动化测试的解决方案，用户没有必要多次编写重复的测试代码，也不必记住这个测试的结果应该是怎样的。

3. JUnit 的使用

编辑一段代码，例如 DoubleAdd.java，如图 11-12 所示。

新建一个 JUnit Test Case，如图 11-13 所示。

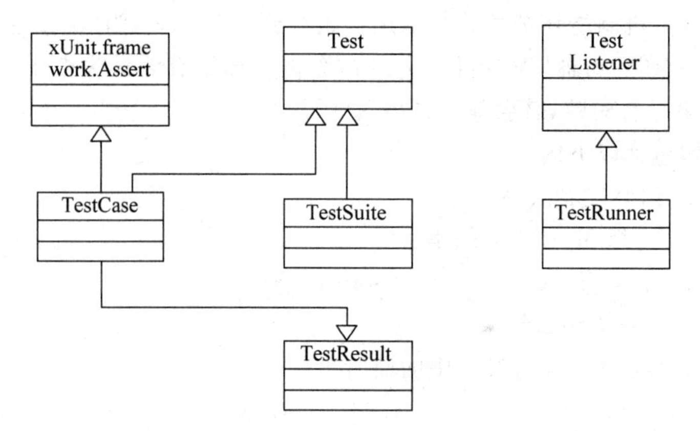

图 11-11 xUnit 介绍

DoubleAdd.java

```java
public class DoubleAdd {

    /**
     * @param args
     */

    public double add ( double number1 , double number2 ) {
        return   number1 + number2 ;
    }

    public static void main(String[] args) {
        //TODO Auto-generated method stub

        DoubleAdd number = new DoubleAdd();
        System.out.println(number.add(1, 2));

    }

}
```

图 11-12 DoubleAdd. java

DoubleAdd.java　TestDoubleAdd.java

```java
import junit.framework.TestCase;


public class TestDoubleAdd extends TestCase {

    protected void setUp() throws Exception {
        super.setUp();
    }

    protected void tearDown() throws Exception {
        super.tearDown();
    }

    public void testDoublwAdd(){
        DoubleAdd number = new DoubleAdd();
        assertEquals(3.0, number.add(1, 2));
    }

    }
```

图 11-13 测试用例

运行 JUnit Test 得出结果，如图 11-14 所示。

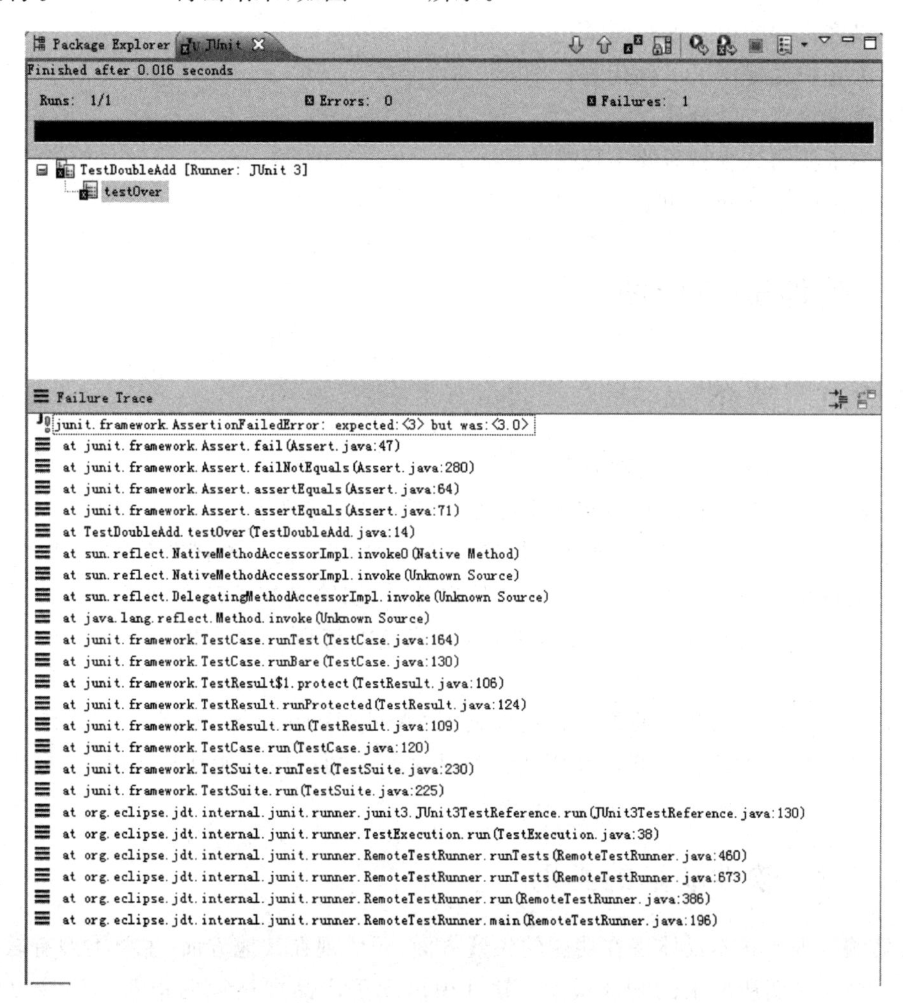

图 11-14　测试结果

4. TDD 和单元测试

测试驱动开发(Test-Driven Development，TDD)经常和单元测试 Unit Test 在一起，TDD 需要测试先行、持续重构，能够带来以下好处：

(1) 减少开发周期中的反馈；

(2) 提高代码质量；

(3) 保证设计质量；

(4) 使开发人员集中精力开发一个功能。

TDD 为最小的逻辑单元提供了验证，确保每个方法都是可用的且已被测试过，确保及时发现出现问题的模块，使得添加或修改代码更容易：

(1) 频繁地运行测试；

(2) 迭代式递增开发；

(3) 不断重构以改善设计。

TDD 还能改善和验证设计：

(1) 以客户端的视角编写测试；

(2) 为客户端提供了示例代码；

(3) 更注重接口的设计；

(4) 为了使测试容易需要实现松散耦合；

(5) 更少的 Debug 时间。

11.7 软件缺陷分析

11.7.1 简介

软件缺陷(Defect)经常被称为 Bug。

软件缺陷即为计算机软件或程序中存在的某种破坏正常运行能力的问题、错误，或者隐藏的功能缺陷。缺陷的存在会导致软件产品在某种程度上不能满足用户的需要。IEEE 729-1983 对缺陷有一个标准的定义：从产品内部看，缺陷是软件产品开发或维护过程中存在的错误、毛病等各种问题；从产品外部看，缺陷是系统所需要实现的某种功能的失效或违背。

硅谷著名的企业家和天使投资人贝托谢姆(Andy Bechtolsheim)在一次讲座中介绍他在太阳公司(SUN)的经验，“我们在创造新产品时所做的一切可能都是错的，但是我们改正得很快。”

11.7.2 软件缺陷的类别

缺陷的表现形式不仅体现在功能的失效方面，还体现在其他方面，主要类型有软件没有实现产品规格说明所要求的功能模块；软件中出现了产品规格说明指明不应该出现的错误；软件实现了产品规格说明没有提到的功能模块；软件没有实现虽然产品规格说明没有明确提及但应该实现的目标；软件难以理解、不容易使用、运行缓慢，或从测试员的角度看，最终用户会认为不好。

这里以计算器的开发为例，计算器的产品规格说明应能准确无误地进行加、减、乘、除运算。如果按下加法键没什么反应，就是第 1 种类型的缺陷；若计算结果出错，也是第一种类型的缺陷。

产品规格说明书还可能规定计算器不会死机，或者停止反应。如果随意敲键盘导致计算器停止接受输入，这就是第 2 种类型的缺陷。

如果使用计算器进行测试，发现除了加、减、乘、除之外还可以求平方根，但是产品规格说明没有提及这一功能模块。这是第 3 种类型的缺陷，软件实现了产品规格说明书中未提及的功能模块。

在测试计算器时若发现电池没电，会导致计算不正确，而产品说明书是假定电池一直都有电的，从而发现第 4 种类型的错误。

软件测试员如果发现某些地方不对，比如测试员觉得按键太小、“=”键布置的位置不好，在亮光下看不清显示屏等，无论什么原因都要认定为缺陷，而这正是第5种类型的缺陷。

11.7.3 软件缺陷的级别

一旦发现软件缺陷，就要设法找到引起这个缺陷的原因，分析对产品质量的影响，然后确定软件缺陷的严重性和处理这个缺陷的优先级。各种缺陷所造成的后果是不一样的，有的仅仅是不方便，有的可能是灾难性的。一般问题越严重其处理优先级越高，可以概括为以下4种级别。

- 微小的(Minor)：一些小问题(如有个别错别字、文字排版不整齐等)对功能几乎没有影响，软件产品仍可使用。
- 一般的(Major)：不太严重的错误，如次要功能模块丧失、提示信息不够准确、用户界面差和操作时间长等。
- 严重的(Critical)：严重错误，指功能模块或特性没有实现，主要功能部分丧失，次要功能全部丧失，或致命的错误声明。
- 致命的(Fatal)：致命的错误，造成系统崩溃、死机，或造成数据丢失、主要功能完全丧失等。

除了严重性之外，还存在反映软件缺陷处于一种什么样的状态，以便于及时跟踪和管理，下面是不同的缺陷状态。

- 激活状态(Open)：问题没有解决，测试人员新报告的缺陷或者验证后缺陷仍旧存在。
- 已修正状态(Fixed)：开发人员针对缺陷修正软件后已解决问题或单元测试。
- 关闭状态(Close)：测试人员经过验证后确认缺陷不存在之后的状态。

以上是3种基本的状态，还有一些需要相应的状态描述，如“保留”“不一致”状态等。

11.7.4 软件缺陷产生的原因

在软件开发的过程中，软件缺陷的产生是不可避免的。那么造成软件缺陷的主要原因有哪些？从软件本身、团队工作和技术问题等角度分析就可以了解造成软件缺陷的主要因素。

软件缺陷的产生主要是由软件产品的特点和开发过程决定的。

1. 软件本身

(1) 需求不清晰，导致设计目标偏离客户的需求，从而引起功能或产品特征上的缺陷。

(2) 系统结构非常复杂，而又无法设计成一个很好的层次结构或组件结构，结果导致意想不到的问题或系统维护、扩充上的困难；即使设计成良好的面向对象的系统，由于对象、类太多，很难完成对各种对象、类相互作用的组合测试，从而隐藏着一些参数传递、方法调用、对象状态变化等方面的问题。

(3) 对程序逻辑路径或数据范围的边界考虑不够周全，漏掉某些边界条件，造成容量或边界错误。

(4) 对一些实时应用要进行精心设计和技术处理，保证精确的时间同步，否则容易引起时间上不协调、不一致性带来的问题。

(5) 没有考虑系统崩溃后的自我恢复或数据的异地备份、灾难性恢复等问题,从而存在系统安全性、可靠性的隐患。

(6) 系统运行环境复杂,不仅用户使用的计算机环境千变万化,还包括用户的各种操作方式或各种不同的输入数据,容易引起一些特定用户环境下的问题;在系统实际应用中数据量很大,从而会引起强度或负载问题。

(7) 通信端口多、存取和加密手段的矛盾性等会造成系统的安全性或适用性等问题。

(8) 新技术的采用可能涉及技术或系统兼容的问题,事先没有考虑到。

2. 团队工作

(1) 在进行系统需求分析时对客户的需求理解不清楚,或者和用户的沟通存在一些困难。

(2) 不同阶段的开发人员的相互理解不一致。例如,软件设计人员对需求分析的理解有偏差,编程人员对系统设计规格说明书的某些内容重视不够或存在误解。对于设计或编程上的一些假定或依赖性相关人员没有充分沟通。

(3) 项目组成员的技术水平参差不齐,新员工较多或培训不够等原因也容易引起问题。

3. 技术问题

(1) 算法错误:在给定条件下没能给出正确或准确的结果。

(2) 语法错误:对于编译性语言程序,编译器可以发现这类问题;但对于解释性语言程序,只能在测试运行时发现。

(3) 计算和精度问题:计算的结果没有满足所需要的精度。

(4) 系统结构不合理、算法选择不科学,造成系统性能低下。

(5) 接口参数传递不匹配,导致模块集成出现问题。

4. 项目管理的问题

(1) 缺乏质量文化,不重视质量计划,对质量、资源、任务、成本等的平衡性把握不好,容易挤掉需求分析、评审、测试等时间,遗留的缺陷会比较多。

(2) 在进行系统分析时对客户的需求不是十分清楚,或者和用户的沟通存在一些困难。

(3) 开发周期短,需求分析、设计、编程、测试等各项工作不能完全按照定义好的流程来进行,工作不够充分,结果也就不完整、不准确,错误较多;周期短,还给各类开发人员造成太大的压力,引起一些人为的错误。

(4) 开发流程不够完善,存在太多的随机性和缺乏严谨的内审或评审机制,容易产生问题。

(5) 文档不完善、风险估计不足等。

11.7.5 软件缺陷的构成

从软件测试观点出发,软件缺陷有以下5类。

1. 功能缺陷

（1）规格说明书缺陷：规格说明书可能不完全，有二义性或自身矛盾。另外，在设计过程中可能修改功能，如果不能紧跟这种变化并及时修改规格说明书，则产生规格说明书错误。

（2）功能缺陷：程序实现的功能与用户要求的不一致，这常常是由于规格说明书包含错误的功能、多余的功能或遗漏功能所致。在发现和改正这些缺陷的过程中又可能引入新的缺陷。

（3）测试缺陷：软件测试的设计与实施发生错误，特别是系统级的功能测试要求复杂的测试环境和数据库支持，还需要对测试进行脚本编写，因此软件测试自身也可能发生错误。另外，如果测试人员对系统缺乏了解，或对规格说明书做了错误的解释，也会发生许多错误。

（4）测试标准引起的缺陷：对软件测试的标准要选择适当，若测试标准太复杂，则导致测试过程出错的可能就大。

2. 系统缺陷

（1）外部接口缺陷：外部接口是指终端、打印机、通信线路等系统与外部环境通信的手段。所有外部接口之间、人与机器之间的通信都使用形式的或非形式的专门协议。如果协议有错，或太复杂，难以理解，将致使在使用中出错。此外还包括对输入/输出格式的错误理解、对输入数据不合理的容错等。

（2）内部接口缺陷：内部接口是指程序内部子系统或模块之间的联系。所发生的缺陷与外部接口相同，只是与程序内实现的细节有关，如设计协议错、输入/输出格式错、数据保护不可靠、子程序访问错等。

（3）硬件结构缺陷：与硬件结构有关的软件缺陷，在于不能正确地理解硬件如何工作，如忽视或错误地理解分页机构、地址生成、通道容量、I/O指令、中断处理、设备初始化和启动等而导致的出错。

（4）操作系统缺陷：与操作系统有关的软件缺陷，在于不了解操作系统的工作机制而导致出错，当然操作系统本身也有缺陷，但是一般用户很难发现这种缺陷。

（5）软件结构缺陷：由于软件结构不合理而产生的缺陷。这种缺陷通常与系统的负载有关，而且往往在系统满载时才出现。如错误地设置局部参数或全局参数，错误地假定寄存器与存储器单元初始化了，错误地假定被调用子程序常驻内存或非常驻内存等，都将导致软件出错。

（6）控制与顺序缺陷：如忽视了时间因素而破坏了事件的顺序，等待一个不可能发生的条件，漏掉先决条件，规定错误的优先级或程序状态，漏掉处理步骤，存在不正确的处理步骤或多余的处理步骤等。

（7）资源管理缺陷：由于不正确地使用资源而产生的缺陷，如使用未经获准的资源、使用后未释放资源、资源死锁、把资源链接到错误的队列中等。

3. 加工缺陷

(1) 算法与操作缺陷：指在算术运算、函数求值和一般操作过程中发生的缺陷，如数据类型转换错、除法溢出、不正确地使用关系运算符、不正确地使用整数与浮点数做比较等。

(2) 初始化缺陷：如忘记初始化工作区，忘记初始化寄存器和数据区；错误地对循环控制变量赋初值；用不正确的格式、数据或类类型进行初始化等。

(3) 控制和次序缺陷：与系统级同名缺陷相比是局部缺陷，如遗漏路径；不可达到的代码；不符合语法的循环嵌套；循环返回和终止的条件不正确；漏掉处理步骤或处理步骤有错等。

(4) 静态逻辑缺陷：如不正确地使用 switch 语句；在表达式中使用不正确的否定(例如用“＞”代替“＜”的否定)；对情况不适当地分解与组合；混淆“或”与“异或”等。

4. 数据缺陷

(1) 动态数据缺陷：动态数据是在程序执行过程中暂时存在的数据，生存期非常短。各种不同类型的动态数据在执行期间将共享一个共同的存储区域，若程序启动时对这个区域未初始化就会导致数据出错。

(2) 静态数据缺陷：静态数据在内容和格式上都是固定的，直接或间接地出现在程序或数据库中，有编译程序或其他专门对它们做预处理，但预处理也会出错。

(3) 数据内容、结构和属性缺陷：数据内容是指存储于存储单元或数据结构中的位串、字符串或数字。数据内容缺陷就是由于内容被破坏或被错误地解释而造成的缺陷。数据结构是指数据元素的大小和组织形式，在同一存储区域中可以定义不同的数据结构。数据结构缺陷包括结构说明错误及数据结构误用的错误，数据属性是指数据内容的含义或语义。数据属性缺陷包括对数据属性的不正确解释，如错把整数当实数、允许不同类型数据混合运算而导致的错误等。

5. 代码缺陷

代码缺陷包括数据说明错、数据使用错、计算错、比较错、控制流错、界面错、输入/输出错以及其他的错误。规格说明书是软件缺陷出现最多的地方，其原因如下：

(1) 用户一般是非软件开发专业人员，软件开发人员和用户的沟通存在较大困难，对要开发的产品功能理解不一致。

(2) 由于在开发初期软件产品还没有设计和编程，完全靠想象去描述系统的实现结果，所以有些需求特性不够完整、清晰。

(3) 用户的需求总是不断变化，这些变化如果没有在产品规格说明书中得到正确的描述，容易引起前后文、上下文的矛盾。

(4) 对规格说明书不够重视，在规格说明书的设计和写作上投入的人力、时间不足。

(5) 没有在整个开发队伍中进行充分沟通，有时只有设计师或项目经理得到比较多的信息。

(6) 排在产品规格说明书之后的是设计，编程排在第三位。在许多人的印象中，软件测试主要是找程序代码中的错误，这是一个认识误区。

11.8　小结

本章主要讲解了白盒测试的基本概念和技术，包括白盒测试的基本概念和分类、白盒测试中的边界值技术、语句覆盖测试、分支覆盖测试、条件覆盖测试、分支-条件覆盖测试、条件组合覆盖测试、路径覆盖测试，还介绍了常用的白盒测试工具软件以及软件缺陷的原因、构成、产生的危害等。

白盒测试允许观察“盒子”内部，不像黑盒测试那样把系统理解为一个“内部不可见的盒子”，不需要明白内部结构。为了完整地测试一个软件，这两种测试都是不可或缺的。一个产品在其概念分析阶段直到最后交付给用户期间往往要经过各种静态的、动态的、白盒的和黑盒的测试。

用户要掌握 C++ Test、xUnit、JUnit 的使用。

思考题

1. 什么是白盒测试？
2. 针对下面一段代码设计其覆盖测试用例。

```
#include <iostream>
usingnamespacestd;
intmain()
{
    inta,b;
    floatc;
    cin >> a >> b >> c;
    if(a > 18&&b == 5)
    {
        c = a/b;
    }
    if(a == 20&&c > 2)
    {
        c = c + 6;
    }
    cout << c;
    return0;
}
```

3. 白盒测试的测试用例设计方法有哪些？
4. 黑盒测试和白盒测试的区别以及各自的应用领域是什么？

第12章 基于缺陷模式的软件测试

忽略缺陷数据将导致软件组织开发工作出现严重的后果。

——温伯格(Gerald M. Weinber)

软件业的发展推动了社会经济的快速发展,但是软件质量却变得越来越难以控制。从某种程度上说,软件产品的竞争力已经不完全取决于技术的先进,更重要的是取决于软件质量的稳定。对于软件开发而言,软件缺陷始终是不可避免的,为此付出的代价和成本是巨大的。

研究表明,大约有60%的错误是在设计阶段之前注入的,并且修正一个软件错误所需要的费用将随着软件生存期的进展而上升。错误发现得越晚,修复它的费用就越高,而且呈指数上升的趋势。

本章正文共分6节,12.1节介绍相关定义,12.2节介绍软件缺陷的属性,12.3节介绍软件缺陷的严重性和优先级,12.4节介绍软件缺陷管理和CMM的关系,12.5节介绍报告软件缺陷,12.6节介绍软件缺陷管理。

12.1 相关定义

在软件的编码测试阶段遗漏编码缺陷如果到系统测试时才发现,那么这时纠正缺陷所花费的成本是在编码阶段纠错花费的成本的7倍以上,而且测试后程序中残存的错误数目与该程序中已发现的错误数目(即检错率)很可能成正比,如图12-1所示。因此,是否能及早地将缺陷信息从软件产品开发过程中反馈回来是软件质量生存期中最重要的一步。

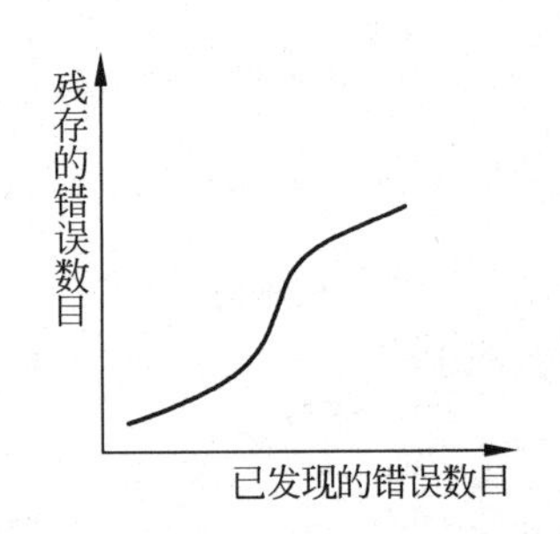

图12-1 残存的错误数目和已发现的错误数目的关系

软件内部逻辑复杂,运行环境动态变化,且不同的软件差异可能很大,因而软件失效的机理可能也有不同的表现形式。总的来说,软件失效的机理可用图12-2描述。

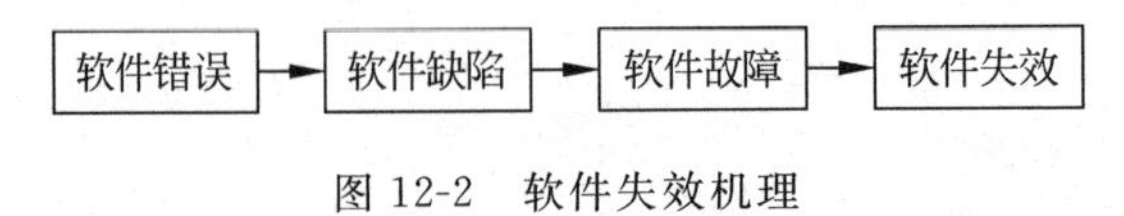

图12-2 软件失效机理

在未来可以遇见的时期内，软件都将由人来开发。在整个生存期的各个阶段都贯穿着人的直接或间接干预。然而，人难免犯错误，所以这必然给软件留下不良的痕迹。在软件测试中经常使用各种术语来描述软件出现的问题，例如软件错误、软件缺陷、软件故障、软件失效。区分这些术语很重要，这关系到测试工程师对软件失效现象与机理的深刻理解。下面给出这些术语的定义。

- 软件错误(Software Error)：指在软件生存期内的不希望或不可接受的人为错误，其结果是导致软件缺陷的产生。软件错误是一种人为过程，相对于软件本身是一种外部行为。
- 软件缺陷(Software Defect)：存在于软件(文档、数据或程序)之中的那些不希望或不可接受的偏差。结果是软件运行于某一特定条件时出现软件故障，这时称软件缺陷被激活。
- 软件故障(Software Fault)：指软件运行过程中出现的一种不希望或不可接受的内部状态。例如，软件处于执行一个多余循环过程时出现故障。若此时没有适当的措施(容错)加以处理，便产生软件失效。软件故障是一种动态行为。
- 软件失效(Software Failure)：指软件运行时产生的一种不希望或不可接受的外部行为结果。

综上所述，软件错误是一种人为错误。一个软件错误必定产生一个或多个软件缺陷，当一个软件缺陷被激活时便产生一个软件故障；同一个软件缺陷在不同条件下被激活可能产生不同的软件故障。软件故障如果没有及时用容错措施加以处理便不可避免地导致软件失效。

软件缺陷管理就是在软件开发过程中对发现的缺陷进行跟踪，并确保每个被发现的软件缺陷被关闭。

从某种意义上说，软件项目管理过程可以看作是软件产品的缺陷管理过程，软件过程的目的是避免将缺陷引入软件产品或将已产生的缺陷识别出来，并将其排除。软件缺陷管理技术不仅应用在代码层次，还应用于软件工程过程的所有相关活动中。软件缺陷是影响软件质量的所有外部因素，正确性(没有缺陷)就是高质量软件的本质属性。在逻辑上，仅有两种主要的方法可应用于开发低缺陷的软件。

- 缺陷预防：构建软件时防止引入缺陷；
- 缺陷排除：检测并排除在构建软件时引入的缺陷。

12.1.1 软件缺陷的产生原因

造成软件缺陷的原因可归结为以下几点。

(1) 程序编写错误：这是一个很常见的问题，通常与开发人员的经验有关，即便是经验丰富的开发人员所编写的软件也一定会出现此错误，只是经验不足的开发人员所编写的错误程序相对要多。

(2) 编写程序未按照规定：一般的软件公司大多会制定一套编写程序的规范，开发人员必须按照所规定的方式编写。制定规范最主要的目的就是为了能够做好程序代码的管理。编写程序未按照规范所带来的问题除了让旁人不易了解所编写的内容之外，最大的问题就是对程序代码的维护变得更加困难。通常，从一个程序的完成到以后的维护会经过不同开发人员的修改,有许多软件的并发症(Side Effects)就是这样产生出来的。

(3) 软件越来越复杂:由于软件的功能需求比以往增加许多,软件市场的竞争也迫使产品需要提供的功能服务相应增加,因此现今的程序在代码量和复杂度上比以前增加了许多。另外,为了提高开发效率,开发周期常常被缩短,使得开发人员的开发难度加大,产生的缺陷机会在某种程度上也随之加大。

(4) 开发人员的态度:有些开发人员面对问题常采用回避的态度,还有些开发人员在软件开发过程中表现出自大的情绪,对客户及测试人员的反映熟视无睹,所采取的方式大多是先指责后解决。这些来自开发人员的消极因素无疑造成了软件缺陷的增多。

(5) 沟通上的问题:这个问题出现在人员与人员、部门与部门、垂直与横向的沟通上,许多交流会之所以存在,就是为了增加沟通渠道。在一般人的印象中,工程师通常让人觉得是难以沟通的。但是,在软件开发组织里沟通是必要的,促进沟通的方法除了要定期讨论之外,还要求工程师将作业的流程和结果予以建档,这也是一个重要的管理项目。

(6) 需求变更太频繁:这一点也是使程序产生更多问题的原因之一。需求变更所造成的结果就是变更程序代码,程序代码只要稍做变更就必须经过测试来确保运行正常,所以这个影响是一个连锁反应(Chain Reaction),或称为关联(Dependency)。需求变更如果发生在开发的初期,对整体的影响是可以控制在一定范围之内的;但如果发生在后期,所造成的影响除了开发周期延误之外,软件质量将很难得以控制。

(7) 进度上的压力:对于任何的产品开发承受压力最大的是项目经理,为此项目经理必须在进度与质量上做出抉择。

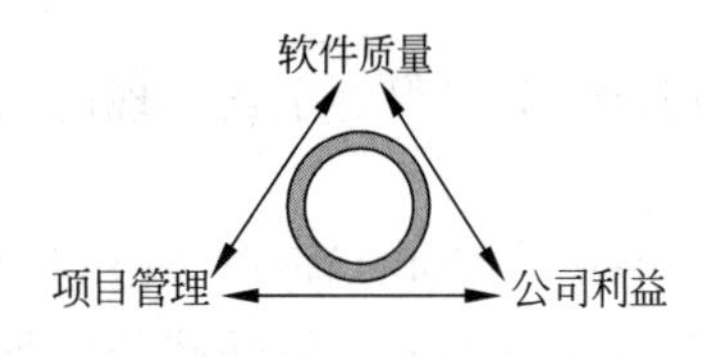

图 12-3 系统开发的 3 个平衡点

如图 12-3 所示,系统开发的 3 个平衡点是软件质量、项目管理和公司利益。三者之间的关系相辅相成,例如根据测试用例的统计需要 10 个工作日才能完成系统测试,因为该项目在开发进度上严重落后,项目经理不得不将测试时间缩短到两天,这样即使软件的进度赶上了,但是由于测试不彻底,给软件的质量埋下了不必要的"隐患",最终导致公司的利益受到损害。

(8) 管理上的失误:最后一项,虽然属于管理上的问题,但带来的危害性也是最大的,导致了软件缺陷产生的重要原因之一。有许多管理人员并未善尽其责,或是根本不知如何管理,到头来不仅耗损人力,对于制作出来的产品,用户抱怨不断,大大增加了维护成本。

12.1.2 减少缺陷的关键因素

在软件开发中减少软件缺陷有以下 10 个关键点,总结了软件开发中缺陷引入的规律和如何减少软件的方法策略,对于软件开发组织有宝贵的参考价值。

(1) 软件在版本发布后发现和解决一个软件存在的问题所需的费用通常要比在需求和设计阶段发现、解决问题高出约 100 倍;

(2) 当前软件项目 40%~50%的费用花费在可以避免的重复工作上;

(3) 大约 80%的可避免的重复工作产生于 20%的缺陷;

(4) 大约 80%的缺陷产生于 20%的模块,约一半的模块缺陷是很少的;

(5) 大约 90%的软件故障来自于 10%的缺陷;

(6) 有效的审核可以找出约 60%的缺陷;

(7) 有的目的性审核能够比无方向的审核多捕获约 35%的缺陷;

(8) 人员的专业性训练可减少高达约 75%的缺陷出现率;

(9) 在同等情况下,开发高可信赖的软件产品与开发低可信赖的软件产品相比成本要高出近 50%,然而,如果考虑到软件项目的运行和维护成本,投资是完全值得的;

(10) 40%～50%的用户程序都包含有非常细小的缺陷。

12.1.3 软件缺陷的特征

尽管每个软件缺陷的具体内容、表现形式、危害程度、解决方法是不同的,但是在这些特征方面有着极其类似的共性,了解、研究这些隐藏在缺陷背后的共性对于进一步认识缺陷的本质和进行缺陷修复的管理工作有着重要的意义。基于这个原因,对于软件的缺陷的特征归纳为以下几点。

(1) 缺陷的发生都是有原因的:缺陷产生的原因是客观存在的,所以无论多么难以重现和修复的缺陷,只要其发生,都是有触发原因的。

(2) 缺陷的重现性(Reproducible):一个缺陷不能重现就无法进行修复。确认缺陷的第一步就是能够重现这个缺陷,这是修复缺陷的最根本前提。重现就是要模拟出这个缺陷发生时的环境和触发条件,比如要按照缺陷发生时的软/硬件环境、软件版本、操作步骤等信息将缺陷还原出来,并将不正确的结果与期待的结果进行比较,保存下重要的日志文件。能否重现的关键是缺陷报告中的描述是否正确和清晰,缺陷修复人员对所修复的系统是否有比较深的了解以及缺陷发现人员与修复人员之间的有效沟通等问题。

在实际的缺陷修复中,有些缺陷比其他缺陷的重现要困难很多。

这些缺陷看起来无法重现,只是因为缺少工具来模拟操作环境和捕捉历史输入。所以,重现缺陷所遇到的困难并不能说明缺陷是不可重现的。有时候,由于缺陷的发生是一个非常小的概率事件,模拟缺陷发生需要花费很大的成本,并且很难在短时间内将其重现,这种缺陷才会被处理成"无法重现"。

(3) 缺陷的累积性、放大性:在一个典型的瀑布模型的软件开发过程中,软件缺陷的积累和放大效应如图 12-4 所示。

可以看到,在软件生存周期的各阶段都有植入软件缺陷的可能性,并且不断地累积增多。实践证明,因需求分析不当和设计不当而引入软件中的缺陷约占整个软件开发阶段所引入缺陷的 70%,并且修改的成本不断累积放大。软件缺陷发现得越晚,付出的代价就越大,要改正缺陷所做的工作就越多,所需的成本就越高。因此,尽早发现并改正软件中的缺陷可以大大减少因软件存在缺陷而造成的返工,提高软件的开发效率和软件产品的内在质量。

(4) 缺陷的修复(Fixing Bug)可能又引进新的缺陷:在修复完一个缺陷的时候(即解决一个问题的时候)要仔细检查这个修复会不会带来新的问题,这主要是因为代码之间的依赖关系。比如修改了某个函数的内部实现就要保证所有和这个函数相关的代码都能工作正常,以避免引入新的缺陷。

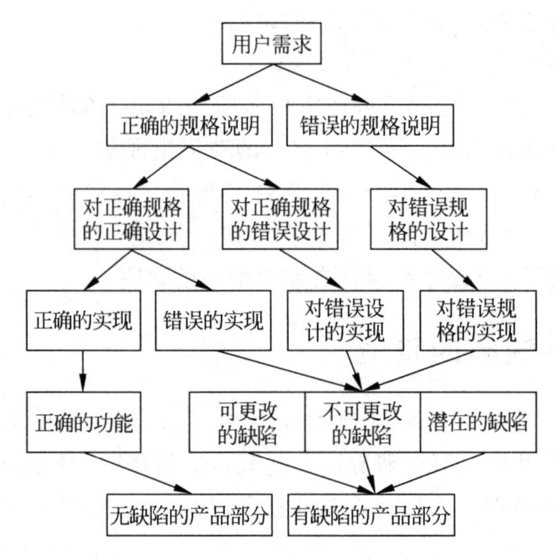

图 12-4 软件缺陷的积累和放大效应

12.2 软件缺陷的属性

认识软件缺陷首先需要了解软件缺陷的概念、软件缺陷的描述方法，其次是了解软件缺陷的属性。开发人员需要去修复每一个软件缺陷，但是不是每个软件缺陷都需要开发人员紧急修复呢？这需要定义软件缺陷的属性，以提供开发人员作为参考，按照软件缺陷优先级、严重程度去修复软件缺陷不至于遗漏严重的软件缺陷。对于测试人员而言，利用软件缺陷属性可以跟踪软件缺陷，保证软件产品的质量。通常关注软件缺陷的以下属性。

- 缺陷标识(Identifier)：标记某个缺陷的一组符号，每个缺陷必须有一个唯一的标识；
- 缺陷类型(Type)：根据缺陷的自然属性划分的缺陷种类，一般包括功能缺陷、用户界面缺陷、文档缺陷、软件配置缺陷、性能缺陷、系统/模块接口缺陷等；
- 缺陷严重程度(Severity)：指因缺陷引起的故障对软件产品的影响程度；
- 缺陷优先级(Priority)：指缺陷必须被修复的紧急程度；
- 缺陷状态(Status)：指缺陷通过一个跟踪修复过程的进展情况；
- 缺陷起源(Origin)：指缺陷引起的故障或事件，第一次被检测到的阶段；
- 缺陷来源(Source)：指引起缺陷的起因；
- 缺陷根源(Root Cause)：指发生错误的根本因素。

缺陷类型如表 12-1 所示。

表 12-1 缺陷类型

缺陷类型编号	缺陷类型	描述
10	F-Function	影响了重要的特性、用户界面、产品接口、硬件结构接口和全局数据结构，并且设计文档需要正式的变更，如逻辑、指针、循环、递归、功能等缺陷

续表

缺陷类型编号	缺陷类型	描述
20	A-Assignment	需要修改少量代码，如初始化或控制块，声明、重复命名，范围、限定等缺陷
30	I-Interface	与其他组件、模块或设备驱动程序、调用参数、控制块或参数列表相互影响的缺陷
40	C-Checking	提示的错误信息，不适当的数据验证等缺陷
50	B Build/package/merge	由于配置库、变更管理或版本控制引起的错误
60	D-Documentation	影响发布和维护，包括注释
70	G-Algorithm	算法错误
80	U-User Interface	人机交互特性：屏幕格式、确认用户输入、功能有效性、页面排版等方面的缺陷
90	P-Performance	不满足系统可测量的属性值，如执行时间、事务处理速率等
100	N-Norms	不符合各种标准的要求，如编码标准、设计符号等

缺陷严重程度如表 12-2 所示。

表 12-2 缺陷严重程度

#	缺陷严重等级	描述
1	Critical	不能执行正常工作功能或重要功能，或者危及人身安全
2	Major	严重地影响系统要求或基本功能的实现，且没有办法更正(重新安装或重新启动该软件不属于更正办法)
3	Minor	严重地影响系统要求或基本功能的实现，但存在合理的更正办法(重新安装或重新启动该软件不属于更正办法)
4	Cosmetic	使操作者不方便或遇到麻烦，但它不影响执行工作功能或重要功能
5	Other	其他错误

同行评审错误严重程度如表 12-3 所示。

表 12-3 同行评审错误严重程度

#	缺陷严重等级	描述
1	Major	主要的，较大的缺陷
2	Minor	次要的，小的缺陷

缺陷优先级如表 12-4 所示。

表 12-4 缺陷优先级

#	缺陷优先级	描述
1	Resolve Immediately	缺陷，必须被立即解决
2	Normal Queue	缺陷，需要正常排队等待修复或列入软件发布清单
3	Not Urgent	缺陷，可以在方便时被纠正

缺陷状态如表 12-5 所示。

表 12-5 缺陷状态

缺陷状态	描述
Submitted	已提交的缺陷
Open	确认“提交的缺陷”,等待处理
Rejected	拒绝“提交的缺陷”,不需要修复或不是缺陷
Resolved	缺陷被修复
Closed	确认被修复的缺陷,将其关闭

缺陷起源如表 12-6 所示。

缺陷来源如表 12-7 所示。

表 12-6 缺陷起源

缺陷起源	描述
Requirement	在需求阶段发现的缺陷
Architecture	在构架阶段发现的缺陷
Design	在设计阶段发现的缺陷
Code	在编码阶段发现的缺陷
Test	在测试阶段发现的缺陷

表 12-7 缺陷来源

缺陷来源	描述
Requirement	由于需求问题引起的缺陷
Architecture	由于构架问题引起的缺陷
Design	由于设计问题引起的缺陷
Code	由于编码问题引起的缺陷
Test	由于测试问题引起的缺陷
Integration	由于集成问题引起的缺陷

缺陷来源如表 12-8 所示。

表 12-8 缺陷来源

缺陷原因	描述
目标	如错误的范围、误解了目标、超越能力的目标等
过程、工具和方法	如无效的需求收集过程、过时的风险管理过程、不适用的项目管理方法、没有估算规程、无效的变更控制过程等
人	如项目团队职责交叉,缺乏培训;没有经验的项目团队,缺乏士气和动机不纯等
缺乏组织和通信	如缺乏用户参与、职责不明确、管理失败等

12.3 软件缺陷的严重性和优先级

缺陷严重性和缺陷优先级是表征软件缺陷的两个重要因素,影响软件缺陷的统计结果和修正缺陷的优先顺序,特别是在软件测试的后期将影响软件是否能够按期发布。

软件测试初学者或者没有软件开发经验的测试工程师对于这两个概念、对于它们的作用和处理方式往往理解得不彻底,在实际测试工作中不能正确表示缺陷的严重性、优先级,这将影响软件缺陷报告的质量,不利于尽早处理严重的软件缺陷,可能影响软件缺陷的处理时机。

12.3.1　缺陷的严重性和优先级的关系

严重性(Severity)是软件缺陷对软件质量的破坏程度，反映其对产品、用户的影响，即此软件缺陷的存在将对软件的功能和性能产生怎样的影响。

在软件测试中，对软件缺陷的严重性应该从软件最终用户的观点做出判断，即判断缺陷的严重性要为用户考虑，考虑缺陷对用户使用造成的恶劣后果的严重性。

优先级表示修复缺陷的重要程度和应该何时修复，它是表示处理和修正软件缺陷的先后顺序的指标，即哪些缺陷需要优先修正，哪些缺陷可以稍后修正。确定软件缺陷优先级更多的是站在软件开发工程师的角度考虑问题，因为缺陷的修正是个复杂的过程，有些不是纯粹的技术问题，而且开发人员更熟悉软件代码，能够比测试工程师更清楚修正缺陷的难度和风险。

缺陷的严重性和优先级是含义不同但联系密切的两个概念，从不同的侧面描述了软件缺陷对软件质量和最终用户的影响程度和处理方式。一般情况下，严重性程度高的软件缺陷应该具有较高的优先级，严重性高说明缺陷对软件造成的质量危害性大，需要优先处理，而严重性低的缺陷可能只是软件不太尽善尽美，可以稍后处理。但是，严重性和优先级并不总是一一对应的，有时候严重性高的软件缺陷优先级不一定高，甚至不需要处理，而一些严重性低的缺陷却需要及时处理，具有较高的优先级。

修正软件缺陷不是一件纯技术问题，有时需要综合考虑市场发布和质量风险等问题。

例如，如果某个严重的软件缺陷只在非常极端的条件下产生，则没有必要马上解决。另外，如果修正一个软件缺陷需要重新修改软件的整体架构，可能会产生更多潜在的缺陷，而且软件由于市场的压力必须尽快发布，此时即使缺陷的严重性很高，是否需要修正则需要全盘考虑。另一方面，如果软件缺陷的严重性很低，例如软件界面上有单词拼写错误，但是如果是软件名称或公司名称的拼写错误，则必须尽快修正，因为这关系到软件和公司的市场形象。

12.3.2　常见错误

正确处理缺陷的严重性和优先级不是一件非常容易的事情，经验不是很丰富的开发人员经常会发生如下情形：

(1) 将比较轻微的缺陷报告成较高级别的缺陷和高优先级，夸大缺陷的严重程度，经常给人“狼来了”的错觉，将影响软件质量的正确评估，也耗费开发人员辨别和处理缺陷的时间。

(2) 将很严重的缺陷报告成轻微缺陷、低优先级，这样可能掩盖了很多严重的缺陷。如果在项目发布前发现还有很多由于不正确分配优先级造成的严重缺陷，将需要投入很多人力和时间进行修正，影响软件的正常发布。或者这些严重的缺陷成了“漏网之鱼”，随软件一起发布出去，影响软件的质量和用户的使用信心。

因此，正确地处理和区分缺陷的严重性、优先级是软件测试人员和开发人员乃至全体项目组人员的一件大事，处理严重性、优先级既是一种经验技术，也是保证软件质量的重要环节，应该引起足够的重视。

12.3.3 表示和确定

缺陷的严重性、优先级通常按照级别划分，各个公司和不同项目的具体表示方式有所不同。

为了尽量准确地表示缺陷信息，通常将缺陷的严重性和优先级分成4级。如果分级超过4级，则造成分类和判断尺度的复杂，而少于4级，精确性有时不能保证。

具体可以使用数字表示，也可以使用文字表示，还可以使用数字和文字综合表示。使用数字表示通常按照从高到低或从低到高的顺序，需要在软件测试前达成一致。例如，使用数字1、2、3、4分别表示轻微、一般、较严重、非常严重的严重性。对于优先级而言，1、2、3、4可以分别表示低优先级、一般、较高优先级、最高优先级。

通常，由软件测试人员确定缺陷的严重性、由软件开发人员确定优先级较为适当。但是，在实际测试中通常是由软件测试人员在缺陷报告中同时确定严重性和优先级。

确定缺陷的严重性和优先级要全面了解和深刻体会缺陷的特征，从用户和开发人员以及市场的因素综合考虑。通常，功能性的缺陷较为严重，具有较高的优先级，而软件界面类缺陷的严重性一般较低，优先级也较低。

对于缺陷的严重性，如果分为4级，可以参考下面的方法确定。

(1) 非常严重的缺陷：例如软件的意外退出甚至操作系统崩溃造成数据丢失；

(2) 较严重的缺陷：例如软件的某个菜单不起作用，或者产生错误的结果；

(3) 软件一般缺陷：例如本地化软件的某些字符没有翻译，或者翻译不准确；

(4) 软件界面的细微缺陷：例如某个控件没有对齐、某个标点符号丢失等。

对于缺陷的优先性，如果分为4级，可以参考下面的方法确定。

(1) 最高优先级：例如软件的主要功能错误，或者造成软件崩溃、数据丢失的缺陷；

(2) 较高优先级：例如影响软件功能和性能的一般缺陷；

(3) 一般优先级：例如本地化软件的某些字符没有翻译，或者翻译不准确的缺陷；

(4) 低优先级：例如对软件的质量影响非常小或出现几率很低的缺陷。

比较规范的软件测试使用软件缺陷管理数据库进行缺陷报告和处理，需要在测试项目前对全体测试人员和开发人员进行培训，对缺陷严重性和优先级的表示和划分方法统一规定和遵守。

在测试项目进行过程中和项目接收后充分利用统计功能统计缺陷的严重性，确定软件模块的开发质量，评估软件项目的实施进度，统计优先级的分布情况，控制开发进度，使开发按照项目尽快进行，有效处理缺陷，降低风险和成本。

为了保证报告缺陷的严重性、优先级的一致性，质量保证人员需要经常检查测试和开发人员对于这两个指标的分配和处理情况，发现问题及时反馈给项目负责人，及时解决。对于测试人员而言，通常经验丰富的人员可以正确地表示缺陷的严重性和优先级，为缺陷的及时处理提供准确的信息。对于开发人员来说，开发经验丰富的人员的严重缺陷错误较少，但是不要将缺陷的严重性作为衡量其开发水平高低的主要判断指标，因为软件模块的开发难度不同，各个模块的质量要求也有所差异。

12.4 软件缺陷管理和 CMM 的关系

CMM 指“软件能力成熟度模型”,英文全称为 Capability Maturity Model for Software,英文缩写为 SW-CMM,简称 CMM,是对于软件组织在定义、实施、度量、控制、改善其软件过程的实践中的各个发展阶段的描述。CMM 的核心是把软件开发视为一个过程,并根据这一原则对软件开发、维护进行过程监控和研究,以使其更加科学化、标准化,使企业能够更好地实现商业目标。

软件缺陷管理是软件开发过程中的重要环节。不同成熟度的软件组织采用不同的方式管理缺陷,低成熟度的软件组织会记录缺陷,并跟踪缺陷纠正过程;高成熟度的软件组织还会充分利用缺陷提供的信息建立组织过程能力基线,实现量化过程管理,并以此为基础,通过缺陷预防实现过程的持续性优化。

12.4.1 初始级的缺陷管理

处于 CMM 一级(或称初始级)的软件组织对软件缺陷的管理无章可循。

工程师们只是在发现缺陷后修改相应的软件。通常没有人会去记录自己发现的缺陷,也没有人知道在新的软件版本里究竟纠正了哪些缺陷,还有哪些缺陷未被纠正,而且只有在下一轮测试中才有可能知道那些所谓已被纠正了的缺陷是否真得被纠正了,更重要的是纠正过程是否引入了新的缺陷。所以,这样的软件组织的项目交货期表现出强烈的不可预测性,并且为了获得一个高质量的软件产品(如果能够)通常要在测试上花费大量的人力。

12.4.2 可重复级的缺陷管理

在 CMM 二级(或称为可重复级)的软件组织中软件项目会从自身的需要出发制定本项目的缺陷管理过程。一个完备的软件缺陷管理过程通常会包括以下几个方面:

- 提交缺陷;
- 分析和定位缺陷;
- 提请修改相应的软件;
- 修改相应的软件;
- 验证修改。

项目组会完整地记录开发过程中的缺陷、监控缺陷的修改过程,并验证修改缺陷的结果。

12.4.3 已定义级的缺陷管理

CMM 三级(或称已定义级)的软件组织会汇集组织内部以前项目的经验教训,制定组织级的缺陷管理过程,并且要求项目根据组织级的缺陷管理过程制定本项目的缺陷管理过程,从而整个软件组织中的项目都遵循类似的过程来管理缺陷。好的缺陷管理实践成为所有项目的实践,而教训也为所有项目了解。

更重要的是,随着组织的不断发展、完善,组织的过程会得到持续性的改进,所有项目的过程也都会相应的改进。

12.4.4 定量管理级的缺陷管理

CMM 四级(或称已管理级)的软件组织会根据已收集的缺陷数据采用统计过程控制(Statistical Process Control,SPC),即美国休哈特博士(Walter A. Shewhtar)在20世纪20年代所创造的理论,是一种借助数理统计方法的过程控制工具的方法。

在企业的质量控制中可应用SPC对质量数据进行统计、分析,从而区分出生产过程中产品质量的正常波动与异常波动,以便对过程的异常及时提出预警,提醒管理人员采取措施消除异常,恢复过程的稳定性,从而用提高产品质量的方法建立软件过程能力基线(Process Capability Baseline)。对于缺陷管理,以缺陷密度为例,过程能力基线通常包括期望(Mean)、能力上限(UpperControl Limit,UCL)和能力下限(LowControl Limit,LCL)。其中,"期望"描述了未来项目的缺陷密度的预期值,而UCL和LCL描述了未来项目的缺陷密度的合理变化范围。这样的过程能力基线有以下两个作用:

(1) 帮助未来的项目设立量化的项目质量目标;

(2) 理解和控制未来项目的实际结果。

如图12-5所示,在项目开始时项目可以根据过程能力基线并结合本项目的实际情况来设立缺陷密度目标;而在项目的生命周期里可以使用这样的过程行为图(Process Behaviour Chart)来理解和控制项目的实际缺陷密度。当项目的实际缺陷密度在UCL和LCL之间波动时,可以理解为项目的开发过程处于受控状态。换而言之,当项目的实际缺陷密度超过了UCL或LCL时可以认为某异常的原因(Special Cause)导致了这一现象,必须进行分析并实施某种行动来防止该异常再次发生,从而确保开发过程始终处于受控状态。

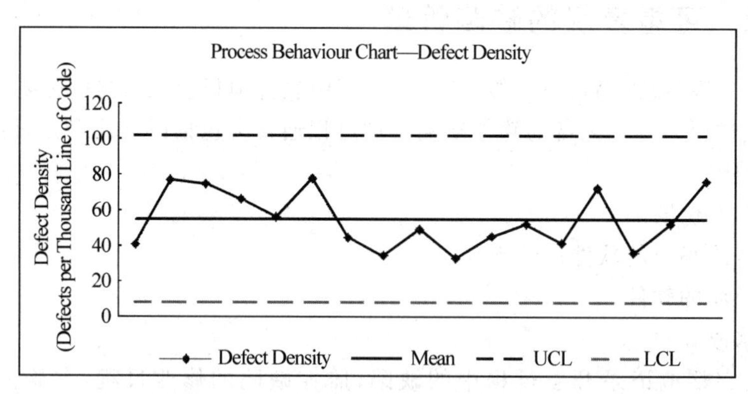

图12-5 没实现缺陷预防的缺陷密度

12.4.5 持续优化级的缺陷管理

与CMM四级相比,CMM五级(或称持续优化级)更强调对组织的过程进行持续性改进,从而使过程能力得到不断提升。

就缺陷管理而言,软件组织应当在量化理解其过程能力的基础上持续地改进组织级的开发过程、缺陷发现过程,引入新方法、新工具,加强经验交流,从而实现缺陷预防。

缺陷预防的着眼点在于缺陷的共性原因,通过寻找、分析和处理缺陷的共性原因实现缺陷预防。实施了缺陷预防，缺陷密度的过程行为图可表现为图12-6所示的形式。

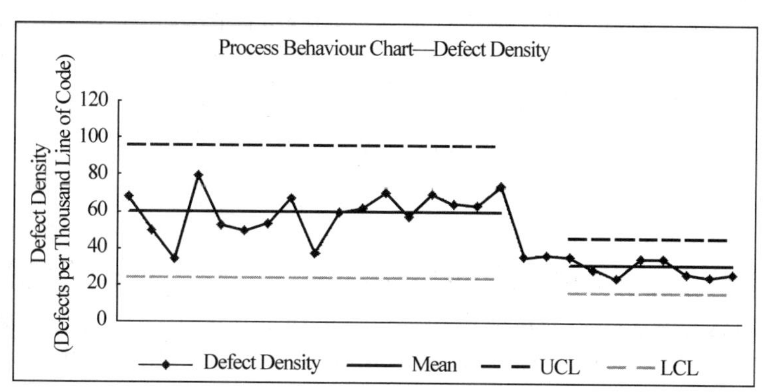

图12-6　实现了缺陷预防的缺陷密度

作为软件开发的重要环节，软件测试越来越受到人们的重视。随着软件开发规模的扩大、复杂程度的增加，以寻找软件中的错误为目的的测试工作显得更加困难。由此，为了尽可能多地找出程序中的错误，生产出高质量的软件产品，加强对测试工作的组织和管理就显得格外重要。

为了确保软件质量，需要对软件的生命周期进行严格的管理。

尽管测试是在实现且经过验证后进行的，可是测试的准备工作在分析和设计阶段就开始了。测试是对程序的测试，其优点是被测对象明确，测试的可操作性相对较强。然而，由于测试的依据是规格说明书、设计文档、使用说明书，如果设计有错误，测试的质量就难以保证。即便测试后发现设计的错误，这时修改的代价也很昂贵。所以，较理想的做法应该是对软件的开发过程按软件工程各阶段形成的结果分别进行严格的审查和管理。

12.5　报告软件缺陷

一般人会认为报告发现的软件缺陷是软件测试过程中最简单的环节，与制订测试计划和实际测试工作以及有效寻找软件缺陷必备的技巧相比，宣布发现的错误应该是最省时、省力的工作。但是，事实并非如此，报告发现的软件缺陷也许是软件测试人员需要完成的最重要、最困难的工作。

12.5.1　报告软件缺陷的基本原则

在软件测试过程中，对于发现的大多数软件缺陷，软件测试人员需要简洁、清晰地把发现的问题报告给判断是否进行修复的小组，使其得到所需要的全部信息，然后才能决定怎么做。

但是，由于软件开发模式不确定和修复小组的不固定性，将相同的决定过程运用于每一个具体小组或者项目是不可能的。在许多情况下，决定权在项目管理员手上；还有一些情况，决定权在程序员手中，还有的会留在会议上决定。一般情况下，有一些专门人员或者团队来审查发现的软件缺陷，判定是否修复。但是，无论什么情况，软件测试提供描述软件缺陷的信息,对于做决定是十分重要的。若软件测试人员对软件缺陷的描述不清楚,报告不够及时、有效,没有建立足够强大的用例来证明指定的软件缺陷必须修复,其结果可能使软件缺陷被误以为不是软件缺陷,或者被认为软件缺陷不够严重,不值得修复。因此,报告软件缺陷的基本要求是准确、简洁、完整和规范,基本原则介绍如下。

首先,软件缺陷要尽快报告。软件缺陷发现得越早,留下的修复时间就越多。例如,在软件发布之前的几个月,从帮助软件文档中找出错别字,该软件缺陷被修复的可能性就越高。

其次,有效地描述软件缺陷。软件缺陷的描述是软件缺陷报告的基础部分,也是测试人员就一个软件问题与开发小组交流的最初且最好的机会。一个好的描述需要使用简单的、准确的、专业的语言来抓住缺陷的本质,否则就会使信息含糊不清,可能会误导开发人员。准确报告软件缺陷是非常重要的:

- 清晰准确的软件缺陷描述可以减少软件缺陷从开发人员返回的数量;
- 提高软件缺陷修复的速度,使每一个小组能够有效地工作;
- 提高测试人员的信任度,可以得到开发人员对清晰的软件缺陷描述的有效响应;
- 加强开发人员、测试人员和管理人员的协同工作,让他们可以更好地工作。

软件缺陷的有效描述规则主要如下。

(1) 单一准确:每个报告只针对一个软件缺陷。在一个报告中,报告多个软件缺陷的弊端是经常会导致缺陷部分被注意和修复,不能得到彻底修正。

(2) 可以再现:提供缺陷的精确操作步骤,使开发人员容易看懂,可以自己再现这个缺陷,通常情况下开发人员只有再现了缺陷才能正确地修复缺陷。

(3) 完整统一:提供完整、前后统一的软件缺陷的步骤和信息,例如图片信息、Log 文件等。

(4) 短小简练:通过使用关键词可以使软件缺陷的标题的描述短小简练,又能准确解释产生缺陷的现象,如"主页的导航栏在低分辨率下显示不整齐"中的"主页""导航栏""分辨率"等是关键词。

(5) 特定条件:许多软件功能在通常情况下没有问题,而是在某种特定条件下会存在缺陷,所以软件缺陷描述不要忽视这些看似细节的但又必要的特定条件(如特定的操作系统、浏览器或某种设置等),它们能够提供帮助开发人员找到原因的线索,如"搜索功能在没有找到结果返回时跳转页面不对"。

(6) 补充完善:从发现 Bug 那一刻起,测试人员的责任就是保证它能被正确报告,并且得到应有的重视,继续监视其修复的全过程。

(7) 不做评价:软件缺陷描述不要带个人观点对开发人员进行评价。软件缺陷报告是针对产品、针对问题本身,将事实或现象客观地描述出来就可以,不需要任何评价或议论。

12.5.2 IEEE 软件缺陷报告模板

ANS/IEEE 829—1998 标准定义了一个称为软件缺陷报告的文档,用于报告在测试过程中发生的任何异常事件。简而言之,就是用于登记软件缺陷。模板标准如图 12-7 所示,可作为报告软件缺陷时的参考。

(1) 软件缺陷报告标识符:指定软件缺陷的唯一 ID,用于定位和引用。

(2) 软件缺陷总结：简明扼要地陈述事实，总结软件缺陷，给出所测试软件的版本引用信息、相关的测试用例和测试说明等。对于任何已确定的软件缺陷都要给出相关的测试用例，如果某一个软件缺陷是意外发现的，也应该编写一个能发现这个意外软件缺陷的测试用例。

(3) 软件缺陷描述：软件缺陷报告编写人员应该在报告中提供足够多的信息，以便修复人员能够理解和再现事件的发生过程。下面是软件缺陷描述中的各项内容：

IEEE 829—1998软件测试文档编制标准
软件缺陷报告模板
目录

1. 软件缺陷报告标识符
2. 软件缺陷总结
3. 软件缺陷描述
   3.1 输入
   3.2 期望得到的结果
   3.3 实际结果
   3.4 异常情况
   3.5 日期和时间
   3.6 软件缺陷发生的步骤
   3.7 测试环境
   3.8 再现测试
   3.9 测试人员
   3.10 见证人
4. 影响

图 12-7 IEEE 软件缺陷报告模板

- 输入：描述实际测试时采用的输入(例如文件、按键等)。
- 期望得到的结果：结果来自于发生事件时正在运行的测试用例的设计结果。
- 实际结果：将实际运行结果记录在这里。
- 异常情况：指的是实际结果与预期结果的差异有多大，也记录一些其他数据(如果这数据非常重要)，例如有关系统数据量过小或者过大、一个月的最后一天等。
- 日期和时间：软件缺陷发生的日期和时间。
- 软件缺陷发生的步骤：如果使用的是很长的、复杂的测试规程，这一项就特别重要。
- 测试环境：所采用的环境，例如系统测试环境、验收测试环境、客户的测试环境、测试场所等。
- 再现测试：为了再现这次测试做了多少次尝试。
- 测试人员：进行本次测试的人员情况。
- 见证人：理解此测试的其他人员情况。

(4) 影响：软件缺陷报告的"影响"指软件缺陷对用户造成的潜在影响。在报告软件缺陷时测试人员要对软件缺陷分类，以简明扼要的方式指出其影响，经常使用的方法是给软件缺陷划分严重性和优先级。当然，具体方法各个公司不尽相同，但是通用原则是一样的。测试实际经验表明，虽然可能永远都不能彻底克服在确定严重性和优先级过程中所存在的不精确性，但是通过在定义等级过程中对较小、较大和严重等主要特征进行描述完全可以把这种不精确性减少到一定程度。

12.6 软件缺陷管理

12.6.1 缺陷管理目标

由于不同的软件开发组织在软件开发过程、质量保证体系方面不同，缺陷管理的方式和处理流程也不尽相同。但其目的都是对各阶段测试发现的缺陷进行跟踪管理，以保证各级缺陷的修复率达到标准。一般而言，缺陷管理应当具有以下目标：

(1) 及时了解并跟踪每个被发现的缺陷。

(2) 确保每个被发现的缺陷都能够被处理。这里处理不一定是修正,也可能是其他处理方式(例如在下一个版本中修正)。对于每个被发现的缺陷的处理方式应当在开发组织内达成一致。

(3) 收集缺陷数据,并根据缺陷趋势曲线来识别测试过程是否结束。决定测试过程是否结束有很多种方式,通过缺陷趋势曲线来确定测试过程是否结束是常用并且较为有效的一种方式。

(4) 收集缺陷数据并在其上进行数据分析,作为组织的过程财富。

上述前两条最受重视,对于缺陷跟踪管理,一般人都会马上想到,对第三和第四条目标却很容易忽视。其实,在一个运行良好的组织中,缺陷数据的收集和分析是很重要的,从缺陷数据中可以得到很多与软件质量相关的数据,并改进组织的开发过程。

12.6.2 人员职责

参与缺陷管理过程的人员角色包括项目经理、项目测试负责人、测试人员、项目相关开发人员、质量保证人员,对他们的职责描述如下。

(1) 项目经理(Project Manager,PM):负责指派缺陷给相关责任人。

(2) 项目测试负责人(Testing Manager,TM):

① 决定缺陷管理方式和工具,拟定决策评审计划;

② 管理所有缺陷关闭情况;

③ 审核测试人员提交的缺陷;

④ 对测试人员的工作质量进行跟踪与评价。

(3) 测试人员(Testing Engineer,TE):

① 负责报告系统缺陷记录,且协助项目人员进行缺陷定位;

② 负责验证缺陷修复情况,且填写缺陷记录中的相应信息;

③ 负责执行系统回归测试;

④ 提交缺陷报告;

⑤ 负责被测软件进行质量数据和分析。

(4) 项目相关开发人员(Development Engineer,DE):

① 修改测试发现的缺陷,并提交成果做再测试;

② 负责接收各自的缺陷记录,并且修改;

③ 负责提供缺陷记录跟踪中的其他相应信息。

(5) 质量保证人员(Software Quality Assurance,SQA):监控项目组缺陷管理规程的执行情况。

12.6.3 缺陷生命周期

软件缺陷和软件产品一样也有自己的生命周期。通常,软件缺陷生命周期指的是一个软件缺陷被发现、报告到这个缺陷被修复、验证直至最后将缺陷最终解决的一个完整过程。在缺陷的生命周期中,最基本的缺陷状态通常有创建(Open)、已分配(Assigned)、已修复(Fixed)、验证(Validate)/关闭(Close)。

为了简化图表，一个简单的软件缺陷生命周期如图12-8所示。

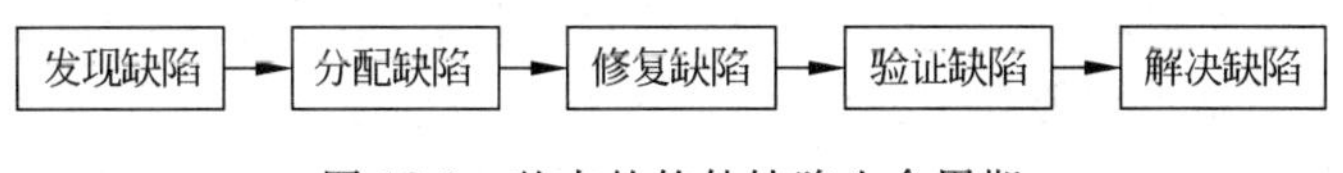

图12-8　基本的软件缺陷生命周期

软件缺陷的状态在其生命周期中的变化如下。

(1) 缺陷从隐藏在产品中被发现，这时缺陷状态为“创建”。

(2) 得到缺陷修复请求以后，开发经理将缺陷修复任务分配给相应的开发人员进行修复，这时缺陷的状态变为“已分配”。

(3) 开发人员得到缺陷修复任务以后根据缺陷的描述重现缺陷的症状、修复缺陷，然后提交测试人员验证修改，这时缺陷的状态变为“已修复”。

(4) 测试人员验证修改的有效性，若缺陷的修正得到最终确认，其状态变为“已确认”。

(5) 最终缺陷提交者或者测试人员关闭这个缺陷，结束其生命周期，这时缺陷状态变为“已关闭”。

在实际工程实践中，软件缺陷在生命周期中还会经历数次审阅，缺陷的状态也不可能是单向变化的，如图12-9所示。

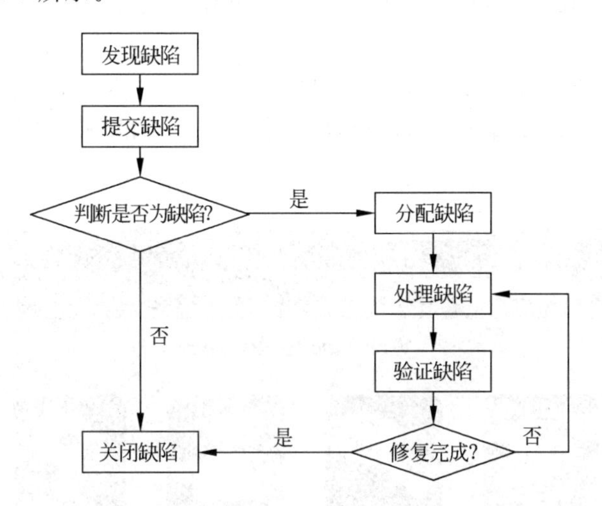

图12-9　实践中的软件缺陷生命周期

作为时刻危害着软件产品质量的附属品，软件缺陷的生命周期越短越好。所以，每个开发组织应当根据自身的特点制定缺陷管理方案和实施方法，将发现的缺陷尽快关闭。

12.6.4　缺陷管理系统

缺陷管理系统是用来管理软件缺陷整个生命的工作流系统，跟踪缺陷从发生到被修正并发布的整个过程。缺陷管理系统能够加强缺陷修正的过程控制，是缺陷管理的实现工具。缺陷跟踪系统能否成功实施取决于相应的缺陷跟踪流程的设计和软件设计，其作用主要表现在以下几个方面。

(1) 提高软件缺陷报告的质量：软件缺陷报告的一致性和正确性是衡量软件测试过程专业化程度的重要指标之一，通过正确地、完整地填写软件缺陷管理系统提供的各项内容可以保证不同测试工程师的缺陷报告格式统一。

(2) 实时管理和控制缺陷状态：软件缺陷的查询、筛选、排序、添加、修改/保存、权限控制是缺陷管理系统的基本功能和主要优势，通过方便的数据库查询和分类筛选便于迅速定位缺陷和统计缺陷的类型。通过权限设置保证只有适当权限的人才能修改或删除软件缺陷，确保了数据安全性。

(3) 量化修复工作量：通过缺陷管理系统建立对缺陷数据的分析功能可以帮助软件组织对员工绩效、项目进展情况等进行评估，帮助企业改进软件过程，提高员工的工作效率。

(4) 确保每一个缺陷都能被处理，避免缺陷被遗忘或信息丢失等情况发生。

(5) 提供解决问题的知识，开发人员利用缺陷跟踪系统对已解决的问题所采用的方法进行学习，提高软件缺陷的修复效率。

下面选取几个具有代表性的缺陷跟踪系统进行功能介绍。

1. Bugzilla

作为开源项目中有关软件缺陷管理的最知名的软件之一，Bugzilla 是 Mozilla 公司提供的一个产品缺陷跟踪工具，已经被许多组织广泛使用。Bugzilla 是一个开源的缺陷跟踪系统(Bug-Tracking System)，可以管理软件开发中缺陷的提交(new)、修复(resolve)、关闭(close)等。

Bugzilla 是专门为 UNIX 定制开发的，能够建立一个完善的跟踪体系，包括报告、查询记录并产生报表、处理解决、管理员系统初始化和设置 4 个部分，如图 12-10 所示。其特点如下：

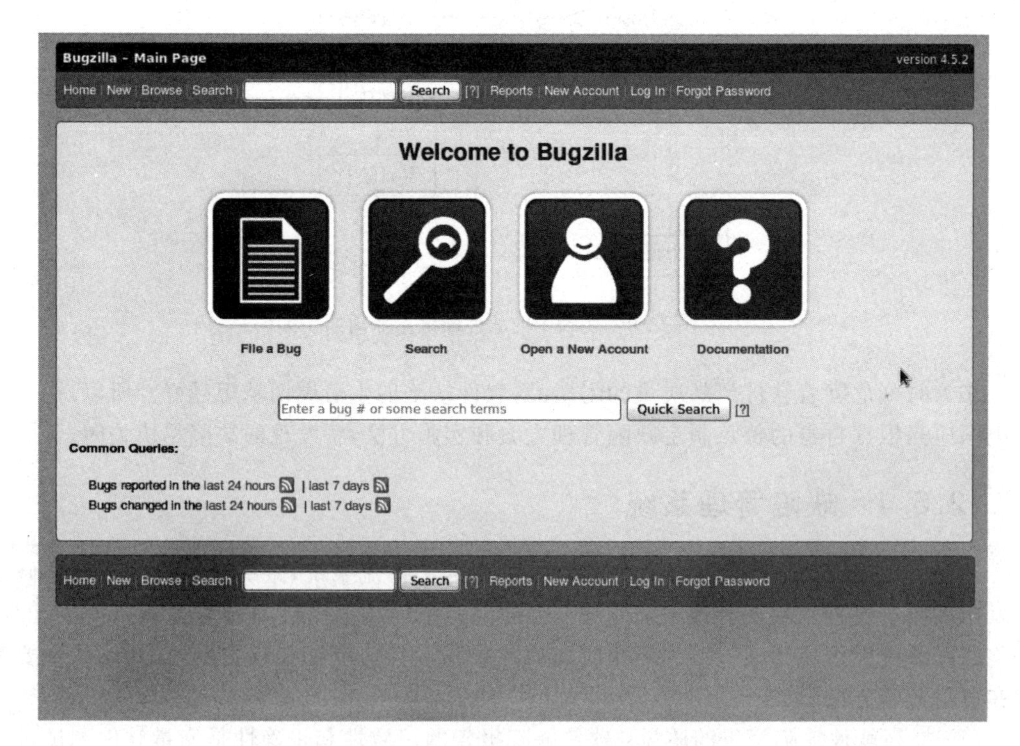

图 12-10 Bugzilla 界面

（1）基于 Web 方式，安装简单，运行方便、快捷，管理安全。

（2）系统使用数据库进行管理，提供大量的分析选项和强大的查询匹配能力，能根据各种条件组合进行统计。开发人员、测试人员、管理人员可以及时获得关于缺陷处理情况的动态信息。

（3）系统可以针对不同的模块设定专门的开发人员和测试人员，这样可以实现提交报告时自动发给指定的责任人。

（4）进行用户权限划分，设定不同的用户以不同的权限进行操作。

（5）可以对缺陷设定不同的严重程度和优先级，在确保缺陷不会被忽略的同时把注意力集中在优先级和严重程度高的缺陷上。

2. ClearQuest

ClearQuest 是 IBM Rational 提供的缺陷及变更管理工具，对软件缺陷或功能特性等任务记录提供跟踪管理，提供了查询定制功能和多种图表报表。每次查询都可以定制，以实现不同管理流程的要求。ClearQuest 是一套高度灵活的缺陷和变更跟踪系统，如图 12-11 所示。该产品的主要特点如下：

（1）提供基于活动的变更和缺陷跟踪。

（2）以灵活的工作流管理所有类型的变更要求，包括缺陷、改进、问题、文档变更。

（3）能够方便地定制缺陷和变更请求的字段、流程、用户界面、查询、图表、报告。

（4）与版本控制工具一起提供完整的软件配置管理的解决方案。

（5）支持统一变更管理，以提供经过验证的变更管理过程支持。

（6）易于扩展，因此无论开发项目的团队规模、地点和平台如何均可提供良好的支持。

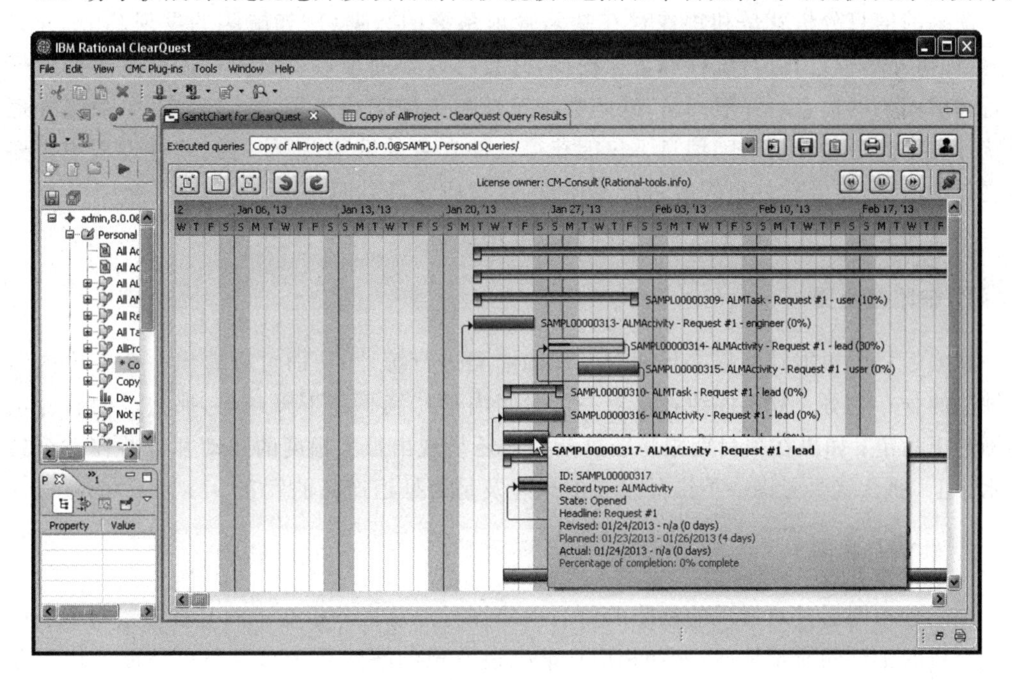

图 12-11　ClearQuest 界面

ClearQuest 可以部署两种架构模式：使用 CS 架构，客户端需安装 ClearQuest 软件，服务器端需要安装数据库管理系统；使用 BS 架构，除了需要构建数据库服务器之外，还需要构建一个 Web 服务器，这样用户就可以使用浏览器来登录使用 ClearQuest 系统。

目前，国内许多大型软件企业使用了 Rational 系列产品，而中小软件企业使用该系列产品最大的问题就是价格太高。除了产品价格因素以外，该产品的培训和维护费用也是相当高的，这无形中提高了该软件的使用门槛，这是它目前并不能在中小企业广泛使用的重要原因之一。

下面对这两种典型工具从性能、平台和成本等方面进行比较，如表 12-9 所示。

表 12-9　缺陷管理系统比较

工具名称	Bugzilla	ClearQuest
流程定制	支持	支持
查询功能	支持	支持
邮件通知	支持	支持
系统架构	B/S	C/S,B/S
支持平台	Linux、FreeBSD、Windows	UNIX、Windows
数据库	SQL Server	Oracle、SQL Server
复杂度	简单	复杂
产品价格	免费	收费

12.6.5 缺陷分析方法

缺陷的信息分析就是利用保存在缺陷管理系统的数据(例如缺陷的发现趋势、分布状态、处理情况等信息)进行统计和数据挖掘，并且可以帮助项目收集人员的修复工作量等项目管理层面上的信息。一般而言，缺陷数据统计包括缺陷趋势图、缺陷分布图、缺陷处理情况统计表等。通过分析缺陷信息不仅能获得软件自身的缺陷，还能得到软件过程中需要改进之处的信息，指导软件组织改进产品质量、过程质量等方面。

下面简要说明 3 个缺陷统计图表的概念、用法。

1. 缺陷趋势图

缺陷趋势图根据缺陷提交日期对发现的缺陷进行统计，从而可以看出一个阶段内新发现缺陷的分布趋势。如果曲线在最近一段时间内呈持续平稳下降趋势，那么说明软件正在逐渐趋于稳定；如果在项目期限将至这条曲线还呈现出很大幅度的波动并维持在一个较高的水平上，那么就要考虑一下产品发布的风险及是否推迟产品的发布。

2. 缺陷分布图

缺陷分布图通过对发现的缺陷的所属模块进行汇总来分析在不同开发阶段每个功能或模块交付的工件的质量情况，例如相应功能模块发现的缺陷数量是否与该功能模块的业务复杂度成正比，相应工作阶段中发现的缺陷数量是否与该工作阶段的工作量成正比。同时，这个表可以作为各模块具体负责人工作质量的评估依据，也可以作为确定下一步过程改进重点的参考依据。

3. 缺陷处理情况统计表

缺陷处理情况统计表将已经提交的缺陷的修复情况进行统计,并对于目前尚未解决的缺陷的应当限期给出解决方案,对于已经在修复状态停留很久的缺陷进行原因分析,例如是缺陷的信息不够,还是修复人员的经验不够。找到原因后可采取一些管理上的方法,如加强沟通、召开技术会议等,以促进缺陷尽快得到修复。

12.6.6 缺陷分析指标

软件缺陷分析常用的指标有以下 4 种。

1. 缺陷发现率

缺陷发现率是将发现的缺陷数量作为时间的函数来评测,即创建缺陷趋势图。在该趋势图中,时间显示在 X 轴上,而在此期间发现的软件缺陷数目显示在 Y 轴上,图中的曲线显示发现的软件缺陷如何随着时间的推移而变化,如图 12-12 所示。

许多软件公司都把缺陷发现率当作确定一个软件产品发布的重要度量。如果缺陷发现率降到规定水平以下,通常都会推定产品已经做好了发布准备。在实际工作中,当发现率呈下降趋势时一般都是一个不错的信息,但是必须提防其他可能导致发现率下降的因素,例如,工作量减少、没有新的测试用例等。所以,重要决策往往要依据不止一个支撑性度量。

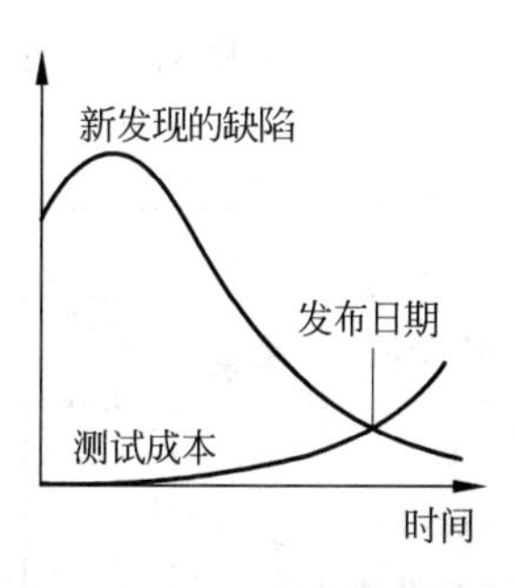

图 12-12 缺陷发现率

可以看到,在测试工作中缺陷趋势遵循一种比较好预测的模式。在测试初期,缺陷率增长很快,在达到顶峰后就随时间的增加以较慢的速率下降。当发现的新缺陷的数量呈下降趋势时,如果假设工作量是恒定的,那么每发现一个缺陷所消耗的成本也会呈现出上升的趋势。所以,在到某一个点以后继续进行测试,需要的成本将会增加。此时的工作就是对出现这种情况的时间进行估计,当缺陷发现率将随着测试进度和修复进度而最终减少时可以设定一个阈值,在缺陷发现率低于该阈值时即可将软件产品发布。

但是,未发现的缺陷的性质及其严重程度等还是不可知的。在测试工作中,如果采用基于风险的技术,可以在一定程度上弥补其不足。时间或预算的耗尽可能是终止测试的一个十分现实的原因,但是在实际的软件开发中并不一定要追求产品的完美实现,往往仅仅是要让产品风险达到可以接受的范围内。有时候,由于竞争或现有系统失效等因素,交付一个尽善尽美产品的风险可能会大于交付一个有点瑕疵的产品的风险。实际上,我们还使用另一个非常有用的度量来确定系统是否能够发布,即评测测试中所发现缺陷的严重程度的趋势。如果采用基于风险的技术,那么不仅期望缺陷发现率下降,而且还期望发现缺陷的严重程度下降。如果没有观察到这种趋势,则说明系统还不能交付使用。

2. 缺陷潜伏期

测试有效性的另外一个有用的度量是缺陷潜伏期,即一种特殊类型的缺陷分布度量。

在实际测试工作中,发现缺陷的时间越晚缺陷所带来的损害就越大,修复这个缺陷所耗费的成本就越多。所以,在一项有效的测试工作中,发现缺陷的时间往往都会比一项低效的测试工作要早。表 12-10 显示了一个项目的缺陷潜伏期的度量。在一个实际项目中可能需要对这个度量进行适当的调整,以反映特定的软件开发生命周期的各个阶段、各个测试等级的数量、名称。例如在总体设计的评审过程中发现的需求缺陷,其阶段潜伏期可以指定为 1;如果一个缺陷在对产品进行试运行之前都没被发现,就可以将它的阶段潜伏期指定为 8。

表 12-10 缺陷潜伏期的度量

缺陷造成阶段	发现阶段									
	需求	总体设计	详细设计	编码	单元测试	集成测试	系统测试	验收测试	试运行产品	发布产品
需求	0	1	2	3	4	5	6	7	8	9
总体设计		0	1	2	3	4	5	6	7	8
详细设计			0	1	2	3	4	5	6	7
编码				0	1	2	3	4	5	6
总计										

表 12-11 显示了一个项目的缺陷分布情况。

表 12-11 项目的缺陷分布情况

缺陷造成阶段	发现阶段										缺陷总量
	需求	总体设计	详细设计	编码	单元测试	集成测试	系统测试	验收测试	试运行产品	发布产品	
需求	0	8	4	1	0	0	5	6	2	1	27
总体设计		0	9	3	0	1	3	1	2	1	20
详细设计			0	15	3	4	0	0	1	8	31
编码				0	62	16	6	2	3	20	109
总计	0	8	13	19	65	21	14	9	8	30	187

在这个例子中,在总体设计、详细设计、编码、系统测试、验收测试、试运行产品和发布产品中分别发现了 8 个、4 个、1 个、5 个、6 个、2 个和 1 个需求缺陷。如果从来没有通过分析缺陷来确定缺陷的引入时间,那么从这个统计表可以看出统计一个项目的缺陷分布情况是一项很细致的工作。

在按照缺陷产生的阶段和缺陷发现阶段统计了一个项目的缺陷分布情况后,根据软件开发生命周期的各个阶段缺陷潜伏期度量的加权值可以对缺陷的发现过程的有效性和修复软件缺陷所耗费的成本等进行评测。这里采用了一个缺陷损耗的概念,缺陷损耗是使用阶段潜伏期和缺陷分布来度量缺陷消除活动的有效性的一种度量,可使用下面的公式计算。

缺陷损耗=缺陷数量×发现的阶段潜伏期加权值/缺陷总量

表 12-12 显示了一个项目的各个缺陷损耗值,依据的是经过缺陷潜伏期加权的已发现的缺陷数。例如,在验收测试期间发现了 9 个缺陷,在这 9 个缺陷中有 6 个缺陷是在项目的需求阶段造成的。因为在验收测试期间发现的这些缺陷可以在此前的 7 个阶段中的任何一个阶段被发现,所以我们将在验收测试阶段之前一直保持隐藏状态的需求缺陷加权值为 7,

这样在验收测试期间发现的需求缺陷的加权数值为42(即6×7=42)。

表 12-12 项目的各个缺陷损耗值

缺陷造成阶段	发现阶段										缺陷总量
	需求	总体设计	详细设计	编码	单元测试	集成测试	系统测试	验收测试	试运行产品	发布产品	
需求	0	8	8	3	0	0	30	42	16	9	4.3
总体设计		0	9	6	0	4	15	6	14	8	2.1
详细设计			0	15	6	12	0	0	6	42	2.6
编码				0	62	32	18	8	15	120	2.7
总计	0	8	17	24	68	48	63	56	51	179	2.7

一般而言,缺陷损耗的数值越低,说明缺陷的发现过程越有效,最理想的数值应该为1。作为一个绝对值,缺陷损耗几乎没有任何意义,但是,当用缺陷损耗来度量测试有效性的长期趋势时就会显示出自己的价值。

3. 软件缺陷密度

软件缺陷密度是一种以平均值估算来计算出软件缺陷分布的密度值。程序代码通常是以“千行”为单位的,软件缺陷密度是用下面的公式计算的。

软件缺陷密度=软件缺陷数量/代码行或功能点的数量

例如,某个项目有200千行代码,软件测试小组在测试工作中共找出900个软件缺陷,其软件缺陷密度是4.5(即900/200),也就是说每千行的程序代码内就会产生4.5个缺陷。

但是,在实际评测中缺陷密度这种度量方法是极不完善的,度量本身是不充分的。一些测试人员试图将测试中发现的缺陷数量当作测试有效性的一个度量,这里存在的主要问题是所有的缺陷并不是均等构造的。各个软件缺陷的恶劣程度及其对产品和用户的影响的严重程度以及修复缺陷的重要程度有很大差别,有必要对缺陷进行分级、加权处理,给出软件缺陷在各严重性级别或优先级上的分布作为补充度量,这样将使这种评测更加充分,更有实际应用价值。因为在测试工作中大多数的缺陷都记录了它的严重程度的等级和优先级,所以这个问题通常都能够很好解决。

4. 缺陷清除率

为了估算软件缺陷清除率,首先需要引入几个变量,F为描述软件规模用的功能点,D_1为软件开发过程中发现的所有软件缺陷数,D_2为软件分布后发现的软件缺陷数,D为发现的总软件缺陷数,由此可得到$D=D_1+D_2$的关系。

对于一个软件项目,则可用如下几个公式从不同角度来估算软件的质量。

- 质量(每个功能点的缺陷数)$=D_2/F$
- 软件缺陷注入率$=D/F$
- 软件清除率$=D_1/D$

例如,假设有100个功能点,即$F=100$,而在软件开发过程中发现20个软件缺陷,提交后又发现了3个软件缺陷,则$D_1=20$,$D_2=3$,$D=D_1+D_2=23$。下面应用以上公式从不同角度来估算软件的质量。

- 质量(每个功能点的缺陷数)$=D_2/F=3/100=0.03=3\%$
- 软件缺陷注入率$=D/F=20/100=0.20=20\%$
- 软件清除率$=D_1/D=20/23=0.8696=86.96\%$

目前有资料统计,美国的软件公司的平均整体软件缺陷清除率达到85%,而一向有着良好管理的著名软件公司的主流软件产品的整体软件缺陷清除率可以达到98%。

12.7 小结

随着当今软件产业的不断发展,要求不断提高软件产品的竞争力,这已经不完全取决于技术的先进性,还取决于软件质量是否稳定。因此,软件缺陷管理及其管理工具缺陷跟踪系统受到越来越多的关注,成为当今软件工程领域里重要的研究方向。

缺陷管理贯穿于整个软件开发生命周期中,是不可缺少的重要环节,但国内一些开发商对此缺乏足够的重视。如何结合CMM等过程能力改进的方法帮助企业建立和完善缺陷管理机制提高缺陷管理水平是具有很大现实意义的问题。缺陷管理及缺陷跟踪系统的研究是一个具有发展前途的研究领域,与国外的研究状况相比,国内在这方面还是一个比较新的研究领域,有很多东西值得去深入研究探讨。

思考题

1. 简述软件缺陷的含义。
2. 说明软件缺陷、软件错误和软件失败的关系。
3. 软件缺陷的严重性和优先级级别分别有哪些?
4. 报告软件缺陷的基本原则是什么?
5. 简述参与缺陷管理的人员及其职责。
6. 常用的缺陷分析方法有哪些?

集成测试

很多人都认为微软是一家软件开发公司，事实上我们是一家软件测试公司。

——比尔·盖茨(Bill Gates)

单元测试工作完成后对软件的测试才真正开始，特别是对于大型软件产品更是如此。软件故障的定义是如果软件开发没有按用户的合理要求去做，则必定存在软件故障，即使做到绝对完美的单元测试也无法确保能够查出所有的软件故障。实践表明，一些模块能够单独正常工作，并不能保证连接起来也能正常工作。程序在某些局部反映不出来的问题在全局上很可能暴露出来，影响到功能的发挥。

从单元测试到集成测试，测试空间被扩大了，单元测试的测试空间主要是各个单元内部的测试空间，测试的是内部实现层的测试空间的一个子集，没有考虑不同单元间的组合关系；而集成测试针对的是接口层的测试空间，需要考虑内部单元的组合关系，测试的是整个接口层的测试空间。

本章正文共分5节，13.1节是集成测试的定义，13.2节介绍集成测试策略，13.3节介绍集成测试用例设计，13.4节介绍集成测试的过程，13.5节介绍面向对象的集成测试。

13.1 集成测试的定义

集成测试是在单元测试的基础上将多个模块组合在一起进行测试的过程，主要检查各个软件单元之间的相互接口是否正确，是介于单元测试和系统测试之间的过渡阶段，是单元测试的扩展和延伸。通过单元测试和集成测试仅能保证软件开发的功能得以实现，不能确认在实际运行时能否满足用户的需求，是否存在实际使用条件下可能被诱发的故障隐患，为此对于完成开发的软件必须经过规范的系统测试。这里需要再次强调，不经过单元测试的模块是不应进行集成测试的，否则将对集成测试的效果和效率带来巨大的影响。

集成测试既有白盒测试的成分，也有黑盒测试的成分，结合白盒测试和黑盒测试的特点，现在将其归入“灰盒测试”的范畴。

13.1.1 区别

集成测试与单元测试关注的范围有很大不同。单元测试主要关注模块的内部，虽然也关注模块接口，但是从内部来查看接口，从个数、属性、量纲、顺序等方面查看输入的实参与形参的匹配情况；而集成测试查看接口时主要关注穿越接口的数据、信息是否正确，是否会丢失。

集成测试与系统测试的区别更明显。集成测试仅针对软件系统展开测试，系统测试中所涉及的系统不仅包括被测试的软件本身，还包括硬件及相关外围设备，即整个软件系统以及与软件系统交互的所有硬件与软件平台。在更大程度上，系统测试是站在用户的角度来评价系统，包括验证系统的主要功能、核实系统的性能水平、判断是否达到安全性要求等。

另外，三者测试的依据也不同。单元测试是针对软件详细设计做的测试，测试用例设计的主要依据是详细设计说明书；集成测试是针对高层(概要)设计做的测试，测试用例设计的主要依据是概要设计说明书；而系统测试主要是依据需求做的测试，测试用例设计的主要依据则是需求规格说明书及行业标准。

13.1.2 集成测试的主要任务

按设计要求把通过单元测试的各个模块组装在一起之后进行集成测试的主要任务是检验软件系统是否符合实际软件结构，发现与接口有关的各种错误。集成测试使用黑盒测试方法测试集成的功能，并对以前的集成进行回归测试。具体来说，集成测试的主要任务是解决以下5个方面的测试问题。

(1) 将各模块连接起来时检查各个模块相互调用时、数据穿越模块接口时是否会丢失。

(2) 各子功能组合起来能否达到预期要求的各项功能。

(3) 一个模块的功能是否会对其他模块的功能产生不利影响。

(4) 全局数据结构是否有问题，是否会被异常修改。

(5) 单个模块的误差累积起来是否会放大，从而达到不可接受的程度。

13.1.3 集成测试的层次与原则

1. 集成测试的层次

软件的开发过程是一个从需求分析到概要设计、详细设计以及编码实现的逐步细化的过程。集成测试内部对于传统软件和面向对象的应用系统有两种层次的划分。

对于传统软件来讲，可以把集成测试划分为3个层次，即模块内集成测试、子系统内集成测试和子系统间集成测试。

对于面向对象的应用系统来说，可以把集成测试分为两个阶段，即类内集成测试和类间集成测试。

2. 集成测试的原则

集成测试是灰色地带，要做好集成测试并不是一件容易的事情，因为集成测试不好把握。集成测试应针对总体设计尽早开始筹划，为了做好集成测试，需要遵循以下原则：

(1) 所有公共接口都要被测试到；

(2) 关键模块必须进行充分的测试；

(3) 集成测试应当按一定的层次进行；

(4) 集成测试的策略选择应当综合考虑质量、成本和进度之间的关系；

(5) 集成测试应当尽早开始，并以总体设计为基础；

(6) 在模块与接口的划分上,测试人员应当和开发人员进行充分的沟通;
(7) 当接口发生修改时,涉及的相关接口必须进行再测试;
(8) 测试的执行结果应当如实记录。

13.2 集成测试策略

在把模块组装成程序时有两种方法。

一种方法是先分别测试每个模块,再把所有模块按设计要求放在一起,结合成所要的程序,这种方法称为非渐增式集成。另一种方法是把下一个要测试的模块与已经测试好的那些模块结合起来进行测试,测试完以后再把下一个应该测试的模块结合起来进行测试,这种每次增加一个模块的方法称为渐增式集成,这种方法实际上同时完成了单元测试和集成测试。

在对两个以上的模块进行集成时需要考虑和周围模块的联系。为了模拟联系,需要设置若干辅助模块。

- 驱动模块:用于模拟待测模块的上级模块。驱动模块在集成测试中接受测试数据,把相关的数据传送给待测模块,启动待测模块,并打印出相应的结果。
- 桩模块:也称为存根模块,用于模拟待测模块工作过程中所调用的模块。桩模块由待测模块调用,一般只进行很少的数据处理,例如打印入口和返回,以便于检验待测模块与其下级模块的接口。

13.2.1 非渐增式集成

概括来说,非渐增式集成测试采用一步到位的方法进行测试,即对所有模块进行个别的单元测试后按程序结构图将各模块连接起来,把连接后的程序当作一个整体进行测试。

图 13-1 为采用非渐增式集成测试的一个经典例子,被测程序的结构如图 13-1(a)所示,由 6 个模块构成。在进行单元测试时,根据在结构图中的地位对模块 B 和 D 配备了驱动模块和被调用模拟子模块,对模块 C、E 和 F 只配备了驱动模块。主模块 A 由于处在结构图

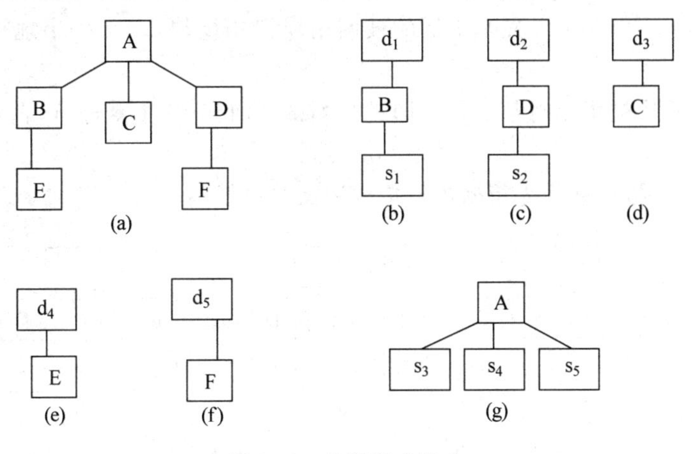

图 13-1 非渐增式集成

的顶端,无其他模块调用它,因此仅为它配备了 3 个被调用模拟子模块,以模拟被它调用的 3 个模块 B、C 和 D,如图(b)~(g)所示,分别进行单元测试以后,再按图(a)所示的结构图形式连接起来,进行集成测试。

13.2.2 渐增式集成

渐增式集成是构造程序结构的一种方式,按照不同的模块集成方式又分为自顶向下增式集成测试和自底向上增式集成测试。自顶向下集成从主控模块开始,按照软件的控制层次结构逐步把各个模块集成在一起;自底向上集成则从最下层的模块开始,按照程序的层次结构逐渐形成完整的整体。

1. 自顶向下增式集成测试

自顶向下增式集成测试表示逐步集成和逐步测试,是按程序结构图自上而下进行的,即从顶层主控模块(主程序)开始测试,对以后如何选择下一个要测试的模块并没有一个统一的方法,唯一的原则是下一次要测试的模块至少有一个调用的模块已经测试过。从属于主控模块的模块按深度优先策略(纵向)或者广度优先策略(横向)逐步集成到结构中。深度优先策略的集成方式是首先集成结构中的一个主控路径下的所有模块,主控路径的选择是任意的,一般根据问题的特性来确定。例如先选择最左边的,然后是中间的,直到最右边。如图 13-2 所示,若选择了最左边一条路径,首先将模块 M_1、M_2、M_5 和 M_8 集成在一起,再将 M_6 集成起来,然后考虑集成中间的 M_3 和 M_7,最后集成右边的 M_4。

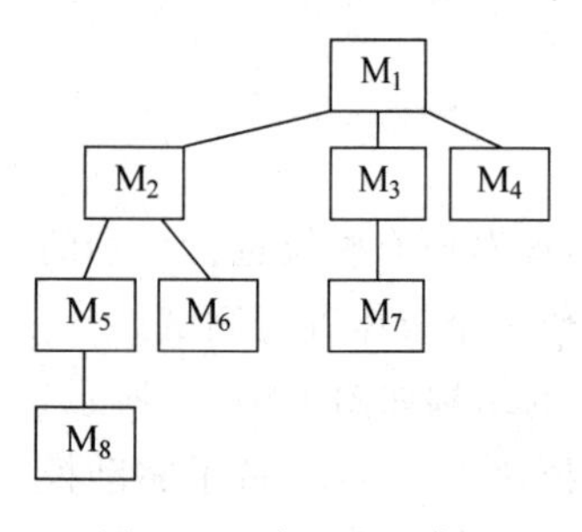

图 13-2 自顶向下集成

广度优先策略的集成方式是首先沿着水平方向把每一层中所有直接隶属于上一层的模块集成起来,直至最底层。以图 13-2 为例,首先把 M_2、M_3 和 M_4 与主模块集成在一起,再将 M_5、M_6 和 M_7 集成起来,最后集成最底层的 M_8。集成测试的整个过程由以下 3 个步骤完成。

(1) 将主控模块作为测试驱动器,把对主控模块进行单元测试时引入的被调用模拟子模块用实际模块代替。

(2) 依据所选用的模块集成策略(深度优先或广度优先),下层的被调用模拟子模块,一次一个地被替换为真正的模块。

(3) 在每个模块被集成时都必须立即进行测试。回到(2)重复进行,直到整个系统结构被集成完毕。

图 13-3 为一个按广度优先策略进行集成测试的典型例子。

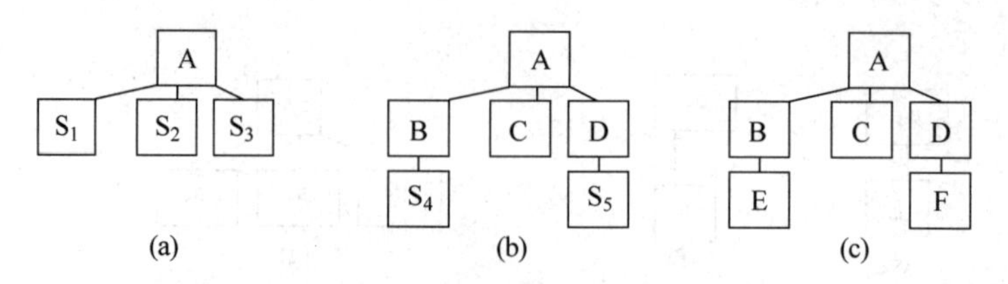

图 13-3 自顶向下增式测试(广度优先策略)

首先对顶层的主模块 A 进行单元测试，这时需配以被调用模拟子模块 S_1、S_2 和 S_3，如图 13-3(a)所示，以模拟被调用的模块 B、C 和 D。其后把模块 B、C 和 D 与顶层模块 A 连接起来，再对模块 B 和 D 配以被调用模拟子模块 S_4 和 S_5，以模拟对模块 E 和 F 的调用。这样按如图 13-3(b)所示的形式进行测试，最后去掉被调用模拟子模块 S_4 和 S_5，把模块 E 和 F 集成后再对软件的完整结构进行测试，如图 13-3(c)所示。

自顶向下的结合策略能够在测试的早期对主要的控制模块进行检验。在一个分解得好的软件结构中，主要的控制模块位于层次系统的较上层，因此首先碰到。如果主要控制模块确实有问题，早期认识到这类问题是有好处的，可以及早想办法解决。如果选择深度优先的结合方法，可以在早期实现软件的一个完整功能并且验证这个功能。

自顶向下集成测试可以自然地做到逐步求精，让测试人员看到系统的雏形，有助于对程序的主要控制和决策模块进行检验，增强测试人员的信心。但是，在实际使用时可能遇到逻辑上的问题。这类问题中最常见的是为了测试软件系统的较高层次，需要较低层次的支持，但是自顶向下的方式在测试较高层模块时由于低层处理用桩模块替代，不能反映真实情况，重要数据不能及时回送到上层模块，观察和解释测试输出往往比较困难。

为了解决这个问题，可以采用以下几种办法：

(1) 把某些模块测试推迟到用真实模块替代桩模块之后进行。

(2) 开发出能模拟真实模块的桩模块。

(3) 采用自底向上集成测试方法。

第一种方法实际上是非增式集成测试方法，这种方法使故障难于定位和纠正，并且失去了在组装模块时进行一些特定测试的可能性。第二种方法无疑会大大增加开销；第三种方法是一种比较切实可行的方法。

2. 自底向上增式集成测试

自底向上增式集成测试是从软件结构的最下层模块开始测试的，在测试较高层模块时所需的下层模块功能都已具备，所以不再需要桩模块。自底向上增式集成测试的步骤如下：

(1) 把低层模块组织成实现某个子功能的模块群。

(2) 开发一个测试驱动模块控制测试数据的输入和测试结果的输出。

(3) 对每个模块群进行测试。

(4) 删除测试使用的驱动模块，用较高层模块把模块群组织成完成更大功能的新模块群。

从第一步开始循环执行上述各步骤，直至整个程序构造完毕。

自底向上集成测试对最下层模块测试之后同样也没有什么"最好的"方法来选择下一个要测试的模块，选择下一个待测模块的唯一原则是所有下层的模块(即它能调用的模块)必须事先都被测试过。

图 13-4 为采用自底向上增量集成测试实现同一实例(见图 13-3)的过程。图 13-4(a)、(b)和(c)表示树状结构图中处在最下层的叶结点模块 E、C 和 F，由于不再调用其他模块，在进行单元测试时只需要配以驱动模块 d_1、d_2 和 d_3 用来模拟 B、A 和 D 的调用。完成这 3 个单元测试以后，再按图 13-4(d)和(e)所示的形式分别将模块 B 和 E 及模块 D 和 F 连接起来，再配以驱动模块 d_4 和 d_5 实施部分集成测试，最后按图 13-4(f)所示的形式完成整体的集成测试。

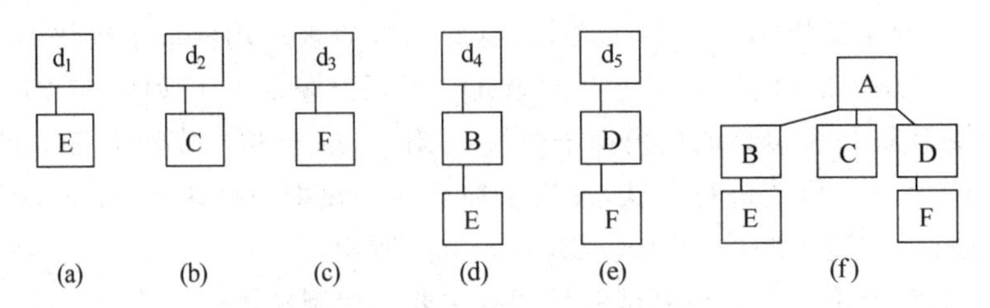

图 13-4 自底向上增式集成测试

对于大多数情况，自底向上集成测试和自顶向下集成测试正好相反；自顶向下集成测试的优点正是自底向上集成测试的缺点，而自顶向下集成测试的缺点正是自底向上集成测试的优点。

自底向上的增式集成在最后一个模块加上之前程序不完整，自顶向下增式集成则在早期就有了程序的轮廓版本，但其涉及的桩模块较多，测试费用较高。两者各有优劣，一种方案的长处是另一种方案的短处。有效的选择是基于风险优选模块集成次序，混合采用自底向上和自顶向下的集成测试方法。例如，与高风险功能有关的模块可以较早进入集成测试，而与低风险功能有关的模块可以较晚进行测试。尽管人们倾向于先做容易的事情，但该混合方案提出的建议却正好相反。

13.2.3 其他集成测试策略

1. 三明治集成测试

三明治集成测试是将自顶向下测试与自底向上测试两种模式有机结合起来，采用并行的自顶向下、自底向上集成方式形成改进的三明治方法。

三明治集成测试更重要的是采取持续集成的策略，软件开发中各个模块不是同时完成的，根据进度将完成的模块尽可能早地进行集成有助于尽早发现缺陷，避免在集成阶段大量缺陷涌现。同时，在进行自底向上集成时，先期完成的模块将是后期模块的被调用程序，而自顶向下集成时，先期完成的模块将是后期模块的驱动程序，从而使后期模块的单元测试和集成测试出现了部分交叉，不仅节省了测试代码的编写，也有利于提高工作效率。

2. 核心系统先行集成测试

核心系统先行集成测试法的思想是先对核心软件部件进行集成测试，在测试通过的基础上再按各外围软件部件的重要程度逐个集成到核心系统中。每次加入一个外围软件部件都产生一个产品基线，直至最后形成稳定的软件产品。核心系统先行集成测试对应的集成过程是一个逐渐趋于闭合的螺旋形曲线，代表产品逐步定型的过程，测试步骤如下：

(1) 对核心系统中的每个模块进行单独的、充分的测试，必要时使用驱动模块和桩模块。

(2) 将核心系统中的所有模块一次性集合到被测系统中，解决集成中出现的各类问题。在核心系统规模相对较大的情况下，也可以按照自底向上的步骤集成核心系统的各组成模块。

(3) 按照各外围软件部件的重要程度以及模块间的相互制约关系拟定外围软件部件集

成到核心系统中的顺序方案，方案经评审以后即可进行外围软件部件的集成。

(4) 在外围软件部件添加到核心系统之前，外围软件部件应先完成内部的模块级集成测试。

(5) 按顺序不断加入外围软件部件，排除外围软件部件集成中出现的问题，形成最终的用户系统。

核心系统先行的集成测试方法对于快速进行软件开发很有效果，适合较复杂系统的集成测试，能保证一些重要的功能和服务的实现。缺点是采用此法的系统一般应能明确区分核心软件部件和外围软件部件，核心软件部件应具有较高的耦合度，外围软件部件内部也应具有较高的耦合度，但各外围软件部件之间应具有较低的耦合度。

3. 高频集成测试

高频集成测试指同步于软件开发过程每隔一段时间对开发团队的现有代码进行一次集成测试。

如某些自动化集成测试工具能实现每日深夜对开发团队的现有代码进行一次集成测试，然后将测试结果发到各开发人员的电子邮箱中。集成测试方法频繁地将新代码加入到一个已经稳定的基线中，以免集成故障难以发现，同时控制可能出现的基线偏差。使用高频集成测试需要具备一定的条件，可以持续获得一个稳定的增量，并且该增量内部已被验证没有问题；大部分有意义的功能增加可以在一个相对稳定的时间间隔(如每个工作日)内获得；测试包和代码的开发工作必须是并行进行的，并且需要版本控制工具来保证始终维护的是测试脚本和代码的最新版本；必须借助于使用自动化工具来完成。高频集成的一个显著特点就是集成次数频繁，因此人工方法不能胜任。

高频集成测试方案能在开发过程中及时发现代码错误，能直观地看到开发团队的有效工程进度。在此方案中，开发维护源代码与维护软件测试包被赋予了同等的重要性，这对有效防止错误、及时纠正错误都很有帮助。该方案的缺点在于测试包有时候不一定能暴露深层次的编码错误和图形界面错误。

13.2.4 几种实施方案的比较

通过对各集成测试实施方案的分析和对比得出以下结论：

(1) 非增量式集成测试模式是先分散测试，然后集中起来再一次完成集成测试。如果在模块的接口处存在错误，只会在最后的集成测试时一下子暴露出来。在进行非增量式集成测试时可能会发现很多错误，为每个错误定位和纠正非常困难，并且在改正一个错误的同时又可能引入新的错误，新、旧错误混杂，更难断定出错的原因和位置。

与此相反，增量式集成测试的逐步集成和逐步测试的方法将程序一段一段地扩展，测试的范围一步一步增大，把可能出现的差错分别暴露出来，错误易于定位和纠正，便于找出问题并修改，接口的测试也可做到完全彻底。而且，一些模块在逐步集成的测试中得到了较为频繁的考验，因此可能取得较好的测试效果。但是，增量式集成测试需要编写的驱动程序或被调用模拟子模块程序较多、发现模块间接口错误相对晚些。总的来说，增量式集成测试比非增量式集成测试具有比较明显的优越性。

(2) 自顶向下测试的主要优点在于可以自然地做到逐步求精，一开始便能让测试者看到系统的框架,主要缺点是需要提供被调用模拟子模块,被调用模拟子模块可能不能反映真实情况,因此测试行可能不充分。

并且,在输入/输出模块接入系统之前,在被调用模拟子模块中表示测试数据有一定的困难。由于被调用模拟子模块不能模拟数据,如果模块间的数据流不能构成有向的非环状图,一些模块的测试数据便难以生成,同时,观察和解释测试输出往往也是困难的。

(3) 自底向上的优点在于由于驱动模块模拟了所有调用参数,即使数据流并未构成有向的非环状图,生成测试数据也没有困难。如果关键的模块是在结构图的底部,那么自底向上测试是有优越性的。其主要缺点则在于直到最后一个模块被加入进去之后才能看到整个程序(系统)的框架。

(4) 三明治集成测试采用自顶向下、自底向上集成相结合的方式,并采取持续集成的策略,有助于尽早发现缺陷,也有利于提高工作效率。

(5) 核心系统先行集成测试能保证一些重要功能和服务的实现,对于快速进行软件开发很有效果。采用此种模式的测试要求系统一般应能明确区分核心软件部件和外围软件部件。高频集成测试的一个显著的特点就是集成次数频繁,必须借助于自动化工具来实现。

(6) 一般来讲,对于集成测试采用自顶向下集成测试和自底向上集成测试方案在软件项目集成过程中较为常见。在现代复杂软件项目集成测试过程中,通常采用核心系统先行集成测试和高频集成测试相结合的方式进行。在实际测试工作中,应该结合项目的实际工程环境及各测试方案适用的范围进行合理的选择。

13.3 集成测试用例设计

1. 为系统运行设计用例

首先,设计测试用例要让系统可以运行起来,用例应当能够覆盖程序最主要的执行路径,当这些为系统运行起来的用例满足后,后续的测试就不会被阻塞,才能够保证让后续的测试进行下去。

其可用的测试方法主要有规格导出法、应用场景分析法和等价类分法等。

2. 为正向测试设计用例

用来验证需求和设计是否得到满足、软件的功能是否得到实现的测试用例为正向测试设计用例。正向测试重点验证设计空间是否满足需求,需要根据概要设计来设计测试用例。

在正向测试设计用例时可以使用的方法主要有规格导出法、等价类分法、应用场景分析法、状态图法和分类推理法等。

3. 为逆向测试设计用例

逆向测试主要以已知的缺陷空间为依据来设计测试用例,设计测试用例用于证明已知的缺陷在软件中都不存在,主要的测试用例设计方法有错误猜测法、边界值法、随机数法、状态图法、正交阵列法、因果图法、元素分析法、经验继承法、会议引导法、结对设计法、分类推理法等。

4. 为满足特殊需求设计用例

在软件需求中，除了功能性需求之外，可能还会有安全性需求、性能需求和可靠性需求等，需要为所有需求来设计测试用例进行测试，比如安全性测试、性能测试、可靠性测试、内存越界测试等方面的测试用例就属于为特殊需求而设计的测试用例。

在设计测试用例时要根据规格说明书进行规格导出，然后针对具体的测试方法进行用例设计。

5. 为高覆盖率设计用例

集成测试和单元测试的覆盖率不同，单元测试的覆盖率主要在代码层面，集成测试的覆盖率主要在接口层面，集成测试主要的覆盖率有接口覆盖率、接口路径覆盖率等。

接口覆盖率主要是指被覆盖的接口数占总的接口数的比例，注意接口有显性接口和隐性接口之分，函数调用接口(API)属于显性接口，消息、网络协议等都属于隐性接口。在计算接口覆盖率时需要将所有显性和隐性接口都算上。

6. 基于模块接口依赖关系来设计用例

模块接口依赖关系图，通常是一个无环有向图，属于可分层的有向图，基于模块接口依赖关系设计测试用例主要是根据模块间的依赖关系来设计接口的组合关系用例。

比如，模块 A 调用了模块 B 和模块 C，那么集成测试时必须考虑模块 B 和模块 C 的组合情况，为它们的组合调用关系设计测试用例。

在为组合调用关系设计用例时需要先找出整个接口关系图中有多少组模块间具有组合关系，分组的原则是存在一个模块调用了同一组模块中的所有模块的情况。

找出有组合关系的模块分组后就可以针对它们的组合关系设计测试用例了，重点分析那些在实际情况中可能发生的组合关系，然后设计对应的测试用例进行测试。

13.4 集成测试的过程

根据集成测试不同阶段的任务把集成测试的过程划分为下面 3 个阶段。

(1) 计划阶段：完成集成测试计划，制定集成测试策略；

(2) 设计实现阶段：建立集成测试环境，完成测试设计和开发；

(3) 执行评估阶段：执行集成测试用例，记录和评估测试结果。

13.4.1 计划阶段

集成测试计划应在软件概要设计阶段完成，通常在概要设计通过评审后一周内完成。制订集成测试计划的主要依据是软件需求规格说明书、软件概要设计说明书、软件整体测试计划和软件开发计划。在该阶段完成时需提交集成测试计划书。

集成测试计划主要为集成测试活动提供测试范围(如需要测试的项目、不需要测试的项目等)、测试方法(选用的集成策略、需达到的覆盖指标等)、所需资源(包括软件、硬件和人力资源,特别应包括必要的测试工具资源)、测试完成标准、进度(任务分解表)和风险管理方面的指导。

值得注意的是,集成测试计划也应根据需求和设计的变化及时更新。集成测试计划是后续设计、实现和执行集成测试的依据,因此在开始后续阶段之前应对集成测试计划进行严格的评审。

集成测试计划主要由测试设计人员负责制订。

13.4.2 设计实现阶段

集成测试计划经评审无误后进入设计实现阶段。该阶段的主要任务是进行集成测试设计并设计集成测试用例,具体来说包括集成测试策略的分析、对被测对象的模块分析、接口分析、集成测试工具的分析等。该阶段的主要依据是软件需求规格说明书、软件概要设计说明书和集成测试计划书。在该阶段完成时需提交集成测试设计说明书、集成测试用例说明书和集成测试程序。同样,在开始后续阶段之前应对设计实现阶段提交的所有测试文档(包括测试设计说明书、测试用例说明书等)进行严格的评审。

在设计实现阶段,相关人员的任务分工为测试人员负责设计集成测试用例和测试过程、编制测试脚本、更新测试过程;设计人员负责设计驱动程序和桩程序;实施人员负责实现驱动程序和桩程序。

13.4.3 执行评估阶段

该阶段的主要任务是执行测试用例,判断测试用例是否通过。该阶段的依据包括需求规格说明书、概要设计、集成测试计划、集成测试设计、集成测试用例、集成测试规程、集成测试代码(系统具备该条件)、集成测试脚本(系统具备该条件)。

在该阶段中,测试人员负责执行测试并记录测试结果,测试人员需要负责向相关小组评估此次测试,生成测试评估总结报告。

在整个集成测试结束后要召集相关人员,如测试人员、编码人员、系统设计人员等对测试结果进行评估,确定是否通过集成测试。

在集成测试执行评估阶段完成时需提交集成测试总结报告。

13.5 面向对象的集成测试

传统的集成测试有两种方式通过集成完成的功能模块进行测试。一种是自顶向下集成,自顶向下集成是构造程序结构的一种增量式方式,从主控模块开始,按照软件的控制层次结构以深度优先或广度优先的策略逐步把各个模块集成在一起;另一种是自底向上集成,是由底向上通过集成完成的功能模块进行测试,一般可以在部分程序编译完成的情况下进行。

而对于面向对象程序,相互调用的功能分布在程序的不同类中,类通过消息相互作用,申请和提供服务。类的行为与状态密切相关,状态不仅仅是体现在类数据成员的值,还包括其他类中的状态信息。类相互依赖、极其紧密,根本无法在编译不完成的程序上对类进行测试。所以，传统的自顶向下和自底向上集成策略就没有意义，一次集成一个操作到类中（传统的增量集成方法）一般是不可能的，面向对象的集成测试通常要在整个程序编译完成后进行。此外，面向对象程序具有动态特性，程序的控制流往往无法确定，因此也只能对整个编译后的程序做基于黑盒技术的集成测试。

面向对象的程序由若干对象组成，这些对象互相协作来解决某些问题。对象的协作方式决定了程序能做什么，决定了程序执行的正确性，程序中对象的正确交互对程序的正确性而言是非常关键的。

交互测试的重点是确保对象（对象的类被测试过）的消息传送能正确进行。交互测试的执行可以使用嵌入到应用程序中的交互对象，或者在独立的测试工具（例如一个 tester 类）提供的环境中，交互测试通过使该环境中的对象相互交互而执行。

13.5.1 对象交互

对象交互是一个对象（发送者）向另一个对象（接收者）发出请求，请求接收者执行一个操作，而接收者进行的所有处理工作就是完成这个请求。类与类交互的方式（类接口）主要有以下几种：

- 公共操作将一个或多个类命名为正式参数的类型；
- 公共操作将一个或多个命名作为返回值的类型；
- 类的方法创建另一个类的实例；
- 类的方法引用某个类的全部实例。

在创建要测试的接口说明时，用户要清楚地知道是否使用了保护性设计或约束性设计方法，这种方法会改变发送者和接收者交互的方式。

对象交互的测试根据类的类型可以分为原始类测试、汇集类测试和协作类测试。原始类测试使用类的单元测试技术。

1. 汇集类测试

汇集类指的是这样一种类：这些类在说明中使用对象，但是实际上从不和这些对象中的任何一个进行协作，即从不请求这些对象的服务。相反，汇集类会表现出以下一个或多个行为。

- 存放这些对象的引用（或指针），通常表现程序中对象之间的一对多的关系。
- 创建这些对象的实例。
- 删除这些对象的实例。

可以使用测试原始类的方法来测试汇集类，测试驱动程序要创建一些实例，作为消息中的参数被传送给一个正在测试的集合。测试用例的中心目的主要是保证那些实例被正确加入集合并被正确地从集合中移出，测试用例说明的集合会对其容量有所限制。假如在实际应用中可能要加入 40～50 条信息，那么生成的测试用例至少要增加 50 条信息。如果无法估计出一个有代表性的上限，就必须使用集合中大量的对象进行测试。

如果汇集类不能为增加的新元素分配内存，就应该测试这个汇集类的行为，或者是可变数组这一结构，往往一次就为若干条信息分配空间。在测试用例的执行期间，可以使用异常机制帮助测试人员限制在测试用例执行期间可得到的内存容量的分配情况。如果已经使用了保护设计方法,那么测试系列还应该包括否定系列。即当某些程序已拥有有限的制定容量并已有实际的限制,则应该用超过指定容量限制的测试用例进行测试。

2. 协作类测试

凡不是汇集类的非原始类(即一些简单的、独立的类,这些类可以用类测试方法进行测试)就是协作类。这种类在它们的一个或多个操作中使用其他对象,并将其作为实现中不可缺少的一部分。若接口中的一个操作的某个后置条件引用了一个协作类的对象的实例状态,则说明那个对象的属性被使用或修改了。由此可见,协作类的测试的复杂性远远高于汇集类或者原始类测试。

13.5.2 面向对象的集成测试的步骤

面向对象的集成测试能够检测出相对独立的单元测试无法检测出的那些类相互作用时才会产生的错误。基于单元测试对成员函数行为正确性的保证,集成测试只关注于系统的结构和内部的相互作用。面向对象的集成测试分两步进行,先进行静态测试,再进行动态测试。

静态测试主要针对程序的结构进行,检测程序结构是否符合设计要求。现在流行的一些测试软件都能提供一种称为"可逆性工程"的功能,即通过源程序得到类关系图和函数功能调用关系图,检测程序结构和程序的实现是否有缺陷、是否达到了设计要求。

在进行动态测试设计测试用例时通常需要上述的功能调用结构图、类关系图或者实体关系图作为参考,确定不需要被重复测试的部分,从而优化测试用例,减少测试工作量,使得进行的测试能够达到一定的覆盖标准。测试所要达到的覆盖标准可以是达到类所有的服务要求或服务提供的一定覆盖率;依据类间传递的消息达到对所有执行线程的一定覆盖率;达到类的所有状态的一定覆盖率等。同时,也可以考虑使用现有的一些测试工具来得到程序代码执行的覆盖率。

具体设计测试用例可参考下列步骤。

(1) 先选定检测的类,仔细给出类的状态和相应的行为、类或成员函数间传递的消息、输入或输出的界定等。

(2) 确定覆盖标准。

(3) 利用结构关系图,确定待测类的所有关联。

(4) 根据程序中类的对象构造测试用例,确认使用什么输入激发类的状态、使用类的服务和期望产生什么行为等。

注意,在设计测试用例时不仅要设计确认类功能满足的输入,还应该有意识地设计一些被禁止的例子,确认类是否有不合法的行为产生,如发送与类状态不相适应的消息、要求不相适应的服务等。根据具体情况动态的集成测试有时也可以通过系统测试完成。

13.5.3 常用的测试技术

面向对象的集成测试除了要考虑对象交互特征而进行分类之外,还需要一些具体的测试技术去实现测试的要求。在测试中希望运行所有可能出现的组合情况而达到100%的覆盖率，这就是穷举测试法。

穷举测试法是一种可靠的测试方法，然而在许多的情况下却没有办法实施，因为对象交互作用的组合数量太多了，没有足够的时间去构建和执行这些测试。所以，人们希望使用更有效的测试技术——抽样测试和正交阵列测试。

1. 抽样测试

抽样测试首先定义测试总体，然后定义一种方法，从测试用例总体中选择哪些被构建、哪些被执行。抽样方法是从一组可能的测试用例中选择一个测试系列，样本是基于某个概率分别选择总体的子集。

2. 正交阵列测试

正交阵列测试提供了一种特殊的抽样方法。正交阵列矩阵中的每一列代表一个因素，即一个变量代表软件系列中的一个特定的类族或类状态，特定的状态个数构成了级别。在正交阵列中，将各个因素可能组合成配对方式。例如，如果有 3 个因素 A、B、C，每个因素有 3 个级别 1、2、3，共有 27 种可能组合情况，即 A 的 3 种情况×B 的 3 种情况×C 的 3 种情况，一个给定级别仅出现两次，那么就只有如表 13-1 所示的配对组合方式(3 个因素，每个因素 3 种情况)。

表 13-1　3 个因素，每个因素 3 种情况的配对组合方式

	A	B	C
1	1	1	3
2	1	2	2
3	1	3	1
4	2	1	2
5	2	2	1
6	2	3	3
7	3	1	1
8	3	2	3
9	3	3	2

正交阵列测试使用平衡设计，一个因素的每个级别出现的次数和该因素其他级别的次数完全相等，每个配对级别仅出现一次。

13.6　小结

集成测试是在单元测试的基础上将多个模块组合在一起进行测试的过程，主要检查各个软件单元之间的相互接口是否正确。集成测试是介于单元测试和系统测试之间的过渡阶段，是单元测试的扩展和延伸。

集成测试是单元测试之后、系统测试之前的一个重要环节，从某种意义上来说，集成测试是 3 个阶段中最关键的一步。集成测试最好由开发人员来完成，若将任务报给测试部去完成,反而容易导致反复测试,延误进度。集成测试的策略主要围绕单个集成测试用例对接口的覆盖和对整个集成树的遍历路径进行设计,各种策略在测试用例的规模、驱动和桩模块的工作量以及缺陷定位等方面各有千秋,用户应根据实际情况灵活使用。

思考题

1. 什么是集成测试?
2. 集成测试与单元测试的区别在哪里?
3. 集成测试与系统测试的区别在哪里?
4. 如何评价某种集成测试方法?
5. 请比较非渐增式、自顶向下、自底向上集成策略。

第14章 系统测试

我必须创造一个系统，不然的话我就会被纳入别人的系统；我不要推理也不要比较，我的工作是创造。

——威廉·布莱克(William Blake)

在实际使用环境下，为检测开发的软件需要考虑是否能够真正满足用户的需求，是否存在发生故障的隐患，因此必须对开发的软件进行规范的系统测试。

开发的软件只是实际投入使用系统的一个组成部分，因此还需要检测它与系统中的其他部分能否协调工作，这就是系统测试的任务。

系统测试实际上是针对系统中的各个组成部分进行的综合性检验，很接近日常测试实践。比如，在购买二手车时要进行系统测试，在订购在线网络服务时要进行系统测试，等等。测试形式的共同模式就是根据人们的预期目标来评估产品，而不是根据规格说明或标准。因此，系统测试的目标不是要找出软件故障，而是要证明系统的性能，如确定系统是否满足性能需求，确定系统是否满足可靠性要求，等等。

本章正文共分4节，14.1节是系统测试的定义，14.2节介绍系统测试的流程，14.3节介绍系统测试的主要方法，14.4节介绍系统测试工具。

14.1 系统测试的定义

集成测试通过后，各模块已经组装成一个完整的软件包，这时要进行系统测试。系统测试是指将通过集成测试的软件系统作为计算机系统的一个重要组成部分与计算机硬件、外设、某些支撑软件的系统等其他系统元素组合在一起所进行的测试，目的在于通过与系统的需求定义做比较发现软件与系统定义不符合或矛盾的地方。

系统测试是对已经集成好的软件系统进行彻底的测试，以验证软件系统的正确性和性能等是否满足需求分析所指定的要求。系统测试通常是消耗测试资源最多的地方，一般可能会在一个相当长的时段内由独立的测试小组进行。

计算机软件是整个计算机系统的组成部分，在软件设计完成后应与硬件、外设等其他元素结合在一起对软件系统进行整体测试和有效性测试，此时较大的工作量集中在软件系统的某些模块与计算机系统中有关设备打交道时的默契配合。例如，当软件系统中调用打印机这种常见的输出外设时软件系统如何通过计算机系统平台的控制去合理地驱动、选择、设置、使用打印机。又如，新的软件系统中的一些文件和计算机系统中的其他软件系统中的一些文件完全同名时两种软件系统如何实现互不干扰、协调操作。再如,新的软件系统对系统配置和系统操作环境有矛盾时如何相互协调等。

项目已经集成为一个完整的计算机系统,测试人员还要根据原始项目需求对软件产品进行确认,测试软件是否满足需求规格说明的要求,即验证软件功能与用户要求的一致性。在软件需求说明书的有效性标准中详细定义了用户对软件的合理要求,包含的信息是有效性测试的基础和根据。此外,还必须对文件资料是否完整、正确以及软件的易移植性、兼容性、出错自动恢复功能、易维护性进行确认,这些问题都是系统测试要解决的。在使用测试用例完成有效性测试以后,如果发现软件的功能和性能与软件需求说明有差距,需要列出缺陷表。在这个阶段若发现与需求不一致,修改的工作量往往很大,不太可能在预定进度完成期限之前得到改正,要与用户协商解决。

14.2 系统测试的流程

系统测试流程如图 14-1 所示。由于系统测试的目的是验证最终软件系统是否满足产品需求并遵循系统设计,所以在完成产品需求和系统设计文档之后系统测试小组就可以提前开始制定测试计划和设计测试用例,不必等到集成测试阶段结束,这样可以提高系统测试的效率。

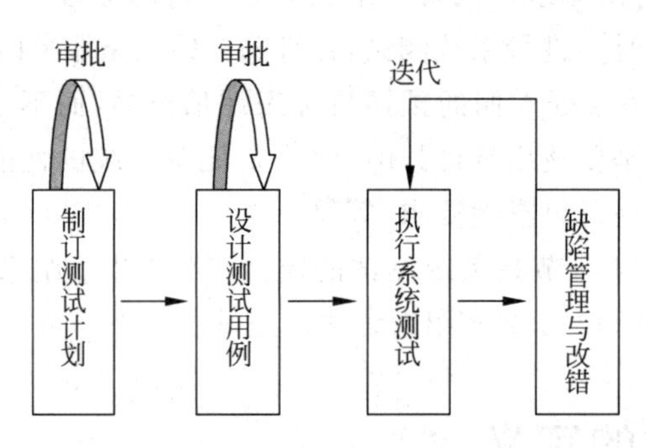

图 14-1 系统测试流程图

系统测试的目标如下:

(1) 确保系统测试的活动是按计划进行的。

(2) 验证软件产品是否与系统需求用例不相符合或与之矛盾。

(3) 建立完善的系统测试缺陷记录跟踪库。

(4) 确保软件系统测试活动及其结果及时通知相关小组和个人。

系统测试的方针如下:

(1) 为项目指定一个测试工程师,负责贯彻和执行系统测试活动。

(2) 测试组向各事业部总经理/项目经理报告系统测试的执行状况。

(3) 系统测试活动遵循文档化的标准和过程。

(4) 向外部用户提供经系统测试验收通过的项目。

(5) 建立相应项目的缺陷(Bug)库,用于系统测试阶段项目不同生命周期的缺陷记录和缺陷状态跟踪。

(6) 定期对系统测试活动及结果进行评估,向各事业部经理/项目办总监/项目经理汇报项目的产品质量信息及数据。

系统测试的原则如下:

(1) 在系统测试用例时首要的活动就是寻找外部输入层的测试空间。在设计系统测试用例时应该依照需求规格来发现外部输入层的测试空间,在寻找测试空间的过程中要按照测试用例设计原则以可变数据的表现形式为线索寻找测试空间。如果未找全测试空间,将导致遗漏测试用例,最后使质量得不到保证。

(2) 系统测试时不仅要测试设计空间,更多的应该测试异常空间。几十年来,软件中的大部分问题不是出在设计空间里,而是出在异常空间里,因此对异常空间的测试属于系统测试的重要内容。

(3) 要在计划阶段定好做哪些形式的测试。系统测试的内容丰富,测试的形式也多样化,具体要做哪些形式的测试需要在计划阶段定义好。比如,是否要做性能测试、安全性测试、可靠性测试等需要事先定义,并制定好测试的范围,如性能测试时测试哪些性能指标等。

(4) 系统测试是所有类型测试活动中难度最高的测试。很多人误以为系统测试只是简单地执行软件,像使用软件一样简单,相对于白盒测试,大部分时候都不需要写测试代码,因此是一种难度最低的测试。其实不然,系统测试不仅仅是测试执行,还涉及测试用例设计,很多专门的测试(如压力测试、性能测试、安全性测试等)不论是测试用例设计还是专门测试的难度都高于编写代码的难度。

14.3 系统测试的主要方法

系统测试很困难,并且没有一套通用的方法,因此系统测试需要创造性。事实上,设计一套完备的系统测试用例要比设计系统或程序需要更多的创造性、智慧和经验。

系统测试由若干个不同的测试类型组成,每一种测试都有一个特定的目标,然而所有的测试都要充分地运行系统,验证系统各部分能否协调地工作并完成指定的功能。下面介绍几类常用的系统测试。

14.3.1 性能测试

很多程序都有其特殊的性能或效率目标要求,说明在一定工作负荷和格局分配条件下的响应时间及处理速度等特性,例如传输的最长时间限制、传输的错误率、计算的精度、记录的精度、响应的时限和恢复时限等。

性能测试就是对软件的运行性能指标进行测试,判断系统集成之后在实际的使用环境下能否稳定、可靠地运行。为记录软件的运行性能,经常需要在系统中安装必要的测量仪表或者为度量性能而设置的软件,即需要其他软/硬件的配套支持。目前已有许多性能测试支持工具。

虽然从单元测试开始每一个测试过程都包含性能测试,但是只有当系统真正集成之后在真实环境中才能全面、可靠地测试软件的运行件能。这种测试有时需要与强度测试结合起来进行,测试系统的数据精确度、时间特性(如响应时间、更新处理时间、数据转换及传输时间等)、适应性(在操作方式、运行环境与其他软件的接口发生变化时应具备的适应能力)是否满足设计要求。

在性能测试过程中主要考虑以下两个方面:

1. 时间性能

时间主要指软件的一个具体事务的响应时间。响应时间的长短并无一个绝对统一的标准。以电子商务网站而言,一个普通接受的响应时间标准为 2:5:10,即两秒以内对用户的操作予以响应是非常优秀的,5 秒以内响应用户的操作则认为可以接受,若 10 秒还无法响应用户操作,则将导致用户的抱怨,并达到用户忍耐力的极限。

2. 空间性能

空间性能指软件运行时消耗的系统资源,它直接决定了系统的最低配置、推荐配置。系统的最低配置、推荐配置越小,则软件运行时消耗的系统资源越小。

在进行性能测试时最终需要达到的目标如下:

(1) 判断被测系统是否满足预期的性能需求。

(2) 判断系统的性能表现。

开源性能测试工具如下。

(1) JMeter: Apache 组织开发的基于 Java 的压力测试工具(http://jakarta.apache.org/jmeter/),如图 14-2 所示。

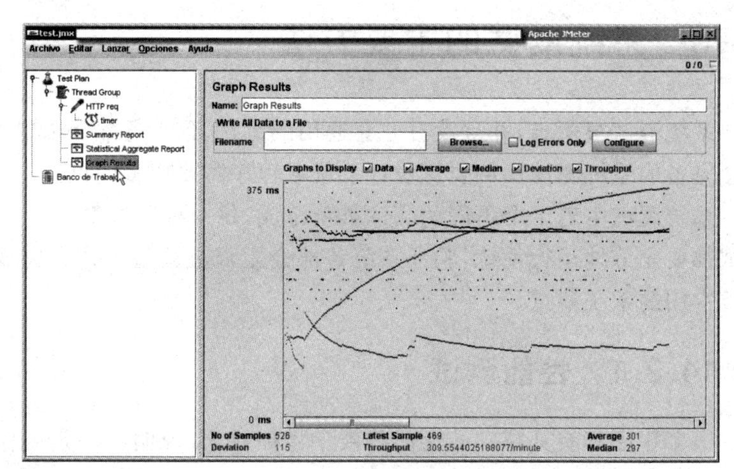

图 14-2 JMeter 的使用界面

(2) Siege: 一个开源的 Web 压力测试和评测工具(http://www.joedog.org/JoeDog/Siege)。

(3) OpenSTA: 可以模拟大量的虚拟用户来完成性能测试,并通过 Script 来完成丰富的自定义设置(http://portal.opensta.org/index.php)。

(4) DBMonster: 生成随机数据、用来测试 SQL 数据库的压力测试工具(http://dbmonster.kernelpanic.pl/)。

(5) LoadSim: 网络应用程序的负载模拟器(loadsim.sourceforge.net/)。

14.3.2　强度测试

强度测试也称压力测试、负载测试。强度测试是要破坏程序，检测非正常情况下系统的负载能力，也就是检查系统能力的最高实际限度。强度测试模拟实际情况下软/硬件环境和用户使用过程的系统负荷，长时间或超负荷地运行测试软件来测试系统，以检验系统能力的最高限度，从而了解系统的可靠性、稳定性等。例如，将输入的数据值提高一个或几个数量级来测试输入功能的响应等。

强度测试涉及时间因素，可用来测试那些负载不定的或交互式的、实时的以及过程控制等程序。例如，操作系统可以支持多达15道程序作业的运行，则强度测试是让15道作业同时运行起来。如果分时系统最多可支持64个终端，那就处理64个终端用户同时调用系统的情况。在实际工作中，一旦系统发生了故障，操作员立刻恢复系统时就会遇到这种情况。对过程控制系统的强度测试是让所有被控过程同时发出信号，对电话交换系统的强度测试是让它应付同时打来的大批电话。

14.3.3　安全性测试

安全性测试的目的在于检查系统对非法侵入的防范能力，验证安装在系统内的保护机构是否确实能够对系统进行保护，使之不受各种非常的干扰。安全性测试设法设计出一些测试用例，试图突破系统的安全保密措施。

例如，想方设法截取或破译口令；编制专门软件破坏系统的保护机制；故意导致系统失败，企图趁恢复之机非法进入；试图通过浏览非保密数据推导出所需的信息等，以检验系统是否有安全保密的漏洞。从理论上讲，只要有足够的时间和资源，没有不可进入的系统。因此，系统安全设计的准则是使非法入侵的代价超过被保护信息的价值，此时非法入侵者已无利可图。

典型的安全性测试考虑的问题如下：

(1) 系统能否检测到无效参数，并予以合适的处理。

(2) 系统能否检测到无效指令，并进行适当的处理。

(3) 系统能否正确保存系统配置数据，系统发生故障时能否恢复。

(4) 系统能否将配置数据导出，并在其他计算机上进行备份。

(5) 系统能否导入配置数据，并正常使用导入的数据。

(6) 能否不输入密码就登录系统。

(7) 系统对多次无效密码的输入能否进行适当的处理。

(8) 执行严格的安全性功能能否比系统的其他部分具有更高的有效性。

(9) 系统能否具有防止主要错误或自然意外方面的能力。

(10) 系统是否具有较高的安全性控制精度，包括错误的数量、频率和严重性。

(11) 系统对各种指令或操作的反应时间如何。

(12) 系统是否具有较高的吞吐量，吞吐量包括用户和服务请求的峰值与均值。

开源的安全性测试工具如下。

(1) Burp suite：一个可以用于攻击Web应用程序的集成平台。

(2) Nikto：开源的 Web 服务器扫描程序。

(3) Paros proxy：基于 Java 的 Web 代理程序，可以评估 Web 应用程序的漏洞。

(4) TamperIE：一个小巧的 XSS 漏洞检测辅助工具。

(5) Tripwire：一款最为常用的开放源码的完整性检查工具。

(6) Wapiti：用 Python 编写，直接对网页进行扫描。

(7) WebScarab：分析 HTTP/HTTPS 进行通信的应用程序。

(8) Whisker：使用 LibWhisker 的扫描程序，适合于 HTTP 测试。

(9) Wikto：可以检查 Web 服务器中的漏洞，和 Nikto 比较接近。

(10) 网络监控工具 Nessus、Ethereal/Wireshark、Snort、Switzerland 和 Netcat。

14.3.4 兼容性测试

交互可以在运行于同一台计算机上的两个程序之间进行，也可以在相隔数千公里通过因特网连接的两个程序之间进行，还可以简化为在软盘上保存数据，然后拿到其他房间的计算机上运行。

要对新软件进行兼容性测试，需要回答以下几个问题：

- 软件要求与哪种操作系统、Web 浏览器、应用软件保持兼容，如果要测试的软件是一个平台，那么设计要求什么样的应用程序能在它上面运行。
- 软件使用何种数据与其他平台和软件进行交互和共享信息。

1. 向前兼容和向后兼容

关于兼容性测试的两个常用术语是向前兼容、向后兼容。向后兼容指可以使用软件的以前版本；向前兼容指可以使用软件的未来版本。并非所有软件都要求向前兼容或向后兼容。

软件测试人员应该为检测向前兼容和向后兼容提供相应的测试输入。

2. 不同版本之间的兼容性

测试平台和应用软件多个版本之间是否能够正常工作可能是一项十分艰巨的任务，比如要测试一个流行操作系统的新版本，程序员修复了大量的软件故障，改善了性能，并在代码中增加了许多新的特性。当前操作系统上可能有上百万个程序，新操作系统的要求与它们 100%的兼容。

不可能在一个操作系统上测试所有的软件程序，因此需要决定哪些是最重要的，是必须测试的，决定的原则如下。

(1) 流行程度：利用销售记录选择前 100 或 1000 个最流行的程序。

(2) 年头：应该选择 3 年以内的程序和版本。

(3) 类型：把软件分为画图、字处理、财务、数据库、通信等类型，从每一种类型中选择一个软件进行测试。

(4) 生产厂商：根据开发软件的公司来选择软件。

上面是关于新操作系统平台的兼容性测试的。测试新的应用程序也是一样，需要决定在哪个平台上测试软件，以及和什么样的应用程序一起测试。

3. 标准和规范

适用于软件平台的标准和规范有两个级别，即高级标准和低级标准。

高级标准是产品普遍应遵守的，例如软件能在 Windows 或者 Linux 操作系统上运行吗？是 Internet 应用程序吗？如果是，运行于哪种浏览器上？每一个问题都关系到平台，如果某个应用程序声称与某平台兼容，就必须遵守关于该平台的标准和规范。

例如，Microsoft Windows 认证徽标就是一个例子。为了得到这个徽标，软件必须通过独立测试实验室的兼容性测试，其目的就是确保软件在 Windows 操作系统上能够平稳、可靠地运行。

认证徽标对软件有以下几点要求：

(1) 支持三键以上的鼠标。

(2) 支持在 C 和 D 以外的磁盘上安装。

(3) 支持长文件名。

这些看上去是一些平常的简单要求，其实这仅仅是长达 77 页文档中的 3 项而已。

低级标准是对产品开发细节的描述，从某种意义来说，低级标准比高级标准更重要。

假如创建了一个运行在 Windows 之上的程序，但与其他 Windows 软件在外观和感觉上有所不同，那么就不会获得 Microsoft Windows 认证徽标。如果该软件是一个图形程序，可以把文件保存为.pict 文件格式，但程序不符合.pict 文件的标准，用户就无法在其他程序中查看该文件。软件与标准不兼容，很可能成为一个短命的产品。

同样，通信协议、编程语言语法以及程序员用于共享信息的任何形式都必须符合公开的标准和规范。因此，高级标准和低级标准都很重要，都需要测试以保证其兼容性。

4. 数据共享兼容性

在应用程序之间共享数据增强了软件的功能。支持并遵守公开的标准，允许用户与其他软件轻松地传输数据，这样的程序便是一个兼容性好的产品。针对数据共享进行测试需要从以下几个方面加以考虑：

(1) 文件能够正常地在各种介质中进行保存和读取。

(2) 文件能够正确导入和导出。

(3) 能够支持剪切、复制及粘贴这些基本操作。

(4) 支持软件在不同版本间的数据转换。

14.3.5 恢复测试

像操作系统、数据库管理系统以及远程处理程序等这样的程序经常有系统恢复的目标，说明在软件出现故障、硬件失效、数据出错时整个系统应如何恢复正常工作。恢复测试的主要目的是检查系统的容错能力，在恢复性测试过程中测试人员仍然是扮演破坏者的角色。通过采用多种人工干预方式来使系统失效，比如将一些软件故障故意注入到操作系统中、制造通信线路上的干扰、引用数据库中无效的指针等，使软件出错而不能正常工作，从而检验系统的恢复能力。

若系统能够自动从失效中恢复，测试的重点在于对重新初始化、数据恢复、重启等功能的正确性验证；若系统必须经人工干预后才能从失效中恢复，测试重点还包括评估平均恢复时间(Mean Time Between Failures，MTTR)是否在规定的范围内。

在恢复性测试过程中主要考虑以下问题：

(1) 是否存在潜在的灾难和已确认的系统失效，导致的后果是怎样的。

(2) 系统保护和恢复过程是否为错误提供了足够的反应。

(3) 恢复过程是否能够正确工作。

14.3.6 用户图形界面测试

目前，流行的界面风格有3种方式，即多窗体、单窗体、资源管理器风格。无论风格如何变化，用户界面都应遵循一些通用的规则。下面给出了优秀用户界面的基本构成标准，并提倡按照该标准设计界面，该标准也可以作为界面测试的事实上的准则。

(1) 规范化：经大量正式的测试、经验、技巧和错误所得到的方便用户的规则，用户很可能已非常熟悉这些标准和规范，并已自然地接受。典型规范化要求包含第一次打开应用程序时应显示有关系统基本信息的屏幕，各种窗口应该有最小化、恢复和关闭按钮、有约定俗成的正确图标，有正确标题，数据显示的规范性等。

(2) 灵活性：主要是针对熟练的用户而言的。对于使用软件的新手来说，不需要软件太灵活，因为他们根本不知道软件该怎么使用，完全谈不上灵活使用；但对于老用户来说，他们喜欢多样化的选择，即使只是更换界面“皮肤”的颜色、变换界面字体这类小细节的设置，也可能会让他们欣喜不已。然而，灵活性与稳定性是相互矛盾的。灵活性越大，意味着更多方式的输入和输出、更多的状态，这无形中导致用户理解软件的难度，当然也会直接引发开发难度、开发工作量和测试工作量的暴涨，最终引起软件稳定性的下降。

(3) 正确性：一个确定的条件。只要结合产品说明书仔细检查，一般较容易发现这类问题。用户可从界面显示内容的准确性和界面显示及处理的正确性两方面来检查正确性。

(4) 直观性：直观性与易用性总是联系在一起的，反映用户学习掌握该软件所耗费的时间及在具体业务流程上的简化，可用易见、易学、易用来描述。

(5) 舒适性：相比正确性，舒适性是一个模糊的概念。不同的人对舒适性有不同的理解、不同的标准。总体而言，可以从内容友好性、提示信息的指导性、界面的美观协调和菜单及按钮中使用快捷方式这4个方面予以测试。

(6) 实用性：软件的特性应具有实用性，就是应在进行需求分析的时候明确了解哪些是用户关注的特性，即能够满足用户的基本要求就行。

(7) 一致性：包括被测软件本身的一致以及该软件与其他软件的一致，重要的是遵循公开的标准和规范。

(8) 帮助：系统应提供详尽、可靠的帮助文档，在用户不知该如何使用软件时可通过帮助文件自主寻求解决方法。

(9) 独特性：在界面基本框架符合标准和规范的基础上具有自己的独特风格，这对于商业软件尤其重要。

(10) 多窗口应用与系统资源：设计良好的软件应尽可能占用最低限度的资源。在系统设计多个窗口时要保证用户操作时方便、舒适。

14.3.7 安装测试

正如其他所有测试过程，安装测试与程序设计过程的某一特定阶段无关，并且进行安装测试的目的不是找出软件错误而是找出安装错误，所以并不是一般的测试，而是系统测试的一个组成部分。

在安装软件系统时用户可能会有很多种选择，比如分配并装入文件和程序库，设置适当的硬件配置，将程序和程序联系起来。安装测试的目的就是找出在这些安装过程中出现的错误。

安装测试的目标如下：

- 安装程序能够正确运行。
- 程序安装正确。
- 程序安装后能够正确运行。
- 完善性安装后程序仍能正确运行。

针对上述目的，并根据安装程序的一般流程，可知安装性测试应从安装的几个阶段来分别考虑测试项目。

1. 安装前的测试重点

(1) 是否需要专业人员安装。

(2) 确认打包程序的特性，如 Installshield，不同的打包发布程序支持的系统不一样，一个软件只能在确认的适应的系统上进行安装。

2. 安装过程中的测试重点

对于正常安装应关注以下几个方面：

(1) 安装过程应与安装手册中描述的所有步骤完全保持一致。

(2) 安装过程应符合一般的安装流程。

(3) 检验安装过程中的所有默认选项。

(4) 检验安装过程中的所有典型选项。

(5) 应对安装环境进行限制和要求。

(6) 应测试各种不同的安装组合（包括参数组合、控件执行顺序的组合、产品组件安装顺序的组合等）。

(7) 在安装过程中应有明显、合理的操作提示。

(8) 应验证软件使用许可证号或注册码。

(9) 应能识别大部分硬件。

对于安装过程中的异常情况应考虑以下几个方面：

(1) 应测试安装空间不足的情况。

(2) 测试异常配置或状态（非法和不合理配置），如断电、数据库终止、断网等。

(3) 在安装过程中应允许终止，终止安装后能确保系统恢复原状。安装软件不应破坏系统原有的系统文件，否则一旦停止安装将造成原有系统无法正常使用。

3. 安装之后的测试重点

(1) 能否产生正确的目录结构和文件。

(2) 动态库是否正确。

(3) 软件能否正确运行。

(4) 是否产生多余的目录结构、文件。

(5) 在所有运行环境上验证安装过程。

(6) 安装后系统是否对其他应用程序造成不正常影响。

(7) Web 服务是否有冲突。

(8) 系统升级后原有应用程序能否正常运行。

与软件安装相反的过程是软件的卸载,卸载测试可从以下方面来考虑。

(1) 文件:应将安装目录的文件及文件夹和非安装目录的文件及文件夹中的所有内容删除,包括 exe、dll、配置文件等。

(2) 快捷方式:从桌面、菜单、任务栏、系统栏、控制面板和系统服务列表删去快捷方式。

(3) 复原:卸载后系统应恢复到软件安装前的状态(包含目录结构、动态库、注册表、系统配置文件、驱动程序等)。

(4) 卸载方式:用不同方式测试卸载,包括用程序组自带的卸载程序、控制面板卸载和用其他自动卸载工具卸载。

(5) 卸载环境:在不同的环境下(包括操作系统、硬件环境、网络环境等)测试软件的卸载情况。

(6) 卸载状态:测试程序在运行、暂停、终止等状态时的卸载。

(7) 非正常卸载情况:在卸载过程中若取消卸载进程,应确保软件能继续正常使用。

(8) 重启卸载:在卸载过程中中断电源,再启动并重新卸载软件,如软件无法卸载,新安装软件,检查是否能够正常安装并能够正确卸载。

(9) 卸载后,系统不应对其他应用程序造成不正常影响。

安装测试应当作系统的一部分由生产该系统的组织负责进行,在系统安装之后进行测试。除此之外,测试情况还可以用来检验用户选择的一套任选方案是否相容,系统的每一部分是否都齐全,所有的文件是否已产生并且的确有所需要的内容,硬件的配置是否合理。

14.3.8 可靠性测试

所有测试都以改善软件的最终可靠性为目的。但是,如果系统需求规格说明中有可靠性要求,就需要进行可靠性测试。通常使用以下几个指标来度量系统的可靠性:平均无故障时间是否超过规定的时限,因故障而停机的时间在一年中不应超过多少时间等。可靠性指标很难测试。

例如,Bell 系统的 TSPS(Traffic Service Position System)变换系统要求每 40 年内因故障而停机的时间不能多于两个小时。我们不知道有什么办法能在几个月甚至几年内来测试这样一个指标。然而,如果可靠性指标是指平均无故障时间,如平均无故障时间为 20 小时,或运行出现的故障数目,如系统投入运行后不能出现多于 12 个软件故障,那么就可以用软件可靠性模型来评估这些指标。

14.3.9 配置测试

操作系统、数据库管理系统以及信息交换系统等都是在许多硬件配合支持下工作的。如何保证软件在其设计和连接的硬件上正常工作是配置测试的工作目标。配置测试是用各种硬件和软件平台以及不同设置检查软件操作的过程,以保证测试的软件可以使用尽可能多的硬件组合。然而,在现实世界中各种型号的打印机、显示器、网卡、调制解调器、扫描仪、数码相机、外围设备以及来自成千上万家公司的数百种计算机小产品(并且每天都会有新的计算机设备)问世,因此不可能每种情况都测试到。

例如,假定要测试运行于 Microsoft Windows 的新软件游戏。该游戏画面丰富,具有多种音效,允许多个用户通过电话线进行对抗比赛,而且还可以打印游戏细节进行策划等。当考虑用各种图形卡、声卡、调制解调器和打印机进行配置测试时,Windows 的添加硬件向导允许用户从 26 种类型的硬件中选择,每一种硬件还有各种生产厂商和型号。这还只是 Windows 内置驱动支持的型号,还有许多自行提供安装盘的硬件型号。如果进行完整、全面的配置测试,检查所有可能的制造者和型号组合,就会面临巨大的工作量。市场上大约有 332 种显卡、210 种声卡、1500 种调制解调器、1200 种打印机。测试组合的数目是×210×1500×1200,总计上亿种。

如果没有时间和计划测试所有的配置,就需要把成千上万种可能的配置缩减到可以接受的范围,即测试的目标。要测试哪些配置并没有一个定式,但在计划配置测试时一般采用的过程如下。

(1) 确定所需的硬件类型:应用程序要打印吗?如果是,就需要测试打印机。如果应用程序要发出声音,就需要测试声卡。如果是照片或者图形处理程序,还可能需要测试扫描仪和数码照相机。仔细查看软件的特性组合,确保测试全面、彻底。

(2) 确定哪些硬件型号和驱动程序可以使用。

(3) 确定可能的硬件特性、模式和选项:彩色打印机可以设置不同的打印模式,可以打印黑白照片或文字,也可以打印彩色文档。显卡有不同的色彩设置和屏幕分辨率。每一种设备都有选项设置,软件没有必要全部支持,但许多游戏要求最小颜色数和显示分辨率,如果配置低于该要求,游戏就不能正常运行。

(4) 将硬件配置缩减到可以控制的范围内。

(5) 明确使用硬件配置的软件特性:不必在每种配置中完全测试软件,只需测试那些与硬件相关的特性即可。例如,如果要测试写字板之类的字处理程序,因文件打印与打开和保存无关,在设计好一个文档后,只需设法在选好的每一种打印机配置中打印该文档,而不必在每一种配置中都测试打开和保存特性。

(6) 设计在每种配置中要执行的测试用例。

(7) 反复测试直到对结果满意为止。

在准备开始配置测试时就应考虑那些与软件关系最为密切的配置。比如,对图像要求很高的计算机游戏应多加注意视频和声音部分。传真或通信软件则应测试多种调制解调器和网络配置。贺卡软件容易受打印问题的困扰,可以测试最流行的或者问世 5 年之内的打印机,还可以决定75%的测试针对激光打印机,25%的测试针对喷墨打印机。不同的软件工程项目可能有不同的选择标准,但考虑的问题大致相同。

14.3.10 可用性测试

随着计算机的普及,用户的要求越来越高。可用性测试检测用户使用软件是否满意具体体现为操作是否方便?用户界面是否友好?用户找到他们想要的东西是否容易?浏览菜单是否方便等。如果开发的软件难以理解、不易使用、运行缓慢或者用户指责软件不正确,这就是可用性测试的失败。可用性测试的目的是让软件适合于用户的实际工作风格,而不是强迫用户的工作风格适应软件。

由于用户花费在软件界面上的时间比开发或测试人员多得多,看上去不重要的方面的影响就会变得越来越大,甚至会掩盖产品最有用的方面,所以许多软件公司花费大量的时间和费用来探索软件用户界面的最佳设计方式。优秀的用户界面包括下面7个要素。如果用户界面不符合这些要素,那么软件就有缺陷了。

1. 符合标准和规范

最重要的用户界面要素是软件符合现行行业的标准、规范。这些标准和规范一般由软件可用性专家开发,经过大量正式的测试得出方便用户使用的规则。如果软件严格遵守这些规则,优秀用户界面的其他要素自然就具备。

开发小组可能要对标准和规范有所提高,或者规则不能完全适用于软件,所以不会完全遵守这些规则,在这种情况下需要真正注意可用性问题。

2. 直观性

如今,人们对软件的要求高多了,在测试用户界面时考虑以下问题衡量软件的直观程度:

(1) 用户界面是否整洁,所需功能或者期待的响应是否明显。

(2) 用户界面布局是否合理,用户是否可以轻松自如地从一个功能转到另一个功能,在任何时刻是否都可以决定放弃或者返回、退出,菜单或者窗口是否深藏不露。

(3) 是否有多余功能,是否有太多的特性把工作复杂化了,是否感到信息太庞杂。

(4) 如果其他所有努力失败,帮助系统是否真能起作用。

3. 一致性

一致性是一个关键属性。软件操作的不一致会使用户从一个程序转向另一个程序时感到不习惯,同一个程序中的不一致就更糟糕。在进行一致性检测时应注意以下几点。

(1) 快捷键和菜单选项:在Windows中,按F1键几乎总可以得到帮助信息。

(2) 术语、命令:整个软件是否使用同样的术语,例如Find是否一直叫Find,是否有时叫Search。

(3) 按钮位置和等价键:是否注意到对话框有OK按钮和Cancel按钮时OK按钮总是

在上方或者左方，而 Cancel 按钮总是在下方或右方？同样的原因，Cancel 按钮的等价键通常是 Esc，而 OK 按钮的等价键通常是 Enter。这些按钮和等价键应该保持一致。

4. 灵活性

用户喜欢做一些选择，但是不能太多。

5. 舒适性

软件使用起来应该舒适，那么如何鉴别软件是否舒适？下面几点可以用来鉴别软件的舒适程度。

(1) 恰当：软件外观和感觉应该与所做的工作和使用者相符。通常，带有丰富用户界面的趣味贺卡程序不应该用来显示泄露技术机密的错误提示信息。相反，太空游戏则可以不管这些规则。

(2) 错误处理：程序应该在用户执行严重错误操作之前提出警告，并且允许用户恢复由于错误操作而丢失的数据。

(3) 性能：快不见得是好事，不少程序的错误提示信息一闪而过，无法看清。如果操作缓慢，至少应该向用户反馈操作持续时间，并且显示它正在工作，没有停滞。

6. 正确性

正确性测试就是测试用户界面是否做了该做的事，应特别注意下面几种情况。

(1) 市场定位偏差：有没有多余的或者遗漏的功能，或者某些功能执行了与市场宣传材料不相符的操作？不要拿软件与说明书比，而要与销售材料比。

(2) 所见即所得：用户界面所说的就是实际得到的吗？比如，单击 Save 按钮时屏幕上的文档与存入磁盘的完全一样吗？从磁盘读出时与原文档相同吗？

7. 实用性

优秀用户界面的最后一个要素是实用性。这里的实用性不是指软件本身是否实用，而是指具体特性是否实用。总之，不要让可用性测试的模糊性和主观性妨碍测试工作。

下面给出了一些用户界面错误的例子：

(1) 输入无合法性检查和值域检查，允许用户输入错误的数据类型。

(2) 界面中的信息不能及时更新，不能正确反映数据的状态，甚至可能对用户产生误导。如参数设置对话框中的预设值。

一些低效的用户界面例子如下：

(1) 表达不清楚或过于模糊的信息提示。

(2) 要求用户输入多余的、系统可以自己得到的数据，如安装后用户需要修改某些配置文件。

(3) 为了达到某个设置或对话框，用户必须做许多冗余操作，如对话框嵌套层次太多。

(4) 不能记忆用户的设置或操作习惯，用户每次进入都需要重新设置初始环境。

(5) 不经用户确认就可对系统或数据进行重大修改。

14.3.11 文档资料测试

现在软件文档变得越来越大,有时甚至需要投入比开发软件本身还要多的时间和精力。软件测试不只限于测试软件,保证文档的正确性也是软件测试的职责。

1. 可归于软件文档的内容

软件文档占到了整个软件产品的一大部分,以下是可归于软件文档的部分。

(1) 包装文字、标签和不干胶条。

(2) 市场宣传材料、广告以及其他插页,文档可能包含软件的屏幕抓图、特性清单、系统要求和版权信息等。

(3) 授权/注册登记表。

(4) 最终用户许可协议。

(5) 安装和设置指导。

(6) 用户手册。

(7) 联机帮助。

(8) 样例、示例和模板。

(9) 错误提示信息。

从用户的角度看,它们都是软件的一部分。

2. 软件文档对软件整体质量的影响

对于严肃对待文档资料的用户而言,这些文档信息必须正确。如果联机帮助遗漏了一个重要条目,安装指导中存在错误的操作步骤,或者出现了显眼的拼写错误,用户就认为软件有缺陷。因此,所有这些文档都应该得到很好的检测。一个好的软件文档能从以下方面提高软件产品的整体质量。

(1) 提高可用性,大多与软件文档有关。

(2) 提高可靠性,指软件平稳运行的程度。

(3) 降低支持费用:用户有麻烦或者遇到意外情况时会向公司请求帮助,好的文档能够通过恰当的解释和引导帮助用户克服困难,尽可能预防这种情况发生。

文档测试分为两个等级。如果文档是非代码,例如用户手册或者包装盒,测试可以视为技术编辑或校对。如果文档和代码紧密结合在一起,例如超链接的联机手册等,就需要进行动态测试。表 14-1 列出了用作文档测试基础的简化的检查清单。

表 14-1 文档测试检查清单

检查项目	考虑的问题
用户	文档对同一级别的用户难度合适吗
术语	术语适用于用户吗?用法一致吗?是否标准?需要定义吗?所有术语可以正确索引和交叉引用吗?公司的首字母缩写和术语完全相同吗
内容和主题	主题合适吗?有遗漏的主题吗?某个特性从产品中去掉是否通知了手册的作者

续表

检 查 项 目	考虑的问题
事实	所有信息真实而且技术正确吗？检查由于过期产品说明书和销售人员夸大事实而导致的错误
执行	仔细阅读文字，耐心补充遗漏的内容，将执行结果与文档描述进行比较
图表和屏幕抓图	检查图表的准确度和精确度，其图像来源和图像本身对吗？图表标题对吗？确保屏幕抓图不是来源于已经改变的预发行版
样例和示例	像用户那样使用样例

3. 文档开发与软件开发的不同

（1）文档常常得不到足够的重视和预算：一般认为软件工程是第一位的，其他就不那么重要了。实际上，人们购买的是软件产品，除此之外，就像位和字节那样无关紧要。如果负责测试软件中的一个领域，一定要为文档测试做出预算。

（2）软件文档编写者可能对软件不甚了解：正如不必让会计师测试电子表格程序一样，文档编写者也不必是软件特性方面的专家。文档测试最重要的是指出代码中难以使用或者难以理解的地方，以便能在文档中得到更好的解释。

（3）印刷文档资料可能要花不少的时间，可能是几周，也可能是几个月。然而，软件可以立即发布到因特网或者光盘上。由于时间差，软件产品的文档需要在软件完成之前完稿。如果在这个时候改变了软件功能或者发现了软件故障，那么文档就无法反映最新的改进。解决这个问题的方法是找一个好的开发模式，使文档保持到最后一刻发布或联机发布尽可能多的软件文档。

由软件文档编写者、插图设计人员和索引编者等以各种形式创建的软件文档在开发和测试工作量上很容易超过实际的软件开发。

14.3.12 网站测试

因特网页（Web）是一个非常时尚的主题。实际上，因特网页就是由文字、图形、声音和超链接组成的文档。网络用户通过单击具有超链接的文字和图形在网页间浏览，搜索查看找到的信息。

网站测试包括许多领域，包括配置测试、兼容性测试、可用性测试、文档测试等。当然，黑盒测试、白盒测试、静态测试和动态测试可能都要用上。网站测试是一项艰巨的任务，那么如何进行网站测试呢？最容易的起点是把网页或者整个网站当成一个黑盒子。

大多数网页比较简单，仅由文字、图形、链接以及少量表单组成。一般来说，网页测试包括以下几方面内容：

1. 文字测试

网页文字可以看作是软件文档，可以用测试文档的方法进行测试，检查用户等级、术语、内容、准确度，特别是可能过期的信息。

2. 链接测试

链接是Web页的一个主要特征,是在页面之间进行切换和指导用户去一些不知道地址的页面的主要手段。链接测试分为以下5个方面。

(1) 测试所有链接是否按指示的那样确实链接到了该链接的页面。

(2) 测试所链接的页面是否存在。

(3) 保证网站上没有孤立的页面,所谓孤立页面,是指没有链接指向该页面。孤立页面不能通过超链接访问,因为网页制作者忘记把它挂接上,这需要将网页清单与服务器上的实际网页进行简单的覆盖分析,确定测试的是否为全部的网页,也就是既没有遗漏的,也没有多余的网页。

(4) 链接测试可以手动进行,也可以自动进行。

(5) 链接测试必须在集成测试阶段完成,也就是说在整个Web网站的所有页面开发完成之后进行链接测试。

链接测试使用工具来完成,主要的链接测试工具软件如下。

(1) Xenu Link Sleuth:一款深受业界好评,并被广泛使用的死链接检测工具,可检测出指定网站的所有死链接(包括图片链接等),并用红色显示。

(2) HTML Link Validator:可以检查Web中的链接情况,可以标记错误链接的文件。

(3) Web Link Validator:一款网站分析工具,可以帮助网站管理员自动检查站点,寻找站点中存在的错误,增强站点的有效性。

3. 图形测试

一个Web页的图形可以包括图片、动画、边框、颜色、字体、背景、按钮等,内容如下:

(1) 确保图形有明确的用途,图片或动画不能胡乱地堆放在一起,以免浪费传输时间。

(2) 图片的大小和质量也是一个很重要的因素,一般采用JPG或GIF压缩,图片尺寸应小,但又能清楚地说明某件事情。

(3) 检测是否所有图形都正确载入和显示了。

(4) 验证所有页面字体的风格是否一致。

(5) 背景颜色是否与字体颜色和前景颜色相搭配。由于Web日益流行,很多人把它看作图形设计作品。但是,有些开发人员对新的背景颜色更感兴趣,以至于忽略了这种背景颜色是否易于浏览。通常来说,使用少许或尽量不使用背景是个不错的选择。如果想用背景,那么最好使用单色的。另外,图案、图片可能会转移用户的注意力。

(6) 是否所有的图片对所在的页面都是有价值的,或者只是浪费带宽。

(7) 通常来说不要将大图片放在首页上,因为这样可能会使用户放弃下载首页。如果用户可以很快看到首页,他就可能会浏览站点,否则可能放弃。

(8) 需要验证文字回绕是否正确,如果说明文字指向右边的图片,应该确保该图片出现在右边,不要因为使用图片而使窗口和段落排列古怪或者出现孤行。

4. 表单测试

表单是指网页上用于输入和选择信息的文本框、列表框、其他域。表单测试检测域的大小是否正确，数据接收是否正确，可选域是否真正可选等一系列内容。

但是，要真正地找出重要的软件缺陷，需要对网站的系统结构和编程语言有一定的了解。

5. 动态内容测试

动态内容指根据当前条件发生变化的文字和图形，例如日期、时间、用户喜好或者具体用户操作等。大多数动态内容编程在网站服务器上进行，要求具有Web服务器的访问权限才能查看源代码。

6. 数据库测试

在Web应用中数据库起着十分重要的作用，数据库为Web应用系统的管理、运行、查询和实现用户对数据存储的请求等提供空间。在使用了数据库的Web应用系统中一般可能出现两种故障，一是数据一致性故障，二是输出故障。前者主要是由于用户提交的表单信息不正确引起的；后者主要是由于网络速度或程序设计等问题引起的，针对这两种情况应分别进行测试。

7. 服务器性能和加载测试

流行网站每天可能要接受数百万次单击，每一次单击都要从网站的服务器上下载数据到浏览器的计算机。如果要测试系统的性能和加载速度，就必须找到一种方法来模拟数百万个链接和下载。

8. 安全性测试

金融、医疗和其他包含个人数据的网站风险特别大，需要进行网站的安全性测试，主要涉及的区域如下：

(1) 现在网站基本采用“先注册，后登录”的方式，因此必须测试有效和无效的用户名和密码，检测是否可以不登录而直接浏览某个页面等。

(2) 检测网页是否有超时的限制，即用户登录在一定时间内(例如10分钟)没有单击任何页面是否需要重新登录才能正常使用。

(3) 当使用安全套接字时检测加密是否正确、信息是否完整。

(4) 服务器端的脚本常常构成安全漏洞，这些漏洞又常常被黑客利用，所以还要检测在服务器端放置和编辑脚本等问题。

测试一个网站需要考虑可能会影响网站操作和外观的硬件与软件配置，网页是运用配置测试和兼容性测试的一个极好的例子，遵守和测试一些基本规则也有助于使网站更加易用。

简单地单击所有链接,验证其正确性会花去大量时间,再加上测试网站的基本功能,进行配置和兼容性测试,设法模拟数千甚至数百万个用户来测试性能和加载速度,任务非常艰巨。好在现在有一些免费的测试工具,可以自动检查网站并测试其浏览器兼容性、性能问题、超链接、HTML 标准符合程度和拼写错误等。

14.4 系统测试工具

14.4.1 系统测试工具的分类

目前,用于系统测试的主流测试工具主要有以下 4 类。

1. 负载压力测试工具

这类测试工具主要用来度量应用系统的可扩展性和性能,是一种预测系统行为和性能的自动化测试工具。在实施并发负载过程中,通过实时性能监测来确认和查找问题,并针对所发现的问题对系统性能进行优化,确保应用的成功部署。负载压力测试工具能够对整个企业架构进行测试,通过这些测试企业能最大限度地缩短测试时间、优化性能和加速应用系统的发布周期。

2. 功能测试工具

通过自动录制、检测和回放用户的应用操作将被测系统的输出记录与预先给定的标准结果比较,功能测试工具能够有效地帮助测试人员对复杂的企业级应用的不同发布版本的功能进行测试,提高测试人员的工作效率和质量。其主要目的是检测应用程序是否能够达到预期的功能并正常运行。

3. 白盒测试工具

白盒测试工具一般针对代码进行测试,在测试中发现的缺陷可以定位到代码级。根据原理的不同,测试工具又可以分为静态测试工具和动态测试工具。静态测试工具直接对代码进行分析,不需要运行代码,也不需要对代码编译链接和生成可执行文件。

静态测试工具一般对代码进行语法扫描,找出不符合编码规范的地方,根据某种质量模型评价代码的质量,生成系统的调用关系图等。

动态测试工具一般采用“插桩”的方式在代码生成的可执行文件中插入一些监测代码,用来统计程序运行时的数据。与静态测试工具最大的不同是,动态测试工具要求被测系统实际运行。

4. 测试管理工具

一般而言,测试管理工具对测试需求、测试计划、测试用例、测试实施进行管理,并且测试管理工具还包括对缺陷的跟踪管理。测试管理工具能让测试人员、开发人员或其他 IT 人员通过一个中央数据仓库在不同的地方交互信息。常见的测试工具如表 14-2 所示。

表 14-2 常见的测试工具

测试工具的类型	测试工具	备注
负载压力测试	LoadRunner	支持的协议多,且个别协议支持的版本比较高
	QALoad	测试接口多,可预测系统性能
	E-Test Suite	由 Empirix 公司开发的测试软件,能够与被测试应用软件无缝结合的 Web 应用测试工具
	JMeter	专门为服务器负载测试而设计、100%的纯 Java 桌面运行程序
	ACT,或称 MSACT	微软的 Visual Studio 和 Visual Studio. NET 自带的一套进行程序压力测试的工具。ACT 不仅可以记录程序运行的详细数据参数,还可以用图表显示程序的运行情况
功能测试	WinRunner	用于检测应用程序是否能够达到预期的功能及正常运行,是否能自动执行重复任务并优化测试工作
	QARun	一款自动回归测试工具,必须安装. NET 环境
	IBM Rational Robot	对于 Visual Studio 6 编写的程序的支持非常好,同时还支持 Java Applet、HTML、Oracle Forms、People Tools 应用程序
	SilkTest	提供了用于测试的创建和定制的工作流设置、测试计划和管理、直接的数据库访问及校验等功能
白盒测试	LogiScope	LogiScope 是法国 Telelogic 公司推出的专用于软件质量保证和软件测试的产品
	JUnit	JUnit 是一个开放源代码的 Java 测试框架,用于编写和运行可重复的测试
	CUnit	一个 C 语言的单元测试框架
	IBM Rational Purify	一种高级存储错误检测的工具,能够帮助用户精确地找到很难被调试的存储毁坏错误

续表

测试工具的类型	测 试 工 具	备 注
测试管理	TestDirector	可以与 WinRunner、LoadRunner、QuickTestPro 进行集成,除了可以跟踪 Bug 外,还可以编写测试用例、管理测试进度等,是测试管理的首选软件
	TestManager	IBM Rational Testsuite 中的一员,可以用来编写测试用例、生成 Datapool、生成报表、管理缺陷以及日志等

14.4.2 TestDirector 的使用

1. 简介

TestDirector 是 Mercury Interactive 公司推出的一个测试管理工具,是业界第一个基于 Web 的测试管理系统,可以在公司内部或外部进行全球范围内测试的管理。

TestDirector 在一个整体的应用系统中集成了测试管理的各个部分,包括需求管理、测试计划、测试执行以及错误跟踪等功能,TestDirector 极大地加速了测试过程。

TestDirector 能消除组织机构间、地域间的障碍,能让测试人员、开发人员或其他 IT 人员通过一个中央数据仓库在不同地方就能交互测试信息。TestDirector 将测试过程流水化,从测试需求管理到测试计划,测试日程安排,测试执行到出错后的错误跟踪,仅在一个基于浏览器的应用中便可完成,而不需要每个客户端都安装一套客户端程序。图 14-3 所示为 TestDirector 8.0 的工作模块,图 14-4 所示为 TestDirector 的主页面。

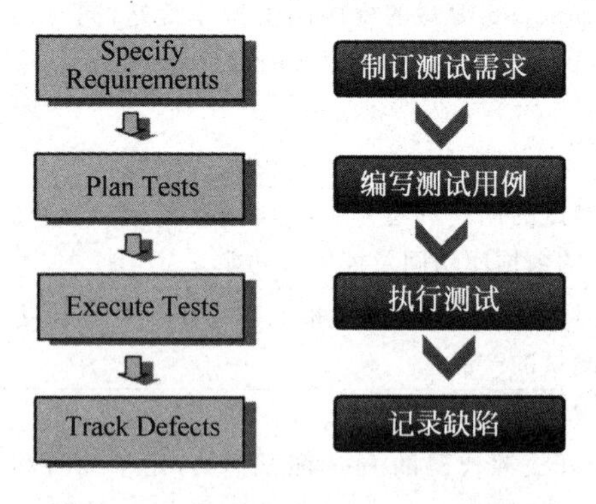

图 14-3 TestDirector 8.0 的工作模块

2. 特点

1) 需求管理

程序的需求驱动整个测试过程。TestDirector 的 Web 界面简化了这些需求管理过程,以此可以验证应用软件的每一个特性或功能是否正常,通过提供一个比较直观的机制将需求和测试用例、测试结果、报告的错误联系起来,从而确保能达到最高的测试覆盖率。

有两种方式可将需求和测试联系起来。其一,TestDirector 捕获并跟踪所有首次发生的应用需求,可以在这些需求的基础上生成一份测试计划,并将测试计划与需求对应;其二,由于 Web 应用是不断更新和变化的,需求管理允许测试人员加减或修改需求,并确定目前的应用需求已拥有了一定的测试覆盖率,帮助决定一个应用软件的哪些部分需要测试,哪些测试需要开发,完成的应用软件是否满足了用户的要求。对于任何动态地改变 Web 应用必须审阅测试计划是否准确,确保其符合当前的应用要求。

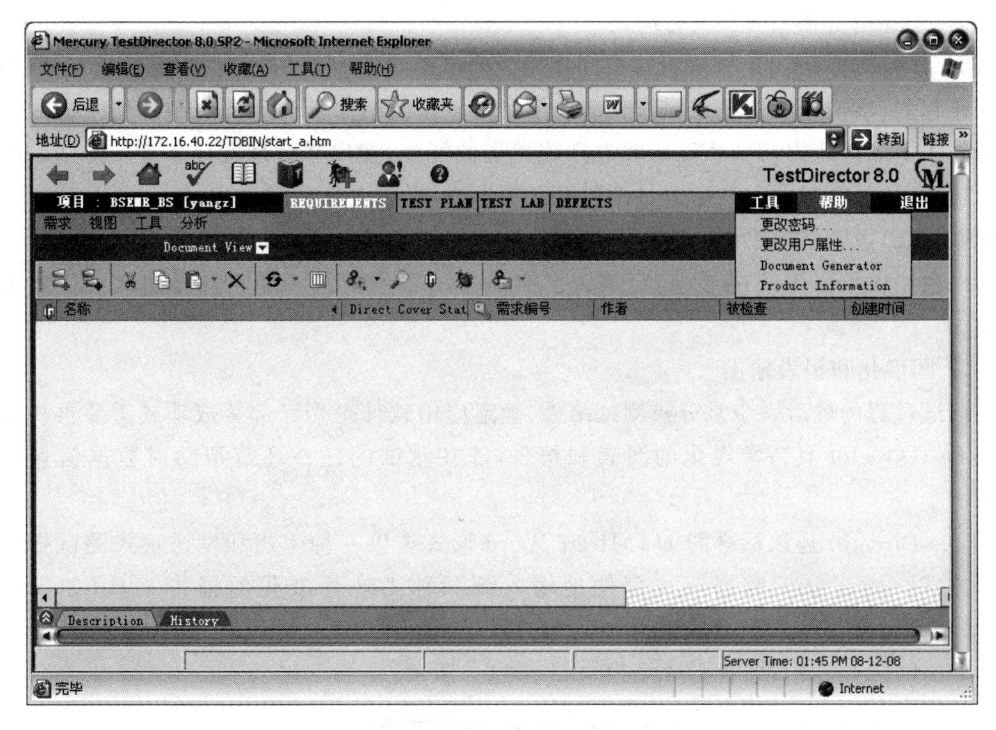

图 14-4 TestDirector 的主页面

2）测试计划

测试计划的制订是测试过程中至关重要的环节，为整个测试提供了一个结构框架。TestDirector 的 Test Plan Manager 在测试计划期间为测试小组提供一个关键要点和 Web 界面来协调团队间的沟通。

3）安排和执行测试

测试计划建立后，TestDirector 的测试实验室管理为测试日程的制订提供一个基于 Web 的框架。其 Smart Scheduler 根据测试计划中创立的指标对运行着的测试执行监控。当网络上的任何一台主机空闲时测试可以彻夜执行于其上。Smart Scheduler 能自动分辨是系统错误还是应用错误，然后将测试重新安排到网络上的其他机器。

对于不断改变的 Web 应用，经常性地执行测试对于追查出错发生的环节和评估应用质量都是至关重要的。然而，这些测试的运行都要消耗测试资源和时间。使用 Graphic Designer 图表设计可以很快地将测试分类，以满足不同的测试目的，如功能性测试、负载测试，完整性测试等。拖动功能可简化设计和排列在多个机器上运行的测试，最终根据设定好的时间、路径或其他测试的成功与否为序列测试制订执行日程。Smart Scheduler 能在更短的时间内在更少的机器上完成更多的测试。

用 WinRunner、Astra QuickTest、Astra LoadTest 或 LoadRunner 来自动运行功能性或负载测试，无论成功与否，测试信息都会被自动汇集传送到 TestDirector 的数据储存中心。同样，人工测试也以此方式运行。

4）缺陷管理

当测试完成后，项目经理必须解读这些测试数据并将这些信息用于工作中。当有出错发现时,还要指定相关人员及时纠正。

TestDirector 的出错管理直接贯穿作用于测试的全过程,以提供管理系统终端-终端的出错跟踪,从最初的问题发现到修改错误再到检验修改结果。由于同一项目组中的成员经常分布于不同的地方,TestDirector 基于浏览器的特征,使出错管理能让多个用户随时随地都可通过 Web 查询出错跟踪情况。利用出错管理,测试人员只需进入一个 URL 就可汇报和更新错误,过滤整理错误列表并做趋势分析。在进入一个出错案例前,测试人员还可自动执行一次错误数据库的搜寻,确定是否已有类似的案例记录。这一查寻功能可避免重复劳动。

5) 图形化和报表输出

测试过程的最后一步是分析测试结果,确定应用软件是否已部署成功或需要再次的测试。TestDirector 具备常规化的图表和报告,能在测试的任一环节帮助对数据信息进行分析。

TestDirector 还以标准的 HTML 或 Word 形式提供一种生成和发送正式测试报告的简单方式。测试分析数据还可简便地输入到一种工业标准化的报告工具(如 Excel、ReportSmith、CrystalReports)和其他类型的第三方工具中。

TestDirector 测试管理的 4 个模块如表 14-3 所示。

表 14-3 TestDirector 测试管理的 4 个模块

需求(Requirements)	用来分析应用程序并确定测试需求。 (1) 定义测试范围:检查应用程序文档,并确定测试范围以及测试目的、目标和策略。 (2) 创建需求:创建需求树,并确定它涵盖所有的测试需求。 (3) 描述需求:为需求树中的每一个需求主题建立一个详细的目录,并描述每一个需求,给它分配一个优先级,如有必要还可以加上附件。 (4) 分析需求:产生报告和图表来帮助用户分析测试需求,并检查需求以确保它们在测试范围内
测试计划(Test Plan)	用来对已定义的测试需求创建相应的测试计划。 (1) 定义测试策略:检查应用程序、系统环境和测试资源,并确认测试目标。 (2) 定义测试主题:将应用程序基于模块和功能进行划分,并对应到各个测试单元或主题,构建测试计划树。 (3) 定义测试:定义每个模块的测试类型,并为每一个测试添加基本说明。 (4) 创建需求覆盖:将每一个测试与测试需求进行连接。 (5) 设计测试步骤:对于每一个测试,先决定其要进行的测试类型(手动测试和自动测试),若准备进行手动测试,需要为其在测试计划树上添加相应的测试步骤。测试步骤描述测试的详细操作、检查点和每个测试的预期结果。 (6) 自动测试:对于要进行自动测试的部分,应该利用 MI、自己或第三方的测试工具来创建测试脚本。 (7) 分析测试计划:产生报告和图表来帮助分析测试计划数据,并检查所有测试以确保它们满足测试目标

续表

测试实验室(Test Lab)	用来创建测试集(Test Set)并执行测试。 (1) 创建测试集：在工程中定义不同的测试组来达到各种不同的测试目标，举个例子，在一个应用程序中测试一个新的应用版本或是一个特殊的功能，并确定每个测试集都包括了哪些测试。 (2) 确定进度表：为测试的执行制定时间表，并为测试员分配任务。 (3) 运行测试：自动或手动执行每一个测试集。 (4) 分析测试结果：查看测试结果并确保应用程序缺陷已经被发现，生成的报告和图表可以帮助用户分析这些结果
缺陷(Defects)	用来报告程序中产生的缺陷并跟踪缺陷修复的全过程。 (1) 添加缺陷：报告程序测试中发现的新的缺陷。在测试过程中的任何阶段，质量保证人员、开发者、项目经理和最终用户都能添加缺陷。 (2) 检查新缺陷：检查新的缺陷，并确定哪些缺陷应该被修复。 (3) 修复打开的缺陷：修复那些决定要修复的缺陷。 (4) 测试新构件：测试应用程序的新构件，重复上面的过程，直到缺陷被修复。 (5) 分析缺陷数据：产生报告和图表来帮助分析缺陷修复过程，并帮助决定什么时候发布该产品

其中，Requirements管理页面、Test Plan管理页面、Test Lab管理页面、Defects管理页面如图14-5～图14-8所示。

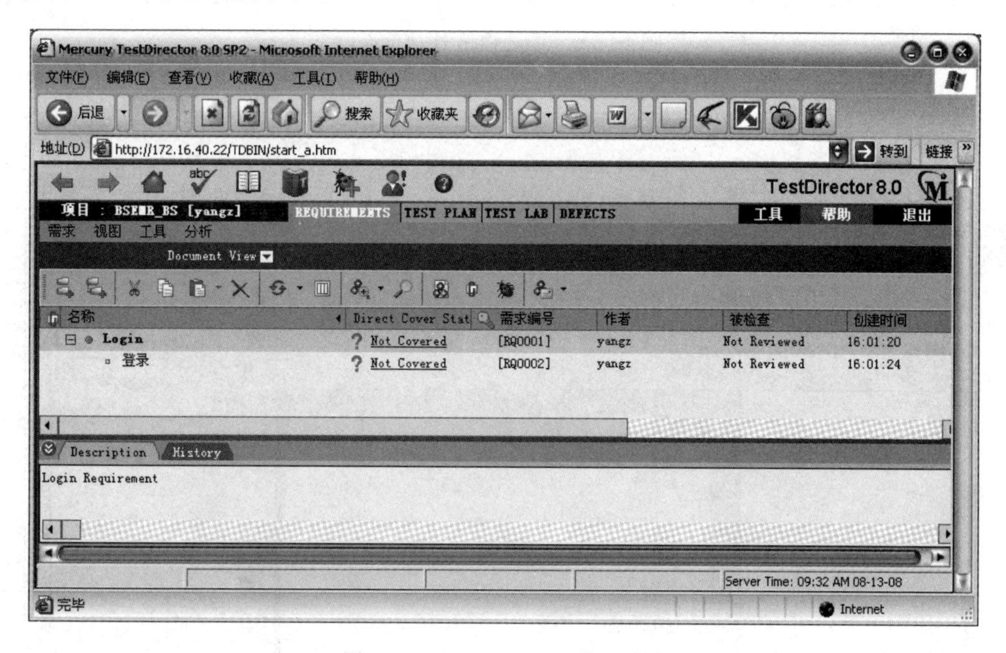

图14-5　Requirements管理页面

3. 使用步骤

1) 创建测试项目

在TD安装成功后需要创建用户域和项目。启动Site Administrator，进入Site Administrator页面，如图14-9所示。如果是安装后第一次登录TD，密码为空。

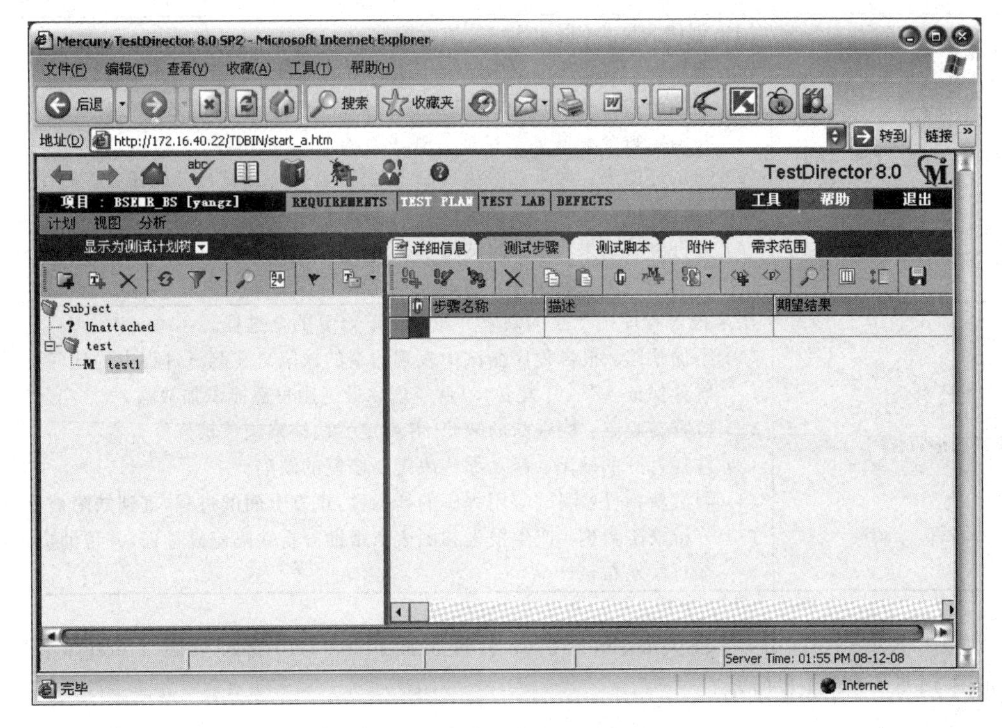

图 14-6 Test Plan 管理页面

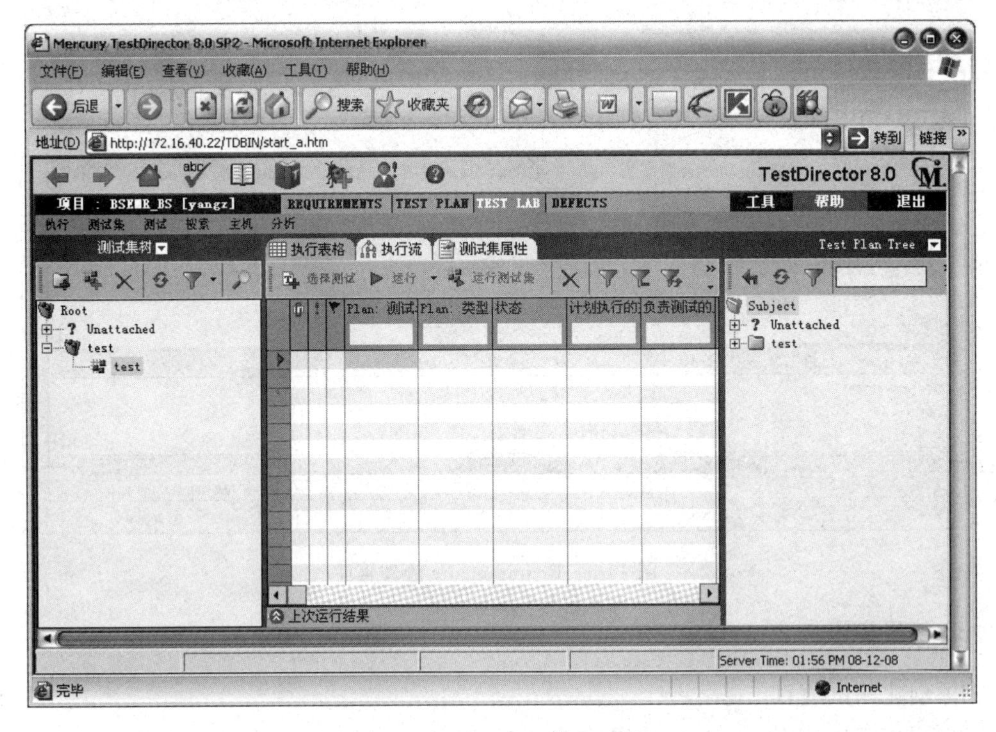

图 14-7 Test Lab 管理页面

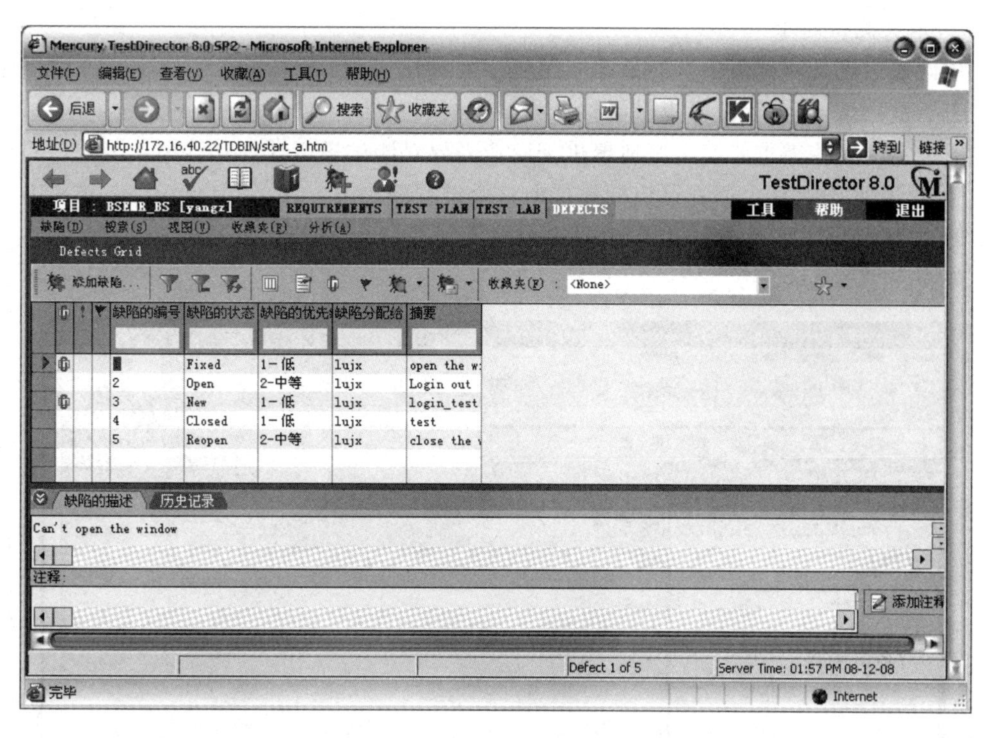

图 14-8　Defects 管理页面

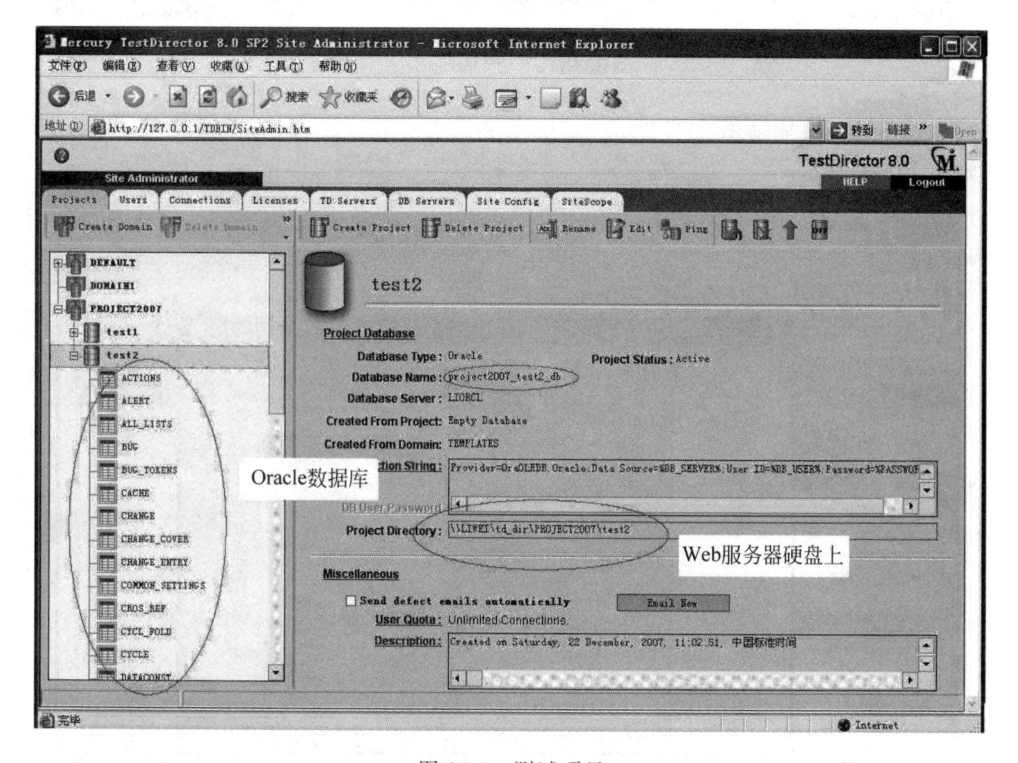

图 14-9　测试项目

2）定义测试需求

应该通过定义测试需求开始整个应用程序的测试过程，需求详细地描述了应用程序中哪些需要被测试，并为测试组提供了整个测试过程的基础。

通过定义这些需求能够更好地聚焦于商业需要对测试进行计划和管理。需求与测试和缺陷关联，从而确保整个过程可追溯并帮助整个过程的决策。

3）根据测试需求生成测试用例（每个测试点对应一个测试用例）、制订测试计划

如图 14-10 所示。

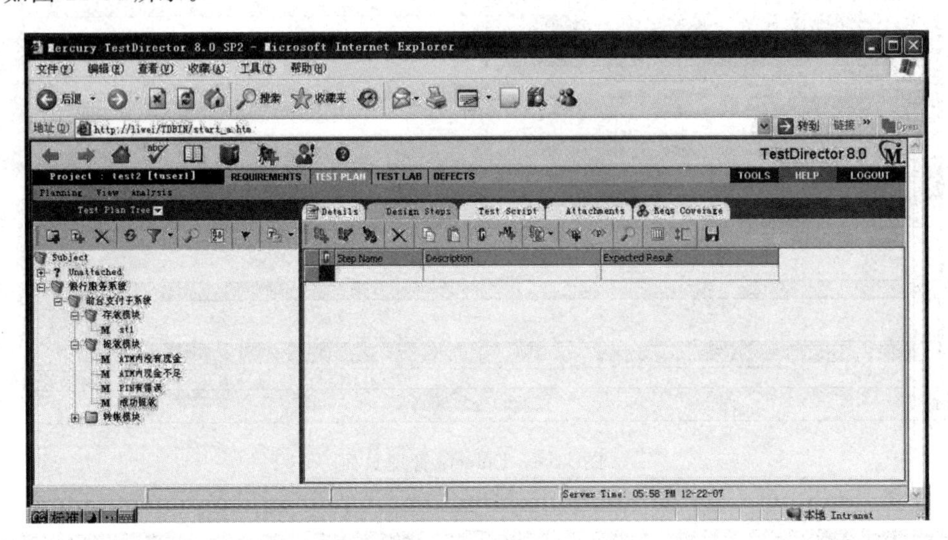

图 14-10　测试计划

4）运行测试，生成结果

如图 14-11 所示。

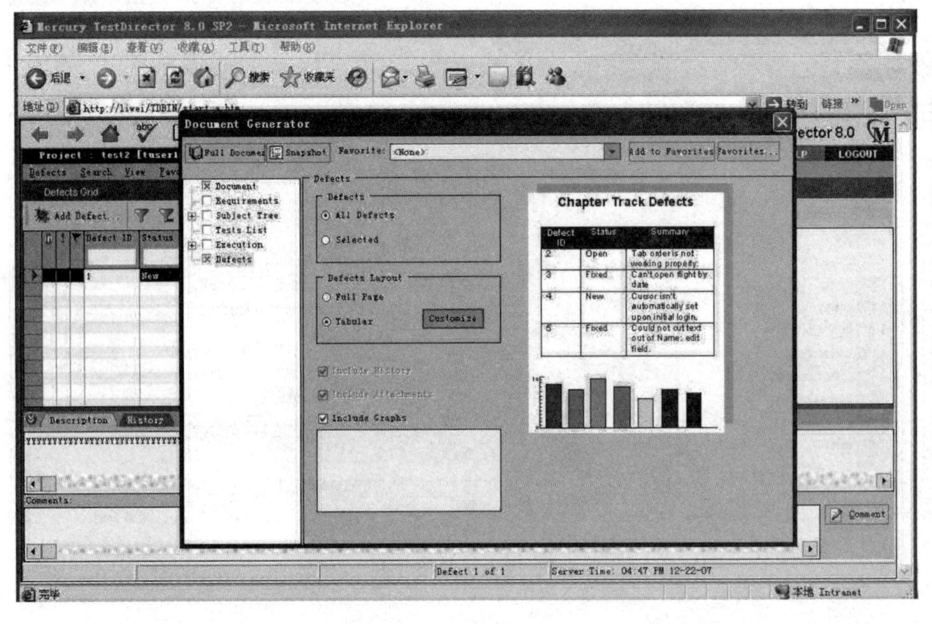

图 14-11　测试结果

14.5 小结

系统测试是将已经过良好的集成测试的软件系统作为整个计算机系统的一部分。与计算机硬件、外部设备、支持软件、数据以及人员等其他系统元素结合在一起,在实际运行环境下对计算机系统进行一系列的严格测试来发现软件中的潜在缺陷,保证系统交付给用户之后能够正常使用。

系统测试是产品交付前的最后一个测试环节,占有重要的地位。系统测试的最终目的是保证开发方交付给用户的软件产品能够满足用户的需求,因此系统测试的测试用例应在实际的用户使用环境下执行。系统测试是对已经集成好的软件系统进行彻底的测试,以验证软件系统的正确性和性能等是否满足需求分析所指定的要求。系统测试通常是消耗测试资源最多的地方,一般可能会在一个相当长的时段内由独立的测试小组进行。

另外,读者要掌握对 TestDirector 的使用。

思考题

1. 什么是系统测试?
2. 常用的系统测试有哪些?
3. 如何辨别发现的软件故障是普遍问题还是配置问题?
4. 兼容性测试需要考虑哪几方面的内容?
5. 如果要对产品的数据文件格式进行兼容性测试,应如何进行测试?
6. 在进行网站测试时要考虑哪些要领?

第15章 测试管理

一个灵魂永远孤独地航行在陌生的思想海洋。

——华兹华斯(William Wordsworth)

现代创新理论的提出者——约瑟夫·熊彼特(J. A. Joseph Alois Schumpeter)曾将创新划分为5个维度,即开发新的产品、采用新的生产方法、发现新的需求和开拓新兴市场、获取元件或半制成品的新的供应来源、建立一种新的组织结构。这5个维度分别对应着技术和产品、制造工艺、市场、原材料、管理方法。

作为软件开发的重要环节,软件测试越来越受到人们重视。随着软件开发规模的扩大、复杂程度的增加,以寻找软件中的错误为目的的测试工作显得更加困难。因此,为了尽可能多地找出程序中的错误,生产出高质量的软件产品,加强对测试工作的组织和管理就显得格外重要。

为了确保软件质量,需要对软件的生命周期进行严格的管理。尽管测试是在实现且经过验证后进行的,可是测试的准备工作在分析、设计阶段就开始了。测试是对程序的测试,其优点是被测对象明确,测试的可操作性相对较强,然而由于测试的依据是规格说明书、设计文档和使用说明书,如果设计有错误,测试的质量就难以保证。即便测试后发现设计的错误,这时修改的代价也很昂贵。所以,较理想的做法是对软件的开发过程按软件工程各阶段形成的结果分别进行严格的审查、管理。

本章正文共分5节,15.1节介绍测试管理过程,15.2节介绍建立软件测试管理体系,15.3节介绍测试文档的撰写,15.4节介绍调试的技巧,15.5节介绍软件测试自动化。

15.1 测试管理过程

15.1.1 测试的过程及组织

在设计工作完成以后需要着手测试的准备工作。

一般需要对整个系统设计熟悉的设计人员编写测试大纲,明确测试的内容及测试通过的准则,设计出完整合理的测试用例,以便系统实现后进行全面测试。

系统实现小组将所开发的程序验证后需要提交测试组并由测试负责人组织测试。测试一般按下列方式组织:首先仔细阅读有关资料,包括规格说明、设计文档、使用说明书,以及在设计过程中形成的测试大纲、测试内容及测试的通过准则，全面熟悉系统，编写测试计划，设计测试用例，做好测试前的准备工作；其次，为了保证测试的质量，还需要将测试过程分成下面几个阶段。

- 代码会审：由一组人通过阅读、讨论、争议对程序进行静态分析的过程。会审小组由组长、几名程序设计和测试人员及程序员组成。会审小组在充分阅读待审程序文本、控制流程图及有关要求、规范等文件的基础上召开代码会审会，程序员逐句讲解程序的逻辑，展开热烈讨论甚至争议来揭示错误的关键所在。项目实践表明，研发人员在讲解过程中能发现许多自己原来没有发现的错误，而讨论、争议则进一步促使了问题的暴露。例如，对某个局部性小问题修改方法的讨论可能发现与之有牵连的甚至能涉及模块的功能说明、模块间接口和系统总体结构的大问题，导致对需求定义的重定义、重设计验证，大大改善软件的质量。
- 单元测试：集中在检查软件设计的最小单位"模块"上，通过测试发现实现该模块的实际功能与定义该模块的功能说明不符的情况以及编码的错误。模块规模小、功能单一、逻辑简单，所以测试人员可以通过模块说明书和源程序清楚地了解该模块的输入/输出条件和模块的逻辑结构，采用结构测试"白盒法"的用例尽可能达到彻底测试，随后采用功能测试"黑盒法"的用例使之对任何合理和不合理的输入都能鉴别和响应。高可靠性的模块是组成可靠系统的坚实基础。
- 集成测试：将模块按照设计要求组装起来进行测试，主要目标在于发现与接口有关的问题。例如，数据穿过接口时可能丢失，一个模块与另一个模块可能由于疏忽而造成有害影响，把子功能组合起来可能产生不了预期的主功能，个别看起来是可以接受的误差可能积累到不能接受的程度，甚至还可能发现全程数据结构可能出错，等等。
- 验收测试：目的是向用户表明系统能够像预定要求那样工作。经过集成测试已经按照设计把所有的模块组装成一个完整的软件系统，接口错误也已基本排除。接着需要进一步验证软件的有效性，这就是验收测试的任务，即软件的功能和性能如同用户合理期待的那样。

通过上述测试过程对软件进行测试后软件基本满足开发要求，测试宣告结束，经过验收将软件提交用户。

图 15-1 所示为软件测试的生命周期，图 15-2 所示为软件测试项目管理的基本流程。

图 15-1 软件测试生命周期

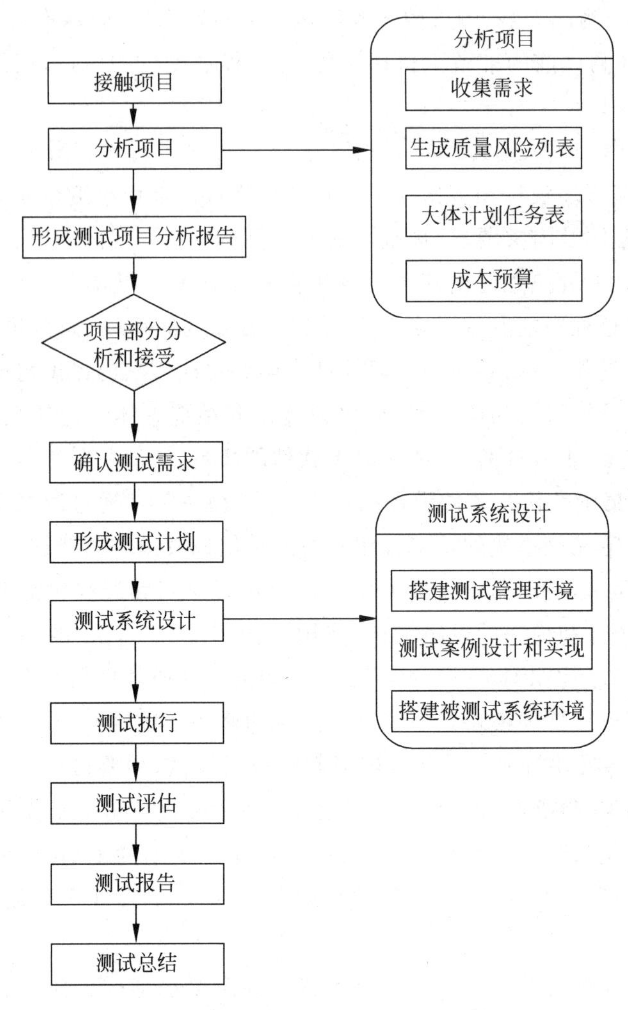

图 15-2 软件测试项目管理的基本流程

15.1.2 测试方法的应用

集成测试及其后的测试阶段一般采用黑盒方法,策略如下:

(1) 用边值分析法或等价分类法提出基本的测试用例;

(2) 用猜测法补充新的测试用例;

(3) 如果在程序的功能说明中含有输入条件的组合,需要在一开始就用因果图法,然后再按以上两步进行。

单元测试的设计策略稍有不同,原因在于为模块设计程序用例时可以直接参考模块的源程序,所以单元测试的策略总把白盒法、黑盒法结合运用。具体做法有以下两种:

(1) 先用白盒法分析模块的逻辑结构,提出测试用例,然后根据模块的功能用黑盒法进行补充。

(2) 仿照上述步骤用黑盒法提出基本的测试用例,然后用白盒法做验证。如果发现用黑盒法产生的测试用例未能满足所需的覆盖标准,就用白盒法增补新的测试用例来满足。覆盖的标准应该根据模块的具体情况确定,对可靠性要求较高的模块通常要满足条件组合覆盖或路径覆盖标准。

15.1.3 测试的人员组织

为了保证软件的开发质量，软件测试应贯穿于软件定义、开发的整个过程，因此分析、设计、实现等各阶段所得到的结果（包括需求规格说明、设计规格说明及源程序）都应进行软件测试。

由于上述原因，测试人员的组织也分阶段。

(1) 需求分析规格说明：软件的设计、实现都是基于需求分析规格说明进行的，需求分析规格说明是否完整、正确、清晰是软件开发成败的关键。为了保证需求定义的质量，应对其进行严格的审查。审查小组由一个组长和若干个成员组成。其中的成员包括系统分析员，软件开发管理者，软件设计、开发、测试工程师和用户。

(2) 设计评审：软件设计是将软件需求转换成软件的过程，主要描绘系统结构、详细的处理过程和数据库模式。按照需求的规格说明对系统结构的合理性、处理过程的正确性进行评价，同时利用关系数据库的规范化理论对数据库模式进行审查。评审小组通常由一个组长和若干个成员组成。其中，成员包括一个系统分析员、一个软件设计人员以及一个测试负责人员。

(3) 程序的测试：软件测试是整个软件开发过程中交付用户使用前的最后阶段，也是软件质量保证的关键。软件测试在软件生命周期中横跨两个阶段，通常在编写每个模块之后就进行必要的单元测试。编码与单元测试属于软件生命周期中的同一阶段，该阶段的测试工作由编程组内部人员交叉测试，以避免编程人员测试自己的程序。在这一阶段结束后就进入软件生命周期的测试阶段，需要对软件系统进行各种综合测试。

测试工作由专门的测试组完成，测试组设组长一名，负责整个测试的计划、组织工作。测试组的其他成员由具有一定的分析、设计和编程经验的专业人员组成，人数根据具体情况可多可少，一般3～5人为宜。

15.1.4 软件测试文件

软件测试文件描述要执行的软件测试及测试的结果。

软件测试是很复杂的过程，同时也是设计软件开发其他阶段的工作，因此软件测试对于保证软件的质量和运行有着重要意义，必须把对软件测试的要求、过程及测试结果用正式的文件形式写出。

测试文件的编写是测试工作规范化的一个组成部分。

测试文件与用户有着密切的关系，所以测试文件不只在测试阶段才考虑，而是在软件开发的需求分析阶段就应该开始着手。设计阶段的设计方案也应在测试文件中得到反映，以利于设计的检验。测试文件对于测试阶段工作的指导与评价作用非常明显。注意，在已开发的软件投入运行的维护阶段经常需要进行再测试或回归测试，这时依然需要用到测试文件。

(1) 测试文件的类型：根据测试文件所起的作用不同，通常把测试文件分成两类，即测试计划和测试报告。

测试计划详细规定测试的要求,包括测试的目的和内容、方法和步骤,以及测试的准则等。要测试的内容可能涉及软件的需求和软件的设计,所以必须及早开始测试计划的编写工作,而不应在着手测试时才开始考虑测试计划。通常,测试计划的编写从需求分析阶段开始,到软件设计阶段结束时完成。

测试报告用来对测试结果分析说明,经过测试后证实了软件具有的功能,以及缺陷和限制,并给出评价的结论性意见。这些意见既是对软件质量的评价,又是决定该软件能否交付用户使用的依据。因为要反映测试工作的情况,所以它要在测试阶段内编写。

(2) 测试文件的使用:测试文件的重要性表现在以下方面。

- 验证需求的正确性:在测试文件中规定了用于验证软件需求的测试条件,研究这些测试条件对弄清用户需求的意图是很有益的。
- 检验测试资源:测试计划不仅要用文件的形式把测试过程规定下来,还应说明测试工作必不可少的资源,进而检验这些资源是否可以得到,即可用性如何。如果某个测试计划已经编写出来,但是所需资源仍未落实,那么就必须及早解决。
- 明确任务的风险:有了测试计划就可以弄清楚测试可以做什么和不能做什么,了解测试任务的风险有助于对潜伏的可能出现的问题事先做好思想上和物质上的准备。
- 生成测试用例:测试用例的好坏决定着测试工作的效率,选择合适的测试用例是做好测试工作的关键。在测试文件编制过程中按规定的要求精心设计测试用例有重要的意义。
- 评价测试结果:测试文件包括测试用例,即若干测试数据及对应的预期测试结果。完成测试后将测试结果与预期的结果进行比较,便可对已进行的测试提出评价意见。
- 再测试:测试文件规定的和说明的内容对维护阶段由于各种原因的需求进行再测试时是很有用的。
- 决定测试的有效性:完成测试后把测试结果写入文件,对分析测试的有效性甚至整个软件的可用性提供了依据,同时还可以证实有关方面的结论。

(3) 测试文件的编制:在软件的需求分析阶段就开始测试文件的编制工作,各种测试文件的编写应按一定的格式进行。由于软件开发的规模越来越大,所以软件测试的重要性更加突出。

15.2 建立软件测试管理体系

除了测试团队的名称及其预定职责以外,还有一个属性对测试团队做什么和如何与项目小组合作产生极大的影响,该属性是测试团队如何适应公司的整个管理结构。

当前的组织结构很多,分别有其优势、不足。虽然有些组织结构宣称比其他组织结构都强,但是对一个项目好并不表明一定对另一个项目适用。ipod Shuffle 的广告词是“拥抱不确定性”。如果在软件测试中的工作时间不确定,就可能面临很多组织结构的复杂情况。

15.2.1 软件测试管理体系的组成和建立目的

1. 测试员和程序员的关系

国内软件企业在软件测试方面与国际水准存在较大的差距。

一方面，国内在认识上重开发、轻测试，没有认识到软件项目的如期完成不仅取决于开发人员，更取决于测试工程师；另一方面，国内在管理上随意、简单，没有建立有效、规范的软件测试管理体系；而且，由于缺少自动化工具的支持，大多数企业在软件测试时并没有采用软件测试管理系统。因此，对国内软件企业来说，不仅要提高对软件测试的认识，同时要建立起完善的软件测试管理体系。

图 15-3 显示了小型开发小组常见的结构，小组的人员控制在 10 人之内。

在该结构中，由测试团队向管理程序员工作的开发经理报告。但是，这样却使得编写代码的人和在代码中寻找软件缺陷的人向同一个人报告，于是可能引起潜在的问题。

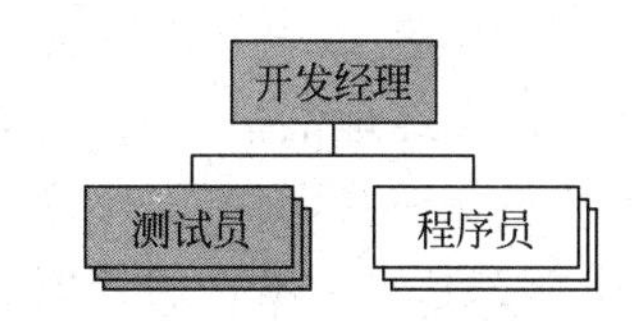

图 15-3 小型项目的组织结构通常让测试小组向开发经理报告

测试员和程序员的利益冲突在所难免。开发经理的目标是推进其小组开发软件。测试员报告软件缺陷会妨碍该过程，测试员这边工作得好，就会显示程序员工作得不好。如果开发经理为测试员提供更多资源、经费，测试员就会找出更多软件缺陷。找出的软件缺陷越多，就越会妨碍经理开发软件的目标。图 15-4 表明了测试员和程序员之间的关系。

图 15-4 测试员和程序员之间的关系

忽略这些负面影响，假如开发经理经验丰富，其目标不仅仅是开发软件，而且是要开发高质量的软件，该结构也可以工作得很好。这样，经理会把测试员和程序员一视同仁。因此，该结构也是有利于相互交流的较好的组织结构，管理员层次较少，测试员和程序员就可以高效协作。

图 15-5 给出了另外一种组织结构,该结构的测试团队和开发团队都向项目经理报告,而不是向开发经理报告。

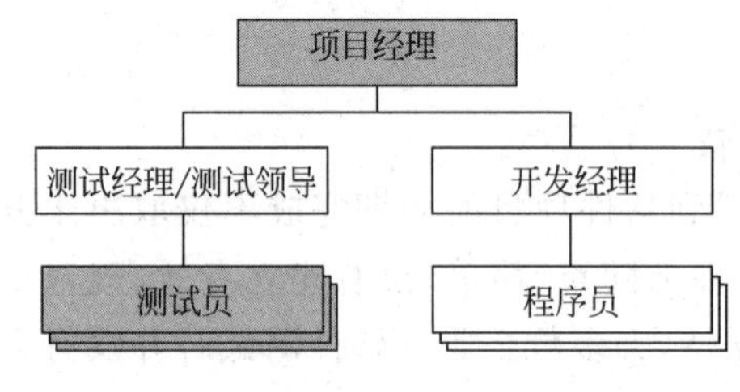

图 15-5　测试员与程序员相对独立

在该组织方式下,测试团队一般有自己的负责人或经理,于是该组织的注意力集中在测试小组及其工作上,这种独立性在对软件质量做重大决定时很有好处,因为测试小组的意见和程序员的意见以及其他参与产品制作者的意见是同等重要的。但是,上述组织结构的缺点是项目经理对质量进行最终判断。也许,这在不少类型的软件行业中容易接受,但在高风险或任务要求严格的系统开发中关于质量的意见有更高层的声音是有利的。

图 15-6 所示的组织方式代表了最后一种组织结构。在该组织方式下,负责软件质量的小组直接向高级经理汇报。而且,该小组相对独立,拥有与各项目同等的项目等级。授权等级一般是质量保证级,而不仅仅是测试级。该团队具备的独立性允许建立标准和规范评价结果,并采取跨越多个项目的处理措施。最后,关于质量优劣的信息可以直达最高层。

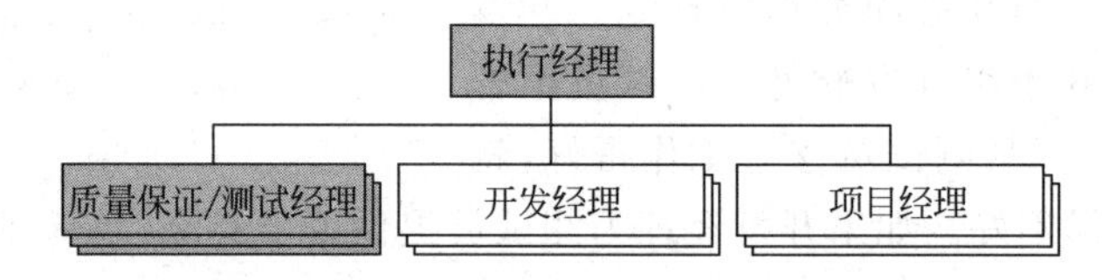

图 15-6　向执行经理报告的质量保证和测试团队

当然,伴随着授权而来的是责任和限制。仅仅因为团队相对项目独立,并不意味着,可以在软件项目和用户未要求的前提下建立不合理和难以实现的质量目标。数据库软件中工作良好的公司质量标准可能在应用于计算机游戏时无法正常工作。为了获得成效,独立的质量组织必须设法与其面对的所有项目协作,利用开发软件的现实调和盲目追求质量的热情。

以上 3 个组织结构只是众多可用类型的简化示例,对每种组织结构的正、反两个方面讨论,可以千差万别。在软件开发和测试中,一种规格不一定适应所有情况,对一个小组适用对另一个小组就可能不适用。

2. 规范的软件测试及管理系统

建立软件测试管理体系的主要目的是确保软件测试在软件质量保证中发挥关键作用。

- 软件产品的监视和测量:对软件产品的特性进行监视、测量主要依据软件需求规格说明书,验证产品是否满足要求,所开发的软件产品是否可交付,我们要预先设定质量指标并进行测试,只有符合预先设定的指标才可以交付。
- 产品设计和开发的验证:通过设计测试用例对需求分析、软件设计、程序代码进行验证,确保程序代码与软件设计说明书一致,以及软件设计说明书与需求规格说明书一致。对于验证中发现的不合格现象同样要认真记录和处理,并跟踪解决,解决之后也要再次进行验证。
- 对不符合要求的产品的识别和控制:对于软件测试中发现的软件缺陷要认真记录

属性和处理措施,并进行跟踪,直至最终解决。在排除软件缺陷之后要再次进行验证。

- 软件过程的监视和测量:在软件测试中可以获取大量关于软件过程及其结果的数据、信息,用于判断这些过程的有效性,并为软件过程的正常运行和持续改进提供决策依据。

下面看一下测试管理体系的组成。

采用应用过程方法和系统方法来建立软件测试管理体系就是把测试管理作为一个系统,对组成该系统的各个过程加以识别、管理,以实现设定的系统目标。同时要使这些过程协同作用、互相促进,从而使它们的总体作用大于各个过程的作用之和。其主要目标是在设定的条件限制下尽可能发现和排除软件缺陷。

相应地,测试系统主要由以下6个过程组成。

(1)测试规划:确定各测试阶段的目标和策略。该过程输出测试计划,明确待完成的测试活动,评估完成活动所需要的时间、资源,设计出测试组织、岗位职权,并进行活动安排、资源分配,以及安排跟踪和控制测试过程的活动。测试规划与软件开发活动同步进行。在需求分析阶段要完成验收测试计划,并与需求规格说明一起提交评审;在概要设计阶段要完成和评审系统测试计划;在详细设计阶段要完成和评审集成测试计划;在编码实现阶段要完成和评审单元测试计划。测试计划的修订部分需要进行重新评审。

(2)测试设计:需要根据测试计划设计测试方案,该过程输出的是各测试阶段使用的测试用例。测试设计也与软件开发活动同步进行,其结果可以作为各阶段测试计划的附件提交评审。该过程的另一项内容是回归测试设计,即确定回归测试的用例集。对于测试用例的修订部分也要求进行重新评审。

(3)测试实施:使用测试用例运行程序,将获得的运行结果与预期结果进行比较、分析,然后记录、跟踪和管理软件缺陷,最终得到测试报告。

(4)配置管理:软件配置管理的子集,作用于测试的各个阶段,管理对象包括测试计划、测试方案或用例、测试版本、测试工具及环境、测试结果,等等。

(5)资源管理:包括对人力资源和工作场所以及相关设施和技术支持的管理。如果建立了专门的测试实验室,还具备其他的管理问题。

(6)测试管理:采用适宜的方法对上述过程及结果进行监视,并在使用时进行测量,以保证上述过程的有效性。如果没有实现预定的结果,则应进行适当的调整或纠正。

测试系统与软件修改过程是相互关联、作用的。测试系统的输出即软件缺陷报告,也是软件修改的输入。反过来,软件修改的输出即新的测试版本,又成为测试系统的输入。根据上述6个过程可以确定建立软件测试管理体系的6个步骤:

- 识别软件测试所需的过程及其应用,即测试规划、测试设计、测试实施、配置管理、资源管理、测试管理。
- 确定这些过程的顺序和相互作用,前一过程的输出是后一过程的输入。其中,配置管理和资源管理是这些过程的支持性过程,测试管理则对其他测试过程进行监视、测试和管理。
- 确定这些过程所需的准则和方法,一般应制订这些过程形成文件的程序,以及监视、测量、控制的准则和方法。

• 确保可以获得必要的资源和信息,以支持这些过程的运行和对它们的监测。
• 监视、测量、分析这些过程。
• 实施必要的改进措施。

15.2.2 软件测试项目组织结构的设计

创造者经济时代的一个重要特征是分散性、自主性、交互性,因此项目组织结构的变化与过去不可同日而语。

项目组织结构类型有很多,常见的有工作队式、部门控制式、项目型、矩阵型、直线职能型。多种类型的组织结构适应不同的公司规模及项目需要。图15-7所示为测试管理框架。

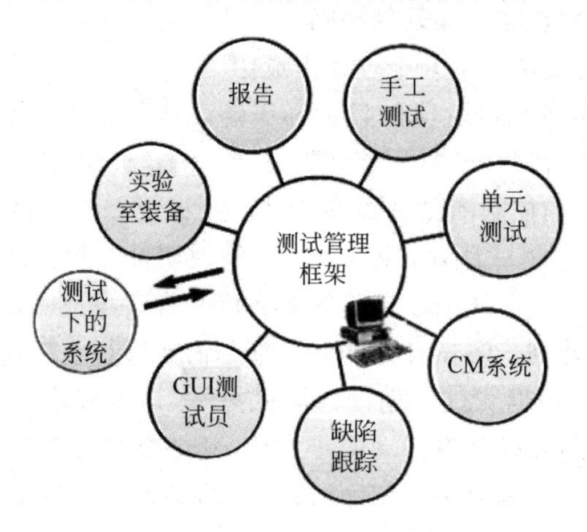

图15-7 测试管理框架

1. 项目组织的概念

项目组织按照项目的目标以一定的形式组建起来,由组织各部门调集专业人才,并指派项目负责人在特定时间内完成任务。

一些大中型项目,如建筑施工项目的项目组织叫项目经理部,由于项目管理工作量很大,所以项目组织专门履行管理功能,具体的技术工作由他人或其他组织承担。而有些项目,例如软件开发项目,由于管理工作量不大,没有必要单独设立履行管理职责的班子,所以其具体技术性工作和管理职能均由项目组织成员承担。这样的项目组织负责人除了管理之外也要承担具体的系统设计、程序编制或研究工作。

项目组织的具体职责、组织结构、人员构成、人数配备等会因项目性质、复杂程度、规模大小和持续时间长短等有所不同。项目组织可以是另外一个组织的下属单位或机构,也可以是单独的一个组织。例如,某企业的新产品开发项目组织是一个隶属于该企业的组织。项目组织的职责是项目规划、组织、指挥、协调、控制。项目组织要对项目的范围、费用、时间、质量、采购、风险、人力资源、沟通等多方面进行管理。

2. 组织机构设置原则

在软件测试团队里项目管理组织机构的设置原则如下。

• 目的性原则:项目组织机构设置的根本目的是为了产生组织功能实现项目目标。

从这一根本目的出发就应因目标设事、因事设岗、因职责定权力。

- 高效精干：大多数项目组织是一个临时性组织，项目结束后就要解散，因此项目组织应高效精干，力求一专多能、一人多职、应着眼于使用和学习锻炼相结合，以提高人员素质。
- 一体化组织原则：项目组织往往是企业组织的有机组成部分，企业是母体，项目组织由企业组建，项目管理人员来自企业，项目组织解体后人员仍回企业，所以项目的组织形式与企业的组织形式密切相关。

3. 项目组织结构的类型

项目组织结构类型有许多，常见的有工作队式、部门控制式、项目型、矩阵型和直线职能型。

1）工作队式项目组织

特征：

- 项目经理在企业内抽调职能部门的人员组成管理机构；
- 项目管理班子成员在项目工作过程中由项目经理领导，原单位领导只负责业务指导，不能干预其工作或调回人员；
- 项目结束后机构撤销，所有人员仍回原部门。

适用范围：适用于大型项目，工期要求紧，要求多工种、多部门密切配合的项目。

优点：

- 能发挥各方面专家的特长和作用；
- 各专业人才集中办公，减少扯皮、等待时间，办事效率高，解决问题快；
- 项目经理权力集中，受干扰少，决策及时，指挥灵便；
- 不打乱企业的原有结构。

缺点：

- 各类人员来自不同部门，具有不同的专业背景，配合不熟悉；
- 各类人员在同一时期内所担负的管理工作任务可能有很大差别，很容易产生忙闲不均；
- 成员离开原单位需要重新适应环境，容易产生临时观点。

2）部门控制式项目组织

特征：按职能原则建立项目组织，把项目委托给某一职能部门，由职能部门主管负责，在本单位选人组成项目组织。

适用范围：一般适用于小型的专业性较强、不需要涉及众多部门的项目。

优点：

- 人事关系容易协调；
- 从接受任务到组织运转启动时间短；
- 职能专一，关系简单。

缺点：不适应大项目需要。

3）项目型项目组织

特征：企业中的所有人都按项目划分，几乎不再存在职能部门。在项目型组织里每个项目就如同一个微型公司那样运作，完成每个项目目标所需的所有资源，完全分配给这个项目，专门为这个项目服务，专职的项目经理对项目组拥有完全的项目权力和行政权力。

适用范围：项目型组织结构适用于同时进行多个项目但不生产标准产品的企业，因此常见于一些涉及大型项目的公司。

优点：项目型组织的设置能迅速、有效地对项目目标和各户的需要做出反应。

缺点：资源不能共享，成本高，项目组织之间缺乏信息交流。

4）矩阵型项目组织

特征：项目组织与职能部门同时存在，既发挥职能部门的纵向优势，又发挥项目组织的横向优势。另外，专业职能部门是永久性的，项目组织是临时性的。职能部门负责人对参与项目组织的人员有组织调配和业务指导的责任。项目经理将参与项目组织的职能人员在横向上有效地组织在一起。项目经理对项目的结果负责，职能经理则负责为项目的成功提供所需资源。

适用范围：适用于同时承担多个项目的企业。

优点：

- 将职能与任务很好地结合在一起，既满足对专业技术的要求，又满足对每一项目任务快速反应的要求；
- 充分利用人力、物力资源；
- 促进学习、交流知识。

缺点：

- 双重领导；
- 各项目间、项目与职能部门间容易发生矛盾。

15.2.3 测试管理者工作原则

在软件企业里测试管理的原则如下。

1. 雇测试工作最合适的员工

测试管理者必须对需要什么人做出评估。

假设现在部门里面有很多很好的探索型软件测试员，但还想雇用另外一个探索型测试员，而且该测试员也许比目前部门已有的测试员要好。但是，要考虑该测试员对我们测试项目的空白领域有用吗？最佳的工作人选应该是当前测试小组里没有的类型。

因此，雇用最佳的员工要用发展的雇用策略来考虑，面试时要检验该测试员是否符合这个策略。这样做可以找到最适合这份工作的测试员，同时能够完成测试项目所需的工作。

2. 与每个小组成员定期一对一谈话

测试管理者的一项主要工作就是定期评定测试组织做了什么和是如何做的，同时要从自己员工的测试报告中充分了解他们正在做什么，以及他们是怎样做的。

举例来说，测试管理者可以定期地(如每周)给小组成员在不被打扰的条件下做一对一的谈话。当测试管理者管理多名员工时，测试经理会安排每隔一周会见一部分人。测试管理者每周用一定的时间和每个员工谈测试工作以及对测试工作中一些问题的意见，同时了解小组成员是否需要帮助、小组成员的表现和对测试的成就感。当测试管理者清楚自己的小组正在做的个性任务时才能更有效率地帮助小组成员明确优先应该做的工作，然后重聚资源，重新计划项目，并且排除障碍。

3. 假定员工都能胜任各自的测试工作

假设雇用这些人是因为测试管理者认为员工能够完成工作，如果设想每个人都知道如何完成工作，将得到比假设他们都不知道怎么完成的更好的效果。无论测试管理者设想是否都能成功完成工作，有些员工都会被测试管理者对他们的想法，所影响工作。因为测试管理者知道员工都知道怎样工作，测试管理者给员工分配任务。在测试管理者分配工作时，问问自己的员工是否明白该做什么，是否有方法完成。然后确定工作进程，如果员工遇到麻烦，应该主动找测试管理者寻求帮助，但是如果测试管理者坚决干涉，员工会把找测试管理者寻求帮助作为最后的解决方法。

4. 对待员工以他们能接受的方式

有效率的管理者都知道每一个员工需要怎样的对待方式。在测试团队里，成员做事的方式会有不同，一些人对解决新的、有挑战性的、复杂的问题更有兴趣，而另一些人则只愿意去解决已经知道如何处理的问题。除了酬劳以外，不同的人认同方式也不一样，有的成员喜欢听到对自己工作的赞扬，有的成员期望得到公众面前的认可，还有的成员希望有团队的集体庆祝。因此，测试管理者可以用各种方式来激励员工，并且在激励小组成员时要注意区分对待。

5. 重视结果而不是时间

在实际测试项目里，工作上所花费的时间不一定和测试结果有必然的联系，要尽量让员工在工作时间完成工作，并鼓励员工每周工作不要超过 40 小时，于是就可以根据员工在额定时间内完成的工作量给酬劳。因为员工不能在太疲劳的状态下完成工作，所以这种做法能够提升创造力。测试管理者不仅仅要留出员工所花的时间，而且还要给员工的测试表现给予精确的适度评价。这些员工是否完成了各自的计划和测试设计？并且在进行测试时还要修订那些所需改进的部分吗？

6. 承认自己的错误

通常认为承认犯错令人尴尬，并且在小组内承认犯错会让人失去尊严。但是，只要不是经常犯错，承认错误其实是能够赢得尊敬的。如果承认自己的过失，并为此道歉，项目组的其他人会理解，并且最终会取得原谅的。测试管理者不要故意忽略或否认自己的失误，因为故意忽略不仅不会让错误消失，而且还会让错误变得越来越严重。

15.3 测试文档的撰写

好的软件文档确保产品的整体质量的方式如下。

- 提高易用性：产品易用性大多与软件文档有关。

- 提高可靠性：可靠性是指软件稳定和坚固的程度。软件是否按照用户预期的方式和时间工作？如果用户阅读文档，然后使用软件，最终得不到预期的结果，就是可靠性差。
- 降低支持费用：客户发现问题比早在产品开发期发现并修复的费用要高 10～100 倍，其原因是用户有麻烦或者遇到意外情况就会请示公司的帮助。好文档可以通过恰当的解释和引导用户解决困难来预防这种情况。

15.3.1 测试计划

下面介绍如何撰写测试文档，包括测试计划、测试规范、测试案例、测试报告以及软件缺陷报告。测试计划通常分为以下两种情况。

- 作为产品的测试计划：用来组织和管理测试工作的文档，该文档通常是作为产品来开发的。例如，军方开发产品时由于军方对软件的要求很高，在交付时往往需要附加一个完整的测试计划，就像产品一样。然后，军方就会根据提供的测试计划一步步进行，测试软件是否达到所写性能？是否实现了所有的功能？其实，该测试计划本身就是一种产品，因此必须写得很详细。
- 作为工具的测试计划：用来管理测试项目并查找软件缺陷的文档，该文档是对测试工作进行扩展的有用工具。测试计划只在测试小组内部使用，因此往往都被做成了工具。测试计划指的就是公司内部使用的一般方式，即作为工具的测试计划。

软件测试是一个新领域，当前还没有固定的格式和要求。由于测试工程师的具体任务存在差异，使得每一个测试工程师编写的测试计划会有所差异。测试计划由多个部分组成，和产品开发紧密相关。所有大型的商业软件都需要有完整的测试计划，需要具体到每个步骤，并且各个部分都要符合规范要求。那么，测试计划究竟包括什么内容呢？

以微软公司的测试流程为例，测试计划包括以下内容。

- 概要：测试计划文档的开始是一个概要，测试计划需要首先说明测试应该做什么。
- 目标和发布标准：在测试计划文档里一定要有测试的最终目标，必须使自己及别人明白为什么必须做这个测试，以及该测试需要达到的目的是什么。另外，测试计划要明确定义发布标准的范围，并给每一个发布标准定义详细的阶段性目标。例如，表 15-1 是一个基于发布到制造(Release to Manufacturing，RTM)发布标准的例子。

表 15-1 发布标准

领　　域	RTM Rate	Beta 1	Beta 2
构建验证测试	100%	100%	100%
Acceptance Test	100%	95%	100%
Stress	72h	24h	48h
Full Automation Pass	#	#	#
Code Coverage	#	#	#
International Sufficiency	#	N/A	90%

- 测试的领域：测试计划要明确给出要测试的特性领域和主要功能。计划中列出的特性和功能测试应该覆盖被测试产品的所有特性，包括对话框、菜单和错误信息，以及每个领域的关键功能。同时，测试计划还应该给出对应的每个测试领域的测试规范文档的路径。
- 测试方法描述：从总的角度定义产品的测试方法，如前面讲过的构建验证测试(Build Verification Test，BVT)、自动测试、压力测试、性能测试、兼容性测试。
- 测试进度表：测试计划需要给测试的每个阶段定义详细的进度表，并且该进度表必须与项目经理的要求以及产品开发的进度相一致。测试进度表依赖于项目经理和开发人员制定的进度表。
- 测试资源：定义参与测试的人员，描述每个测试工程师负责的领域，并给出相应项目经理和开发人员的信息以及文档路径。表15-2是一个测试资源的例子，如果某测试领域已由特定测试工程师负责，领域的负责人就是该测试工程师的名字，否则以待分配或待雇用代替。

表15-2 测试资源

测试领域	负责人
XML Update Grams	Steve Jobs
OpenXML	Larry Page
XML Query	Harry
ISAPI	Pressman
XML for OE DB	待分配
Security	待雇用
International Sufficiency	待分配

- 配置范围：在测试计划中必须给出测试所需的软件平台和硬件配置。公司的测试计划需要考虑各种平台和机器硬件的组合。有这样的情况，往往一个软件产品在某个公司的机器上运行得很好，但在另一个公司的机器上运行得不好。这时有两种可能情况，一种是软件产品的兼容性不好，另一种就是该公司的硬件有问题。如果该公司是把新机器拿来测试，因为硬件和软件一样也会有缺陷，所以上述问题是后一种情况。
- 测试工具：在测试计划中必须说明将使用的测试工具。测试工具很重要，可以利用已有的工具，如果没有合适的，就需要自己开发。因此，测试工程师在测试过程中可能会需要编制程序。在大的测试团队里往往会有一个小团队专门管理并开发测试工具，这需要测试工程师具有很强的编写代码的技能和计算机专业知识基础。测试管理者需要具有与开发人员一样的能力，但主要是编制一些测试工具。

15.3.2 测试规范

在编写测试规范之前需要参考项目经理写的产品规范和开发人员写的开发计划。

不同的开发人员习惯不同，有的开发人员习惯写开发计划，这样写测试规范和测试计划就容易了；有的开发人员只是参照项目经理的规范，这时就需要费点精力了。相应地，每一个领域都要有一个详细的测试规范，所以需要使测试规范的内容与测试计划相吻合。

下面看一看测试规范文档包含的基本要素。

- 背景信息：包括项目经理写的规范所在路径(如表15-3所示)、负责产品的人员，以及产品修改记录(如表15-4所示)。其中，负责产品的人员包括项目经理、开发人员和测试工程师(如表15-5所示)。

表 15-3 参考规范

文　档　名	修订	作者
Message Tracking Center Specification(Web linked)	11/18/2010	Steve Jobs

表 15-4 修改记录

时　间	姓　名	内　容
12/11/2008	Adelle	初始起草
10/15/2009	Suannah	修订测试规范

表 15-5 相关人员

姓　名	标题/相关领域	姓　名	标题/相关领域
Barry	项目经理	Milan	传输组件开发
William	软件工程师	Steve	MTA 组件开发
David	软件工程师	Steven	测试经理
George	开发 MAD.exe	Anne	测试工程师
Alex	传输组件开发		

- 测试特性：包括单个特性、领域内的组合特性、其他领域中相集成的特性，以及没有覆盖到的特性。在测试时，虽然有时需要使用某特性，但该特性并不属于测试工程师所负责的领域，这时需要将它标识为没有覆盖到的特性，让其他人知道已做事情和未做事情。同时，这样做还能帮助新人了解他应该做的事情。
- 功能考虑：测试规范应该提供详细的功能描述，包括菜单、热键、对话框、错误信息和帮助文档。
- 测试考虑：一般要有测试假设。项目经理写得规范包括要做的事情，如果项目经理更新了规范，那么测试工程师也需要相应地修改各自的内容。另外还需要考虑各种边界情况、不同的语言、系统测试、黑盒测试。
- 测试假定：测试规范最重要的内容是阐述具体的测试方法。对每一个特性或功能给定一些测试假定，根据测试假定可以很容易地产生测试案例。

15.3.3 测试案例和测试报告

在开发测试案例之前必须有一份正确的项目经理规范和一份详细的测试规范。

在开发测试案例时最初的案例是根据规范中的定义开发的。在运行过程中根据测试反馈信息还会发现开始时尚未考虑到的新问题，于是就会不断地添加测试案例。同时，发现新缺陷时也要添加新的测试案例。另外，测试案例没有固定的格式，只需要清楚地表明测试步骤和需要验证的事实，使得其他的用户或工程师都能根据测试案例的描述来完成该测试即可。

测试管理人员会在测试的过程中定期汇报测试进展。

测试管理人员会以测试报告的形式向整个产品开发部门报告测试结果以及发现的软件缺陷。撰写测试报告的目的在于让整个产品开发部门了解产品开发的进展情况，并使软件缺陷能够迅速得到修复。测试报告的格式很灵活，测试管理人员给出的不同产品所规定的测试报告可能不同，由此只需保证测试报告能够完整、清楚地反映出当前的测试进展情况就可以了。另外，测试报告要清楚、易懂，不要有让人迷惑或产生误解的地方。

15.3.4 软件缺陷报告

测试文档的最后是软件缺陷报告。一份软件缺陷报告应该包含以下几个方面。

- 软件缺陷名称：软件测试工程师能用一句简单的话来描述软件缺陷的主要问题，这样开发人员就能知道出现了什么样的软件缺陷。另外，写下软件缺陷名称后要注明测试使用的机器、操作系统以及软件平台。
- 待测软件版本：测试工程师测试时的被测软件版本会使开发人员在纠错时有针对性。
- 优先级与严重性：指出软件缺陷的优先级和严重性程度。优先级与严重性的含义是不一样的，前者针对项目经理定义的特性，后者针对使用方定义的特性，即严重性是针对用户的。
- 详细测试步骤：要说明软件缺陷是在什么样的操作步骤之后产生的。例如可以先打开一个文件夹，再进行操作直到软件缺陷出现。另外，这些内容可以由测试工具自动产生。
- 缺陷造成的后果：说明在实际操作时软件缺陷造成的后果。
- 预计结果：给出测试工程师假定出现的操作结果。
- 其他信息：比如，这个软件缺陷在某些情况下并不存在，如正在打开另一个文件夹的时候，或者在老的版本中没有出现，等等。凡是测试工程师认为有助于修正软件缺陷的信息都可以在这里注明。

软件缺陷报告非常复杂，在测试工程师和开发人员之间会有多次反复“对抗”。

把这些软件缺陷报告放在数据库里，就对团队中的所有人提供了很重要的信息。因此，团队中的项目经理和决策人员可以根据这些软件缺陷的统计数字和走势来了解产品的进度，同时开发人员可以通过软件缺陷报告中清晰的测试步骤更容易地找到问题。把软件缺陷进行修复后又会把修复的信息写到软件缺陷报告中，以供测试工程师检查软件缺陷是否真正地被修复。如果测试工程师发现问题还没有解决，这时会重新激活软件缺陷报告，输入新的信息，并马上提供给开发人员。

可以看出，软件缺陷报告在产品的开发中占有核心地位，清晰、明确地写出软件缺陷报告的能力是对一个测试工程师最基本的要求。

15.4 调试的技巧

软件测试是一个能系统地进行计划的过程，可以指导测试用例设计，定义测试策略，最后测试结果可以和预期结果进行对照比较。

成功的测试之后需要调试,“调试”是在测试发现一个错误后消除错误的过程。调试是一个有序的过程,并且有许多特别的技术。软件工程师评估测试结果时常常会看到问题的症状,因此调试就是发现问题症状原因的智力过程。

15.4.1 调试过程

调试不是测试,但是却在测试之后进行。

如图 15-8 所示,调试过程从执行测试案例开始,得到执行结果,并且观察到预期结果和实际结果不一致的情况,在许多情况下这种不一致表明还有隐藏的问题。最后的调试过程就是试图找到症状的原因,从而修改错误。

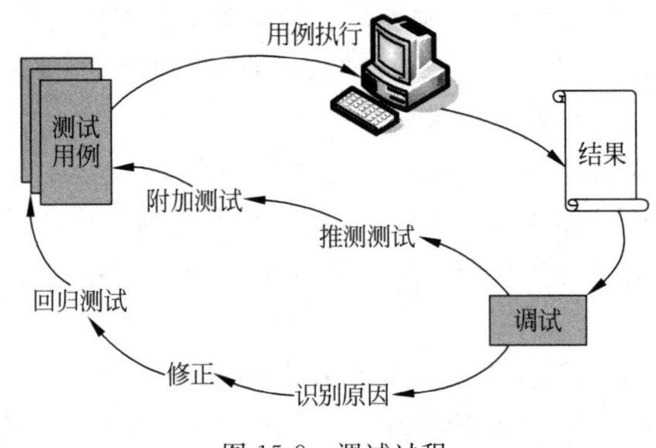

图 15-8 调试过程

调试过程会产生两种结果,一个是发现问题的原因,并将之改正及消除,另一个是未能发现问题的原因。在第二种情况下调试人员应假设错误原因并设计测试案例,帮助验证此假设,然后重复此过程,直到最后改正错误。

调试的困难在很大程度上在于人类心理上的认识,相应的错误特征具备以下线索:

(1) 缺陷症状和原因可能相隔很远,即缺陷症状可能在程序的某一部分出现,而原因出现在另一个很远的地方,同时高度耦合的程序结构加剧了这种情况。

(2) 缺陷症状可能在其他的错误纠正后消失或暂时消失。

(3) 缺陷症状可能并不是由错误引起的,比如四舍五入误差。

(4) 缺陷症状可能是由不太容易跟踪的人工错误引起的。

(5) 很难重新产生完全一样的输入条件,比如输入顺序不确定的实时应用。

(6) 缺陷症状可能有时有,有时无,这在那些不可避免的耦合硬件、软件的嵌入式系统中特别常见。

(7) 缺陷症状可能由分布在许多不同任务中的原因引起的,这些任务运行在不同的处理器上。

在调试过程中不仅会遇到恼人的小错误,如不正确的输出格式,而且还会遇到灾难性的大错误,如系统失效导致的严重经济和物质损失等。错误越严重,查找错误原因的压力也越大,而且,这种压力往往会导致软件开发人员修正一个错误的同时引入两个甚至更多的错误。

15.4.2 心理因素

调试的能力属于一种个人的先天本领。

有些人精于此道，其他人可能就不行。虽然关于调试的实验证据对此有多种解释，但是对于具有相同教育和实验背景的软件工程师来说，调试能力还是有很大的差别的。另外，调试更是一种更容易让人感到沮丧的编程工作。调试包含解决问题或智力测验，同时，最恼人的是软件工程师犯下的错误。高度焦虑和不愿接受可能发现的错误会增加调试任务的难度，但是在错误最终被改正时就能感受到强烈的放松。

15.4.3 调试方法

不管调试使用何种方法都有一个主要目标，即寻找错误的原因并改正。该目标是通过有系统的评估、直觉、运气一起来完成的。同时，调试是对过去若干年间不断发展的科学方法的直接应用，是以对检查的新值预测的假设通过“二分法定位”为基础的。

下面举一个简单的和软件无关的例子，即屋里的一个台灯不亮的情况。如果整个屋子都没电，那么一定是总闸或者是外面电路坏了，这时候要出去看看是否邻居家也停电。如果不是，再把台灯插到好的插座里试试，或者把其他电器插到原来插台灯的插线板中检查一下。这就是假设和检测的过程。

总的来说有 3 种调试的实现方法。

- 蛮力法：这种调试是为了寻找错误原因而使用的最普通却最低效的方法，只有在所有其他方法都失败的情形下才会使用该方法。根据“让计算机自己寻找错误”的思想，我们进行内存映像，激活运行时的跟踪，而且程序里到处都插入 write 语句。我们希望在众多的信息海洋里发现一点能有助于寻错的线索。尽管大量的信息可能也会最终成功但在更多的情况下只是浪费精力和时间，因此必须慎重考虑并选择这种方法。
- 回溯：该方法是小程序经常使用并能奏效的常用调试方法。从发现症状的地方开始手工地反向跟踪源代码，直到发现错误原因。不过，随着源代码行数的增加，潜在的回溯路径可能会多到无法管理的地步，使得该方法变得越来越复杂。
- 原因排除法：这种方法通过演绎和归纳以及二分法来实现。该方法对和错误相关的数据进行分析，并寻找到潜在的原因。先假设一个可能的错误原因，然后利用数据来证明或者否定该假设。同时也可以先列出所有可能的原因，然后进行检测，并一个个地进行排除。如果测试表明某个原因看起来很像，那么就要对数据进行细化来精确定位错误。

上述每种方法都借助调试工具辅助完成。可以使用一些带调试功能的编译器、动态的调试辅助工具跟踪器、自动的测试用例生成器、内存映像工具以及交叉引用生成工具等，但注意工具是不能代替完整的软件设计文档和清晰代码的细心评价的。

任何调试方法和工具的讨论都不完整，所以不得不向其他人获得帮助。每个人都可能有过多个小时或几天一直在为一个错误头疼的经历。在许多个小时的沮丧的阴云笼罩后，一个新鲜的观点可能会创造奇迹。所以，对调试的最后的箴言是如果什么办法都失败了，那么就问问别人。

一旦找到了错误就必须纠正。但是前面提到过,修改一个错误的同时可能会带来其他的错误,做得过多将害大于利。因此,每个软件工程师在进行排除错误原因的修改之前都必须回答下面3个问题:

(1) 这个错误原因在程序的其他地方也产生过吗?在许多情形下,一个程序错误是由错误的逻辑引起的,而这种逻辑模式也会在其他地方出现。因此,仔细考虑这种逻辑模式,可以帮助发现其他错误。

(2) 将要进行的修改可能会引发的"下一个错误"是什么?在进行修改之前需要认真地研究设计及源代码的逻辑和数据结构之间的耦合。如果需要修改高度耦合的程序段,就应该格外小心。

(3) 为了防止该错误,首先应该做什么呢?这个问题是建立软件质量保证的第一步。如果不仅修改了产品,还修改了过程,那么我们就既排除了现在的程序错误,又避免了所有今后的程序可能出现的错误了。

15.5 软件测试自动化

软件测试自动化最根本的意义是解决手工劳动的复杂性,成为代替某些重复性行为模式的最佳工具。

随着软件项目的规模越来越大,客户对软件质量的要求越来越高,测试工作量也相应地变得越来越大。为了保证测试的质量和效率,人们很自然地想到是否能开发一种软件测试工具部分地实现软件测试的自动化,让计算机代替人进行繁重、枯燥、重复的测试工作。这样,通过对软件故障模型的研究需要找到定位各种软件故障的方法,使计算机能代替测试人员进行代码检查,定位各种各样的软件故障。

软件的自动化测试过程如图15-9所示。

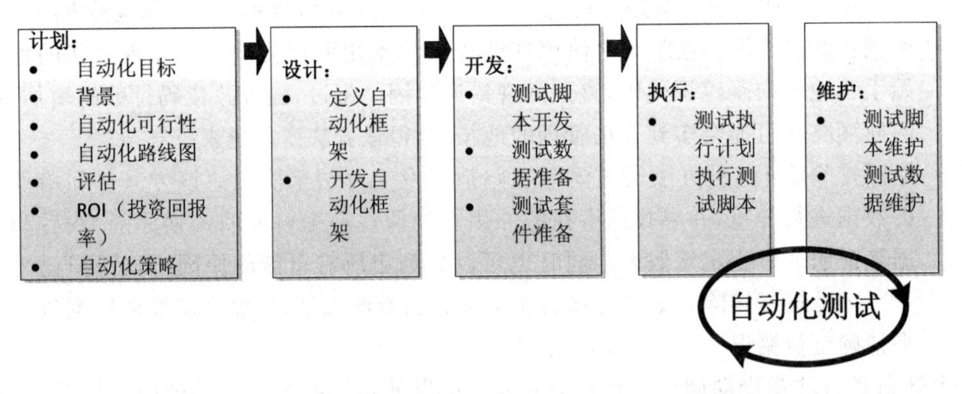

图15-9 自动化测试过程

软件测试从业者都意识到,软件测试这项工作走向成熟化、标准化的一个必经之路是要实施自动化测试。计算机这一庞大的学科发展至今,软件测试自动化需要解决人类手工劳动的复杂性,并成为代替人类某些重复性行为模式的最佳工具。下面讨论如何将思想转化成可操作的方案。

作为新兴领域,软件测试近几年得到了快速发展,该领域的从业者数量也与日俱增,但依然有不少企业和个人工作在迷茫中，使得测试工程师手中的工作与理想的测试模式形成了强烈反差。当今业界的软件测试行情正处在群雄逐鹿的混战岁月，每个测试工程师、每个有测试部门或从事测试业务的企业都该发扬百花齐放、百家争鸣的精神，多多借鉴国内外先进的测试经验，参考业界流行的行业标准，找到适合自己团队的测试方法、模式，创造更大的社会价值。

15.5.1 实施理由

由于公司和组织希望以更快的速度和更低的成本开发出高质量的应用程序，使得测试人员的工作比以往任何时候都更加困难。下面是实施软件测试自动化的理由：

(1) 提高测试效率和降低测试成本。

(2) 对于功能性边界测试，人工测试非常耗费时间，而自动测试很快且准确。

(3) 项目中测试人员的任务都是手动处理的，而实际上很大一部分重复性强的测试工作是可以独立开来自动实现的。

(4) 自动测试可以避免人工测试容易犯的错误，如错误测试、漏测试、多测试和重复测试等。

(5) 典型的应用，例如多用户并发注册、并发交易请求和并发交易应答等，人工测试几乎办不到，而自动测试却很容易实现。

最终，软件测试自动化成为未来测试工程师的一项强有力的工作技能，实施测试自动化是软件行业一个不可逆转的趋势。

15.5.2 引入条件

如果测试部门要引入自动化测试，首先要从思想上统一认识，尽管自动化测试能大大降低手工测试工作，但绝不能完全取代手工测试。完全的自动化测试只是理论上的目标，实际上，想要达到百分之百的自动化测试不仅代价相当昂贵，而且操作上也是几乎不可能实现的。一般来说，40%～60%的利用自动化的程度已经是非常不错了，达到这个级别以上，将很大地增加与测试相关的维护成本。

测试自动化的引入有一定的标准，要经过综合评估，绝对不能理解成测试工具简单的录制、回放过程。从实现成熟度来说，可以把自动化测试分为以下5个级别，如表15-6所示。

表 15-6 自动化测试级别

级别	说明	优 点	缺 点	用 法
1级	录制和回放	自动化的测试脚本能够被自动生成，且不需要有任何的编程知识	拥有大量的测试脚本，当需求和应用发生变化，相应的测试脚本也必须被重新录制	当测试的系统不会发生变化时实现小规模的自动化
2级	录制、编辑和回放	减少脚本的数量和维护工作	需要一定的编程知识，频繁的变化难以维护	回归测试时用于被测试的应用有很小的变化
3级	编程和回放	确定了测试脚本的设计，在项目的早期就可以开始自动化的测试	要求测试人员具有很好的软件技能，包括设计、开发	大规模的测试套件被开发、执行和维护的专业自动化测试

续表

级别	说明	优　点	缺　点	用　法
4级	数据驱动的测试	能够维护和使用良好的并且有效的模拟真实生活中数据的测试数据	软件开发的技能是基础，并且需要访问相关的测试数据	大规模的测试套件被开发、执行和维护的专业自动化测试
5级	使用动作词的测试自动化	测试用例的设计被从测试工具中分离出来	需要一个具有工具技能和开发技能的测试团队	专业的测试自动化将技能的使用最优化的结合起来

首先，自动化测试能提高测试效率，快速定位测试软件各版本中的功能与性能缺陷，但不会创造性地发现测试脚本里没有设计的缺陷。测试工具不是人脑，要求测试设计者将测试中各种分支路径的校验点进行定制，没有定制完整，即便是事实上出错的地方，测试工具也不会发觉。因此，制订全面、系统的测试设计工作相当重要。

其次，尽管自动化测试能提高测试效率，但对于周期短、时间紧迫的项目不宜采用自动化测试。推行自动化测试的前期工作相当庞大，将企业级自动化测试框架应用到项目中也要评估其合适性，因此决不能盲目地将其应用到任何一个测试项目中，尤其不适合周期短的项目，因为很可能需要大量的测试框架的准备和实施而会被拖垮。

最后，实施测试自动化必须进行多方面的培训，包括测试流程、缺陷管理、人员安排、测试工具的使用等。如果测试过程是不合理的，引入自动化测试只会给软件组织或者项目团队带来更大的混乱。如果允许组织或者项目团队在没有关于应该如何做的任何知识的情况下实施自动化测试，那么肯定会以失败告终。如果软件企业有意向实施自动化测试，为了最大可能地减少引入风险，并能够可持续性地开展下去，应该具备以下条件：

(1) 从项目规模上来说没有严格限制，无论项目大小都需要提高测试效率，希望测试工作标准化、测试流程正规化、测试代码重用化。所以，第一要做到从公司高层开始直到测试部门的任何一个普通工程师都树立实施自动化测试的坚定决心，不能抱着试试看的态度。通常来讲，一个测试与开发人员比例合适(比如1∶3～1∶5，而开发团队总人数不少于10个)的软件开发团队可以优先开展自动化测试工作。

(2) 从公司的产品特征来讲，一般开发产品的项目实施自动化测试要比纯项目开发优越。但不能说做纯项目开发不能实施自动化测试，只要软件的开发流程、测试流程、缺陷管理流程规范了，自动化测试自然水到渠成。

(3) 从测试人员个人素质和角色分配来讲，除了有高层重视外，还应该有个具有良好自动化测试背景和丰富自动化测试经验的测试主管，不仅在技术方面，更重要的是在今后的自动化测试管理位置起着领导的作用。同时还要有几个出色的开发经验良好的测试人员，当然也可以是开发工程师，负责编写测试脚本、开发测试框架。另外，需要一些测试执行者，对软件产品业务逻辑相当熟练，配合测试设计者完成设计工作，在执行自动测试时敏锐地分析和判断软件缺陷。

综合上述条件可以决定是否推行自动化测试。但是为了减少实施风险，还要预测到潜在的风险，做好事先解决问题、规避风险的思路。

15.5.3　不同阶段的优势

软件自动化测试切入方式的风险使得要将自动化测试与手工测试结合起来使用，不合理的规划会造成工作事倍功半。首先，对于自动化测试率的目标开始应该符合“20/80 原则”，即 20％的自动化测试和 80％的手工测试。先将这些目标都实现，再将自动化测试率提高。

另外，需要时间估算。在评估完前面几项指标后需要估算实施测试自动化的时间周期，以防止浪费不必要的时间，并减少在人员、资金、资源投入上的无端消耗。虽然测试自动化步入正轨以后会起到事半功倍的效果，但前期的投入巨大，所以要全面考虑各种因素，只有明确实施计划并按计划严格执行才能最大限度地降低风险。

还有，软件测试自动化使得工作流程更具风险性，测试团队乃至整个开发组织实施测试自动化都会因为适应测试工具的工作流程带来团队的测试流程、开发流程的相应变更。而且，如果这种变更不善，会引起团队成员的诸多抱怨情绪。所以应该尽量减少这种变更，并克服变更中可能存在的困难。

一般在以下条件下使用自动化测试：

(1) 具有良好定义的测试策略和测试计划；

(2) 对于自动化测试拥有能够被识别的测试框架；

(3) 能够确保多个测试运行的构建策略；

(4) 多平台环境需要测试；

(5) 拥有运行测试的硬件；

(6) 拥有关注在自动化过程上的资源。

相反，在以下条件下宜采用手工测试：

(1) 没有标准的测试过程；

(2) 没有一个测试什么、什么时候测试的清晰的蓝图；

(3) 在一个项目中测试责任人是一个新人，并且还不是完全地理解方案的功能性或者设计；

(4) 整个项目在时间的压力下；

(5) 团队中没有资源或者具有自动化测试技能的人。

表 15-7 给出了不同阶段采用自动化测试的各种优势。

表 15-7　不同阶段自动化测试的优势

测试阶段	描　述	备　注
单元测试/组件测试	这个测试工作通常是开发人员的职责，很多方法能够被使用，比如“测试先行”，是一个测试框架，开发人员在编写代码前编写不同的单元测试，当测试通过时代码也被完成了	通过使用正式的单元测试不仅能够帮助开发人员开发出更加稳定的代码，而且能够使软件的整体质量更加好
集成测试	这里的测试工作集中在验证不同的组件之间的集成上	这种类型的测试通常是被测试系统更加复杂测试的基础，大量的边缘测试被合并以制造出不同的错误处理测试

续表

测试阶段	描　述	备　注
系统测试	这种测试是通过执行用户场景模拟真实用户使用系统,以证明系统具有被期望的功能	这里不需要进行自动化测试。安装测试、安全性测试通常是由手工完成的,因为系统的环境是恒定不变的
其他两种非常重要的测试		
回归测试	回归测试实际上是重复已经存在的测试,通常如果是手工完成的,这种测试只在项目的结尾执行1～2	这里完全有潜力应用自动化测试,能够在每次构建完成后执行自动化的回归测试,以验证被测试系统的改变是否影响了系统的其他功能
性能测试	性能测试包括以下不同的测试形式: • 负载测试 • 压力测试 • 并发测试	使用自动化的测试工具,通过模拟用户的负载实现高密集度的性能测试

15.5.4 常用开发工具

业界流行的测试工具有几十种,相同功能的测试工具所支持的环境和语言各不相同,表15-8总结了当前国际上流行的几个软件测试工具和生产厂商及一些主要的集成开发环境(Integrated Development Environment,IDE)产品,读者可以从中了解列举工具的详细资料。

表15-8 软件测试自动化开发工具

生产厂商	工具名称	测试功能简介
Mercury Interactive Corporation	WinRunner (推荐)	类型:功能测试。 优点:企业级工具,简单易用,中英文网上论坛很多,非常符合BS/CS架构系统测试,国内使用最多的功能测试工具之一。 缺点:很多支持插件(如Delphi)需要另外购买,对于复杂的测试要求测试员必须具有C语言开发经验,需要适当的培训,另外其价格昂贵
	LoadRunner (推荐)	类型:性能测试。 优点:企业级工具,简单易用,中英文网上论坛很多,非常符合BS/CS架构系统测试,国内使用最多的性能测试工具之一。 缺点:很多支持插件(如Delphi)需要另外购买,对于复杂的性能测试要求测试员必须具有C语言开发经验,需要适当的培训,另外其价格昂贵
	QuickTest Pro	类型:功能测试。 优点:轻量级测试工具,简单易用,非常符合网页的多组合、多边界测试。 缺点:中文论坛很少,国内使用者不多

续表

生产厂商	工具名称	测试功能简介
Mercury Interactive Corporation	Astra LoadTest	类型：性能测试。 优点：轻量级测试工具，简单易用，非常符合网站的性能测试。 缺点：中文论坛很少，国内使用者不多
	TestDirector	类型：测试管理。 非常优秀的测试管理工具
IBM Rational	Rational Robot	类型：功能测试和性能测试。 优点：企业级工具，系统级及应用级的软件都支持，国外使用最多的测试工具之一。 缺点：中文论坛很少，价格昂贵，使用复杂，需要专门培训
	Rational XDE Tester	类型：功能测试。 优点：企业级的轻量级工具，国外使用最多的测试工具之一。 缺点：中文论坛很少，价格昂贵，需要专门培训
	Rational TestManager	类型：测试管理。 国外使用最多的测试管理工具之一
	Rational PurifyPlus	类型：白盒测试。 非常优秀的白盒测试工具，中文论坛很少，价格昂贵，需要专门培训
Compuware Corporation	QARun	类型：功能测试。 优点：轻量级功能测试工具，简单易用。 缺点：中文论坛很少，支持的插件太少
	QALoad	类型：性能测试。 优点：轻量级性能测试工具，简单易用。 缺点：中文论坛很少，支持的插件太少
	QADirecto	类型：测试管理
	DevPartner Studio Professional Edition	类型：白盒测试。 国外使用最多的白盒测试工具之一，中文论坛很少，价格昂贵，需要专门培训
Segue Software	SilkTest	类型：功能测试。 中文论坛很少
	SilkPerformer	类型：性能测试。 中文论坛很少
	SilkCentral Test/Issue Manager	类型：测试管理。 中文论坛很少

续表

生 产 厂 商	工 具 名 称	测试功能简介
Empirix EMPIRIX	e-Tester	类型：功能测试。 优点：轻量级功能测试工具，简单易用。 缺点：中文论坛很少，支持的插件太少
	e-Load	类型：性能测试。 优点：轻量级性能测试工具，简单易用。 缺点：中文论坛很少，支持的插件太少
	e-Monitor	类型：测试管理
Parasoft PARASOFT	Jtest PARASOFT Jtest®	类型：Java 白盒测试。 中文论坛很少
	C++ test	类型：C/C++白盒测试。 中文论坛很少
	. test	类型：. NET 白盒测试。 中文论坛很少
RadView RADVIEW	WebLOAD	类型：性能测试。 非常符合网站的性能测试，但中文论坛很少
	WebFT	类型：功能测试。 非常符合网页功能测试，但中文论坛很少
Microsoft Microsoft	Web Application Stress Tool	类型：性能测试。 非常符合网站的性能测试，但中文论坛很少，且价格昂贵
Quest Software QUEST SOFTWARE® Simplicity At Work™	Benchmark Factory	类型：性能测试。 很好的压力测试工具，但中文论坛很少，且价格昂贵
Minq Software	PureTes	类型：功能测试。 中文论坛很少
AutomatedQA AutomatedQA test, debug, deliver!	TestComplete	类型：功能测试。 优点：世界排名第二的软件产品测试系统，提供系统的、自动化的、有组织的软件产品测试平台，支持基于 C++ (Visual C++ and C++ Builder)、Delphi、Visual Basic、VS. NET、Java 及其他网络软件，功能非常强大。 缺点：中文论坛很少，需要专门培训
Apache THE APACHE SOFTWARE FOUNDATION	JMeter APACHE JMeter™	类型：性能测试。 优点：轻量级性能测试工具，Apache JMeter 是一个 100%的纯 Java 桌面应用，用于压力测试和性能测量。它最初被设计用于 Web 应用测试，但后来扩展到其他测试，源码开放。 缺点：中文论坛很少，需要二次开发

企业或软件团队实施测试自动化会有来自方方面面的压力、风险。但是,凭借团队成员的聪明才智和公司高层的大力支持,事先做好评估,做好风险预测,那么团队就能成功地引入测试自动化。有了测试自动化,即可享受它带来的超凡价值和无穷魅力,测试工作就会变得更简单、更有效。

15.6 小结

软件测试的管理从共性上继承了软件工程学和管理学的项目管理理念、方法、技术、工具,其中也包括过程管理、进度管理、资源管理、风险管理和文档管理等领域的继承。

软件测试自动化最根本的意义是解决手工劳动的复杂性,成为代替某些重复性行为模式的最佳工具。为了保证测试的质量和效率,人们很自然地想到是否能开发一种软件测试工具部分地实现软件测试的自动化,让计算机代替人进行繁重、枯燥、重复的测试工作。这样,可以通过对软件故障模型的研究找到定位各种软件故障的方法,使计算机能代替测试人员进行代码检查,定位各种各样的软件故障。

在数字化时代这样的大背景下,软件已经变成了世界上最重要的产品和最重要的产业,软件的影响和重要性已经走过了一段长长的路。然而,新一代的软件测试工程师必须迎接很多和前一代人面临过的同样的挑战,迎接挑战的软件测试工程师将具有更多的智慧去开发改善人类条件的系统。

思考题

1. 如果你是某软件测试项目组的组长,你将如何安排小组的人员组织?
2. 结合具体的程序谈谈软件调试的方法和技巧。
3. 结合实际的项目撰写相关测试报告。

参考文献

[1] Roger S. Pressman. 软件工程：实践者的研究方法(原书第8版)，北京：机械工业出版社，2016.

[2] Stephen R. Schach. 软件工程：面向对象和传统的方法(原书第8版). 邓迎春，等译. 北京：机械工业出版社，2012.

[3] Ian Sommer Ville. 软件工程(原书第9版). 程成，等译. 北京：机械工业出版社，2011.

[4] Frederick P. Brooks Jr. 人月神话(40周年中文纪念版). 北京：清华大学出版社，2015.

[5] 佩腾. 软件测试(原书第2版). 张小松，等译. 北京：机械工业出版社，2006.

[6] Paul C. Jorgensen. 软件测试(原书第2版). 韩柯，杜旭涛译. 北京：机械工业出版社，2003.

[7] Glenford J. Myers，等. 软件测试的艺术. 3版. 张晓明，黄琳译. 北京：机械工业出版社，2012.

[8] Ali Mili，Fairouz Tchier. 软件测试概念与实践. 颜炯译. 北京：清华大学出版社，2016.

[9] James Whittaker，Jason Arbon，Jeff Carollo. Google 软件测试之道. 北京：人民邮电出版社，2013.

[10] Gerald M. Weinberg. 颠覆完美软件：软件测试必须知道的几件事. 宋锐译. 北京：电子工业出版社，2015.

[11] Bernd Bruegge. 面向对象软件工程：使用UML、模式与Java. 3版. 北京：清华大学出版社，2001.

[12] Dennis M. Ahern，等. CMMI精粹. 3版. 北京：清华大学出版社，2009.

[13] Nina S. Goolbole. 软件质量保障原理与实践. 周颖，等译. 北京：科学出版社，2010.

[14] Capers Jones. 软件质量经济学. 廖彬山，张永明，崔曼译. 北京：机械工业出版社，2014.

[15] Diamond Six Sigma Kenkyu-Kai(钻石社六西格玛研究组). 图解六西格玛(修订本). 孙欣欣译. 北京：电子工业出版社，2015.

[16] Daniel Galin. 软件质量保证. 王振宇，等译. 北京：机械工业出版社，2004.

[17] Arun Rao，Piero Scaruffi. 硅谷百年史：创业时代＋创新时代＋互联网时代. 北京：人民邮电出版社，2016.

[18] 吴军. 浪潮之巅. 北京：人民邮电出版社，2013.

[19] 吴军. 硅谷之谜. 北京：人民邮电出版社，2016.

[20] 张海藩. 软件工程导论. 6版. 北京：清华大学出版社，2013.

[21] 朱少民. 软件测试方法和技术. 3版. 北京：清华大学出版社，2014.

[22] 朱少民. 软件质量保证和管理. 北京：清华大学出版社，2007.

[23] 佟伟光. 软件测试. 2版. 北京：人民邮电出版社，2016.

[24] 欧立奇，等. 大话软件测试. 北京：电子工业出版社，2014.

[25] 陈宏刚. 软件开发的科学与艺术. 北京：电子工业出版社，2002.

[26] 陈宏刚. 软件企业的管理与文化：剖析微软的制胜之道. 北京：清华大学出版社，2003.

[27] 洪伦耀，董云卫. 软件质量工程. 2版. 西安：西安电子科技大学出版社，2008.

[28] 于波，姜艳. 软件质量管理实践：软件缺陷预防、清除、管理实用方法. 北京：电子工业出版社，2008.

[29] 李代平，等. 软件工程. 2版. 北京：清华大学出版社，2008.

[30] Walter Isaacson. 史蒂夫·乔布斯传(2014修订版). 管延圻，等译. 北京：中信出版社，2011.

[31] Jack Welch. 杰克·韦尔奇自传(纪念版). 丁浩译. 北京：中信出版社，2013.

[32] 何克清，等. 网络式软件. 北京：科学出版社，2008.

[33] 杨芙清，梅宏，等. 构件化软件设计与实现. 北京：清华大学出版社，2008.

[34] 金芝，刘璘，金英. 软件需求工程：原理和方法. 北京：科学出版社，2008.

[35] 袁玉宇. 软件测试与质量保证. 北京：北京邮电大学出版社，2008.

[36] 51Testing 软件测试网,张瑾.软件质量管理指南.北京:电子工业出版社,2009.
[37] 武剑洁,陈传波,肖来元.软件测试技术基础.武汉:华中科技大学出版社,2008.
[38] 黎连生,王华,李淑春.软件测试与测试技术.北京:清华大学出版社,2009.
[39] 林锐,韩永泉.高质量程序设计指南:C++/C 语言.北京:电子工业出版社,2007.
[40] 林锐,李江博,黄曙江.如何管理软件企业.2 版.北京:机械工业出版社,2011.
[41] 佟伟光.软件测试技术.北京:人民邮电出版社,2008.
[42] 曾建潮.软件工程.武汉:武汉理工大学出版社,2003.
[43] www.sei.cmu.edu.
[44] www.csdn.net.

图书资源支持

感谢您一直以来对清华版图书的支持和爱护。为了配合本书的使用，本书提供配套的资源，有需求的读者请扫描下方的“书圈”微信公众号二维码，在图书专区下载，也可以拨打电话或发送电子邮件咨询。

如果您在使用本书的过程中遇到了什么问题，或者有相关图书出版计划，也请您发邮件告诉我们，以便我们更好地为您服务。

我们的联系方式：

地　　址：北京海淀区双清路学研大厦A座707

邮　　编：100084

电　　话：010－62770175－4604

资源下载：http://www.tup.com.cn

电子邮件：weijj@tup.tsinghua.edu.cn

QQ：883604（请写明您的单位和姓名）

资源下载、样书申请

书圈

用微信扫一扫右边的二维码，即可关注清华大学出版社公众号“书圈”。